" 하늘길 보안 시리즈 2 "

글로벌
항공화물보안

Global Air Cargo Security

"21세기 항공보안 전문가를 위한 필독서"

"하늘길 보안 시리즈 2"

글로벌 항공화물보안

법학박사 박만희

2025년 12월 5일 초판 인쇄
2025년 12월 12일 초판 발행

발행인 박 진 영
발행처 도서출판 진영사
인천광역시 부평구 주부토로 236번지 인천테크노밸리 U1 지식산업센터
B동 1507호
전화 : 032)505-4207
팩스 : 032)505-4206
E-mail : 0183734207@hanmail.net
신고번호 : 제2007-000001호

ISBN 978-89-6541-730-9 93350
값 35,000원

Foreword

실무와 학술을 겸비한 보기 드문 항공화물보안 전문가인 박만희 법학박사가 『글로벌 항공화물보안』이라는 전문서적을 발간하게 되어 매우 기쁘게 생각합니다.

박만희 박사는 한국항공대학교대학원 법학박사학위 논문에서 그동안 상법상 '대리점'의 정의에 부합하지 않았던 '화물보안등록대리점'이라는 용어를 '공인화물보안대행기관'으로 변경하여 사용한 바 있습니다. 언제부터인지 모르지만 "agent"를 "대리점"으로 표현해 온 오류를 바로잡음으로써, 법학 전공자가 극히 드문 항공 분야에서 큰 기여를 했다고 생각합니다.

항공보안의 여러 가지 어려움 중 하나는 항공보안 관련자들이 미래의 어떠한 위협에 대비 하면, 공격자들은 이를 우회하는 새로운 방법을 고안하여 시도한다는 것입니다. 사실 적지 않은 항공기 폭파 또는 항공기 납치 사건들이 보안 실무가들이 생각하지 못한 약점을 파고든 것이었고, 그게 성공한 것도 사실입니다. 흔히 9·11 테러에 대해 '상상력의 실패(failure of imagination)'였다는 지적은 이러한 점을 말해주는 것이라 할 수 있습니다.

그 동안 공항에서의 승객보안, 수하물보안, 공항보안, 항공기보안을 비롯한 다양한 항공보안 분야에서 침해사건이 발생하였고, 이를 시정하기 위한 조치들이 이루어졌습니다. 이러한 뒤늦은 보안 관련 시정조치를 '사후약방문', '소 잃고 외양간 고치기'라고 비판하는 시각도 존재하는 것이 사실입니다.

그럼에도 불구하고 항공보안 전문가들은 항공보안 침해자들이 향후에도 여전히 더욱 치밀하게 빈틈을 노릴 것으로 전망하고 있으며, 그중에서도 특히 항공화물보안 분야가 그 대상이 될 우려가 있다는 지적도 있습니다. 항공화물 취급의 시작은 공항 밖에서부터 이루어지기 때문에 공항에서 이루어지는 여러 보안 분야와는 실무상 다소 궤를 달리하는 측면이 있어, 보안 취약점이 언제든지 발생할 수 있다는 것입니다.

따라서 항공화물 분야의 전문가는 공항 밖에서 이루어지는 항공화물보안에 관하여도 전문적이고 실무적인 지식이 필요합니다. 뿐만 아니라 항공화물은 국제화물량에서 차지하는 1%의 비중에 비해 그 가액이 35%에 달합니다. 따라서 조그마한 항공화물보안 취약점이 엄청난 국제적인 피해를 초래할 수 있습니다.

이러한 점에서 현장에서 항공화물 보안 실무를 담당하였을 뿐만 아니라 항공화물보안에 대해 깊은 학술적 연구를 진행한 후 한국항공대학교에서 법학박사학위를 취득한 박만희 박사가 이 분야에 더욱 천착(穿鑿)하여 각고의 연구 끝에 『글로벌 항공화물보안』 전문서적을 출판하게 된 것은 매우 뜻 깊은 일이라 하지 않을 수 없습니다.

이 저서는 항공화물보안은 물론 공항보안 등 다른 항공보안 분야의 실무가들을 위하여 지나치게 학술적인 방향으로 흐르지 않으면서도 실제 항공화물보안 업무에 큰 도움이 될 수 있는 방대한 내용으로 구성되어 있습니다. 특히 항공화물보안에 대한 회고적(retrospective) 분석에서 탈피하여 향후의 전망과 대응에 중점을 둔 전향적(prospective) 분석을 하였다는 점을 매우 높게 평가하고 싶습니다.

이 저서가 항공화물보안 관련 학술과 실무 분야 모두에 큰 기여를 할 것으로 믿어 의심치 않습니다.

법학박사 문 준 조

Prologue

오늘날 항공운송 산업은 그 어느 때보다도 복합적이고 빠르게 변화하고 있다. 특히 항공화물은 전 세계 교역량 비중으로는 1%에 불과하지만 가치 기준으로는 35%를 차지할 정도로 전략적으로 중요한 위치를 차지하고 있다. 이러한 항공화물의 안전과 보안 확보는 단순한 물류의 문제가 아니라, 국제 평화와 국가안보 그리고 경제적 지속가능성의 문제와 직결된다.

코로나19 팬데믹 시대를 거치며 전자상거래와 화물운송량이 급증하면서 새로운 항공화물의 시대가 도래했다. 특히 9·11 테러 이후 강화된 국제 항공화물보안 규제에 대한 체계적 이해가 절실해지면서, 국내 항공보안 관련 연구와 실무진의 전문성 강화가 절실히 요구되는 상황이다.

지금까지 항공보안 일반론 중심의 서적은 있으나 항공화물보안 전문서적은 찾기 힘들었다. 설사 있다 하더라도 해외 내용을 주로 다뤄 국내 실정을 반영하기에는 한계가 있었다. 인천공항은 화물처리량 세계 3위 수준이며 동북아 물류 허브로서의 위상을 갖추고 있다. 또한 우리나라 보안제도는 한국형 원스톱 보안(One Stop Security) 도입을 준비할 정도로 높은 수준임에도 불구하고 관련 전문서적이 없었다는 것은 매우 아쉬운 점이었다.

『글로벌 항공화물보안』은 이러한 시대적 과제에 대한 체계적 해법을 제시하는 국내 최초의 항공화물보안 전문서로서, 학문적 깊이와 실무적 통찰을 겸비한 귀중한 연구 성과이다.

첫째, 항공화물보안의 연구와 교육에 적합한 서적이다. 각 장은 실제 항공화물보안 사례 및 문제 해결 방안 제시 등 실무에서 활용할 수 있는 내용으로 구성되었다. 기초 개념, 심화 이론, 실무 적용 등 단계적으로 구성된 내용은 최근 지속적으로 증가하는 항공보안 관련 학과의 전문 교육용으로 매우 적합하다. 이론과 실무의 균형 잡힌 체계적 통합을 통해 대학 항공보안 교육과정의 질적 향상을 도모하고, 표준화된 실용적 항공화물보안 전문인력 양성에 기여할 수 있을 것이다. 또한 이론적인 체계를 정립함으로써 학문적 연구기반 조성의 효과도 기대된다.

둘째, 항공화물보안 정책을 위한 초석이 되는 서적이다. 저자의 항공보안 감독관 실무경험을 반영하여 실무진을 위한 보안점검 체크리스트 및 가이드라인을 제시하는 현장 밀착형 내용은 항공보안요원의 전문성 및 업무 효율성 제고에 적합하다. 디지털 전환, AI/빅데이터 등 신기술 활용 등 미래 전망을 바탕으로 표준화된 보안절차 및 프로세스 확산을 통한 실무 역량 강화는 물론, 국내 항공화물보안 제도 개선방안을 구체적으로 제시하고 있다. 또한 국제표준 이행을 위한 법령 정비 연구의 이론적 토대를 구축하는 등 학술적 근거를 제공하여 항공화물보안 관련 후속 연구의 초석 역할을 하기에 충분하다.

셋째, 항공화물보안의 국제적 동향을 분석한 서적이다. 국제민간항공협약 Annex 17, ICAO Aviation Security Manual(Doc. 8973), WCO SAFE Framework 등 최신 국제표준을 반영할 뿐만 아니라, 미국 교통보안청(TSA), EU, 일본, 싱가포르 등 주요국 정책 사례를 비교 분석하여 글로벌 표준에 부합하는 한국형 항공화물보안 체계의 방향을 제시함으로써 학술적 기여를 하고 있다. 변화하는 국제 정세에 능동적으로 대처할 수 있는 체계적 항공화물보안 이론을 정립할 국제적 동향을 성실하게 반영하고 있다.

저자는 한국항공대학교대학원에서 항공법학 석사와 박사학위를 받은 인재로서, 17년 이상 국토교통부 항공보안감독관으로 근무하며 축적한 풍부한 현장 경험을 바탕으로 연구능력과 사명감을 함께 갖춘 독특한 전문가이다. 국토교통부 항공보안 실무 경력이 풍부한 공직자로서 그동안 공항보안, 대테러 업무, 항공기내보안, 화물보안, 사이버보안 등 다양한 보안정책은 물론, 국제적으로는 국제민간항공기구(ICAO) 항공보안평가(USAP)와 미국 TSA 보안평가 등 각종 항공보안 활동을 활발히 수행하였다.

이런 항공보안 경력을 토대로 현재 한국교통안전공단 항공보안 자율신고 분석위원회 전문위원 및 항공기내 반입금지물품 검토위원회 전문위원으로 정부 자문위원으로 활약하고 있으며, 한국재난정보학회 항공분과위원장을 비롯하여 항공보안학회 등 각종 학회 활동을 하고 있다. 저자가 제시하는 '글로벌 항공화물보안'의 비전은 학문과 현장의 경계를 넘어, 우리나라 항공보안 정책의 발전과 국제적 위상 제고에 크게 기여할 것이다.

본서는 이론적 체계를 논리적으로 정립하는 동시에, 실무 현장에서 즉시 적용 가능한 정책 제언과 점검 체계 그리고 최신 국제 규제의 해설을 함께 담고 있다. 이러한 점에서 이 책은 항공보안 전공 학생들에게는 교재로서, 실무자들에게는 실질적 업무 지침서로서, 정책 입안자들에게는 방향성을 제시하는 나침반으로서 역할을 하게 될 것으로 확신하는 바이다.

국내 항공보안 분야의 연구와 정책이 새로운 도약을 준비하는 이 시점에, 본 저서는 학문적 기반을 공고히 하고 실무적 전문성을 확장하는 데 있어 중요한 이정표가 될 것이다. 저자의 진심 어린 연구 노력과 헌신에 깊은 찬사를 보내며 향후 활약을 응원한다. 본서를 통해 항공보안의 미래를 함께 그려갈 독자 여러분께도 큰 울림과 통찰이 있기를 기대한다.

2025년 12월

황호원 항공안전기술원장

(전) 한국항공대학교 항공우주정책대학원장
(전) 한국항공보안학회 회장
(현) 한국항공우주정책법학회 수석 부회장

제목 차례

Chapter 2 항공화물보안 위험관리와 통합 대응체계

Chapter

3 국제항공화물보안 표준체계와 실무적용: ICAO 및 주요 규제기관 분석

Chapter

4

국내 항공화물보안 법령체계의 이해와 실무적용

Chapter 5 주요국 항공화물보안 체계 비교분석: 정책과 운영시스템

Chapter

6

항공화물보안 미래 발전방향 및 전략적 과제

PREFACE

항공보안의 본질은 국가항공보안프로그램의 적정성과 효율성을 지속적으로 점검하고, 법령과 규정을 꾸준히 제 · 개정하여 효율성을 확보하는 데 있다. 이러한 체계적 접근은 항공보안 수준을 전반적으로 관리할 수 있는 토대가 된다.

그동안 우리나라는 항공보안의 여러 분야에서 괄목할 만한 성과를 거두어 왔다. 공항보안 영역의 보안검색과 출입통제, 항공사 보인과 기내보인, 대테러 분야는 지속적인 보안대책 수립을 통해 상당한 수준에 도달했다. 그러나 이러한 성과에도 불구하고 항공화물 보안분야는 여전히 항공보안의 가장 큰 위협요인으로 남아있다.

주목할 점은 항공보안당국, 공항운영자, 항공운송사업자, 항공보안 학계 모두가 항공화물 보안분야의 문제점을 충분히 인지하고 있다는 사실이다. 개선 방향도 명확하게 파악하고 있다. 그럼에도 현실에서는 화물보안 개선 방안에 대한 심도 있는 논의가 부족하고, 업무종사자의 보안의식 강화를 위한 노력도 여전히 미흡한 실정이다.

이러한 상황에서 국제민간항공기구(ICAO)와 세계관세기구(WCO)는 항공화물의 규제 및 보안 측면에서 공급망보안 시스템의 중요성을 지속적으로 강조하고 있다. 특히 이들 기구는 항공보안당국, 세관, 이해관계자들 사이의 상호협력을 통해서만 화물보안이 직면한 어려움을 해결하고 불법방해 행위를 효과적으로 방지할 수 있다고 역설한다.

이러한 국제적 요구에 부응하기 위해서는 항공화물 공급망보안을 강화하는 과정에서 보안과 세관 사이의 유기적인 협조체계 구축이 무엇보다 필수적이다. 이런 협조체계가 구축되면 현재 문제가 되는 번거롭고 중복적인 인증절차와 현장검증 등의 문제를 상당 부분 개선할 수 있는 기반이 될 것이다. 나아가 항공보안당국과 세관당국 간의 공급망보안프로그램 조정 프로세스 도입과 상호인정 시스템 구축은 화물보안 확보와 원활한 물류흐름이라는 두 가지 목표를 동시에 달성하는 데 기여할 수 있다.

실제로 효과적인 화물 보안통제를 위해 ICAO는 보안검색 과정에서 보안 요구사항을 표준화하여 동일한 수준의 보안효과를 제공하는 다양한 기술을 사용할 것을 적극 권장하고 있다. 동시에 위험기반 접근법을 도입하여 저위험화물의 운송을 촉진하는 한편, 고위험화물에는 추가적인 보안조치를 적용할 수 있도록 하는 유연한 접근을 제시하고 있다.

여기서 주목해야 할 점은 항공테러가 보안이 취약한 부분을 집중적으로 노리는 경향을 보인다는 것이다. 여객보안과 같이 상당히 강화된 분야보다는 상대적으로 보안 필요성에 대한 인식이 낮은 항공화물을 이용한 테러가 늘어날 가능성이 높다고 전문가들은 일관되게 경고한다. 실제로 항공화물을 이용해 민간항공을 위협하는 테러 시도가 세계 여러 지역에서 발생했으며, 이러한 보안 위협은 ICAO, 미국, EU 등이 화물보안을 대폭 강화하게 된 직접적인 계기가 되었다.

이런 국제적 흐름에 발맞춰 우리나라도 「항공보안법」을 통해 항공기에 탑재되는 모든 화물에 대한 보안검색과 그 방법을 명확히 규정하고 있다. 또한 상용화주(Known Consignor) 제도를 적극 도입하여 테러 등 외부 보안 위협에 체계적으로 대처할 수 있는 항공화물 공급망보안체계를 법적으로 구축했다.

하지만 이러한 지속적인 노력에도 불구하고, 2025년 현재 항공화물보안 분야는 여전히 다양하고 복합적인 도전과제에 직면해 있다. 특히 최근 발생한 일련의 항공보안 사고들은 현행 시스템의 예상치 못한 취약점들을 여실히 드러내고 있으며, 이는 우리에게 새로운 접근의 필요성을 시사한다.

따라서 항공화물 보안을 더 강화하기 위해서는 지속적인 제도 개선과 혁신적인 기술 도입이 병행되어야 한다. 인공지능 등 첨단기술을 활용한 스마트 보안시스템 도입, 보안인력의 전문성 강화, 국제협력 확대 등 다각적인 접근이 필요하다. 동시에 항공사, 공항, 화주, 정부 등 모든 이해관계자의 긴밀한 협력과 명확한 책임분담이 중요하며, 보안강화와 효율적인 물류흐름 사이의 적절한 균형을 유지하는 것이 앞으로의 핵심 과제가 될 것이다.

이런 맥락에서 이 책은 항공화물 산업의 위험관리와 보안에 초점을 맞춰 항공화물의 가치, 보안환경 변화, 위험기반 접근법, 공급망보안, 미래 발전 방향과 전략적 과제 등을 종합적으로 다루고자 했다. 하지만 연구를 진행하면서 몇 가지 현실적인 어려움과 한계에 부딪히게 되었다.

먼저 가장 큰 문제는 "항공화물 보안"이라는 주제 자체에 관한 선행연구가 현저히 부족하다는 점이었다. 2010년 10월 예멘 사건 이전까지 항공보안은 주로 여객운송의 위협에 집중해왔기 때문에, 화물보안에 관한 체계적인 연구가 상대적으로 미흡했던 것이다. 또한 항공보안당국 등 관련 기관의 소극적인 참여로 인해 필요한 정보 수집이 쉽지 않다는 점과 화물보안 규정과 절차에 관한 세부사항 대부분이 보안상 기밀로 분류되어 있다는 현실도 연구의 깊이와 범위를 상당히 제한하는 요인이 되었다.

이러한 현실적 제약에도 불구하고 이 책은 국내 항공화물 운송 및 화물보안 분야에서 일하고 계신 동료들과 이론적 접근을 시도하는 연구자들에게 실질적인 도움을 드리고자 한다. 항공화물의 기본 개념부터 시작해서 현장에서 마주하는 화물보안 위협과 내책, ICAO 등의 보안기준과 국내 법규정의 현실적 문제점 및 구체적 개선방안 그리고 주요국의 항공화물 보안체계까지 폭넓게 다루려고 노력했다.

이런 종합적 접근을 통해 동료 전문가들과 함께 항공화물 보안에 대한 전반적 이해를 높이고, 현장 실무자들에게 당장 활용할 수 있는 실용적이고 유용한 정보를 제공하며, 향후 관련 연구의 견고한 기반을 마련하고 싶다. 나아가 정부 당국과의 협력을 지속적으로 강화하고 더 많은 표준화된 정보를 체계적으로 수집해 나가면서, 연구의 질적 수준을 높이고 실질적인 정책 제안으로 이어질 수 있도록 함께 노력해 나가고자 한다.

2025년 12월

법학박사 박만희

Chapter 1

하늘을 나는 가치의 흐름:
글로벌 경제의 숨겨진 동력

Chapter 1

하늘을 나는 가치의 흐름: 글로벌 경제의 숨겨진 동력

Ⅰ. 하늘을 누비는 보물상자: 항공화물의 숨은 가치와 역할

항공화물은 전 세계 무역량에서 1% 미만의 작은 비중을 차지하지만, 금액 기준으로는 세계 무역의 약 35%를 담당하는 글로벌 경제의 핵심축이다. 이는 항공화물이 단순한 운송수단을 넘어서 고부가가치 상품의 글로벌 유통을 책임지는 핵심 인프라로 발전했음을 보여준다.

항공화물은 여객운송과 함께 성장해왔지만, 이제는 독자적인 경제영역을 구축했다. 특히 반도체, 의료기기, 정밀기계, 의약품 등 시간에 민감하고 높은 부가가치를 지닌 품목들의 운송에서 그 중요성이 더욱 부각되고 있다. 이러한 품목들은 신속성과 신뢰성이 필수적이며, 항공화물운송이 바로 이러한 요구사항을 충족시킬 수 있는 유일한 수단이 되고 있다.

지속적인 성장세는 항공업계의 인식 전환을 가져왔다. 항공운송사업자와 공항운영자들은 이제 항공화물운송을 여객운송의 부수적 요소가 아닌 핵심 사업영역으로 인식한다. 화물운송이 창출하는 수익과 그 전략적 가치가 항공산업 전반의 경쟁력을 좌우하는 주요 요인이 되었기 때문이다.

이러한 경제적 중요성의 증대는 항공보안 분야에도 직접적인 영향을 미치고 있다. 고부가가치 화물이 늘어나면서 보안위협의 양상도 다양해졌고, 더 정교하고 체계적인 보안관리 시스템이 요구되는 상황이다. 따라서 항공화물의 경제적 가치 증대와 보안 중요성 강화는 서로 분리할 수 없는 연동된 현상으로 이해해야 한다. 화물의 가치가 높아질수록 보안의 필요성도 증대되며, 강화된 보안체계는 다시 항공화물운송의 신뢰성을 높여 경제적 가치를 더욱 상승시키는 선순환 구조를 형성하고 있다.

현장 인사이트

"항공화물은 보이지 않는 글로벌 경제의 혈관입니다. 지구 반대편으로 24시간 이내에 고부가가치 물품을 운송할 수 있는 유일한 수단이죠. 하지만 그 중요성에 비해 화물보안은 아직 여객보안만큼 체계적이지 못한 것이 현실입니다."

- 국토교통부 항공보안감독관

1. 하늘을 통한 가치 이동의 경제학

항공화물은 세계를 글로벌 가치 공급망(GVC, Global Value Chains)에 통합하는 핵심 연결고리다. GVC는 상품, 서비스, 생산요소가 국경을 넘나드는 복잡한 상호연결 네트워크로, 신속하고 안정적인 국경 간 상품 이동에 크게 의존한다. OECD 분석에 따르면, 구성 부품의 빠른 운송은 GVC 선도기업들이 물류 네트워크를 결정하는 핵심 요소가 되었으며, 이는 항공화물의 전략적 중요성을 명확히 보여준다.

이러한 중요성은 구체적인 수치로도 확인된다. 세계은행 자료에 따르면 현재 GVC는 글로벌 무역의 거의 50%를 차지한다. 한 국가의 정책과 경제 상황이 생산연계를 통해 전체 무역 이해관계자들에게 파급효과를 미치는 구조가 형성되었다. 특히 양질의 통관 서비스와 효율적인 항공화물 네트워크를 보유한 국가들은 GVC 편입이 용이해 글로벌 경쟁력을 확보할 수 있다. 이는 항공화물 인프라가 단순한 운송시설을 넘어 국가 경쟁력의 핵심 요소로 자리매김했음을 의미한다.

실제 산업현장에서 항공화물은 다양한 역할을 수행하고 있다. 기업의 소비자 접근성을 높이고, 국가 간 생산공정을 최적화하여 각국의 전문화를 가능하게 한다. 반도체 산업이 대표적인 사례다. 설계는 미국에서, 제조는 한국이나 대만에서, 조립은 중국에서 이루어지는데, 이 모든 과정을 항공화물이 연결한다. 자동차, 컴퓨터, 항공기 등의 완제품 생산에서도 여러 국가의 연구개발, 부품생산, 조립 작업이 복잡한 무역망을 통해 결합되며, 각 단계마다 항공화물이 신속한 부품공급과 완제품 배송을 담당한다.

그러나 이러한 다국적 화물흐름의 복잡성은 새로운 보안과제를 제기한다. 단일 제품이 여러 국가를 거쳐 완성되는 과정에서 단계별로 다른 보안기준과 절차가 적용되기 때문이다. 따라서 통합적 보안관리와 국가 간 협력의 필요성이 더욱 증대되고 있다. 항공보안 전문가들은 이제 자국 내 보안체계 구축을 넘어서 국제적 보안표준 조화와 상호인정 체계 구축이라는 도전에 직면해 있다. 이는 단순히 개별 국가의 노력만으로는 해결할 수 없는, 국제사회가 함께 풀어가야 할 과제가 되었다.

토론주제

만약 항공화물 운송이 갑자기 중단된다면, 여러분의 일상생활에는 어떤 변화가 생길까요? 전자제품, 의약품, 신선식품 등의 공급에 어떤 영향이 있을지 논의해 보세요. 특히 글로벌 가치 공급망(GVC)의 붕괴가 여러분이 사용하는 스마트폰이나 노트북의 생산과 공급에 어떤 영향을 미칠지 생각해 보세요.

2. 속도와 가치의 완벽한 조화

항공화물의 가장 큰 특징은 무게보다 가치에 초점을 맞춘 운송방식이라는 점이다. 중량 대비 가치가 높은 화물에게는 신속하고 안정적인 국가 간

이동이 핵심 요구사항이 된다. 전자 · 의료 장비의 부품과 구성품, 신속운송이 필수인 제약분야의 최종제품 등 고부가가치 상품운송에 항공화물이 광범위하게 활용되는 이유가 여기에 있다.

이러한 특성은 제조업 공급망에서 더욱 두드러진다. 항공운송은 작지만 가치높은 부품운송에서 핵심역할을 수행하고 있다. 많은 제조업 GVC에서 항공화물은 부품의 특급배송을 통해 적시 공급망을 지원하며, 부품 결합과 조립과정의 연속성을 보장한다. 반도체나 정밀기계 산업의 경우, 단 하루의 부품공급 지연도 전체 생산설비 중단으로 이어질 수 있다. 항공화물의 신속성이 기업 경쟁력과 직결되는 것은 바로 이 때문이다.

그런데 이러한 속도 중심의 운송방식은 필연적으로 보안관리의 복잡성 증가로 이어진다. 고부가가치 화물의 특성상 보안검색 과정에서도 신속성과 정확성 사이의 적절한 조화가 매우 중요하다. 전자 · 의료 · 제약 분야 화물은 각각의 특성에 맞는 전문적인 보안 프로토콜이 필요하며, 이는 항공보안 전문가들에게 신속한 처리와 철저한 보안검색이라는 두 가지 목표를 동시에 달성해야 하는 분야별 맞춤형 보안체계 개발과제를 제시하고 있다.

실무 팁

항공운송의 효율성을 극대화하는 핵심은 하늘에서의 이동 시간을 최대한 활용하고 육상에서의 시간을 최소화하는 데 있다. 흥미롭게도 항공기를 이용한 화물 운송에서 실제 비행시간은 전체 운송시간의 약 17%에 불과하다. 이는 나머지 83%가 지상처리 과정에서 소요된다는 의미로, 지상처리 과정의 효율화가 전체 배송시간을 크게 단축할 수 있음을 보여준다.

이처럼 효율적인 지상처리와 함께 중요한 것이 바로 항공 네트워크의 연결성이다. 항공화물 연결성 지수(ACI, Air Connectivity Index)가 높은 국가일수록 가치 측면에서 더 많은 무역에 참여하는 경향을 보인다. 실제로 항공 연결성이 1% 증가하면 총 수출입이 6.3% 증가하는 것으로 나타났다. 이는 더 많은 국가와의 강화된 항공연결이 더 높은 총 무역 가치와 강한 연관성을 갖고 있음을 보여주는 대목이다.

알아두면 좋은 통계

2022년 기준으로 우리나라의 전체 수출입 화물량에서 항공화물이 차지하는 비중을 살펴보면 0.17%에 불과하다. 하지만 금액 기준으로는 31%를 차지하고 있어, 앞서 살펴본 시계적 흐름과 유사한 패턴을 보여준다. 이는 항공화물이 주로 고부가가치 제품 운송에 집중되어 있음을 보여주는 대목이다. 그렇다면 항공화물이 선택되는 핵심 이유는 무엇일까. 바로 속도라는 압도적 강점 때문이다. 특히 의약품과 같이 부패하기 쉬운 상품의 운송에서 이러한 특성이 빛을 발한다. 생산자에서 소비자로 빠르게 이동해야 하는 비즈니스 요구에 항공화물이 잘 부합하기 때문이다.

3. 항공화물, 하늘을 나는 가치들의 정체

항공화물은 다양한 국제기구와 국내 법규에서 각기 다른 관점으로 정의되고 있어, 항공화물 분야 종사자와 연구자들에게 이러한 정의의 정확한 이해는 필수 기초지식이 되고 있다. 업계에서는 일반적으로 수하물을 제외하고 항공편으로 운송되는 재화를 항공화물로 규정한다. 경제성장과 세계화로 인한 수요증가와 함께 항공화물은 특히 개발도상국 시장을 중심으로 경제성장을 촉진하는 핵심 무역수단으로 발전해왔다.

이러한 정의는 단순해 보이지만 실무적으로는 매우 중요한 의미를 지닌다. 화물과 위험물 분류, 보안등급 구분, 통관 및 탑재절차 등 항공화물 운송의 모든 과정에서 기준점 역할을 수행하기 때문이다. 정의에 대한 명확한 이해가 없으면 각종 규정 적용과 절차 이행에 혼란이 발생할 수 있으며, 이는 곧 운송지연이나 보안문제로 이어질 수 있다. 따라서 항공화물의 정의는 단순한 개념 설명을 넘어 실제 업무수행의 출발점이 되는 것이다.

(1) 항공화물이란 무엇인가: 글로벌 거버넌스가 정의하는 항공화물의 세계

항공화물에 대한 국제적 정의를 이해하려면 먼저 글로벌 항공보안 거버넌스 체계를 파악해야 한다. 이러한 체계의 핵심은 국제민간항공협약 Annex 17(Aviation Security)에 명시된 항공보안 표준과 권고되는 방식(SARPs, Standards and Recommended Practices)이다. 여기에 더해 국제민간항공기구(ICAO)는 「Aviation Security Manual(Doc. 8973)」이라는 실행 지침서와 교육훈련 자료인 "ASTP 123/Cargo"를 통해 항공화물 보안이행을 위한 구체적 지침을 제공한다. 이러한 문서들은 각국이 항공화물 보안체계를 구축하고 운영하는 데 필요한 국제적 기준과 실무적 가이드라인을 제시하고 있다.

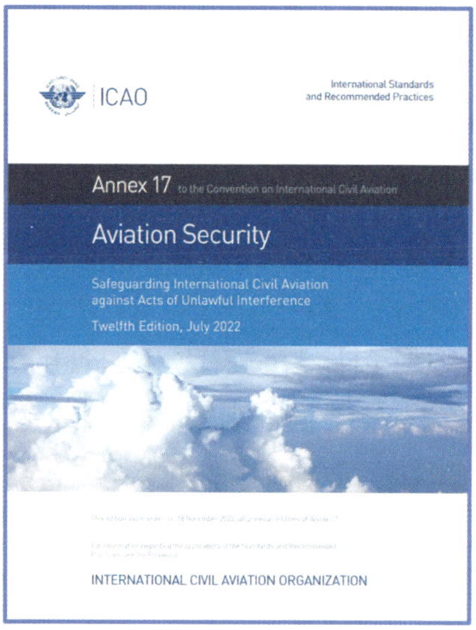

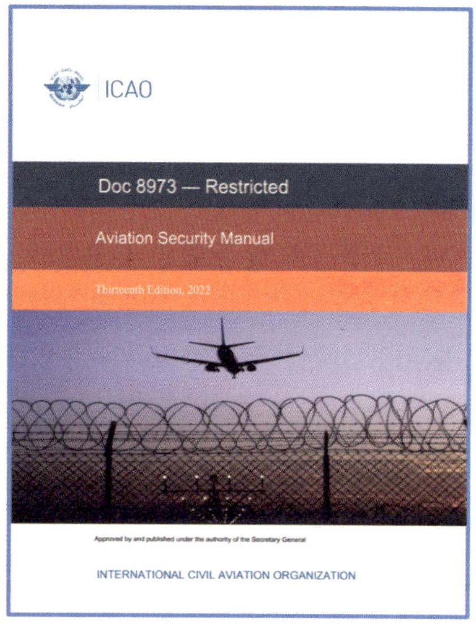

주요 용어 정리

- **국제민간항공협약(Convention on International Civil Aviation):** 제2차 세계대전 종료 후 국제민간항공의 체계적 발전을 위해 1944년 미국 시카고에서 채택된 기본협약이다. 협약은 총 4부 22장 96조의 본문과 항공안전, 항공보안 등을 다루는 19개의 부속서(Annex)로 구성되어 국제민간항공 분야의 최상위 법적 기반을 제공한다.
- **국제민간항공기구(ICAO, International Civil Aviation Organization):** 국제민간항공협약(시카고협약)에 근거하여 설립된 유엔 전문기구로, "국제민간항공의 안전하고 정연한 발전의 보장"을 설립목적으로 하며 캐나다 몬트리올에 본부를 두고 있다. 우리나라는 1952년 ICAO에 가입하였으며, 현재는 Part Ⅲ 그룹에 속해 항공운송 발전에 상당한 기여를 하고 있다.

국제민간항공기구(ICAO)는 항공화물에 대해 여러 문서에서 조금씩 다른 관점의 정의를 제시하고 있어 주목할 필요가 있다. 가장 기본이 되는 국제민간항공협약 Annex 17에서는 항공화물을 "항공기에 실린 물품 중 항공기 운항 및 유지에 필요한 물품, 승객의 휴대물품과 위탁수하물을 제외한 모든 것"으로 정의하고 있다.

이러한 기본 정의를 Aviation Security Manual(Doc. 8973)은 더욱 구체화한다. 비동반 수하물, 특송회사가 운송하는 물품, 여객기에 실리는 일반화물, 혼합화물, 운송품, 별송 캐리어 물품, 외교행낭, 회사 저장품, 화물로 운송되는 별송수하물 등 훨씬 광범위한 품목들을 포함시켰다. 이처럼 상세한 분류는 실제 보안검색 현장에서 각 물품에 적용할 보안절차를 결정하는 핵심기준이 된다.

ICAO Doc. 9569는 또 다른 접근을 보여준다. "항공기로 운송되는 모든 물품 중 저장품, 동반수하물, 착오 운송수하물을 제외한 물품"이라는 정의를 통해 언어적 정확성을 추구하며 더 명확한 구분을 시도하고 있다. 한편 IATA는 상업적이고 실무적인 관점을 반영한다. "국제협약 조건에 따른 물품 중 여객항공권이나 수하물표로 운송되는 수하물을 제외한 모든 것"이라는 정의는 운송업체의 운영 실무와 요금체계를 고려한 것으로, 실제 항공화물 운송계약과 보험 적용범위를 결정하는 데 직접 활용된다.

이처럼 다양한 정의가 공존하는 현실은 보안실무에 중요한 시사점을 제공한다. 화물분류와 적용 보안수준을 결정할 때 정확한 기준 적용이 필수적이기 때문이다. 예를 들어, 외교행낭의 경우 일반화물과는 다른 특별한 보안절차가 적용되며, 특송회사 물품은 별도의 보안 인증체계를 거쳐야 한다. 따라서 항공보안 전문가들은 각 정의의 미묘한 차이점을 정확히 이해하고, 상황에 따라 적절한 기준을 적용할 수 있는 전문성을 갖추어야 한다. 이는 ICAO 표준의 조화와 함께 각국의 특수한 상황을 반영한 유연한 적용이 필요한 영역이기도 하다.

(2) 국내법은 항공화물을 어떻게 정의하는가

우리나라의 항공화물 정의는 국제기준을 바탕으로 하면서도 국내실정에 맞게 구체적이고 세분화된 특징을 보인다. 이러한 특징은 국가항공보안계획(NCASP)에서 운영 목적에 따라 항공화물을 세 가지 유형으로 체계적으로 구분한 것에서 잘 나타난다.

첫 번째 유형인 화물(Cargo)은 "우편물, 기내물품, 휴대수하물, 오처리 수하물 외에 항공기로 운송되는 모든 물품"으로 정의된다. 이는 ICAO 기준과 유사한 포괄적 개념을 채택한 것이다. 두 번째로 주목할 만한 것은 환적화물(Transfer Cargo)을 별도로 정의한 점이다. "도착 항공기에 실린 화물이 다른 항공기에 실려서 출발하는 화물"로 규정된 환적화물은 우리나라가 동북아 허브공항 역할을 수행하면서 그 중요성이 크게 증대되었다. 인천국제공항의 경우 전체 화물 처리량의 상당 부분을 환적화물이 차지하고 있어, 이에 대한 명확한 정의와 차별화된 보안절차가 필수적이 되었다.

세 번째 유형인 고위험화물(High-risk Cargo)의 정의는 특히 실무적 가치가 높다. "발신처가 불분명하거나 포장 등을 훼손한 흔적이 있는 화물"을 기본 조건으로 하면서 세 가지 세부기준을 제시한다. 첫째, 화물이 민간항공에 위협을 준다는 구체적인 정보가 제공된 것, 둘째, 화물이 의심스러운 이상 징후를 보이는 것, 셋째, 화물이 기초적인 보안검색 및 보안조치만으로는 항공기를 위험에 처하게 할 수 있는 금지물품을 적발하기 어려운 속성을 가진 것이다. 이러한 정의는 9·11 테러 이후 강화된 국제 보안기준을 반영하면서도 현장 실무진이 실제로 적용할 수 있는 구체적 기준을 제시한다는 점에서 매우 실용적이다.

상용화주 항공화물 보안기준(국토교통부 고시, 2020-449호)은 또 다른 접근을 보여준다. "항공기에 탑재되어 운송되는 물품 중 기내식, 승객의 휴대물품과 위탁수하물을 제외한 모든 화물"이라는 정의는 상용화주 제도의 법적 근거가 되는 동시에, 실제 보안검색과 승인절차의 적용범위를 명확히 한다.

한편, 한국항공협회는 보다 통계적이고 산업적 관점에서 항공화물을 "항공기로 수송되며 항공화물서류로 처리되는 모든 물품"으로 정의하며, 화물(Freight)과 우편(Mail)을 포함하는 포괄적 개념을 채택하고 있다. 여기서 주목할 점은 수송실적 산정 방식에 대한 명확한 기준 제시이다. 개별 운항구간마다 중복으로 계산하지 않고 특정 운항편에서 단일 계산한다는 원칙은 항공화물 통계의 정확성과 국제 비교 가능성을 보장하는 중요한 기준이 되고 있다. 또한 순화물(Freight)을 "우편물을 제외한 일반화물"로 별도 정의함으로써 우편물의 특수성을 인정하고 있다.

현장 인사이트

"국내 법규에서는 항공화물에 대해 각각 다른 의미로 개념을 정의하고 있어 종종 실무자들 사이에 혼란이 있습니다. 항공보안법과 관련 법령에는 '항공화물'에 대한 구체적인 정의가 없는 반면, 국가항공보안계획과 상용화주 항공화물 보안기준은 각기 다른 의미로 정의하고 있어요. 이런 불일치는 업무수행 시 해석의 차이를 불러올 수 있습니다."

– 국토교통부 항공보안감독관

이처럼 국내의 다양한 항공화물 정의는 각 기관과 목적에 따라 세분화되어 있다. 이는 단순히 개념적 구분을 넘어 실제 보안절차, 통계산정, 법적 적용 등 실무 전반에 걸쳐 중요한 기준으로 작용한다.

결국 이러한 세분화된 분류체계는 단순한 학술적 구분을 넘어서 화물에 적용되는 차별화된 보안검색 프로토콜의 기초가 되고 있다. 예를 들어 고위험화물로 분류된 경우에는 강화된 검색 절차와 추가적인 보안조치가 적용되며, 환적화물의 경우에는 출발지 보안 인증 상태에 따라 검색 수준이 달라질 수 있다. 따라서 항공보안 실무진에게는 이러한 정의와 분류 기준을 정확히 이해하고 적절한 보안조치를 이행하는 것이 필수적인 업무역량이 되고 있다.

실무 팁

항공화물 관련 업무를 할 때는 적용되는 법규나 국제협약에 따라 항공화물의 정의가 달라질 수 있음을 항상 염두에 두자. 특히 국제운송의 경우에는 출발국과 도착국의 정의 차이로 인한 규제 불일치가 발생할 수 있다.

FAQ

Q 항공화물과 위탁수하물의 차이점은 무엇인가요?

A 위탁수하물은 여객이 항공권과 함께 위탁하는 개인 소지품으로 화물로 분류되지 않으며, 여객과 동일 항공편으로 운송되는 것이 원칙입니다. 반면 항공화물은 상업적 목적으로 운송되는 물품으로 독립적인 운송계약을 통해 처리되며, 운송 일정과 경로가 별도로 계획됩니다.

Q 고위험화물로 분류되면 어떤 추가 보안조치가 적용되나요?

A 고위험화물로 분류된 화물은 항공보안당국의 결정에 따라 추가 보안조치를 받게 됩니다. 여기에는 폭발물 존재를 식별하는 보안검색 기술이 포함되며, 항공화물 보안위협 정보 접수 시 해당 국가는 관련 정보를 신속히 관련국과 공유하여 위험화물의 항공기 탑재를 방지해야 합니다.

4. 항공화물의 다양한 얼굴들

항공화물은 그 특성과 취급 방법에 따라 크게 일반화물과 특수화물로 분류된다. 또한 운송상태에 따라 수출화물, 수입화물, 환적화물로 구분할 수 있다.

(1) 일반화물: 평범한 듯 특별한 취급과정

일반화물(General Cargo)은 운임, 국가규정, 항공사 규정에 특별한 제한을 받지 않는 화물이다. 종류에 따라 적절한 단위탑재장치(ULD)나 컨테이너에 포장되거나, 부적합한 경우 팔레트에 탑재되어 운송된다. 의류, 소형 가전제품, 소비재, 하드웨어, 직물 등이 대표적인 예이며, 특수화물 대비 저렴한 운송요금과 환경적 요인에 대한 낮은 민감도가 특징이다.

일반화물은 글로벌 항공화물 산업의 핵심 요소로, 전 세계 항공화물 수익 톤 킬로미터(RTK)의 81%를 차지한다. 일반화물 전용 항공사들은 항공화물 산업 총수익의 56%를 창출하며 산업 내 중요한 역할을 담당한다.

주요 용어 정리

- **수익 톤 킬로미터**(RTK, Revenue Tonne-Kilometers): 운송된 화물의 톤 단위 무게에 운송 킬로미터 수를 곱한 측정 단위. 항공화물 산업의 성과를 비교·측정하는 주요 지표 중 하나이다.
- **화물 톤킬로미터**(Freight Tonne-Kilometers): 각 비행구간 수송화물의 중량(톤)을 구간거리로 곱해서 얻은 수치들의 합. 항공화물 운송량을 측정하는 국제 표준 지표

이처럼 높은 비중을 차지하는 일반화물의 특성상 표준화된 보안검색 절차의 효율성이 전체 항공화물 보안시스템의 성패를 좌우한다. 특히 대량 처리가 가능한 자동화된 보안검색 기술 도입과 위험도 기반 보안 접근법이 중요하다.

(2) 특수화물: 고부가가치의 전문 영역

특수화물(Special Cargo)은 위험물, 귀중품 등과 같이 IATA 등 국제기구의 엄격한 규정에 따라 특별한 취급이 필요한 화물이다. 이러한 화물에는 특별운임이 적용되며, 일반화물과는 다른 별도의 처리절차가 요구된다.

특수화물의 경제적 가치는 높은 수익성에서 나타난다. 할증요율 적용으로 인해 일반화물 대비 훨씬 높은 수익을 창출할 수 있어, 글로벌 항공화물 운송사들은 고수익 프리미엄 화물시장을 선도하기 위해 특수화물 운송 역량 강화에 집중하고 있다. 이는 단순히 운송 서비스를 제공하는 것을 넘어, 전

문적인 취급 기술과 인프라를 갖추어야 하는 고도화된 사업영역으로 발전했음을 의미한다.

IATA 규정에 따른 특수화물의 주요 유형

- 위험물(dangerous goods)
- 고가의 귀중품(valuable cargo)
- 살아 움직이는 생동물(live animal)
- 저온을 유지해야 하는 부패성 화물(perishable cargo)
- 유해(human remains)
- 중량 · 대량화물(heavy · out-size cargo)
- 냉장을 요하거나 운송도중 화물의 포장미비로 인하여 내용물이 새거나 습기를 발산하여 특별포장이 필요한 습성화물(wet cargo)
- 외교행낭(diplomatic pouch) 등

특수화물이 일반화물보다 높은 운임을 받는 데는 명확한 이유가 있다. 먼저 화물의 특성에 따른 특별한 취급 요구사항을 들 수 있다. 정밀 전자기기나 예술품은 충격에 민감해 특별한 포장과 취급이 필요하며, 위험물질이나 부패성 식품은 안전 보장을 위한 특수 포장과 보관이 요구된다. 온도 민감 물품의 경우 온도 관리가 가능한 특수 컨테이너를 사용해야 하고, 고가 물품은 도난방지를 위한 추가 보안조치가 필수적이다.

이러한 물리적 요구사항 외에도 관리적 측면의 비용 증가 요인들이 존재한다. 국제규정 준수를 위해서는 전문인력이 필요하고 복잡한 서류 작성이 수반된다. 시간 민감성으로 인한 신속 배송 요구도 추가 비용을 발생시킨다. 또한 운송 중 손상이나 사고 발생 시 배상 금액이 크기 때문에 보험비용도 상당한 부분을 차지하고 있다.

그럼에도 불구하고 특수화물 시장은 지속적으로 성장하고 있다. 고부가가치 상품의 국제 거래가 증가하면서 특수화물에 대한 수요도 함께 늘어나고 있기 때문이다. 이러한 성장세는 항공화물 운송사들이 특수화물 취급 역량을 핵심 경쟁력으로 인식하게 만드는 원동력이 되고 있다.

이러한 특수화물의 다양성과 복잡성은 보안측면에서도 새로운 과제를 제시한다. 화물 유형별로 차별화된 보안 프로토콜 개발이 필요하며, 이를 운영할 전문인력 양성도 중요해졌다. 특히 위험물과 고가 귀중품에 대해서는 강화된 보안체계 구축이 필수적이다. 이는 단순히 검색기술을 발전시키는 것만으로는 해결할 수 없으며, 인력, 절차, 기술이 통합된 종합적 접근이 요구되는 영역이 되었다.

현장 인사이트

"A 제약회사는 온도에 민감한 백신을 국제 운송해야 했습니다. 이를 위해 온도 조절이 가능한 특수 컨테이너를 임대하고, 전용 감시 시스템을 설치했으며, 백신의 안전한 운송을 위해 전담 인력을 배치했습니다. 이에 따라 운송비용은 일반화물 대비 3배 이상 증가했지만, 고가의 백신이 안전하게 목적지에 도착할 수 있었습니다."

- ○○항공 인천국제공항 화물보안담당자

5. 수익의 보물창고, 특수화물이 항공사에 미치는 영향

특수화물 운송은 항공사 수익성에 상당한 긍정적 영향을 미치고 있다. 특수화물 운임은 일반화물 대비 20% 이상 높게 책정되는데, 이는 과일, 의약품, 반도체 장비, 고급 의류 등 고부가가치 품목의 시급성과 특별 취급 요구사항 때문이다.

특수화물의 중요성은 글로벌 공급망에서의 역할에서도 확인된다. 전자상거래, 신선식품, 의료용품 등 특정 산업군에서는 특수화물 운송이 필수적인 물류 수단이 되었다. 이러한 특성은 경기둔화 상황에서도 항공사에게 안정적인 수익원을 제공한다. 또한 특수화물은 프리미엄 부문으로 분류되어 항공사들이 경쟁력을 강화하고 차별화된 서비스를 제공할 수 있는 기회를 창출하고 있다.

항공보안 관점에서 볼 때 특수화물은 더욱 세심한 관리가 필요한 영역이다. 높은 경제적 가치와 시급성은 상대적으로 높은 보안 위험도로 이어지기 때문이다. 따라서 강화된 보안검색 절차와 철저한 추적관리가 요구된다. 특히 의약품이나 고가 전자제품의 경우 도난방지를 위한 특별 보안조치가 필수적이며, 이는 일반화물과는 차별화된 보안 프로토콜 적용의 필요성을 보여준다.

(1) 위험물 항공운송: 보안 위험성과 운용 효율의 균형점

위험물(Dangerous Goods)은 항공운송 중 안전에 위험을 초래할 수 있는 물질이나 물품을 의미한다. 이러한 위험물은 IATA 위험물 규정(DGR, Dangerous Goods Regulations)에 따라 엄격하게 관리되고 있다. 항공위험물 운송을 위해서는 특별한 포장, 표시, 서류 작성이 필요하며, 항공사와 화주는 관련 규정을 철저히 준수해야 한다.

항공위험물은 그 특성에 따라 9개 등급으로 분류된다. 폭발성 물질, 가스류, 인화성 액체, 인화성 고체, 산화성 물질, 독성 및 전염성 물질, 방사성 물질, 부식성 물질, 기타 위험물질이 그것이다. 각 등급은 고유한 위험특성을 가지고 있으며, 이에 따른 별도의 취급절차와 보관기준이 적용된다.

항공보안 관점에서 위험물 관리는 잠재적 보안 위협과 직접 연결되는 중요한 영역이다. 등급별 위험물은 각각 차별화된 보안검색 절차와 전문장비를 요구한다. 특히 폭발성 물질과 독성 물질은 가장 엄격한 수준의 보안관리가 적용되며, 이는 테러위협 방지와 직결되는 사안이기 때문이다.

더 나아가 위험물 보안의 핵심은 신고 서류와 실제 화물의 일치성을 확인하는 것이다. 은폐되거나 잘못 신고된 위험물을 탐지하기 위해서는 고도화된 검색기술 도입이 필수적이다. 이러한 체계적인 관리를 통해 항공보안을 확보하면서도 운송의 효율성을 유지할 수 있다. 위험물 관리는 단순한 규정 준수를 넘어 항공운송 전체의 안전성을 좌우하는 핵심요소가 되었으며, 이에 대한 전문적인 지식과 경험을 갖춘 인력 양성이 더욱 중요해지고 있다.

실무 팁

위험물 운송 시에는 해당 물질의 정확한 등급을 확인하고, IATA의 DGR에 따른 포장지침을 준수하는 것이 중요하다. 위험물 취급자격을 갖춘 전문가와 상담하고, 정확한 서류작성에 특히 주의해야 한다.

(2) 항공화물 보안통제: 글로벌 공급망 회복력의 핵심 요소

항공화물의 중요성에도 불구하고 화물보안은 여전히 개선이 필요한 영역으로 평가받고 있다. 불충분한 보안통제와 복잡한 처리절차로 인해 여객보안에 비해 효율성이 떨어진다는 지적이 계속되어 왔다. 이러한 문제를 해결하기 위해 ICAO는 화물보안표준을 새롭게 마련했다. 화물을 보안검색 하거나 공급망보안을 통해 보안조치된 화물만 항공기에 탑재하도록 규정하고, 위험평가를 기반으로 고위험화물에는 강화된 보안조치를 적용하도록 명시하고 있다.

최근 들어 항공화물 보안의 중요성은 더욱 부각되고 있다. 테러의 위협이 증가하면서 국제 테러 단체들이 항공기를 주요 표적으로 삼는 사례가 늘어나고 있기 때문이다. 항공화물을 이용한 테러 시도를 사전에 차단하려면 기존과는 차원이 다른 보안조치가 필요하며, 이는 국제사회가 공동으로 대응해야 할 과제가 되었다.

이러한 상황에서 화물보안의 효율성을 높이기 위한 체계적인 접근이 요구된다. 먼저 여객보안 수준에 준하는 표준화된 절차를 도입하고, 공급망 전반에 걸친 통합 보안관리 시스템을 구축해야 한다. 위험도 기반 보안검색의 자동화도 중요한 과제다. 나아가 테러위협에 대응하기 위한 실시간 정보 공유 체계를 구축하고 국제협력을 강화함으로써 예방적 보안체계를 확립해야 한다. 이는 단순히 기술적 개선만으로는 달성할 수 없으며, 제도, 인력, 기술이 조화를 이루는 종합적인 대책이 필요한 영역이다.

현장 인사이트

"항공화물 보안의 가장 큰 과제는 신속한 화물처리와 철저한 보안검색 사이의 균형을 맞추는 것입니다. 너무 엄격한 보안조치는 물류 흐름을 저해할 수 있고, 반대로 느슨한 보안은 심각한 보안위협이 될 수 있습니다. 이를 위해 위험기반 접근법(Risk-based Approach)과 첨단 검색기술의 도입이 필수적입니다."

- ○○공항공사 보안계획부장

Ⅱ. 글로벌 항공화물운송 환경 변화와 보안 패러다임

1. 하늘을 지배하는 상자들: 항공화물산업의 경제적 영향력

(1) 주목받지 못했던 거인: 항공화물 산업의 현재

항공운송은 오랫동안 주로 승객 운송수단으로 인식되어 왔다. 일반 대중들이 공항 하면 탑승게이트와 여객터미널을 먼저 떠올리는 것도 이러한 인식을 반영한다. 이런 이유로 항공화물운송은 상대적으로 주목받지 못했으며, 업계에서는 종종 '그림자 산업'이라고 불리기도 한다.

이와 같은 상대적 관심 부족은 항공보안 관점에서 심각한 문제를 야기할 수 있다. 화물운송에 대한 사회적 인식 부재는 보안투자와 인력배치에서 여객보안 내비 상대석 격자를 발생시킨다. 더욱이 급증하는 화물량에 비해 보안 인프라 확충이 적절히 이루어지지 못할 위험성도 커지고 있는 것이다. 이는 전체 항공보안 체계의 균형적 발전을 저해하는 요인이 되고 있다.

현장 인사이트

"오늘 새벽에 미국에서 주문한 최신 노트북이 내일 정오에 내 손에 들어온다. 이 한 문장 속에는 현대 글로벌 항공화물 운송의 경이로운 세계가 담겨 있습니다. 우리가 일상에서 당연하게 여기는 이 신속한 배송은 수천 명의 전문가와 복잡한 시스템이 완벽하게 작동해야만 가능한 결과물입니다. 하지만 대부분의 소비자는 자신의 소중한 물건이 어떻게 지구 반대편에서 안전하게 자신의 손에 도달하는지, 그 과정에 어떤 보안조치가 적용되는지 알지 못합니다."

- 에어○○ 인천국제공항 화물보안담당자

그러나 화물운송의 실제 성과는 이러한 인식과는 전혀 다른 모습을 보여준다. 여객운송에 비해 가시성이 낮고 전체 운송량에서 차지하는 비중이 작다고 여겨짐에도, 최근 5년간 세계 항공화물운송량(FTK)은 세계 무역 성장률을 상회하는 성장세를 기록했다. 구체적으로 지난 20년간 항공화물운송량(FTK)은 연평균 4.1%의 성장률을 보였으며, 특히 2013년부터 2017년까지는 세계 무역 성장률을 능가하는 빠른 성장을 달성한 것이다.

이러한 성장 추세를 고려할 때, 항공화물의 경제적 중요성과 성장 잠재력에 걸맞은 보안투자와 정책적 관심이 시급히 요구된다. 필요한 것은 단순한 보안예산 증액이 아니다. 화물보안의 전문성을 인정하고 체계적인 보안 거버넌스를 구축하는 것이야말로 진정한 핵심 과제라 할 수 있다. 항공화물보안을 독립적인 전문 영역으로 확립하고, 이에 상응하는 제도적 뒷받침을 마련해야 하는 것이다.

1) 놀라운 성장세와 최신 동향

2024년 전체 항공화물 수요는 전년 대비 11.3% 증가했으며, 국제 운송의 경우 12.2%라는 더욱 높은 증가율을 기록했다. 이는 세계 무역 성장률을 크게 상회하는 수치로, 앞서 살펴본 항공화물운송의 지속적 성장세가 더욱 가속화되고 있음을 입증한다.

이러한 성장 양상을 지역별로 살펴보면 더욱 흥미로운 패턴이 드러난다. 아시아 태평양 지역이 14.5%로 가장 높은 성장률을 달성했으며, 이어서 중동(13.0%), 라틴 아메리카(12.6%), 유럽(11.2%) 순으로 나타났다. 특히 아시아 태평양 지역의 두드러진 성장세는 전자상거래의 급속한 확산과 밀접한 연관성을 보이고 있다. 이는 단순한 물동량 증가를 넘어 항공화물 운송 패턴 자체가 변화하고 있음을 시사하는 것이다.

국내 상황 역시 이러한 글로벌 추세와 궤를 같이한다. 인천국제공항은 2024년 화물 처리량 280만 톤을 달성하며 코로나19 이전 수준으로 완전히 회복했다. 나아가 2025년 1월에는 전년 동월 대비 11.3% 증가한 22만 5천 톤을 처리하는 성과를 거두었다. 주목할 점은 환적화물 비중이 41.3%로 10년 만에 최고치를 경신했다는 것이다. 이는 인천국제공항이 단순한 수출입 거점을 넘어 동북아시아의 핵심 물류 허브로 자리매김하고 있음을 보여준다. 따라서 이러한 양적 성장과 질적 변화에 상응하는 보안 체계의 고도화가 시급히 요구되는 시점이라 할 수 있다.

2) 확장하는 인프라

인천국제공항은 이러한 성장 추세에 대응하여 2024년 12월에 제4단계 확장공사를 완료하였다. 이 확장 사업을 통해 연간 화물처리 능력이 현재 500만 톤에서 630만 톤으로 26% 확대되었다. 앞서 확인한 환적화물 증가와 더불어 이러한 인프라 확충은 인천공항이 세계 3위 항공 허브로 도약하는 데 핵심적인 기반이 될 것이다.

하지만 이런 장기적 성장 전망과는 달리 2025년 초 항공화물 시장은 일시적 조정 국면을 맞고 있다. 2025년 1월 글로벌 항공화물 운송량은 전년 동월 대비 3.2% 증가에 그쳤는데, 이는 앞서 살펴본 두 자릿수 성장률과는 확연히 대조되는 수치다. 더욱이 공급이 수요를 초과하면서 적재율이 43.9%로 하락했다. 이러한 단기적 둔화는 미국의 새로운 무역 정책을 비롯한 지정학적 요인들이 복합적으로 작용한 것으로 분석되고 있다.

이처럼 항공화물운송 시장은 상반된 두 가지 흐름을 동시에 보여주고 있다. 한편으로는 전자상거래 성장, 글로벌 공급망 재편, 각국의 항공 인프라 투자 확대에 힘입어 장기적 성장 기조를 유지하고 있다. 다른 한편으로는 지정학적 불확실성과 경제 변동성이라는 단기적 도전 요인에 노출되어 있는 것이다. 따라서 이러한 복합적 시장 환경 속에서 항공화물보안 체계가 어떻게 적응하고 발전해 나갈 것인지 지속적으로 관찰하고 대비해야 할 필요가 있다.

3) 미래를 향한 비행: 항공화물 운송 전망

항공화물 운송의 미래 전망은 전반적으로 긍정적이지만, 동시에 여러 도전과 변화에 직면해 있다.

가. 지속적 성장의 원동력

앞서 살펴본 시장 조정 국면에도 불구하고 항공화물 운송은 여전히 견고한 성장세를 유지할 것으로 전망된다. 2024년 상반기 글로벌 화물 수송 실적(CTK)이 전년 동기 대비 13.4% 증가했다는 점이 이를 뒷받침한다. 특히 아시아 태평양 지역은 17.8%라는 놀라운 성장률을 기록하며 전 세계 평균을 크게 상회했다. 이러한 성장 모멘텀은 2025년까지 지속될 가능성이 높은 것으로 분석되고 있다.

이와 같은 성장의 핵심 동력은 바로 전자상거래의 급속한 확산이다. 온라인 쇼핑이 일상화되면서 신속한 배송에 대한 수요가 폭발적으로 증가하고 있으며, 이는 항공화물 운송 수요를 지속적으로 견인하는 구조적 요인으로 자리잡았다.

나. 경제적 요인의 영향

수요 증가는 필연적으로 가격 상승으로 이어지고 있다. 항공 운임이 상승세를 유지할 것으로 예측되는데, 이는 항공화물 운송 기업에게는 수익성 개선의 기회가 되는 반면, 화주들에게는 물류비 부담 증가라는 이중적 영향을 미치게 된다.

이러한 시장 환경 속에서 항공화물 기업들은 새로운 수요 창출에 적극 나서고 있다. 특히 주목할 점은 자동차 부품이나 에너지 설비처럼 전통적으로 해상운송에 의존했던 화물들을 항공운송으로 전환하려는 시도가 활발히 진행되고 있다는 것이다. 이는 단순한 시장 확대를 넘어 항공화물 운송의 영역 자체를 재정의하는 전략적 변화라 할 수 있다.

다. 지속가능성: 피할 수 없는 과제

경제적 성장과 함께 지속가능성 확보가 항공화물 운송 산업의 핵심 과제로 부상했다. 특히 지속 가능한 항공 연료(SAF)로의 전환은 더 이상 선택이 아닌 필수가 되고 있다. 환경 규제가 강화되고 소비자들의 환경 의식이 높아지면서, 이는 항공산업의 장기적 생존과 성장을 위해 반드시 해결해야 할 과제가 된 것이다.

그러나 일부 전망에서는 2025년 국내 항공화물 시장이 '흐림'으로 예상되는 등 단기적 불확실성도 존재한다. 글로벌 경제의 변동성, 지정학적 리스크, 코로나19 팬데믹의 잔여 영향 등이 복합적으로 작용하면서 시장 전망을 어렵게 하고 있는 것이다.

종합해 보면, 항공화물 운송 산업은 장기적 성장 잠재력과 단기적 도전이 공존하는 전환기를 맞고 있다. 지속가능성 확보와 경제적 불확실성에 대한 효과적인 대응이 향후 산업의 방향을 결정할 것이다. 또한 전자상거래 성장과 새로운 화물 영역 개척 등 기회를 어떻게 활용하느냐에 따라 개별 기업과 국가의 경쟁력이 좌우될 것으로 예상된다.

4) 세계 경제의 숨은 동력: 항공화물의 전략적 가치

항공화물 산업은 글로벌 비즈니스에서 핵심적인 역할을 수행하며, 매우 세분화된 구조를 갖추고 있다. 이 산업은 전쟁, 경제 및 정치적 사건, 환경 변화와 같은 외부 요인의 영향을 크게 받는다는 점에서 본질적으로 위험하고 취약한 특성을 지닌다. 나아가 자연재해, 환경 악화, 사회적 문제와 같은 국제적 사건에도 민감하게 반응하는 다국적 산업이라 할 수 있다. 따라서 항공화물 산업의 특성, 발전사, 산업 구조 및 동향을 전 세계적 관점에서 이해하는 것이 필수적이다.

가. 경제 발전의 지표로서의 항공화물

이러한 산업적 특성을 고려할 때, 항공화물은 여러 국가에서 경제 발전의 핵심 지표로 활용되고 있다. 세계화가 심화되면서 글로벌 경제 위기는 곧바로 무역 감소로 이어지며, 이는 필연적으로 항공화물 수요를 약화시킨다. 충분한 수요가 뒷받침되지 않으면 화물운송업체(포워더)는 항공화물을 효율적으로 통합할 수 없게 되고, 이는 항공화물 운송 수익 하락으로 직결된다. 화물 운송이 중단되면 항공기는 유휴 상태에 놓이게 되며, 비용은 지속적으로 발생하는 반면 수익은 창출되지 않는 악순환이 발생하는 것이다.

현장 사례

2008년 금융위기 당시 전 세계적으로 항공화물량이 많이 감소했다. 아시아 태평양 지역에서만 화물 물동량이 약 25% 감소했으며, 이에 따라 여러 항공사가 화물기 운항을 대폭 줄이거나 잠정 중단하는 사태가 발생했다. 이는 항공화물 산업이 경제 위기의 '선행 지표'로 작용할 수 있음을 보여주는 사례다.

나. 산업 구조의 변화

경제적 중요성이 커짐에 따라 항공운송업계에서는 화물부서를 독립적으로 운영하는 새로운 경향이 뚜렷하게 나타나고 있다. 과거에는 화물운송이 여객기 운송의 보조적 영역으로 인식되었으나, 현재는 독자적인 주요 사업 부문으로 성장했다. 이러한 구조적 변화는 항공운송사업자와 화물운송업체 간의 긴밀한 협력을 토대로 진행되고 있으며, 경쟁보다는 협력을 통해 상호 이익을 추구하는 방향으로 전개되고 있다.

COVID-19 대유행은 이러한 변화를 더욱 가속화시켰다. 여객 운송이 급격히 감소하면서 전체 상업 항공운송 역시 위축되었으나, 화물운송은 오히려 중요성이 부각되는 계기가 되었다. 전용 화물기는 유례없이 높은 가동률을 기록했으며, 여객기 내 화물칸(벨리카고) 용량 손실을 보완하기 위한 노력이 집중적으로 이루어졌다. 그 과정에서 항공운송에서 화물이 차지하는 비중이 대폭 증가하게 되었다.

그러나 여객기 화물용량이 평시 전 세계 항공화물 용량의 54%를 담당한다는 사실을 감안하면, 여객기 운항 감소는 심각한 용량 부족 문제를 야기했다. 이에 대응하여 화물기 운송업체들은 정상 가동률을 초과하는 수준으로 운영하며 부족분을 충당해야 했다.

주요 용어 정리

- **벨리카고(Belly Cargo):** 여객기 하부 화물칸에 실리는 화물. 여객과 화물을 동시에 운송할 수 있어 경제성이 높다.

다. 항공보안 측면의 도전과 대응

팬데믹 상황은 항공보안 관리에도 새로운 과제를 제시했다. COVID-19 대유행 기간 중 발생한 일시적인 보안기준 완화가 장기적인 보안 취약점으로 고착되지 않도록 세심한 조치가 요구되었다. 보안대책은 단순히 완화되는 것이 아니라, 팬데믹이라는 특수 상황을 고려하면서도 필수적인 보안수준을 유지할 수 있도록 적절히 재조정되어야 했다. 이 과정에서 항공보안당국과 공항운영자 간의 실시간 정보공유가 중요한 역할을 했으며, 모범사례 배포와 위험평가 업데이트를 통한 협력 강화의 필요성이 더욱 명확해졌다.

현재 글로벌 항공화물 시장은 지정학적 불확실성과 경제 침체 등 외부 요인의 영향을 받고 있으나, 장기적 관점에서는 지속적인 성장 가능성을 보유하고 있다. 특히 전자상거래의 지속적 확장과 해상운송의 병목 현상은 항공화물을 중요한 대안으로 부상시키고 있다. 인천국제공항을 비롯한 주요 허브 공항들은 이러한 변화에 대응하여 처리 역량을 지속적으로 확대하고 있다. 2024년 상반기 인천국제공항이 처리한 국제선 화물이 전년 대비 10.1% 증가한 144만 톤을 기록한 것은 이러한 성장 추세를 명확히 보여준다.

종합해 보면, 항공화물 산업은 외부 요인에 민감하게 반응하는 특성을 지니면서도, 글로벌 경제와 물류 체인의 핵심 축으로서 지속적인 발전을 이어가고 있다. 향후에도 지정학적 리스크와 환경 변화에 유연하게 대응하면서, 효율성과 안정성을 동시에 향상시키는 방향으로 나아갈 것으로 전망된다.

5) 보안과 속도의 딜레마: 항공화물 수요 증가와 보안 위험의 공존

가. 최신 항공화물 운송 실적

2024년 상반기 전 세계 화물시장은 2019년 및 2023년 동기 대비 각각 3.9%, 8.5%를 기록했고, 국제선 항공화물은 2019년 동기 대비 7.6%, 2023년 동기 대비 12.7%를 기록하며 전반적으로 견고한 실적을 보였다.

국내 항공화물 시장의 경우, 2024년 항공화물은 지정학적 갈등이라는 불안요인에도 불구하고 전자상거래의 지속적인 호황, 해상 컨테이너 공급력

제약에 따른 항공운송 수요 증가, 제조업 생산량 확대 등으로 2019년 동기 대비 국제선 7.6%, 국내선 -2.9%를 기록하며 각각 3,600만 톤, 1,800만 톤을 운송하였다.

〈글로벌 항공운송실적〉

구 분		2019년 상반기	2023년 상반기	2024년 상반기	24/23 증감률	24/19 증감률
여객(명)	국내선	1,966,048,879	1,960,070,873	2,064,658,512	5.3	5.0
	국제선	1,664,784,528	1,411,772,004	1,655,764,995	17.3	-0.5
	합 계	3,630,833,407	3,371,842,877	3,720,423,507	10.3	2.5
화물(톤)	국내선	18,043,282	17,384,279	17,520,639	0.8	-2.9
	국제선	33,344,991	31,846,266	35,885,111	12.7	7.6
	합 계	51,388,273	49,230,545	53,405,750	8.5	3.9
운항(편)	합 계	38,016,754	35,263,496	37,211,912	5.5	-2.1

이러한 성장 추세를 보다 구체적으로 파악하기 위해 IATA가 발표한 2023년 세계 항공운송사업자 운송실적을 살펴볼 필요가 있다. 2023년 화물톤킬로미터는 1.7% 감소했으나, 여객과 화물을 합친 전체 톤킬로미터는 25.0% 증가하는 대조적인 양상을 보였다. 이는 여객운송의 회복이 전체 항공운송 시장을 견인했음을 시사하는 동시에, 화물부문이 일시적 조정국면을 거쳤음을 보여준다.

화물톤킬로미터 기준 순위를 분석하면 시장 구조가 더욱 명확해진다. Federal Express가 1위를 차지했으며, Qatar Airways와 United Parcel Service가 각각 2위와 3위를 기록했다. 이들 상위권 업체들은 전용 화물기 운영과 글로벌 네트워크를 바탕으로 시장을 주도하고 있다. 국내 항공사들의 실적을 보면, 대한항공은 84억 화물톤킬로미터를 운송하여 전년 대비 11.6% 감소했음에도 6위를 유지했다. 아시아나항공은 36억 화물톤킬로미터를 기록하며 8.9% 감소했으나 23위라는 순위를 달성했다.

주목할 점은 이들 주요 항공화물 운송업체들이 단순히 물량 처리에만 집중하는 것이 아니라는 사실이다. 각 업체는 자체적인 보안프로그램을 개발하여 운영하고 있으며, ICAO와 IATA 등 국제기구가 제정한 보안 표준을 엄격히 준수하고 있다. 이는 항공화물 운송이 단순한 물류 서비스를 넘어 고도의 보안관리 역량을 요구하는 전문 영역임을 보여준다. 특히 글로벌 상위권 업체들의 이러한 보안체계 구축은 항공화물 산업 전반의 신뢰성 향상에 기여하고 있는 것이다.

〈항공운송사업자별 여객 · 화물 운송실적(국내선+국제선)〉

순위	여객킬로미터		화물톤킬로미터	
	항 공 사	백만	항 공 사	백만
1	United Airlines	370,019	Federal Express	17,923
2	Delta Air Lines	352,545	Qatar Airways	14,406
3	American Airlines	337,379	United Parcel Service	14,239
4	Emirates	270,816	Emirates	10,636
5	Southwest Airlines	219,282	Atlas Air	8,915
6	Ryanair	208,869	Korean Air	8,411
7	Qatar Airways	200,083	Turkish Airlines	8,325
8	Turkish Airlines	186,546	Cathay Pacific Airways	8,099
9	China Southern Airlines	179,039	China Southern Airlines	7,610
10	Avianca	157,352	Cargolux	6,807
-	Korean Air(32위)	67,814	Asiana Airlines(23위)	3,639
-	Asiana Airlines(62위)	35,641	-	-

주 : IATA 회원 및 비회원 항공운송사업자 여객 · 화물 순위
자료 : IATA, World Air Transport Statistics, 2024년

나. 지역별 화물 성장 동향

2024년 상반기 대륙별 국제선 화물실적을 살펴보면, 라틴 · 카리브 지역(-2.0%)을 제외한 전 지역에서 2019년 동기 대비 성장세를 기록했다. 특히 아시아 · 태평양(11.8%)과 중동(14.4%) 지역이 두드러진 성장률을 보였는데, 이는 홍해사태 장기화에 따른 해상운송 대체 수요가 항공화물로 전환되면서 나타난 수혜 효과로 분석된다.

이와 같은 지역별 차별화된 성장은 글로벌 항공화물 시장의 역동성을 보여준다. 2024년 상반기 국내선과 국제선을 포함한 전체 화물시장은 2019년 동기 대비 3.9%의 안정적인 성장을 달성했다. 세부적으로는 아시아 · 태

평양(4.8%), 북미(2.9%), 유럽(3.7%) 등 주요 대륙이 모두 2019년 동기 대비 양호한 실적을 기록하였다. 이러한 균형 잡힌 성장 패턴은 항공화물 산업이 팬데믹 이후 완전한 회복을 넘어 새로운 성장 국면에 진입했음을 시사한다. 동시에 지정학적 사건이 항공화물 수요에 미치는 즉각적인 영향을 보여주며, 이는 항공화물 보안관리의 중요성을 더욱 부각시키는 요인이 되고 있다.

〈대륙별 국제선 화물실적〉

(단위 : 톤)

연도	아프리카	아시아 · 태평양	유럽	라틴 · 카리브	중동	북미
2019년 상반기	971,538	11,791,985	9,207,236	1,876,773	3,282,125	6,215,334
2023년 상반기	985,610	11,143,218	8,755,599	1,826,980	3,280,990	5,853,869
2024년 상반기	988,036	13,185,446	9,841,239	1,839,666	3,753,962	6,276,762
24/23 증감률(%)	0.2	18.3	12.4	0.7	14.4	7.2
24/19 증감률(%)	1.7	11.8	6.9	-2.0	14.4	1.0

다. 국가별 화물 실적 분석

지역별 성장 패턴을 넘어 국가별 화물 처리 현황을 분석하면 항공화물 시장의 집중도가 더욱 명확하게 드러난다. 2024년 상반기 대륙별 국내선과 국제선 화물실적의 92.4%가 상위 30개국에서 운송되었는데, 이는 2023년 상반기 92.5%와 유사한 수준이다. 국가별로는 미국이 29.9%로 압도적인 1위를 차지했으며, 중국(12.9%), 독일(4.4%)이 그 뒤를 이었다. 우리나라는 전체 화물의 2.8%인 151만 톤을 처리하여 전년과 동일한 비중으로 8위를 유지했다.

〈국내선+국제선 화물실적 상위 30개국〉

(단위 : 천톤)

순위	국가	'19.상	'23.상	'24.상	24/23 증감	24/19 증감	'24 비중
1	미국	15,489	15,745	15,951	1.3%	3.0%	29.9%
2	중국	5,829	5,779	6,898	19.4%	18.3%	12.9%
3	독일	2,384	2,313	2,364	2.2%	-0.9%	4.4%
4	홍콩	2,293	2,002	2,356	17.7%	2.7%	4.4%
5	일본	2,538	2,152	2,263	5.2%	-10.8%	4.2%
6	인도	1,670	1,548	1,783	15.1%	6.8%	3.3%
7	아랍에미리트	2,007	1,436	1,723	20.0%	-14.2%	3.2%
8	대한민국	1,468	1,379	1,508	9.3%	2.7%	2.8%
9	영국	1,351	1,110	1,305	17.5%	-3.4%	2.4%
10	카타르	1,065	1,121	1,254	11.9%	17.7%	2.3%
11	대만	1,062	1,043	1,102	5.7%	3.7%	2.1%
12	프랑스	1,158	1,118	1,078	-3.5%	-6.9%	2.0%
13	튀르키예	672	720	987	37.0%	46.9%	1.8%
14	싱가포르	1,002	846	968	14.5%	-3.3%	1.8%
15	벨기에	698	811	872	7.6%	25.1%	1.6%
16	네덜란드	778	682	742	8.7%	-4.6%	1.4%
17	태국	708	568	710	25.0%	0.3%	1.3%
18	스페인	514	516	614	18.9%	19.4%	1.1%
19	이탈리아	513	503	603	19.8%	17.4%	1.1%
20	멕시코	457	552	598	8.3%	30.8%	1.1%
21	브라질	622	572	595	4.1%	-4.3%	1.1%
22	콜롬비아	501	495	516	4.2%	3.0%	1.0%
23	말레이시아	457	462	449	-2.9%	-1.8%	0.8%
24	룩셈부르크	402	396	406	2.7%	1.1%	0.8%
25	사우디아라비아	123	328	349	6.4%	184.0%	0.7%
26	인도네시아	368	374	338	-9.5%	-8.0%	0.6%
27	필리핀	387	287	305	5.9%	-21.3%	0.6%
28	남아공	192	265	246	-7.1%	28.0%	0.5%
29	칠레	220	234	236	0.6%	7.0%	0.4%

순위	국가	'19.상	'23.상	'24.상	24/23 증감	24/19 증감	'24 비중
30	스위스	242	192	223	15.9%	-7.7%	0.4%
	상위 30위 합계	47,169	45,549	49,340	8.3%	4.6%	92.4%
	총합계	51,388	49,231	53,406	8.5%	3.9%	100.0%

자료 : ACI, Airport Traffic Data

이러한 국가 단위의 집중 현상은 공항 차원에서 더욱 뚜렷하게 나타난다. 2024년 상반기 국제선 및 국내선 화물의 58.8%가 상위 30개 공항을 통해 처리되었으며, 이는 2023년 상반기 57.8%에서 소폭 상승한 수치다. 특히 30개 공항 중 12개가 아시아·태평양 지역에 위치한다는 점은 이 지역이 글로벌 항공화물의 핵심 거점임을 재확인시켜 준다.

개별 공항 순위를 구체적으로 살펴보면, 홍콩공항이 236만 톤(전체의 4.4%)을 처리하여 1위를 차지했고, 멤피스공항이 198만 톤으로 2위, 푸동공항이 181만 톤으로 3위를 기록했다. 이들 상위 3개 공항은 전년과 동일한 순위를 유지하며 안정적인 지위를 확보하고 있다. 인천공항은 2024년 상반기에 전체 항공화물의 2.7%인 145만 톤을 처리하여 5위를 달성했는데, 이는 전년 동기 대비 10.1% 증가한 수치다. 이러한 성과는 인천공항이 동북아시아 물류 허브로서의 입지를 지속적으로 강화하고 있음을 보여준다.

〈국제선 및 국내선 화물실적 상위 30개 공항〉

(단위 : 천톤)

순위	공항명	국가명	'19.상	'23.상	'24.상	24/23 증감	24/19 증감	'24 비중
1	홍콩(HKG)	홍콩	2,293	2,002	2,356	17.7%	2.7%	4.4%
2	멤피스(MEM)	미국	2,192	1,902	1,984	4.3%	-9.5%	3.7%
3	푸동(PVG)	중국	1,702	1,596	1,812	13.5%	6.4%	3.4%
4	앵커리지(ANC)	미국	1,308	1,575	1,709	8.5%	30.6%	3.2%
5	인천(ICN)	한국	1,334	1,315	1,447	10.1%	8.5%	2.7%
6	마이애미(MIA)	미국	1,072	1,264	1,324	4.7%	23.5%	2.5%
7	루이빌(SDF)	미국	1,303	1,356	1,306	-3.7%	0.2%	2.4%
8	도하(DOH)	카타르	1,065	1,121	1,254	11.9%	17.7%	2.3%
9	광저우(CAN)	중국	905	908	1,140	25.5%	26.0%	2.1%

순위	공항명	국가명	'19.상	'23.상	'24.상	24/23 증감	24/19 증감	'24 비중
10	타이페이(TPE)	대만	1,031	1,023	1,082	5.7%	4.9%	2.0%
11	로스앤젤레스(LAX)	미국	1,027	1,041	1,069	2.7%	4.1%	2.0%
12	두바이(DXB)	아랍 에미리트	1,229	854	1,017	19.2%	-17.2%	1.9%
13	시카고(ORD)	미국	881	889	984	10.6%	11.7%	1.8%
14	프랑크푸르트(FRA)	독일	1,048	899	977	8.6%	-6.8%	1.8%
15	싱가포르 창이(SIN)	싱가포르	1,002	846	968	14.5%	-3.3%	1.8%
16	도쿄 나리타(NRT)	일본	1,012	947	958	1.2%	-5.4%	1.8%
17	이스탄불(IST)	튀르키예	233	664	923	39.0%	296.7%	1.7%
18	파리 샤를드골(CDG)	프랑스	942	934	893	-4.3%	-5.2%	1.7%
19	선전(SZX)	중국	588	741	862	16.2%	46.5%	1.6%
20	신시내티(CVG)	미국	561	923	852	-7.7%	51.7%	1.6%
21	런던 히드로(LHR)	영국	846	663	765	15.3%	-9.6%	1.4%
22	뉴욕 JFK(JFK)	미국	665	674	750	11.4%	12.9%	1.4%
23	암스테르담(AMS)	네덜란드	778	682	742	8.7%	-4.6%	1.4%
24	북경(PEK)	중국	947	449	705	57.0%	-25.6%	1.3%
25	라이프치히(LEJ)	독일	604	687	702	2.1%	16.2%	1.3%
26	방콕(BKK)	태국	651	546	666	22.0%	2.2%	1.2%
27	도쿄 하네다(HND)	일본	605	507	593	16.8%	-2.1%	1.1%
28	리에주 비어셋(LGG)	벨기에	438	492	566	15.0%	29.4%	1.1%
29	델리(DEL)	인도	507	461	547	18.6%	7.9%	1.0%
30	뭄바이(BOM)	인도	455	394	448	13.7%	-1.4%	0.8%
	상위 30위 합계		29,222	28,357	31,399	10.7%	7.4%	58.8%
	총합계		51,388	49,231	53,406	8.5%	3.9%	100.0%

자료 : ACI, Airport Traffic Data

F A Q

Q 한국의 항공화물 경쟁력은 어떤 요소에 기반하고 있나요?

A 한국의 항공화물 경쟁력은 주로 세 가지 요소에 기반합니다. 첫째, 동북아시아의 지리적 이점을 활용한 허브 전략입니다. 인천공항은 아시아와 북미, 유럽을 연결하는 최적의 위치에 있습니다. 둘째, 첨단 IT 기술과 자동화 시스템을 통한 효율적인 화물처리 능력입니다. 한국은 세계적인 IT 인프라를 바탕으로 화물 추적 및 보안 시스템을 고도화했습니다. 셋째, 삼성, 하이닉스, LG 등 글로벌 전자기업과 반도체 산업의 기반으로 고부가가치 화물이 풍부하다는 점이 큰 강점입니다. 이러한 요소들이 복합적으로 작용하여 한국이 세계 8위의 항공화물 강국으로 자리매김할 수 있었습니다.

(2) 위협의 그림자: 항공화물산업과 보안위협의 숨겨진 관계

항공화물 산업은 전 세계 교역량의 약 35%를 차지하며 글로벌 공급망의 핵심 축을 담당하고 있다. 앞서 확인한 바와 같이 소수의 국가와 공항에 물동량이 집중되는 현상은 효율성 측면에서는 긍정적이나, 동시에 보안 관리의 복잡성을 증대시키는 요인이 된다. 이러한 중요성에 비례하여 테러리스트, 범죄조직, 적대적 행위자들의 표적이 되는 위험 또한 증가하고 있다. 항공화물을 통한 보안 위협은 크게 세 가지 형태로 구분된다. 첫째, 항공기 파괴를 목적으로 한 폭발물 은폐, 둘째, 불법 물품의 국제적 밀수, 셋째, 공급망 무결성 침해가 그것이다.

이러한 위협이 현실화된 대표적 사례가 2010년 예멘발 화물기 폭발물 테러 시도 사건이다. 테러리스트들은 프린터 토너 카트리지에 폭발물을 은폐하여 미국행 화물기에 탑재했으며, 이는 정보기관의 사전 경보로 간신히 저지되었다. 이 사건은 항공화물 보안의 취약점을 극명하게 드러냈으며, 국제사회가 항공화물 보안체계를 전면 재검토하는 전환점이 되었다. 특히 이를 계기로 위험기반 보안(Risk-based Security) 접근법이 본격적으로 도입되고 강화되기 시작했다.

수입·수출·환적화물 물동량의 지속적 증가는 보안 관리에 새로운 도전과제를 제시한다. 화물량 증가로 인한 검색 처리시간 압박이 가중되고 있으며, 신속한 통관 요구와 철저한 보안절차 시행 사이에서 적절한 균형점을 찾아야 하는 과제가 대두되고 있다. 또한 다양한 공급망 참여자들 간의 보안기준 표준화 역시 시급한 현안이 되었다. 특히 환적화물의 경우, 보안책임의 연속성 확보가 핵심적인 과제로 부상했다.

현장 인사이트

"환적화물은 보안의 연속성이 가장 큰 도전입니다. 다른 공항에서 이미 보안검색을 마친 화물이라도 조건과 상황에 따라 재검색이 필요할 때가 있습니다. 이 과정에서 물류 지연과 보안 사이의 균형을 맞추는 것이 가장 어려운 과제죠."

- ○○국제공항 항공화물 보안검색감독자

항공화물 보안 위협의 양상은 지속적으로 다변화하고 있다는 점에 주목해야 한다. 전통적인 폭발물 위협에 더하여 사이버 공격을 통한 화물 추적 시스템 교란, 내부자에 의한 보안 침해, 공급망을 악용한 정교한 테러 시도 등 다양한 형태의 위협이 새롭게 등장하고 있다. 이에 효과적으로 대응하기 위해서는 기술적 측면과 인적 측면의 균형잡힌 접근이 필요하다. 검색장비 고도화와 데이터 분석역량 강화 같은 기술적 대응과 함께, 보안인력 교육훈련 강화와 조직 전반의 보안문화 정착이 병행되어야 하는 것이다.

(3) 날개를 단 경제: 항공화물이 만드는 글로벌 가치

항공화물 운송의 주요 성장요인은 다양한 측면에서 분석할 수 있다.

첫째, 전자상거래의 급성장이 항공화물 운송 수요를 대폭 증가시키고 있다. 글로벌 전자상거래 시장은 2024년 5.5조 달러 규모에 달하며, 이는 2019년 대비 약 120% 증가한 수치다. 온라인 판매자와 구매자의 급증으로 신속하고 안정적인 배송에 대한 요구가 높아지면서 항공화물은 이러한 수요를 충족시키는 핵심 수단으로 자리잡았다. 특히 반도체, 정밀기기, 고가품, 전자제품, 의약품 등 부가가치가 높고 시간에 민감한 상품군에서 항공화물 의존도가 급격히 상승하고 있다.

둘째, 적기 인도와 신속성이 경쟁력의 핵심 요소로 주목받으면서 항공화물의 중요성이 강화되고 있다. 생산 및 유통 기업들은 운송 기간 단축이 자본비용과 재고비용 절감으로 이어진다는 점을 인식하고, 최적화된 공급망 구축을 위해 항공화물 활용을 확대하고 있다. 반도체 산업의 경우 72시간 내 글로벌 배송이 가능한 항공화물은 핵심 경쟁력 요소로 작용하고 있다.

셋째, 글로벌 공급망의 재편이 항공화물의 전략적 중요성을 부각시키고 있다. 코로나19 팬데믹 이후 공급망 다변화 전략이 확산되면서 항공화물은 이러한 전환을 지원하는 핵심 인프라로 자리잡았다. 해상운송의 지연과 항만 혼잡으로 인한 대체 수요 증가로 항공운송이 대안으로 떠오르며 수요가 급증했다.

넷째, 항공화물 운송의 대상 품목이 다양화되고 있다. 전통적인 고부가가치 품목 외에도 신선식품, 의약품, 생화, 특수 화학제품 등으로 항공운송 대상이 확대되면서 시장 규모가 지속적으로 성장하고 있다. 특히 의약품과 바이오제품의 경우, 엄격한 온도 관리가 필요한 콜드체인(Cold Chain) 물류 수요가 급증하면서 항공화물의 프리미엄 서비스 영역이 확장되고 있다.

다섯째, 항공기 기술의 발전이 항공화물 운송 시장 성장을 뒷받침하고 있다. 대형 화물전용기의 도입과 기술적 발전으로 더 많은 화물을 효율적으로 운송할 수 있게 되었으며, 이는 항공운송의 단위당 비용을 낮추고 경쟁력을 강화하는 요인이 되고 있다.

여섯째, 지역별로 항공화물 운송 시장의 성장 패턴이 다양화되고 있다. 특히 아시아 태평양 지역에서는 중국과 인도의 제조업 성장과 소비재 수요 증가로 높은 성장률을 보이고 있으며, 북미와 유럽 역시 주요 화물 이동의 중심지로서 지속적인 성장세를 유지하고 있다.

항공화물운송은 국가가 지리적 위치와 관계없이 원거리 시장과 글로벌 공급망에 신속하고 안정적으로 연결될 수 있게 한다. 이는 적시 재고관리와 주문생산 실행 등 최적화된 국제 비즈니스 관행을 구현하는 데 필수적인 역할을 수행한다. 특히 개발도상국의 경제 발전에 중요한 촉매제 역할을 하는데, 대륙 간 시장을 효과적으로 연결하여 고부가가치 전자제품, 신선식품, 생화 등 시간에 민감한 제품을 전 세계로 신속히 운송할 수 있게 한다.

항공운송의 속도와 신뢰성은 자연재해, 기근, 전쟁 등 비상사태에서 긴급지원을 적시에 제공하는 데도 중요한 역할을 한다. 의료용품이나 장기와 같은 이식용 물품의 신속한 배송은 의료 서비스에서 필수적인 요소로, 항공화물운송이 이를 가능하게 한다.

현장 인사이트

"코로나19 범유행 초기, 인천공항을 통해 전 세계로 진단키트와 마스크를 공급했던 경험은 항공화물이 얼마나 중요한지 실감하게 했습니다. 당시 하루에도 수백 톤의 의료용품이 전 세계로 긴급 운송되었습니다. 인명이 걸린 상황에서 항공운송만큼 믿을 수 있는 수단은 없었습니다."

– ○○항공 인천국제공항 화물보안담당자

항공화물 연결성 증가에 따라 국가와 지역 경제는 다양한 방식으로 혜택을 얻는다. 가장 큰 경제적 이익은 전반적인 생산성 향상으로, 이는 장기적 경제 성과를 개선하는 데 이바지한다.

동시에 항공화물운송은 새로운 시장 개척과 수출 촉진을 가능하게 하며, 해외 생산자로부터 국내 시장으로 제품을 신속히 공급함으로써 소비자에게 더 많은 선택권과 경쟁력 있는 가격을 제공한다. 이러한 효과는 국가와 지역 경제가 글로벌 시장에서 더 활발히 참여할 수 있는 기반을 마련해준다.

(4) 미래를 향한 비행: 항공화물시장의 성장 흐름과 전망

Boeing(2020)에 따르면 세계 항공화물운송량은 향후 20년 동안 매년 4.0% 증가할 것으로 예상된다. 수입 톤 킬로미터(RTK) 성장 측면에서 특송을 포함한 항공화물은 4.1% 성장하고, 벨리카고는 2039년까지 연평균 1.7% 성장할 것으로 예측된다. 향후 20년 동안 항공화물 물동량은 두 배 이상 증가하여 2019년 2,640억 RTK에서 2039년 5,800억 RTK로 확장될 전망이다.

항공화물시장의 성장은 지역에 따라 다른 패턴을 보인다. 아시아 태평양 지역, 유럽 및 북미 기반 항공운송사업자는 전체 기간 전 세계 항공화물 운송량의 80% 이상을 차지했다.

2000년 이후 중동 기반 항공운송사업자들은 지리적 이점을 활용하여 아프리카, 아시아 태평양 지역 및 유럽 간 무역 교역에서 중요한 역할을 수행했다. 이들은 대용량 여객기와 화물기 도입을 통해 전 세계 항공화물 운송 점유율을 1999년 4%에서 2019년 13%로 확대했다.

현장 인사이트

"중동 항공사들의 급성장은 우연이 아닙니다. 두바이, 도하, 아부다비 같은 전략적 위치에 있는 허브 공항들, 대규모 투자로 확보한 최신 초대형 항공기 그리고 야심찬 국가 전략이 결합한 결과입니다. 아시아-유럽 노선에서 그들의 영향력은 계속 커질 것으로 보입니다."

- ○○공항공사 물류운영팀장

아시아, 특히 환태평양 국가와 연결된 항공화물시장은 2020년에서 2039년 사이 연평균 성장률 측면에서 모든 국제시장을 선도할 것으로 예상된다. 동아시아 및 오세아니아는 현재 5번째로 큰 항공화물시장이지만 향후 20년 동안 매년 4.9% 성장하여 2039년에는 3번째로 큰 항공화물시장이 될 전망이다. 동아시아와 관련된 세계 항공화물운송 점유율은 2019년 56%에서 2039년 62%로 상승할 전망이다.

경제적 요인 외에도 복합운송과의 경쟁, 세계화, 시장 자유화, 새로운 항공운송 상품 등 다양한 요소들이 시장 성장에 영향을 미친다. 이러한 시장 환경에서 화물운송업체들은 항공화물만이 제공할 수 있는 높은 수준의 속도, 신뢰성, 보안을 요구하는 고객 요구를 충족시킬 수 있는 독특한 위치에 있다.

2. 글로벌 항공화물 보안의 지형도

항공화물운송은 국제무역의 핵심 수단으로, 세계 무역 동향과 물동량 변화가 항공화물산업에 직접적 영향을 미친다. 이 산업은 환경과도 복잡한 상호작용 관계를 형성한다. 특히 항공기 운항과 석유 자원 사용으로 인한 온실가스 배출 등 환경 이슈가 항공화물산업의 지속가능한 성장에 중요한 변수로 작용한다.

기후변화 대응 강화로 항공산업에 대한 환경 규제가 점차 엄격해지는 추세다. 이는 항공사들이 친환경 기술과 운영 방식을 도입하도록 압박하고 있으며, 이러한 변화는 항공화물운송의 비용 구조와 운영 패턴에 상당한 영향을 미친다.

(1) 미국 항공화물 운송의 인터모달 시스템 특성

미국은 세계 최대의 항공화물 시장을 보유하고 있으며, 고도로 발달한 보안체계를 갖추고 있다. 2017년 미국으로 운송된 항공화물은 약 130억 파운드에 달했다. 이 중 50억 파운드 이상이 델타항공, 유나이티드 항공과 같은 여객기를 통해 운송되었고, 약 80억 파운드는 FedEx, United Parcel Service와 같은 전문 화물 항공사를 통해 운송되었다. 이 화물들은 300개가 넘는 해외 공항에서 출발해 미국에 도착했다.

미국의 항공화물 운송시장 규모는 2025년 약 587억 8,000만 달러에 이를 것으로 추정된다. 2025년부터 2030년까지 연평균 성장률이 4.55%로 예상되어, 2030년에는 시장 규모가 734억 2,000만 달러까지 확대될 전망이다. 이러한 성장은 경제 회복, 전자상거래 확대, 지정학적 변화 그리고 국제무역 수요 증가 등 다양한 요인에 기인한다.

미국의 항공화물 보안체계는 9·11 테러 이후 근본적으로 재구성되었다. 항공교통보안법(ATSA, Aviation and Transportation Security Act)과 9·11 위원회법(9·11 Commission Act)은 미국 항공화물 보안의 법적 근간을 형성한다. 특히 9·11 위원회법은 여객기로 운송되는 모든 화물에 대한 100% 검색을 의무화했으며, 이는 전 세계적으로 가장 엄격한 기준 중 하나로 평가받는다.

현장 인사이트

"미국의 항공보안 철학은 '다층 방어'에 기초합니다. 단일 보안조치에 의존하지 않고 여러 층의 보안장치를 중첩해 어느 한 층이 뚫리더라도 다른 층에서 위협을 막을 수 있게 하는 겁니다. 이는 완벽한 보안시스템은 없다는 현실적 인정에서 출발합니다."

– 국토교통부 항공보안감독관

TSA(교통보안청)는 미국 항공화물 보안의 주관 기관으로, 다층적 보안 접근법을 채택하고 있다. 이는 Known Shipper Program, CCSP (Certified Cargo Screening Program), 화물 검색기술, 보안 위협평가 등을 포함한다. 특히 CCSP는 공급망보안의 혁신적 모델로, 인증된 화주와 화물운송업체가 자체 시설에서 화물을 사전 검색할 수 있도록 허용한다. 이는 공항에서의 병목현상을 줄이고 보안책임을 공급망 전체로 분산시키는 효과가 있다.

주요 용어 정리

- CCSP(Certified Cargo Screening Program): 공항 외부에서 화물 사전 검색을 할 수 있게 하는 미국의 제도
- Known Shipper Program: 항공화물 발송인의 신원과 이력을 검증하여 위험도를 평가하는 프로그램
- ACAS(Air Cargo Advanced Screening): 미국행 항공화물에 대한 사전 위험평가 프로그램
- **미국 국토안보부**(DHS) **교통보안청**(TSA)은 미국의 민간항공보안 등 교통보안을 담당하는 연방기관으로, 미국행 항공편으로 운송되는 화물을 포함한 여객과 재산의 안전을 보장하는 프로그램을 갖추고 있다. TSA는 미국행 항공기로 운송되는 화물과 관련하여 미국 및 외국국적 항공운송사업자의 보안요구사항을 마련하고 외국공항의 항공운송사업자 점검 및 보안평가를 통해 이러한 보안요구사항의 이행을 감독하는 역할을 담당한다.

전자상거래의 영향이 특히 두드러진다. 미국의 전자상거래 부문은 급성장하여 2023년 매출이 1조 달러를 넘어섰다. 이는 항공화물 운송 수요를 많이 증가시키는 요인이다. 아마존, 월마트 같은 대기업뿐 아니라 eBay 같은 중소 플랫폼들도 이러한 성장에 이바지하고 있어, 항공화물 운송의 다양성과 규모가 확대되고 있다.

국제무역 측면에서도 항공화물의 중요성이 커지고 있다. 2023년 미국의 캐나다, 멕시코와의 화물 무역액은 1조 5,700억 달러에 달했으며, 화물 중량은 2022년 대비 8.8% 증가한 24억 8,470만 톤을 기록했다. 이는 북미자유무역협정(NAFTA)의 영향과 함께 항공화물 운송이 국제무역에서 차지하는 비중이 점점 커지고 있음을 보여준다.

항공화물 보안 측면에서 미국은 첨단기술을 적극 도입하고 있다. 2022년 TSA는 차세대 컴퓨터 단층촬영(CT) 스캐너를 주요 공항에 배치하기 시작했으며, 이는 화물 내부의 위험물을 더 정확하게 탐지할 수 있는 능력을 제

공한다. 또한 인공지능과 기계학습을 활용한 위험평가 시스템을 개발하여 효율적인 보안 검색을 추진하고 있다.

ACAS(Air Cargo Advanced Screening) 프로그램은 미국행 항공화물에 대한 사전 위험평가를 가능하게 한다. 이 프로그램은 화물이 출발공항에서 항공기에 탑재되기 전에 화물정보를 분석하여 고위험화물을 식별하고 추가검색을 지시할 수 있다. 이는 '위험기반 접근법'의 대표적 사례로, 제한된 자원으로 최대한의 보안 효과를 얻을 수 있는 전략이다.

(2) 하나의 하늘, 다양한 규칙: EU의 통합 항공화물 운송메커니즘

EU는 통합된 항공화물 보안체계를 구축하여 회원국 간 일관된 보안기준을 적용하고 있다. 2010년 EU 공항을 통해 운송된 항공화물은 총 1,420만 톤에 달했으며, 2002년부터 2010년까지 연평균 성장률은 4.8%를 기록했다. 대륙 간 항공화물의 32%는 여객 항공운송사업자에 의해, 나머지 68%는 항공화물 전문 항공운송사업자에 의해 운송되었다.

EU의 주요 항공화물 운송 공항으로는 파리 드골공항, 독일 프랑크푸르트 공항, 런던 히드로공항, 네덜란드 암스테르담 스키폴공항, 룩셈부르크 핀델 공항이 있다.

2023년 기준 EU의 항공화물 운송량은 팬데믹 이후 회복세를 보이고 있다. 국제선 화물은 약 4,015,987톤으로 전년 대비 12.7% 증가했으며, 이는 중국과 일본을 포함한 아시아 노선의 물량 증가가 주요 원인으로 분석된다.

EU의 항공화물 보안체계는 Regulation (EU) 2015/1998을 중심으로 구성되어 있다. 이 규정은 화물과 우편물의 검색, 보안통제, 공급망 보안에 관한 세부 요건을 규정하고 있다. 특히 EU는 'Regulated Agent', '상용화주(Known Consignor)' 제도를 통해 공급망 전체에 걸친 보안책임 분담 체계를 구축했다.

ACC3(Air Cargo or Mail Carrier operating into the Union from a Third Country Airport) 프로그램은 EU의 항공화물 보안에서 특히 중요한 위치를 차지한다. 이 프로그램은 제3국 공항에서 EU로 화물이나 우편물을 운송하는 항공사에 대한 보안 요건을 규정한다. EU로 화물을 운송하려는 모든 항공사는 ACC3 지정을 받아야 하며, 이는 EU 수준의 보안표준을 충족함을 의미한다.

IATA는 2025년에도 EU 항공화물 시장이 약 5.8% 성장할 것으로 예상한다. 하지만 러시아-우크라이나 전쟁으로 인한 지정학적 불안정성과 노동 파업 등 외부 요인이 시장에 영향을 미칠 가능성이 크다.

EU의 항공화물 보안은 회원국 간 협력을 기반으로 한다. EU는 항공화물 보안에서 위험관리와 효율성 간의 균형을 중요시한다. One-Stop Security는 회원국 간 보안검색 상호인정을 통해 중복검색을 줄이고 화물흐름을 원활하게 하는 것을 목표로 한다. 이는 보안수준을 유지하면서도 물류 효율성을 높이는 접근법의 대표적 사례다.

〈국제선 여객 및 화물 상위 30개 공항〉

(단위 : 명, 톤)

국제선(여객)					국제선(화물)				
순위	도시, 국가(공항)		처리실적	증감(%)	순위	도시, 국가(공항)		처리실적	증감(%)
1	Dubai, UAE	DXB	86,994,365	31.7	1	Hong Kong, Hong Kong SAR	HKG	4,298,122	3.1
2	London, UK	LHR	74,909,019	28.6	2	Shanghai, China	PVG	2,762,667	7.6
3	Amsterdam, Netherlands	AMS	61,882,546	17.9	3	Incheon, Republic of Korea	ICN	2,706,943	-6.9
4	Paris, France	CDG	61,412,198	18.6	4	Anchorage AK, USA	ANC	2,346,567	-0.2
5	Singapore, Singapore	SIN	58,411,000	83.1	5	Doha, Qatar	DOH	2,340,711	1.7
6	Istanbul, Turkey	IST	58,232,674	20.0	6	Taipei, Chinese Taipei	TPE	2,100,000	-16.7
7	Incheon, Republic of Korea	ICN	55,763,768	212.9	7	Miami FL, USA	MIA	2,021,122	-0.5
8	Frankfurt, Germany	FRA	54,089,293	20.8	8	Tokyo, Japan	NRT	1,870,859	-20.6
9	Doha, Qatar	DOH	45,913,805	28.5	9	Dubai, UAE	DXB	1,805,898	4.5
10	Madrid, Spain	MAD	43,799,968	20.9	10	Frankfurt, Germany	FRA	1,792,831	-5.1
11	Bangkok, Thailand	BKK	39,726,328	125.9	11	Paris, France	CDG	1,784,621	-1.0
12	Hong Kong, Hong Kong SAR	HKG	39,389,462	598.5	12	Singapore, Singapore	SIN	1,740,300	-6.1
13	London, UK	LGW	37,940,770	25.9	13	Istanbul, Turkey	IST	1,549,124	12.2
14	Barcelona, Spain	BCN	36,183,023	23.0	14	London, UK	LHR	1,386,830	2.7
15	Taipei, Chinese Taipei	TPE	35,237,029	561.8	15	Amsterdam, Netherlands	AMS	1,378,042	-4.2
16	New York NY, USA	JFK	33,369,816	24.3	16	Los Angeles CA, USA	LAX	1,351,005	-15.4
17	Dublin, Ireland	DUB	33,096,481	19.6	17	Chicago IL, USA	ORD	1,336,937	-17.5
18	Kuala Lumpur, Malaysia	KUL	32,520,867	130.6	18	Leipzig, Germany	LEJ	1,316,247	-7.6
19	Rome, Italy	FCO	31,581,910	42.8	19	Guangzhou, China	CAN	1,294,372	-4.3

국제선(여객)					국제선(화물)				
순위	도시, 국가(공항)		처리실적	증감(%)	순위	도시, 국가(공항)		처리실적	증감(%)
20	Munich, Germany	MUC	31,295,176	16.7	20	Bangkok, Thailand	BKK	1,125,206	-4.0
21	Lisbon, Portugal	LIS	29,723,315	19.9	21	Liege, Belgium	LGG	1,004,093	-11.8
22	Antalya, Turkey	AYT	29,509,787	16.8	22	New York NY, USA	JFK	999,061	2.0
23	Jeddah, Saudi Arabia	JED	29,402,760	52.4	23	Cologne, Germany	CGN	810,158	-11.4
24	Vienna, Austria	VIE	29,198,688	24.9	24	Luxembourg, Luxembourg	LUX	794,884	-18.0
25	Zurich, Switzerland	ZRH	28,442,361	28.3	25	Osaka, Japan	KIX	722,248	-7.9
26	Toronto ON, Canada	YYZ	28,259,178	32.8	26	Shenzhen, China	SZX	708,019	-1.2
27	London, UK	STN	26,594,445	18.3	27	Memphis TN, USA	MEM	697,302	4.8
28	Manchester, UK	MAN	26,326,541	19.3	28	Milan, Italy	MXP	665,639	-7.0
29	Paris, France	ORY	26,098,301	16.6	29	Louisville KY, USA	SDF	639,988	-8.1
30	Copenhagen, Denmark	CPH	25,220,347	23.3	30	Bogotá, Colombia	BOG	638,503	-1.5

주 : 국제선, 출발+도착 기준
자료 : ACI, World Airport Traffic Report, 2024년

(3) 동북아 허브의 수호자: 인천공항 중심의 항공화물 운송

인천국제공항은 동북아시아의 핵심 항공화물 허브로서, 지리적 이점과 첨단 인프라를 바탕으로 글로벌 공급망에서 중요한 역할을 수행하고 있다. 2023년 인천공항은 전 세계 5위, 국제선 기준 3위의 화물처리 실적을 기록하며 국제 물류의 중심지로서의 위상을 공고히 했다. 코로나19 팬데믹 이후 글로벌 물류 환경의 변화 속에서도 인천공항은 안정적인 화물처리 능력을 유지하며 세계 물류망의 핵심 노드로 자리매김하고 있다. 2025년 3월 기준, 주요 품목별 수출액 실적으로는 메모리반도체, 프로세서와 콘트롤러, 전산기록매체, 기타집적회로반도체, 의약품 순으로 나타났다.

인천공항의 보안체계는 ICAO 표준과 권고되는 방식(SARPs)과 국내 항공보안법을 기반으로 하되, 노동집약적 보안 검색을 자동화 시스템으로 전환하는 한국형 스마트 보안검색 시스템 등 혁신적 요소들을 도입하고 있다.

인천공항의 항공화물 보안은 국가항공보안계획과 공항보안프로그램에 따라 체계적으로 관리된다. 특히 항공화물 검색은 X-ray 장비, ETD(폭발물 흔적 탐지장비), EDS(폭발물 탐지시스템) 등 다양한 첨단장비를 활용하여 수행된다. 보안검색 요원은 정기적인 훈련을 통해 최신 위협에 대응할 수 있는 역량을 유지하고 있으며, 위험평가를 기반으로 한 차등화된 보안조치

가 적용된다.

인천공항의 화물터미널은 자유무역지역으로 지정되어 있어 관세 혜택을 제공하면서도 보안 측면에서는 엄격한 통제가 이루어지고 있다. 공항 내 화물터미널은 각각 독립적인 보안시스템을 구축하고 있으며, 이들은 국가 항공보안 감독체계에서 통합적으로 관리된다. 특히 수출입 및 환적화물에 대한 다층적 보안검색 프로세스는 효율성과 보안성을 동시에 달성하도록 설계되어 있다.

인천국제공항의 화물터미널 시설은 크게 화물을 보관하고 작업하는 공간인 조업장과 사무실 등 지원 기능을 담당하는 부대시설로 구분된다. 인천국제공항의 화물 및 물류시설은 공항 동측에 위치하며, 국적사, 외항사, 종합물류업체가 운영하는 화물터미널로 구성되어 있다.

화물터미널은 랜드사이드 지역(Landside Area)과 에어사이드 지역(Airside Area)으로 구분되며, 영역별로 차등화된 보안조치가 적용된다. 랜드사이드 지역은 화물의 배달과 수집이 이루어지는 공간으로 제한적이지만 외부인의 출입이 가능하다. 반면 에어사이드 지역은 더 엄격한 보안이 요구되는 구역으로, 화물의 탑재와 하역, 공항 서비스 차량의 이동이 이루어진다.

화물터미널의 보안은 물리적, 기술적, 인적요소의 통합적 접근으로 이루어진다. 물리적 보안은 견고한 장벽, CCTV, 접근통제 시스템 등을 포함하며, 에어사이드 지역은 금속 창살이나 콘크리트 벽으로 랜드사이드 지역과 물리적으로 분리된다. 기술적 보안은 X-ray 검색, 폭발물 탐지 시스템 등을 포함하며, 인적 보안은 신원조사를 거친 보안요원과 직원 교육 프로그램으로 구성된다.

인천공항의 화물보안 인프라는 지속적으로 확장되고 있다. 제4단계 확장사업의 핵심은 화물터미널 증설을 통한 연간 화물 처리능력을 확대하는 것이다. 이와 함께 최신 CT(Computed Tomography) 엑스선검색장비의 도입도 확대되고 있으며, 대형화물을 위한 특수 검색시설도 구축 중이다. 이러한 인프라 확충은 증가하는 화물량에 대응하면서도 보안수준을 유지하기 위한 전략적 투자인 것이다.

토론주제

1. 인천공항의 환적화물 중심 허브 전략이 항공화물 보안에 미치는 영향은 무엇인가? 환적화물의 증가가 보안 리스크를 높이는지, 아니면 집중화된 보안관리의 이점이 더 큰지 논의해보자.
2. 인천공항이 동북아 항공화물 허브로서의 경쟁력을 유지하기 위해 보안 측면에서 개선해야 할 점은 무엇인가?

(4) 기후변화가 항공화물 운송시스템에 미치는 영향

기후변화는 항공화물 보안에 새로운 위협 요소로 부상하고 있다. 기상 이변의 증가, 해수면 상승, 자연재해 빈도 증가 등은 항공 인프라의 물리적 안전성을 위협하고 운항 패턴과 화물처리 과정에 불확실성을 가중시킨다. 불볕더위로 인한 활주로 변형이나 폭풍으로 인한 시설 파손은 화물 보안 시스템의 정상적 작동을 저해할 수 있다.

항공산업의 탄소배출 감축 노력은 화물 운송방식과 보안프로세스에도 변화를 불러오고 있다. 지속가능 항공연료(SAF) 도입, 항공기 경량화, 운항 최적화 등의 환경 친화적 조치들은 화물 적재 패턴과 보안 검색 절차에도 적응이 필요하다.

세계 각국의 환경 규제 강화는 항공화물 시장의 구조적 변화를 촉진하고 있다. ICAO의 국제항공 탄소상쇄감축제도(CORSIA) 등은 항공사들의 비용 구조와 노선 전략에 영향을 미치며, 이는 궁극적으로 화물 흐름과 보안 관리 방식의 변화로 이어진다. 환경 규제 비용 절감을 위한 보안 투자 축소 가능성에 대해서는 지속적인 감독이 필요하다.

주요 용어 정리

- **지속가능 항공연료(SAF, Sustainable Aviation Fuel)**: 식용유, 식물성 기름, 농업 잔재물 등 재생 가능한 공급원료를 사용하는 친환경 항공연료
- CORSIA(Carbon Offsetting and Reduction Scheme for International Aviation): 국제항공 탄소상쇄감축제도는 ICAO가 국제항공의 온실가스 배출량을 줄이기 위해 2016년 10월에 마련한 제도

환경 이슈는 화물보안 기술의 혁신을 촉진하는 긍정적 측면도 있다. 에너지 효율적인 검색장비, 종이 없는(Paperless) 화물처리 시스템, 재생에너지를 활용한 보안 인프라 등이 개발되면서 보안과 지속가능성을 동시에 달성하려는 시도가 늘고 있다. 특히 전통적인 X-ray 검색기보다 전력 소비가 적은 CT 엑스선 검색장비의 채택이 확대되고 있으며, 이는 보안 성능 향상과 함께 환경 영향도 줄이는 일석이조의 효과를 가진다.

기후변화로 인한 인구 이동과 지정학적 불안정성은 새로운 보안 위협을 일으킬 수 있다. 기후 난민 증가, 자원 분쟁, 취약국가의 정치적 불안정 등은 테러와 불법 밀수 위험을 높이는 요인이 될 수 있으며, 이는 항공화물 보안에 새로운 도전이 된다. 기후변화의 이차적 영향으로 인한 이러한 보안 위험은 기존의 위협평가 모델에 충분히 반영되지 않은 경우가 많아 보안 전문가들의 시야를 넓히는 것이 중요하다.

3. 클릭 한 번으로 세계를 연결하는 힘, 전자상거래와 항공화물

전자상거래는 지난 20년간 글로벌 소비 패턴을 근본적으로 바꾸며 항공화물 산업에 혁명을 가져왔다. 소비자들이 클릭 한 번으로 해외 상품을 주문하면서 국경을 넘나드는 소포 물동량이 급증했고, 이는 항공화물 시장 성장을 이끄는 동시에 항공보안 업계에 새로운 도전과제를 안겨주고 있다.

(1) 디지털 혁명이 만든 하늘길: 정보기술과 전자상거래 확산의 이면

전자상거래의 급성장은 항공화물 산업을 근본적으로 변화시키고 있다. 2024년 글로벌 전자상거래 시장이 5.5조 달러를 넘어서며 2019년 대비 120% 증가했고, 특히 크로스보더 이커머스 성장으로 국제 항공화물 수요가 지속 상승하고 있다.

현장 인사이트

"전자상거래는 항공화물의 게임 체인저입니다. 과거에는 B2B 중심의 대량 화물이 주류였지만, 이제는 B2C 소형 패키지가 폭발적으로 증가하고 있죠. 이는 물류 프로세스 전반에 변화를 요구합니다. 특히 보안 측면에서 수십만 개의 다양한 출처를 가진 소포를 효과적으로 검사하는 것은 완전히 새로운 도전입니다."

- ○○항공 인천국제공항 보안검색감독자

아마존, 알리바바, 테무 같은 글로벌 플랫폼들이 48시간 내 배송, 당일 배송 서비스를 확산시키면서 항공운송의 속도와 신뢰성이 더 중요해졌다. 이에 따라 항공화물 공급망에는 전통적인 포워더와 항공사 외에도 반품 처리 전문업체 등 다양한 참여자들이 유입되어 보안 책임 분산과 소통 체계 복잡성이 증가하고 있다.

디지털 기술 도입도 가속화되고 있다. 프로세스 자동화, 실시간 추적, 종이 없는 데이터 공유가 물류 효율성을 높이고 있으며, DHL과 Amazon은 드론을 활용한 자동 택배 서비스로 더 빠른 배송을 제공하고 있다.

특히 중국발 전자상거래 화물이 2024년 기준 35% 증가하며 글로벌 시장의 핵심 변수로 자리잡았다. 이러한 변화는 아시아-태평양 지역 중심의 새로운 물류 허브 부상과 항공노선 재편을 촉진하고 있다.

항공보안 업계 관점에서 주목할 점은 RFID, IoT 센서, 블록체인 기술이 화물 추적과 보안 강화에 활용되고 있으며, AI와 빅데이터 분석으로 수요 예측과 위험 평가 정확도가 높아지고 있다는 것이다. 특히 화물 사전정보 시스템 도입은 고위험화물 조기 식별과 보안 자원의 효율적 배분을 가능하게 한다.

하지만 기존 규제 체계가 대형 B2B 화물 중심으로 설계되어 수천만 개 소형 B2C 패키지 처리 현실과 맞지 않는 문제가 있다. 이에 각국 규제 당국과 국제기구들이 전자상거래 특성에 맞는 새로운 보안 프레임워크 개발에 나서고 있어, 화물보안업계도 이러한 변화에 선제적으로 대응해야 할 시점이다.

(2) 보이지 않는 적과의 전쟁: 전자상거래 성장에 따른 새로운 보안 도전

전자상거래의 급성장은 우리 항공화물 보안에 새로운 차원의 도전과제를 안겨주고 있다. 가장 핵심적인 문제는 수만 명의 개인 판매자가 발송하는 방대한 소형 패키지에 대한 효과적인 위험 평가와 검색이다. 전통적인 화물과 달리 발송인 신뢰성 확보가 어렵고, 내용물 신고의 정확성 검증도 제한적이다.

전자상거래 화물의 주요 위험 요소는 세 가지로 구분된다. 첫째, 테러리스트나 범죄 조직의 익명성 악용을 통한 폭발물이나 무기 부품 은폐 가능성이다. 둘째, 위조품, 마약 등 금지품목의 국제 밀수 경로로 활용될 수 있다. 셋째, 리튬배터리, 화학물질 등 부적절하게 포장된 위험물질이 항공안전을 위협할 수 있다.

현장 인사이트

"마약, 불법 의약품, 위조품 같은 금지품목이 전자상거래 항공화물로 위장해 국경을 넘나드는 사례가 급증하고 있습니다. 특히 Dark Web에서 거래된 불법 상품들이 일반 택배처럼 포장되어 대량의 합법적 화물 속에 섞여 들어오는 경우가 많습니다. 이런 상황에서 효과적인 표적 검색이 핵심인데, 위험기반 분석의 정교함이 중요해졌습니다."

– ○○국제공항 화물터미널 항공보안검색요원

소형 패키지의 폭발적 증가는 기존 보안 검색 인프라에 상당한 압박을 가하고 있으며, 신속한 배송 요구와 철저한 보안 검색 사이의 균형이 핵심 과제가 되었다. 이에 따라 위험기반 접근법(Risk-based Approach)의 중요성이 주목받고 있으며, AI를 활용한 표적 검색 전략이 발전하고 있다.

글로벌 플랫폼들도 자체 판매자 검증 시스템과 금지품목 모니터링을 구

축하고 있으며, 일부 국가에서는 플랫폼 업체에 화물보안 법적 책임을 부과하는 추세다. 또한 테러리스트나 범죄자의 허위 신원 수령을 방지하기 위해 생체인식 기술을 활용한 수령인 확인절차 도입이 보안확보의 중요한 고리로 인식되고 있다.

전자상거래와 항공화물 보안의 조화는 앞으로도 지속적인 혁신과 적응을 요구하는 도전적 과제다. 항공보안 업계는 기술 발전과 소비자 기대 변화에 따라 보안 접근법을 지속적으로 진화시켜야 한다. 이 과정에서 효과적인 보안과 원활한 물류 흐름 사이의 균형을 찾는 것이 핵심 과제로 남을 것이다.

(3) 알고리즘으로 지키는 하늘: 빅데이터와 AI 기반 항공화물 보안기술

빅데이터와 인공지능(AI) 기술은 전자상거래로 인한 항공화물 보안 도전에 대응하는 핵심 열쇠로 부상하고 있다. 방대한 데이터를 분석해 패턴을 발견하고 위험을 예측하는 AI 기반 솔루션은 기존 인력 중심 보안 접근법의 한계를 극복하는 새로운 대안이다.

전자상거래 화물의 위험평가에는 주문정보, 거래이력, 세관신고 데이터, 화물 스캔 이미지, 물류추적 정보 등이 통합 분석되며, 여기에 정보기관의 위협정보도 연계된다. 이러한 다차원적 데이터융합은 보다 정교한 위험 프로파일링을 가능하게 한다.

화물보안업계에서 AI 기반 보안기술은 세 가지 영역에서 활용되고 있다. 첫째, 예측적 위험 평가는 화물이 공항 도착 전 고위험화물을 미리 식별한다. 둘째, 이미지 인식 기술은 X-ray나 CT 스캐너에서 위험물을 자동 탐지한다. 셋째, 실시간 이상 탐지 시스템은 화물처리 과정의 비정상적 패턴을 감지한다.

주목할 만한 실제 사례로는 미국 CBP의 ATS(Automated Targeting System)가 있다. 이 시스템은 수십 개 데이터베이스를 통합해 화물 위험도를 자동 평가하고, 고위험 화물에 추가 검사를 지시한다.

AI 기반 이미지 인식 기술은 딥러닝 알고리즘으로 수백만 개 이미지를 학습해 폭발물, 무기, 마약 등을 자동 탐지하며, 특히 복잡한 전자상거래 패키지 내 은폐된 위험물 식별에 효과적이다. 3D CT 스캐너와 AI의 결합은 검색 정확도와 속도를 크게 향상시키고 있다.

하지만 여전히 해결해야 할 과제들이 존재한다. 데이터 품질과 일관성 확보, 국가 간 데이터 공유의 법적 장벽, AI 결정의 투명성과 책임성, 프라이버시 보호와 효과적 보안 사이의 균형 등이 주요 난제다.

미래에는 자율학습 AI 시스템, 양자 컴퓨팅 기반 고급 데이터 분석, 블록체인 기반 보안 증명 등이 항공화물 보안의 새로운 지평을 열 것으로 예상된다. 이러한 혁신은 전자상거래의 폭발적 성장 속에서도 항공화물의 보안과 효율성을 동시에 높일 수 있는 핵심 동력이 될 것이다.

4. 속도와 보안 사이, 통합특송업체의 숨겨진 전략

통합특송업체(Integrated Express Carriers)는 항공화물 시장의 게임체인저로 부상했다. FedEx, DHL, UPS, TNT 같은 업체들은 포워더, 항공사, 지상 운송업체를 수직 통합하여 문 앞까지 원스톱 서비스를 제공하는 새로운 모델을 구축했다. 이들은 전자상거래 붐을 타고 급성장하며 항공화물 시장의 판도를 변화시키고 있다.

(1) 문 앞까지 하늘을 잇다: 통합특송업체와 항공운송사업자의 보안관리 비교

통합특송업체와 전통적인 항공운송사업자는 보안관리 측면에서 뚜렷한 차이를 보인다. 통합특송업체는 전체 공급망을 단일 기업이 통제하는 'Closed System'을 운영하지만, 전통적 항공운송사업자는 화물운송업체, 화주, 지상조업체 등 다양한 주체가 참여하는 'Open System'에 가깝다. 이러한 구조적 차이는 보안 접근법과 전략에 근본적인 영향을 미친다.

현장 인사이트

"통합특송업체의 가장 큰 경쟁력은 전체 공급망에 대한 가시성(Visibility)입니다. 화물이 발송인의 문에서 수취인의 문까지 전 여정에서 단일 운영 시스템 내에서 움직이기 때문에, 보안통제의 일관성과 연속성을 유지할 수 있죠. 반면 전통적 시스템에서는 여러 업체가 관여하다 보니 책임 소재가 분산되고, 정보 단절 지점이 생기기 쉽습니다."

- ○○○항공 인천국제공항 화물보안담당자

통합특송업체는 자체 항공기 보유, 전용 터미널 운영, 자사 직원에 의한 화물처리 등을 통해 외부 의존도를 최소화한다. 이러한 수직적 통합은 표준화된 보안절차와 일관된 품질관리를 할 수 있게 하는 장점이 있지만, 초기 인프라 투자 비용이 많이 들고 운영 유연성이 제한될 수 있다는 단점도 존재한다.

주요 용어 정리

- **통합특송업체**: 항공운송, 지상운송, 창고관리, 통관 등 물류 전 과정을 단일 회사에서 처리하는 기업
- **복합항공운송사업자(Combination Carrier)**: 여객기와 화물기를 모두 운영하는 항공사

보안 철학 측면에서도 두 모델은 차이를 보인다. 통합특송업체는 화물이 시스템 진입부터 최종 배송까지 자체 보안통제를 적용하지만, 전통적 항공운송사업자는 공급망의 다양한 주체들이 각자 영역에서 보안책임을 맡고 이를 문서로 만들어 연결하는 방식을 취한다.

통합특송업체의 보안 특성은 다음과 같다. 첫째, 단일통제 체계로 보안정책의 일관된 적용이 가능하여 보안 책임 분산으로 인한 취약점을 최소화한다. 둘째, 엔드투엔드 가시성으로 전체 운송 과정의 실시간 추적이 가능하여 화물 무결성을 지속 모니터링할 수 있다. 셋째, 표준화된 보안 프로토콜로 전 세계 모든 시설에 일관된 보안표준을 적용한다. 넷째, 규모의 경제를 활용한 첨단 보안기술 투자가 쉽다. 다섯째, 통합된 운영체계로 보안사고 시 신속하고 체계적인 대응이 가능하다.

통합특송업체는 RFID, IoT 센서, 생체인식 기반 접근통제, 중앙화된 보안 모니터링 센터 등 디지털 기술을 적극 활용한다. 녹자적인 IT 시스템으로 화물 데이터를 통합 관리하여 이상 징후 탐지와 위험 화물 식별에서 정

보의 연속성을 확보한다는 장점이 있다.

인력 관리에서도 통합특송업체는 자체 직원 채용, 보안교육, 신원조사를 통해 내부자 위협을 철저히 관리한다. 전통적 항공운송사업자는 다수 협력사와 하청업체에 의존해 인적요소의 보안통제가 상대적으로 분산되는 경향이 있다.

위험평가와 대응에서도 차이가 존재한다. 통합특송업체는 자체 데이터베이스와 글로벌 네트워크를 바탕으로 독자적인 위험평가 시스템을 운영하며, 고위험화물에 대해 신속한 추가 조치를 취할 수 있다. 반면 전통적 시스템에서는 각 주체가 자체 위험 평가를 수행해 일관성 부족이나 정보 공유 지연이 발생할 수 있다.

최근에는 상호 보완적 접근법도 등장하고 있다. 일부 항공운송사업자들은 통합특송업체의 강점을 벤치마킹하여 화물 추적 시스템을 고도화하고 있으며, 통합특송업체들도 보안 증명 연계 개념을 일부 도입해 특정 지역이나 특수 화물에서는 신뢰할 수 있는 파트너와 협력하는 유연성을 확보하고 있다.

규제 측면에서는 통합특송업체의 독특한 비즈니스 모델이 기존 항공화물 보안 규제 체계와 맞지 않는 상황을 일으키기도 한다. 많은 국가의 보안 규제가 전통적 항공운송 모델을 기준으로 설계되었기 때문에, GEA(Global Express Association) 같은 협회를 중심으로 통합특송 모델의 특성을 반영한 규제 체계 개선 노력이 진행되고 있다.

주요 용어 정리

- **GEA(Global Express Association):** DHL Express, FedEx, TNT Express, UPS 등 4개 주요 국제특송업체를 대표하는 국제비정부기구이다. 1983년 스위스에서 설립된 GEA는 UN 및 WCO에서 옵저버 지위를 보유하고 있으며, ICAO의 다양한 전문기관 및 위원회 활동에 참여하고 있다.

(2) 새로운 주인공의 등장: 통합특송업체가 재편하는 항공화물시장

통합특송업체는 글로벌 항공화물 시장에서 빠르게 영향력을 확대하고 있다. 2009년 이후 국제 통합특송 시장은 연평균 8.5%의 성장률을 기록했으며, 2019년에는 11.5%라는 높은 성장률을 보였다. 국제 항공화물 운송에

서 통합특송업체의 점유율은 1992년 4.1%에서 2019년 19%까지 성장했으며, 2024년 전자상거래 관련 소형 패키지 부문에서는 40%를 넘고 있다.

통합특송업체의 성장 요인은 다양하다. 첫째, 전자상거래 급부상으로 인한 소형 패키지 물동량 증가가 이들의 비즈니스 모델과 잘 맞아떨어진다. 둘째, 정시 배송과 실시간 추적에 대한 소비자 기대 상승이 통합특송업체의 강점을 부각시켰다. 셋째, 복잡한 통관 절차를 간소화할 수 있는 전문성이 국제 배송 장벽을 낮추는 데 이바지했다. 넷째, 코로나19 팬데믹 기간 여객기 운항 감소로 인한 벨리카고 공급 부족 상황에서, 자체 화물기 네트워크를 운영하는 통합특송업체들이 안정적인 운송 능력을 제공할 수 있었다.

현장 인사이트

"통합특송업체들은 팬데믹 기간에 글로벌 공급망의 생명선 역할을 했습니다. 여객기 운항이 중단되고 해상 운송마저 지연되는 상황에서, 자체 항공 네트워크를 가진 특송업체들만이 의료용품과 필수 물자를 안정적으로 운송할 수 있었죠. 이 기간에 많은 기업이 특송 서비스의 가치를 재인식했고, 그 영향은 팬데믹 이후에도 이어지고 있습니다."

– ICAO 항공보안교관

통합특송업체들은 보안을 핵심 경쟁력으로 활용하고 있다. 화물의 무결성과 안전한 배송을 보장하는 자체 보안시스템을 마케팅 포인트로 강조하며, 특히 고가품, 의약품, 민감한 비즈니스 문서 등의 운송에서 차별화된 보안 서비스를 제공한다. 이러한 접근법은 보안을 단순한 규제 준수 비용이 아닌 부가가치 창출 요소로 전환하는 새로운 패러다임을 보여준다.

통합특송업체의 성장은 전체 항공화물 시스템에 긍정적 영향을 미치고 있다. 이들이 도입한 첨단 추적 기술, 위험관리 시스템, 보안 프로토콜 등은 업계 전반의 보안 수준을 높이는 벤치마크가 되고 있다. 또한 통합특송업체들의 규제 기관과의 협력은 항공화물 보안 정책 발전에 이바지하고 있으며, 특히 전자상거래 화물 보안에 관한 새로운 표준 수립에 중요한 역할을 하고 있다.

한편, 통합특송업체들의 성장은 규제 측면에서 새로운 문제를 제기하기도 한다. 이들이 전통적 항공사, 화물 포워더, 택배 회사의 영역을 넘나들며 활동함에 따라, 기존의 업종별 규제 체계의 적절성에 대한 논의가 진행 중이다. 특히 시장 지배력이 높아지는 대형 통합특송업체들에 대한 공정 경쟁 이슈와 보안 책임의 범위 설정 등이 주요 정책 과제로 떠오르고 있다.

통합특송업체의 성장은 앞으로도 지속될 전망이며, 단일 주체가 전체 공급망을 통제하는 '통합 보안 모델'의 효과성이 입증됨에 따라 다양한 하이브리드 접근법이 등장하고 있다. 글로벌 보안 위협이 점점 더 복잡해지고 정교해지는 상황에서, 통합특송업체의 경험과 혁신은 항공화물 보안의 미래를 형성하는 중요한 요소가 될 것이다.

토론주제

통합특송업체의 성장이 항공화물 보안 표준과 규제에 미치는 영향은 무엇인가?
단일 주체가 전체 공급망을 통제하는 모델이 표준이 된다면 보안 거버넌스는 어떻게 변화할까?

5. 화물전용기의 숨겨진 가치와 전략적 중요성

항공화물은 크게 여객기 하부 화물칸에 실리는 벨리카고(Belly Cargo)와 화물전용기(Freighter)로 운송되는 두 가지 방식이 있다. 최근 몇 년간 화물전용기의 중요성과 시장 점유율이 꾸준히 증가하고 있으며, 특히 코로나19 팬데믹 기간 여객 운항 급감으로 인한 벨리카고 공간 부족 상황에서 화물전용기는 글로벌 공급망의 생명선 역할을 했다. 화물전용기는 보안 측면에서도 독특한 특성을 가져 항공화물 보안 전략의 중요한 요소로 부상하고 있다.

(1) 화물만을 위한 날개: 화물전용기 확대와 항공물류 변화

화물전용기는 오직 화물 운송만을 목적으로 설계된 항공기로, 여객 운송을 위한 좌석이나 편의시설 없이 화물 적재 공간을 최대화한 것이 특징이다. 최근 5년간 글로벌 항공화물 시장에서 화물전용기의 비중은 꾸준히 증가하여, 2024년 기준으로 전 세계 항공화물 운송량의 약 55%를 담당하고 있다. 이는 2000년대 초반 35% 수준에서 크게 상승한 수치로, 화물전용기가 항공물류에서 차지하는 중요성이 지속적으로 강화되고 있음을 보여준다.

현장 인사이트

"화물전용기는 단순한 운송수단이 아니라 공급망 전략의 핵심 요소입니다. 특히 반도체, 의약품, 고가 전자제품 같은 고부가가치 화물의 경우, 발송인들은 안정성과 정시성을 최우선으로 고려합니다. 화물전용기는 여객 일정에 종속되지 않고 화물 수요에 최적화된 일정으로 운항할 수 있어, 이러한 프리미엄 화물에 이상적인 솔루션을 제공합니다."

- ○○항공 인천국제공항 화물보안담당자

화물전용기의 성장을 견인하는 요인은 다양하다. 첫째, 전자상거래의 급성장과 함께 소형 패키지 물량이 폭증하면서, 전용 화물 네트워크의 필요성이 증가했다. 둘째, 글로벌 제조 기업들의 적시 생산 전략은 정확한 시간에 정확한 장소로 부품을 공급해야 하는 요구를 증가시켰다. 셋째, 코로나19 팬데믹, 수에즈 운하 봉쇄, 홍해 안보 위기 등 글로벌 물류위기를 겪으면서 기업들이 공급망 안정성과 복원력을 높이기 위해 화물전용기 활용을 확대했다. 넷째, 여객기 네트워크가 주요 상업 노선에 집중되는 반면, 화물전용기는 제조업 중심지와 물류 허브를 직접 연결할 수 있다는 지리적 유연성이 장점으로 작용한다.

보잉사의 2024-2043 항공화물 전망에 따르면, 향후 20년간 글로벌 화물기 선단은 현재 1,950대에서 3,530대로 약 80% 증가할 전망이다. 특히 e-커머스 성장으로 인한 익스프레스 화물 증가로 중형 화물기(Boeing 787, Airbus A350 등)와 표준 동체 화물기(Boeing 737, Airbus A320 계열)의 수요가 많이 증가할 것이다. 아시아 태평양 지역, 특히 중국과 인도가 화물기 수요 증가를 주도할 것으로 예상된다.

화물전용기는 여객기 벨리카고에 비해 몇 가지 뚜렷한 강점이 있다. 첫째, 여객기 일정에 종속되지 않고 화물 수요에 맞춰 최적의 노선과 시간대에 운항할 수 있다. 둘째, 메인덱(Main Deck)의 넓고 높은 공간을 활용해 대형 화물이나 특수 화물을 적재할 수 있다. 셋째, 위험물 운송에 대한 제한이 상대적으로 적어 다양한 화물 취급이 가능하다. 넷째, 화물 전용 공항이나 터미널을 활용해 혼잡한 여객 공항을 우회할 수 있다. 이러한 특성들은 특히 산업용 설비, 항공 부품, 자동차 부품, 신선식품 등의 운송에 있어 화물전용기가 선호되는 이유다.

화물전용기 시장의 주요 추세로 e-커머스 기업과 기존 화물 항공사 간의 새로운 협력 모델을 주목할 만하다. 아마존은 ATSG, 아틀라스 항공 등과의 장기 계약을 통해 전용 화물기 네트워크를 구축했으며, 알리바바의 차이냐오(Cainiao)네트워크는 여러 화물 항공사와 전략적 제휴를 맺고 중국발 국제 전자상거래 화물을 처리하고 있다. 이러한 협력은 안정적인 수요 기반을 바탕으로 화물전용기 시장의 지속 성장을 뒷받침하고 있다.

토론주제

화물전용기 운영의 증가가 항공화물 보안에 미치는 영향은 무엇인가?
여객기 벨리카고 중심의 기존 보안 패러다임이 어떻게 변화해야 하는가?

(2) 더 안전한 선택인가?: 화물기 선호현상이 보안에 미치는 영향

화물전용기는 보안 측면에서 여객기와 뚜렷이 구분되는 특성을 가지고 있다. 가장 근본적인 차이는 승객의 부재로, 이는 보안 접근법에 중대한 영향을 미친다. 여객기의 경우 승객 안전이 최우선 과제이므로 화물에 대해 매우 엄격한 보안기준이 적용되는 반면, 화물전용기는 항공기 자체와 승무원의 안전에 초점을 맞춘 차별화된 보안 프로토콜이 적용된다.

현장 인사이트

"화물전용기와 여객기의 보안 철학은 근본적으로 다릅니다. 여객기는 '한 번의 실수도 허용할 수 없다'는 원칙 하에 모든 승객에 대해 엄격한 검색을 하는 반면, 화물전용기는 '위험기반 접근법'을 더 적극적으로 적용합니다. 물론 화물전용기라고 해서 보안이 약화되는 것은 절대 아니며, 다만 위험 특성에 따라 보안자원을 더 효율적으로 배분할 수 있는 여지가 있다는 점이 차이점입니다."

– ○○항공 인천국제공항 화물보안담당자

화물전용기의 주요 보안 장점은 다음과 같다. 첫째, 전체 공급망에 대한 가시성과 통제력이 강화된다. 화물전용기는 종종 전용 터미널과 창고 시설

을 이용하여 보안 시스템의 일관성과 무결성을 높인다. 둘째, 취급하는 화물의 유형이 상대적으로 제한적이고 예측할 수 있어 보안 프로토콜을 특정 화물 특성에 맞게 최적화할 수 있다. 셋째, 화물 특성에 맞는 맞춤형 보안 검색 장비와 기술을 도입할 수 있다. 넷째, 물류 처리 인력이 화물 처리에 특화된 전문 교육을 받아 이상 징후 탐지 능력이 향상된다.

반면 화물전용기 운영에는 몇 가지 보안 도전과제도 존재한다. 첫째, 여객기에 비해 적재되는 화물의 양과 다양성이 많이 증가하여 효과적인 검색과 위험 평가의 복잡성이 높아진다. 둘째, 화물 운송 일정이 종종 비정기적이거나 단기간에 변경될 수 있어 보안 계획 수립과 자원 배분의 어려움이 있다. 셋째, 일부 개발도상국이나 소규모 공항에서는 화물전용기를 위한 전문 보안 인프라가 부족할 수 있다.

국제민간항공기구(ICAO)와 각국 항공당국은 화물전용기의 특수성을 고려한 보안 규정을 개발하고 있다. 미국 TSA의 CCSF(Certified Cargo Screening Facilities) 프로그램은 화물전용기 운송을 위한 별도의 보안 검색 프로토콜을 규정하고 있으며, EU의 ACC3 제도도 화물전용기에 관한 특별 조항을 포함하고 있다.

화물전용기의 증가는 항공화물 보안 패러다임의 변화를 가속화하고 있다. 전통적인 보안 접근방식에서 벗어나, 화물 특성과 위험도에 따라 차별화된 '위험기반 보안(Risk-based Security)' 모델이 강화되고 있다. 이러한 변화는 보안자원의 효율적 배분을 가능케 하면서도 전체적인 보안수준을 높이는 데 이바지하고 있다.

전자상거래의 급성장으로 인한 소형 패키지 증가는 화물전용기 보안에 새로운 과제를 제시한다. 대량의 소형 패키지는 기존의 팔레트나 ULD 중심 검색 방식으로는 효과적으로 대응하기 어려우며, 이에 따라 자동화된 소포 검색 시스템과 AI 기반 위험 평가 도구의 도입이 확산되고 있다.

주목할 만한 최신 추세는 '포워드 스크리닝(Forward Screening)' 개념의 확산이다. 이는 화물이 항공기에 탑재되기 전, 가능한 한 공급망의 초기 단계에서 보안검색을 하는 접근법이다. 글로벌 제조업체나 대형 화주들이 자체 시설 내에 검색 장비를 설치하고 항공당국의 인증을 받는 사례가 증가하고 있으며, 이는 공항에서의 병목 현상을 줄이고 전체 공급망의 보안 효율성을 높이는 데 이바지하고 있다.

데이터 기반 보안강화도 중요한 추세다. 화물전용기 운영사들은 방대한 운송 데이터를 활용해 이상 패턴을 탐지하고 고위험화물을 사전에 식별하는 예측적 분석 역량을 강화하고 있다. 기계학습과 AI 기술의 발전으로 이러한 데이터 분석의 정확도와 효율성이 크게 향상되고 있다.

미래에는 화물전용기의 증가와 함께 보안기술과 프로세스의 혁신이 가속화될 전망이다. 특히 자율주행 지상 장비, 로봇 기반 화물 취급, IoT 센서를 활용한 실시간 모니터링 등이 화물전용기 보안의 새로운 패러다임을 형성할 것이다. 블록체인 기술을 활용한 화물 무결성 보장 시스템도 점차 확산할 전망이다.

6. 안전한 여정의 설계: 항공화물 처리과정과 보안관리

항공화물은 발송인으로부터 최종 수취인에게 전달되기까지 복잡한 공급망을 거쳐 이동한다. 이 과정에서 다양한 주체들이 화물을 취급하고, 여러 단계의 보안 절차가 적용된다. 항공화물의 전체 처리과정을 이해하고 단계별 취약점과 보안 대책을 파악하는 것은 효과적인 항공화물 보안 관리의 핵심이다.

(1) 출발에서 도착까지: 항공화물의 운송주기와 보안 취약점

항공화물의 운송주기는 크게 여섯 단계로 구분할 수 있다. 1) 화물 준비 및 포장, 2) 운송예약 및 서류 준비, 3) 화물 수락 및 검색, 4) 보관 및 항공기 탑재, 5) 항공 운송, 6) 하역 및 최종 인도. 단계마다 고유한 보안 취약점이 존재하며, 이에 맞는 특화된 보안대책이 요구된다.

첫 번째 단계인 화물 준비 및 포장은 화주(발송인)의 책임 하에 이루어진다. 핵심 보안 과제는 내용물의 정확한 신고와 안전한 포장이다. 발송인이 위험물이나 금지품목을 고의로 숨기거나, 무지로 인해 부적절하게 신고하는 경우가 주요 위험 요소다. 이를 방지하기 위해 '상용화주(Known Shipper)' 프로그램이나 '공인경제운영자(AEO, Authorized Economic Operator)' 제도가 도입되어 신뢰할 수 있는 발송인을 사전에 검증하고 있다.

현장 인사이트

"항공화물 보안의 첫 번째 안전장치는 발송인입니다. 가장 정확한 정보를 가진 사람은 화물을 처음 포장한 사람이기 때문이죠. 우리는 정기적인 화주 교육과 인증 프로그램을 통해 발송인들이 항공화물 보안의 중요성을 인식하고 책임감을 느끼도록 노력하고 있습니다. 특히 위험물 관련 사고의 상당수가 부적절한 신고나 포장에서 비롯된다는 점을 강조합니다."

- 상용화주 화물보안교육 담당자

두 번째 단계인 운송예약 및 서류 준비는 주로 화물 운송주선인(Freight Forwarder)가 담당한다. 정확한 서류 작성과 사전 위험 평가가 중요하며, 항공화물운송장(AWB), 상업송장, 포장명세서 등의 서류가 내용물과 일치하는지 확인하는 과정이 필수적이다. 최근에는 전자항공화물운송장(e-AWB)과 사전화물정보(ACI) 시스템을 통해 이 과정의 정확성과 효율성을 높이고 있다.

주요 용어 정리

- **항공화물운송장**(AWB, Air Waybill): 화주와 항공운송인 사이의 운송계약 성립을 입증하는 항공화물의 운송계약서이자 화물의 신원증명서 역할
- **사전화물정보**(ACI, Advance Cargo Information): 화물이 도착하기 전 세관에 전자적으로 제출하는 상세 정보
- **화물보안신고서**(CSD, Consignment Security Declaration): 화물에 적용된 보안통제 조치를 기록한 문서로 공급망 내에서 화물과 함께 이동

세 번째 단계인 화물 수락 및 검색은 항공보안의 핵심 단계다. 화물이 공항 터미널에 도착하면 물리적 검색, X-ray 스캐닝, 폭발물 탐지, 개봉검색 등 다양한 보안검색이 시행된다. 주요 취약점은 검색 장비의 기술적 한계, 대량 화물처리로 인한 시간 압박, 특수 화물(온도 민감 품목, 생물학적 물질 등)의 검색 어려움 등이다. 이를 극복하기 위해 다층적 검색 접근법과 위험기반 표적검색 전략이 도입되고 있다.

실무 팁: 효과적인 항공화물 검색을 위한 5가지 핵심 요소

1. 화물 특성에 맞는 적절한 검색 방법 선택(X-ray, ETD, 물리적 검사 등)
2. 검색 대상의 우선순위 설정을 위한 위험 프로파일링 도입
3. 검색 인력의 정기적인 교육 및 역량 평가
4. 검색 장비의 성능 유지를 위한 품질 관리 프로그램 운영
5. 이상 징후 발견 시 명확한 보안강화 프로토콜 수립

네 번째 단계인 보관 및 항공기 탑재는 공항 내 보호구역에서 이루어진다. 검색을 마친 화물은 출발 전까지 보안이 확보된 구역에 보관되며, 이후 ULD(Unit Load Device)에 적재되어 항공기로 운송된다. 주요 보안 과제는 보호구역의 물리적 보안 유지와 내부자 위협 관리다. 특히 내부 직원에 의한 불법 접근이나 조작 위험이 존재하므로, 엄격한 접근통제, CCTV 모니터링, 직원 신원 조회 등의 대책이 필요하다.

다섯 번째 단계인 항공운송 중에는 화물이 밀봉된 ULD나 항공기 화물칸에 있기 때문에 물리적 접근이 제한된다. 그러나 경유지에서의 환적과정에서 취약점이 발생할 수 있으며, 환적화물의 경우, 보안 책임의 연속성 확보가 중요한 과제다.

마지막 단계인 하역 및 최종 인도는 목적지 공항에서의 화물 처리와 최종 수취인에게 전달되는 과정을 포함한다. 화물의 무결성 유지와 정확한 인도가 핵심이다.

항공화물 운송주기 전반에 걸친 보안통제의 효과성을 높이기 위해서는 '보안통제의 연속성' 개념이 중요하다. 이는 화물이 최초 포장되는 시점부터 최종 인도되는 순간까지 일관된 보안통제가 유지되어야 함을 의미한다. 이를 위해 화물 무결성을 보장하는 물리적 수단(보안 씰, 훼손 확인 포장 등)과 디지털 수단(전자 서명, 블록체인 기반 추적 등)이 병행 활용되고 있다.

토론주제

1. 항공화물 운송주기 중 가장 취약한 단계는 어디이며, 이 취약점을 어떻게 효과적으로 보완할 수 있을까?
2. 항공화물 처리 과정의 단계에서 인적요소(Human Factor)가 보안에 미치는 영향은 무엇이며, 이를 어떻게 관리해야 하는가?

(2) 위험과 효율성의 균형: 항공화물 처리과정의 안전 확보전략

항공화물 처리과정에서 보안과 운영 효율성 사이의 균형을 찾는 것은 지속적인 도전과제다. 과도한 보안조치는 물류 지연과 비용 증가를 초래할 수 있는 반면, 불충분한 보안은 심각한 위험을 초래할 수 있다. 이러한 딜레마를 해결하기 위해 위험기반 접근법(Risk-based Approach)이 항공화물 보안의 핵심 전략으로 자리잡고 있다.

위험기반 접근법의 핵심은 모든 화물을 동일하게 취급하지 않고, 위험도에 따라 보안자원을 차등 배분하는 것이다. 고위험화물은 더 엄격한 검색과 통제를 적용받는 반면, 저위험화물은 간소화된 절차를 통해 신속하게 처리된다. 이러한 선별적 접근법은 제한된 보안자원을 효율적으로 활용하면서도 전체적인 보안수준을 유지할 수 있는 방안이다.

위험기반 접근법을 실현하기 위한 핵심 도구로 사전화물정보(ACI) 시스템이 활용되고 있다. 이는 화물이 공항에 도착하기 전에 관련 정보를 전자적으로 제출하고 분석하여 고위험 화물을 사전에 식별하는 시스템이다. 미국의 ACAS(Air Cargo Advanced Screening), WCO의 SAFE Framework 등이 대표적인 사전화물정보 이니셔티브다.

공급망 보안(Supply Chain Security) 접근법은 보안을 공항 내 검색에만 의존하지 않고, 공급망 전체에 걸쳐 다층적 보안통제를 구축하는 방식이다. 항공사, 화물포워더, 지상조업체, 화주 등 모든 참여자가 각자의 영역에서 보안 책임을 분담하는 구조다. 대표적인 프로그램으로는 미국의 CCSP (Certified Cargo Screening Program)와 C-TPAT(Customs-Trade Partnership Against Terrorism), EU의 Regulated Agent/Known Consignor 제도, WCO의 AEO 프로그램 등이 있다.

기술 혁신은 항공화물 처리과정의 보안과 효율성을 동시에 향상시키는 핵심 요소다. 최신 검색 기술(CT 스캐너, 자동 폭발물 탐지 등)은 검색 정확도와 속도를 함께 높이고 있으며, 자동화 시스템(로봇 기반 화물 취급, 자율주행 이동 장비 등)은 인적 오류를 줄이면서 처리 속도를 향상시킨다. 또한 데이터 분석과 AI 기술은 위험 평가의 정확성을 높이고 실시간 의사결정을 지원한다.

표준화와 조화(Standardization and Harmonization)는 효율적 보안을 위한 또 다른 핵심 전략이다. 국가마다 다른 보안 요구사항은 국제 항공화물 운송에 큰 부담으로 작용한다. ICAO, IATA, WCO 등 국제기구들은 글로벌 표준을 개발하고 국가 간 상호인정 체계를 구축하기 위해 노력하고 있다. 특히 Annex 17과 ICAO Aviation Security Manual(Doc. 8973)은 항공화물 보안의 국제표준을 제시한다.

최근에는 '스마트 규제(Smart Regulation)' 개념이 확산되고 있다. 이는 단순히 더 많은 규제를 만드는 것이 아니라, 위험기반 접근법과 성과 중심 기준(Performance-Based Standards)을 통해 보안 목표를 달성하면서도 산업의 혁신과 효율성을 저해하지 않는 규제 방식을 의미한다.

효율적 보안을 위한 조직적 전략도 중요하다. 보안문화(Security Culture) 구축, 인적 역량 강화, 성과 측정 시스템 개발 등을 통해 보안 활동의 지속가능성과 효과성을 높일 수 있다. 특히 최근에는 보안을 비즈니스 가치 창출의 원천으로 인식하는 관점이 확산되고 있으며, 이는 조직 전반의 보안 활동 참여와 투자를 촉진하는 요인이 되고 있다.

토론주제

1. 항공화물 처리과정에서 보안과 효율성의 올바른 균형점은 어디인가? 이는 위협환경, 경제상황, 기술수준 등에 따라 어떻게 달라져야 하는가?
2. 화물 처리과정의 보안 의사결정에 있어 항공보안당국, 항공사, 화주, 운송주선인 등 이해관계자들의 적절한 역할 분담은 무엇인가?

(3) 취약점을 찾아서: 화물처리 주체별 보안관리 맹점과 대응책

항공화물 처리과정에는 다양한 주체들이 참여하며, 주체별로 고유한 보안 취약점과 과제가 존재한다. 이들 취약점을 정확히 이해하고 효과적인 대응책을 마련하는 것은 전체 항공화물 보안 시스템의 무결성을 보장하는 데 필수적이다.

화주(Shipper)는 항공화물 공급망의 출발점으로, 내용물 신고와 기본적인 포장 보안을 담당한다. 주요 취약점으로는 내용물 오신고, 부적절한 포장, 위험물 취급 규정 미준수 등이 있다. 특히 소규모 화주나 간헐적으로 항공화물을 발송하는 주체들의 경우 항공보안 지식과 인식이 부족한 경우가 많아 위험 요소가 될 수 있다.

화물 운송주선인(Freight Forwarder)는 화주와 항공사 사이에서 중개 역할을 하며, 화물 통합, 서류 준비, 운송 조율 등을 담당한다. 주요 보안 취약점으로는 다양한 출처의 화물 통합 시 보안통제 일관성 유지의 어려움, 대량 처리로 인한 개별 화물 검증의 한계, 임시 보관 창고의 물리적 보안 취약성 등이 있다. 급증하는 소형 특송 화물의 경우, 기존 대형화물 중심의 보안 프로세스로는 효과적으로 대응하기 어려운 측면이 있다.

항공사(Airline)는 화물의 수락, 검색, 탑재, 운송을 담당하는 핵심 주체다. 주요 보안 취약점으로는 대량화물 처리로 인한 검색 오류 가능성, 짧은 연결시간으로 인한 환적화물 보안 연속성 확보의 어려움, 지상 인력의 광범위한 접근 권한으로 인한 내부자 위협 등이 있다. 국제노선을 운항하는 항공사의 경우, 국가별로 다른 보안요건 충족과 글로벌 네트워크 전반의 일관된 보안수준 유지가 중요한 과제다.

지상조업체(Ground Handler)는 화물의 물리적 취급, 운송, 보관을 담당하는 주체로, 항공화물 보안에서 중요하지만, 종종 간과되는 역할을 한다. 주요 취약점으로는 일시적 인력 활용으로 인한 보안교육 부족, 물리적 화물 취급 과정에서의 보안 감독 미흡, 다수 항공사 서비스로 인한 다른 보안요건 대응의 복잡성 등이 있다. 공항의 보호구역 내에서 광범위한 접근권한을 가진 지상조업 인력은 내부자 위협 관리의 중요한 대상이다.

공항운영자(Airport Operator)는 화물터미널과 관련 인프라의 물리적 보안을 책임지는 주체다. 주요 취약점으로는 광범위한 물리적 경계의 보안 유지 어려움, 다양한 사용자와 목적의 복합시설 관리 복잡성 등이 있다. 특히 화물 영역은 여객 터미널에 비해 상대적으로 보안 관심도가 낮은 경우가 많아, 충분한 자원과 관심 배분이 중요한 과제다.

통관 및 규제 기관(Customs and Regulatory Authorities)은 국경 보안과 규정 준수를 감독하는 주체다. 주요 취약점으로는 대량 화물에 대한 효과적 감독의 어려움, 타 기관과의 정보공유 제한, 새로운 위협에 대응하는 규제체계 업데이트의 지연 등이 있다. 최근에는 사전화물정보(ACI) 분석과 같은 데이터 기반 접근법을 통해 이러한 한계를 극복하려는 노력이 진행 중이다.

주체별 취약점을 효과적으로 관리하기 위해서는 공급망 전체의 협력적 접근법이 필수적이다. '통합보안관리' 개념에 기반한 다양한 이니셔티브가 발전하고 있으며, 핵심 요소로는 위협 정보와 모범사례를 실시간으로 공유하는 정보공유 메커니즘, 다양한 주체의 위험정보를 통합한 공동 위험 평가, 중복 검색을 최소화하는 상호인정 체계, 보안사고 발생 시 모든 참여 주체의 역할과 책임을 명확히 정의한 조율된 비상 대응 그리고 공급망 전체에 걸친 일관된 보안 인식과 역량 확보를 위한 공동 훈련 및 교육 프로그램 등이 있다.

(4) 단계별 보안의 철학: 항공화물 공급망 관리와 보안전략

항공화물 공급망보안은 단순한 기술적 솔루션이나 규제 준수 이상의 전략적 접근을 요구한다. 효과적인 공급망보안은 명확한 철학적 기반 위에 설계되어야 하며, 이는 조직의 보안문화, 위험관리 접근법, 보안 거버넌스 구조 등을 포괄하는 개념이다.

1) 다층 방어

항공화물 공급망보안의 다층 방어는 단일 보안조치에 의존하지 않고, 여러 층의 보호장치를 구축하여 하나의 방어막이 뚫리더라도 다른 방어막이 위협을 막을 수 있도록 하는 전략이다. 항공화물 맥락에서는 화물의 운송주기 전반에 걸쳐 상호보완적인 보안통제를 적용함으로써, 단일 실패점을 제거하는 방식으로 구현된다.

현장 인사이트

"다층 방이는 보안에서 '완벽함'을 추구하지 않는다는 현실적 인정에서 출발합니다. 어떤 보안시스템도 100% 안벽할 수 없으므로 우리는 여러 층의 보호장치를 마련하죠. 예를 들어, 화물에 대해 발송인 검증, 서류심사, 위험 프로파일링, 물리적 검색, 개봉 흔적 감지 등 다양한 보안통제를 차례대로 적용합니다. 한 단계에서 위협을 놓치더라도 다음 단계에서 포착할 가능성을 높이는 거죠."

\- 국토교통부 항공보안감독관

다층 방어의 실제 적용은 항공화물 공급망의 여러 단계에서 이루어진다. 화주 단계에서는 내부 보안 절차와 직원 교육을 통한 기본적인 방어선이 구축되고, 운송주선인 단계에서는 화물 수락 전 내용물 검증과 위험평가라는 두 번째 방어선이 추가된다. 항공사 · 공항 단계에서는 물리적 검색과 화물 무결성 확인이라는 세 번째 방어선이 형성되며, 마지막으로 규제 당국의 감독과 무작위 검사가 최종 방어선 역할을 한다. 이처럼 중첩된 방어체계는 단일 주체나 단일 단계의 실패로 인한 전체 시스템 붕괴 위험을 최소화한다.

다층 방어 전략의 또 다른 중요한 측면은 기술적 · 절차적 · 인적요소를 통합적으로 고려한다는 점이다. 기술적 방어(검색 장비, 감시 시스템 등), 절차적 방어(표준 운영 절차, 문서화된 프로토콜 등), 인적 방어(교육된 인력, 보안문화 등)가 상호보완적으로 작용해야 진정한 다층 방어가 실현된다.

항공화물 공급망의 단계별로 최적화된 보안관리체계 구축이 효과적인 보안 전략의 핵심이다. 단계별 주요 보안관리 방안은 다음과 같다.

1. 화물 접수 및 발송 단계

- Known Shipper Program 적용: 검증된 화주의 화물에 대한 간소화된 보안절차 적용
- 화물 내용물 검증: X-ray 검색, 무작위 물리적 검사를 통한 신고 내용 확인
- 보안 봉인(Security Seal) 적용: 화물의 무결성을 보장하기 위한 특수 봉인 사용
- 화물정보 전자화: 화물정보의 정확한 기록과 추적을 위한 전자시스템 활용

2. 운송 및 창고보관 단계

- 물리적 보안 강화: 보안 울타리, CCTV, 접근통제 시스템을 통한 시설보안
- RFID/GPS 추적: 화물의 실시간 위치 추적 및 모니터링
- 화물 분리 보관: 위험도에 따른 화물 분리 보관으로 위험관리
- 내부자위협 관리: 직원 신원조사, 무작위 검사, 접근제한 등 내부통제

3. 항공사 인수 및 보안검색 단계

- 다층적 보안 검색: X-ray, ETD(폭발물흔적탐지), 물리적 검사 등 복합적 검색 방법 적용
- 화물목록 검증: 실제 화물과 운송장 정보의 일치 여부 확인
- 고위험화물 집중 검색: 위험평가 결과에 따른 추가검색 시행
- 보안인력 교육: 위협요소 식별 및 대응을 위한 전문교육 실시

4. 항공기 적재 및 운송 단계

- 접근통제 강화: 항공기 적재구역에 대한 엄격한 접근제한
- 최종 보안 점검: 탑재 전 마지막 보안확인 절차 실시
- 항공기 보안검색: 출발 전 항공기 화물칸 보안검색
- 화물 무결성 확인: 보안 봉인상태 확인을 통한 운송 중 무결성 검증

5. 도착 및 하역 단계

- 하역 인력 통제: 하역 작업자에 대한 접근권한 및 신원 확인
- 화물 무결성 재확인: 도착 시 보안 봉인상태 확인
- 의심화물 격리: 이상 징후가 발견된 화물의 즉각적인 격리 조치
- 통관 연계 보안: 세관검사와 연계된 보안절차 적용

6. 최종 배송 단계

- 배송 인력 검증: 마지막 배송을 담당하는 인력의 신원 및 배경 확인
- 수취인 신원 검증: 정확한 수취인 확인을 통한 오배송 방지
- 배송 확인 기록: 배송 완료 증빙 자료의 정확한 기록과 보관
- 이상징후 보고체계: 배송과정에서 발견된 이상징후 보고 및 대응 프로토콜

공급망 전체에 걸친 효과적인 보안 관리를 위해서는 다음과 같은 범용적 보안 원칙이 적용되어야 한다. 단계별 명확한 보안책임과 역할 정의를 통한 책임성 확보, 화물 상태와 위치에 대한 지속적인 가시성 확보를 통한 투명성 유지, 전체 공급망에 걸친 일관된 보안 수준 유지를 통한 일관성 보장, 새로운 위협과 운영 환경 변화에 신속히 적응할 수 있는 적응성 강화 그리고 보안 사고와 훈련을 통한 교훈을 반영한 지속적 개선이 필요하다.

이러한 단계별 접근법은 공급망 전체에 걸친 일관된 보안수준을 보장하면서도, 단계별 특성과 위험 요소에 맞는 맞춤형 보안조치를 적용함으로써 항공화물 보안의 효과성을 극대화할 수 있다.

2) 위험기반 보안(Risk-based Security)

위험기반 보안은 모든 화물이나 상황에 동일한 수준의 보안 사원을 투입하는 것이 아니라, 위험도 평가에 기반하여 자원을 최적으로 배분하는 접근

법이다. 제한된 보안자원을 가장 큰 위험에 집중함으로써 전체 시스템의 효과성을 극대화하는 것이 목표다.

위험기반 보안의 핵심은 체계적인 위험평가 프로세스에 있다. 이는 일반적으로 위험식별, 위험분석, 위험평가, 위험처리의 단계로 구성된다. 항공화물 맥락에서는 출발지, 경유지, 도착지의 위험요소, 화물 특성, 화주 프로필, 운송 경로 등 다양한 요소를 고려한 복합적 위험평가가 이루어진다. 이를 통해 화물은 저위험, 중위험, 고위험 등의 카테고리로 분류되어 차별화된 보안조치가 적용된다.

3) 보안문화 구축

보안문화 구축은 모든 공급망 참여자가 보안의 중요성을 내재화하고, 일상적인 행동과 의사결정에 보안 고려사항을 통합하도록 하는 접근법이다. 아무리 정교한 기술적 솔루션이나 물리적 보안조치도 인적요소의 협력 없이는 완전한 효과를 발휘할 수 없다는 인식에 기반한다.

보안문화 구축의 핵심 요소로는 리더십의 헌신, 명확한 책임 정의, 지속적 교육과 인식 제고, 긍정적 보안 행동에 대한 인정과 보상, 개방적 의사소통, 보안사고로부터의 학습 등이 있다. 이러한 요소들이 유기적으로 결합할 때, 규제나 감독 없이도 자발적 보안 준수가 이루어지는 진정한 보안문화가 형성된다.

현장 인사이트

"보안문화는 하룻밤에 만들어지지 않습니다. 우리 회사는 '보안은 모두의 책임'이라는 마인드셋을 정착시키기 위해 3년 간의 단계적 프로그램을 실행했어요. 처음에는 상위 관리자들의 가시적인 리더십과 헌신으로 시작했고, 다음으로 모든 직원이 참여하는 워크숍과 훈련을 통해 인식을 높였습니다. 이후에는 일상 업무에 보안 고려사항을 통합하는 프로세스 재설계를 진행했죠. 가장 중요한 것은 보안 준수를 단순한 규제가 아닌 고객과 회사를 보호하는 핵심 가치로 인식하게 만드는 것이었습니다."

– ○○항공 항공보안책임자

4) 회복력 구축

회복력 구축은 모든 위협을 100% 예방하는 것은 불가능하다는 현실적 인식에 기반하여, 보안 사고 발생 시 피해를 최소화하고 신속하게 정상 상태로 복귀할 수 있는 능력을 강화하는 접근법이다. 항공화물 맥락에서는 비상 대응 계획, 업무 연속성 관리, 백업 시스템 구축, 정기적인 모의훈련 등을 통해 구현되며, '회복 탄력성'이라고도 불린다.

회복력 구축의 핵심 요소로는 상황 인식, 취약성 관리, 적응 능력, 대응 준비 등이 있다. 이러한 요소들은 보안사고 발생 전(예방), 발생 중(대응), 발생 후(복구) 단계를 포괄하는 총체적 접근법을 형성한다. 특히 항공화물과 같이 글로벌하고 복잡한 시스템에서는 국지적 사고가 전체 네트워크에 미치는 파급효과를 고려한 회복력 전략이 중요하다.

5) 협력적 보안

협력적 보안은 항공화물 보안이 단일 조직이나 국가의 노력만으로는 달성될 수 없으며, 모든 이해관계자 간의 긴밀한 협력이 필수적이라는 인식에 기반한다. 글로벌 공급망의 특성상, 가장 약한 고리만큼만 강한 보안 체인을 구축하기 위해서는 모든 참여자의 협력적 접근이 요구된다.

협력적 보안의 실현 방식으로는 공공-민간 파트너십, 국제적 보안 이니셔티브, 정보공유 네트워크, 공동 훈련 및 역량 강화 프로그램 등이 있다. 특히 WCO의 SAFE Framework, ICAO의 항공보안 감독 시스템 등은 국제적 협력을 통한 보안 강화의 대표적 사례다.

6) 지속적 개선

지속적 개선은 보안이 일회성 프로젝트가 아닌 끊임없는 발전 과정이라는 인식에 기반한다. 보안위협의 지속적 진화, 기술과 비즈니스 환경의 변화, 새로운 취약점의 발견 등을 고려할 때, 정적인 보안 접근법은 장기적으로 효과적일 수 없다. 대신, 지속적 개선 프레임워크를 통해 보안 시스템을 끊임없이 평가하고 발전시켜야 한다.

지속적 개선을 위한 핵심 요소로는 성과 측정, 내외부 감사, 취약점 관리, 근본 원인 분석, 피드백 메커니즘 등이 있다. 이러한 요소들을 통해 보안시스템의 효과성을 객관적으로 평가하고, 개선점을 식별하며, 새로운 위협에 선제적으로 대응할 수 있다.

항공화물 공급망 보안은 단순한 기술적 솔루션이나 규제 준수를 넘어, 철학적 기반 위에 구축된 전략적 접근을 요구한다. 다층 방어, 위험기반 보안, 보안문화 구축, 회복력 강화, 협력적 보안, 지속적 개선이라는 여섯 가지 핵심 철학은 상호보완적으로 작용하여 효과적인 항공화물 보안체계의 기반을 형성한다. 이러한 철학적 접근은 시간, 장소, 기술의 변화에도 불구하고 지속적으로 유효한 보안 원칙을 제공하며, 단기적 대응을 넘어선 장기적 보안 전략의 방향성을 제시한다.

FAQ

Q 항공화물 보안에서 가장 큰 위협은 무엇인가요?

A 항공화물 보안의 주요 위협은 1) 폭발물이나 위험물질의 은폐, 2) 항공기 납치나 테러를 위한 무기 운송, 3) 마약, 위조품 등 불법 물품의 밀수, 4) 내부자(직원)에 의한 보안 위반, 5) 사이버 공격을 통한 화물추적 시스템 교란 등이 있습니다. 특히 최근에는 내부자위협과 사이버보안 위협이 증가하고 있습니다.

Q 위험기반 접근법(Risk-based Approach)이란 무엇인가요?

A 위험기반 접근법은 모든 화물에 동일한 수준의 보안조치를 적용하는 대신, 화물의 위험도에 따라 차등화된 보안조치를 적용하는 전략입니다. 출발지, 경유지, 목적지, 화물 유형, 발송인 이력 등을 분석하여 위험도를 평가하고, 고위험화물에 보안자원을 집중함으로써 제한된 자원으로 최대의 효과를 얻을 수 있습니다.

Q 항공화물 보안강화가 화물처리 효율성에 미치는 영향은 무엇인가요?

A 보안강화는 추가적인 검색시간, 문서 작업, 인력 필요성을 증가시켜 화물 처리시간을 늘릴 수 있습니다. 그러나 첨단 검색기술, 사전화물정보 시스템, 자동화된 위험평가 등을 통해 보안과 효율성의 균형을 맞추는 노력이 진행되고 있습니다. 특히 Known Consignor, Regulated Agent 제도는 보안을 유지하면서도 처리 효율성을 높이는 방안으로 활용됩니다.

FAQ

Q 전자상거래의 성장이 항공화물 보안에 어떤 영향을 미치나요?

A 전자상거래 성장으로 소형 패키지가 급증하면서 기존 대량 화물 중심의 보안시스템에 도전이 되고 있습니다. 발송인이 다양화되어 신원확인이 어려워지고, 소비자의 빠른 배송 기대로 인해 보안과 속도 간 균형 유지가 중요해졌습니다. 이에 대응하여 AI 기반 검색 시스템, 자동화된 소형 패키지 처리 시설, 데이터 기반 위험평가 등 새로운 보안 접근법이 개발되고 있습니다.

Q 내부자 위협(Insider Threat)을 어떻게 관리하나요?

A 내부자 위협 관리는 1) 채용 전 철저한 신원조사, 2) 직무별 차등화된 접근권한 부여, 3) 정기적인 보안교육 및 인식 제고, 4) 무작위 보안 점검 및 테스트, 5) CCTV 및 생체인식 기반 접근통제, 6) 의심스러운 행동 보고 시스템 구축, 7) 퇴사자 접근권한 즉시 해제 등 다층적 접근법을 통해 이루어집니다. 특히 보안문화 조성과 내부 고발 프로그램은 효과적인 내부자 위협 관리에 중요합니다.

Q 사전화물정보(ACI, Advance Cargo Information) 제도란 무엇인가요?

A 사전화물정보 제도는 화물이 출발하기 전에 운송업체가 목적지 국가의 세관 및 보안당국에 화물정보를 사전에 제공하는 시스템입니다. 미국의 ACAS(Air Cargo Advanced Screening)가 대표적인 예입니다. 이를 통해 당국은 화물 탑재 전에 위험평가를 하고, 필요시 추가 검색이나 탑재 거부 조치를 할 수 있습니다. 화물의 발송인, 수취인, 내용물, 경로 등 상세 정보가 포함됩니다.

Q 항공화물 보안 관련 국제표준과 규정은 어떻게 되나요?

A 항공화물 보안의 기본 국제표준은 국제민간항공협약 Annex 17에 규정되어 있으며, 여기에는 화물검색, 보안통제, 공급망보안에 관한 최소 요건이 포함됩니다. 이외에도 WCO(세계관세기구)의 SAFE Framework 등이 있습니다. 각 국가는 이러한 국제표준을 기반으로 자국의 법규를 제정하여 시행하며, 미국의 TSA 규정, EU의 Regulation (EU) 2015/1998 등이 대표적입니다.

Ⅲ. 하늘길 화물운송의 이해: 항공화물시스템과 복합운송체계

1. 하늘길 화물운송의 가치: 항공화물운송체계의 이해

항공화물운송은 단순한 운송수단을 넘어, 글로벌 공급망의 핵심적인 역할을 하며, 산업의 고도화와 시장의 글로벌화 속에서 필수적인 고부가가치 물류 솔루션으로 자리매김하고 있다. 빠른 속도, 높은 안전성, 신속한 시장 대응력을 바탕으로 고부가가치 상품 운송에 있어 그 가치는 지속적으로 확대될 전망이다.

그러나 이처럼 중요한 항공화물은 체계적이지 못한 보안통제와 복잡한 처리절차로 인해 보안시스템은 여객보안 대비 여전히 뒤처져 있다.

(1) 신속성과 보안성의 조화: 항공화물 공급망 구축과 보안관리체계

항공화물운송의 가장 큰 특징은 단연 '신속성'이다. 고가의 전자 장비나 중요한 의약품을 생산자로부터 소비자에게 빠르게 전달하는 것이 항공화물의 핵심 가치다. 이런 항공화물은 주로 특정 화주에 의해 반복적인 거래가 이루어지며, 여객운송이 주로 왕복인 것과 달리 단방향 운송(one way)이 대부분이다. 또한 배송시간을 맞추기 위해 여러 공항을 경유하는 복잡한 경로를 통해 환적되는 특징을 갖는다.

항공화물운송은 고비용이지만, 운송시간 단축이 중요한 기업에는 총비용(total cost) 측면에서 매력적인 선택이 된다. 반면 근거리 적용이 어렵고, 공항까지의 육상운송에 크게 의존한다는 단점도 있다. 화물터미널 및 항공운송사업자의 프로세스 지연이나 부정확성은 전체 운송체계에 큰 영향을 미치므로, 효율적인 육상운송과 연계된 항공화물 공급망 구축이 필수적이다.

실무 팁

항공화물 운송 계획 시 항공 운송시간의 3~4배를 지상 운송 및 처리시간으로 계산하세요.

- 첫 번째 단계: 화물에 보안조치를 취한 후 항공기에 탑재하는데 총 운송시간의 26% 소요
- 두 번째 단계: 출발지에서 도착지 공항으로의 항공기 운송은 총 운송시간의 17% 차지
- 마지막 단계: 목적지 공항에서 세관통관을 거쳐 최종 수하인까지 배송하는데 총 운송시간의 약 57% 소요

1) 국가 간 연결성 강화를 통한 공급망 보안체계 구축

국가 간 연결성을 높이면 항공화물운송의 활성화로 이어진다. 항공연결성지표(ACI, Air Connectivity Index)가 1% 증가하면 국제무역 물동량이 6.3% 증가한다는 연구 결과는 항공화물운송 연결성의 중요성을 잘 보여준다. 이는 항공화물운송의 연결성이 높은 국가가 무역경쟁력에서 큰 잠재력을 갖게 된다는 의미다.

중량 대비 가치가 높은 상품을 세계시장에 빠르고 안정적으로 연결하는 능력은 국가 간 연결성을 증대시켜 항공화물 공급망을 활성화한다. 그러나 항공화물 시장의 성장으로 인해 공급망 관련 당사자들은 화물보안 확보라

는 새로운 도전에 직면하고 있다.

2) 항공화물 육상운송 연계를 통한 정시성 확보 전략

항공화물운송은 계절적 변동이 크지 않아 정시성과 안정성이 높다. 국제항공운송협회(IATA)에 따르면, 전 세계 항공화물운송은 화주로부터 수하인까지 평균 134시간이 소요되며, 이 중 항공운송사업자의 화물운송시간은 44시간에 불과하다.

이처럼 항공화물운송은 항공기 운송시간보다 화주로부터 공항까지 그리고 공항에서 최종 목적지까지의 육상운송이 더 많은 시간을 차지한다. 따라서 복합운송을 통한 공항 접근성과 육상운송과의 조화를 통한 정시성 확보가 중요하다.

토론주제

항공화물의 실제 비행시간이 전체 운송시간의 17%에 불과하다면, 항공운송의 효율성을 높이기 위해 가장 개선해야 할 부분은 무엇일까?
육상운송 인프라 개선과 공항 내 화물처리 프로세스 중 어느 것이 더 시급할까?

그러나 공항 운영시스템은 화물운송을 여객운송의 부수적 서비스로 취급하는 경향이 있어 운항시간 및 슬롯 제한 등으로 유연성이 부족하다. 항공화물운송은 늦은 시간까지 화물을 통합하여 밤샘 운항하는 경우가 많은데, 이는 공항의 통행금지와 소음제한 등과 충돌할 수 있다. 이러한 제약을 극복하고 정시성을 확보하는 것이 항공화물운송의 중요한 과제다.

(2) 화물기 및 통합특송업체 활용 증가에 따른 보안규제 변화

항공화물은 화물기 이용 증가와 통합특송시장의 빠른 성장을 보이고 있다. 그러나 이로 인해 테러 공격 등으로 항공화물 운송시스템이 중단될 경우 연쇄반응으로 인한 화물보안 취약성이 증대될 수 있다. 화물보안 위험을 효과적으로 통제하기 위해서는 관련 운영자와의 정보공유가 필수적이다.

특히 화물보안 강화는 운송비용 증가와 운송시간 지연을 일으켜 신속성을 훼손할 수 있으므로, 화물운송 촉진과 보안확보 사이의 균형을 맞추는 실효적인 화물보안규제가 필요하다.

1) 화물기 이용 증가가 보안위협에 미치는 구조적 영향

화물기를 이용한 항공화물운송은 다양한 비행경로와 위험물 및 고가상품 운송에 강점이 있어 항공화물산업 총수익의 약 90%를 창출하며 빠르게 성장하고 있다. 그러나 화물기 확대로 항공화물운송량이 증가하면서, 여객기보다 상대적으로 보안조치가 취약한 화물기를 이용한 불법방해행위 등 보안위협이 증대될 것으로 예상된다.

항공화물운송은 화물기와 여객기의 화물칸에 화물을 탑재하는 두 가지 방법이 있다. 여객기 화물은 주로 왕복운송으로 인해 빠른 배송이 필요한 화주의 요구를 충족시키기 어려우며, 화물칸 용량 부족과 위험물질 및 특수화물 운송 제한이라는 한계가 있다.

대용량 여객기가 증가해도 강화된 보안통제와 불충분한 화물 수용력, 통합특송업체의 성장 등으로 인해 세계 항공화물운송의 50% 이상을 담당하는 화물기의 보안 중요성이 더 강조되고 있다.

2) 공급망보안과 보안검색 통합을 통한 특송업체의 경쟁력 강화

화물운송항공사는 크게 네 가지로 분류할 수 있다. 여객기 벨리카고 전용항공사는 기존 여객네트워크에서 화물운송 기능을 수행하고, 화물전용항공사는 일반화물과 특수화물 운송을 위한 전용 화물기를 운영한다. 복합운송항공사는 화물기와 여객기 벨리카고를 모두 활용하여 안정적인 화물운송을 제공하며, 통합특송업체는 화물기를 이용한 중심거점 운영과 항공 및 육상운송 기능을 통합한다.

특히 통합특송업체의 국제항공화물운송 점유율은 전자상거래 시장 활성화와 함께 지속적으로 증가하고 있다. 통합특송업체는 화물 접수 시 무작위 점검으로 금지물품을 확인하는 표준화된 보안관리절차를 적용한다. 이 시스템은 보안검색과 공급망보안의 결합으로 화물접수부터 항공기 탑재까지 보안통제가 적용되지만, 모든 화물이 보안이 확보된 공급망을 통해 보호되는 것은 아니므로 화물검색은 법적 의무로 보아야 한다.

(3) 항공화물 운송주체의 다양화와 보안책임 분산

항공화물 물류 공급망은 여러 단계와 많은 참여자로 구성된 복잡한 네트워크다. 첫 번째 단계는 화물이 생산지에서 출발 공항까지 운송되는 과정으로 전체 운송 시간의 약 26%를 차지하며, 신속하고 안전한 운송이 핵심이다.

공항에서는 지상조업체가 화물을 항공기에 탑재하기 전 보안 검색을 진행하고 필요한 보안조치를 취한다. 이후 출발지에서 도착지 공항으로의 비행이 이루어지는데, 실제 이동 시간은 전체의 약 17%에 불과하다.

목적지 공항에 도착한 화물은 지상조업체에 의해 하역되고 세관 통관 절차를 거친 후, 화물운송업체를 통해 최종 목적지로 배송된다. 이 마지막 단계가 전체 운송 시간의 약 57%를 차지한다.

항공화물 산업에는 화주, 물류유통센터, 화물운송대리점, 운송주선인, 화물운송업자, 중개인, 항공화물터미널, 세관, 지상조업 서비스 제공자 등 다양한 이해관계자가 참여하며, 이들 간의 협력과 조율이 항공화물 운송의 효율성과 보안을 결정한다.

FAQ

Q 항공화물 공급망에서 가장 취약한 보안 지점은 어디인가?

A 대부분의 보안 전문가는 화물이 공항에 도착하기 전 육상운송 단계와 환적 과정이 가장 취약하다고 지적한다. 이 단계에서는 물리적 감시가 상대적으로 적고, 다양한 관계자들이 화물에 접근할 수 있기 때문이다.

Q 많은 이해관계자가 관여하는 항공화물 보안은 어떻게 통합적으로 관리되나?

A 국제민간항공기구(ICAO)와 각국 항공보안당국은 'Regulated Agent'와 '상용화주제도(Known Consignor)'를 통해 공급망 전체에 대한 보안책임을 분산하고 통합적으로 관리한다. 화물의 모든 취급 단계에서 보안 연속성을 보장하기 위한 시스템이다.

(4) 항공화물 특성별 맞춤형 보안관리체계

항공화물운송은 여객운송과 구별되는 고유한 특성을 갖는다.

운영적 특성으로는 편도 위주의 일방운송과 야간 집중 운송 패턴이 두드러진다. 오후 집화 후 야간운송을 통해 다음날 아침 배송하는 구조로, 여객운송 대비 계절적 변동이 적어 안정적 수요를 보인다.

경쟁력 요소는 신속성과 정시성이다. 높은 운송비용에도 불구하고 빠른 배송이 필요한 고부가가치 화물에서 선호되며, 우수한 정시성과 안전성은 총비용 관점에서 경제성을 제공한다.

보안적 취약성이 주요 과제다. 화물의 다양성(종류, 크기, 밀도, 형태)으로 인한 보안검색의 복잡성, 운송과정의 개방성, 다단계 처리과정에서의 불법물질 은폐 가능성이 존재한다. 특히 항공보안이 여객 중심으로 발달하면서 화물보안이 상대적으로 취약한 상황이다.

이러한 특성은 항공화물 보안체계 구축 시 여객보안과 차별화된 접근이 필요함을 시사하며, 효율성과 보안성의 균형점을 찾는 것이 핵심 과제다.

1) 항공화물운송의 신속성 확보를 통한 공급망 최적화 전략

항공화물운송의 신속성은 기업 경쟁력 유지에 중요한 역할을 한다. 빠른 배송은 제품을 신속하게 시장에 출시하여 경쟁우위를 확보하는 데 도움이 되며, 특히 시간에 민감한 상품이나 긴급 배송이 필요한 경우 항공운송의 속도가 큰 이점이 된다.

신속한 배송은 재고 보유 비용을 줄이고 재고 회전율을 높여 공급망을 최적화한다. 이는 기업의 운영 효율성 향상과 비용 절감에 이바지하며, 고객 만족도를 높이고 전 세계 시장에 빠르게 접근할 수 있게 해준다.

2) 첨단기술을 활용한 항공화물 정시성 확보 시스템

항공화물운송의 정시성 확보는 다층적 접근이 필요하다.

운영 효율성 측면에서는 엄격한 스케줄 관리와 신속한 지상조업이 핵심이다. 정확한 출발·도착시간 설정과 효율적인 화물 적재·하역을 통해 지연을 최소화할 수 있다.

기술적 지원체계로는 실시간 화물추적 시스템과 항공교통 관리시스템 활용이 중요하다. 첨단 기상 모니터링을 통한 악천후 대비와 예비 항공기 운영도 필수적이다.

인프라 및 규정 준수관점에서는 공항 인프라 개선을 통한 이착륙 시간 최적화가 필요하다. 특히 항공보안당국의 규정을 철저히 준수함으로써 보안검색 지연 등 불필요한 지연을 사전에 방지하는 것이 중요하다.

이러한 통합적 접근을 통해 항공화물운송의 정시성을 효과적으로 유지할 수 있으며, 이는 곧 항공보안 운영의 효율성 제고로 이어진다.

3) 엄격한 보안검색을 통한 안정성 보장

항공화물운송의 안전성은 통합적 보안체계를 통해 확보된다. 검색 및 감시체계에서는 X-ray 검색, 폭발물 흔적탐지, 인공지능 기반 화물검사가 핵심이다. CCTV 감시, 접근통제, 경보시스템으로 보호되는 창고 운영을 통해 안전한 보관과 취급이 이루어진다.

기술적 지원으로는 RFID 태그와 GPS 기반 실시간 추적시스템이 활용되며, 인공지능과 기계학습을 도입한 지능형 보안시스템이 점차 확산되고 있다. 인적요소에서는 새로운 규정과 기술, 개선된 관행에 대한 직원의 지속적 교육이 필수적이다.

협력체계구축도 중요한데, 항공사 · 규제기관 · 물류회사 · 운송업체 간 정보공유와 협력을 통해 보안 공백을 최소화한다.

이러한 다층적 접근을 통해 항공화물 보안의 실효성을 높이고 있으며, 특히 기술 발전과 함께 보안체계의 지능화가 가속화되고 있다

(5) 지상에서 하늘까지: 항공화물 지상운송 보안취약성 관리

항공화물 인프라 부족은 단순히 탑재공간 문제를 넘어 복합적 구조적 이슈다.

공항 내 제약요소로는 화물전용기의 긴 공항 체류시간이 있다. 여객기 대비 화물 탑재에 더 많은 시간이 소요되어 공항 시설 활용도를 떨어뜨린다.

지상운송 연계성이 핵심 변수다. 항공화물은 복합운송 특성상 트럭을 통한 공항 접근이 필수적이며, 통합특송업체의 전국 도로 네트워크 구축이 경쟁력을 좌우한다.

운영 효율성에서는 항공화물의 물동량과 시장 점유율이 항공운송 자체보다 지상운송 효율성에 더 큰 영향을 받는다는 점이 주목할 만하다.

결국 지상운송 인프라의 중요성이 증대되고 있으며, 공항 터미널 운영과 픽업·배송 서비스의 통합적 관리가 항공화물 보안 운영에서도 고려해야 할 핵심 요소가 되고 있다.

1) 항공화물 인프라 부족 해결방안과 운송경쟁력 제고 전략

항공화물 인프라 부족 해결은 다층적 접근이 필요하다. 운영 효율성 개선 측면에서는 공항 화물터미널의 처리 프로세스 최적화와 물류단지 인프라 확충을 통한 화물 처리 용량 확대가 핵심이다.

네트워크 확장으로는 국제선 노선 연결성 강화와 지방공항 활성화를 통해 글로벌 물류 허브 역할을 강화할 수 있다. 지역 특화산업과 연계한 국제선 노선 구축이 특히 중요하다. 기술적 혁신에서는 스마트 항공물류 플랫폼 개발과 지역 기반 배송센터 유치, 스마트 화물터미널 구축이 필요하다. 내륙물류기지 개념의 통합물류공항 구축도 효과적인 해결책이다. 정책적 지원으로는 항공화물 활성화를 위한 정부 지원 정책과 규제 완화가 뒷받침되어야 한다.

이러한 종합적 접근을 통해 항공화물 인프라 부족을 해결하고 운송 효율성을 높일 수 있으며, 이는 보안 운영의 효율성 향상에도 이바지한다.

2) 항공화물 탑재과정의 복합성과 보안관리

화물 항공기의 탑재 시간이 오래 걸리는 것은 복합적 요인 때문이다. 화물 특성의 복잡성이 주요 원인이다. 물품의 종류, 크기, 밀도, 형상이 제각각이어서 적재 방식을 신중히 결정해야 하며, 위험물이나 특수 취급 화물은 더 세심한 주의가 필요하다.

안전성 확보를 위한 절차도 시간이 소요된다. 항공기의 안전한 비행을 위해 중량 균형을 고려한 화물 배치가 필수적이며, 모든 화물에 대한 X-ray 검색 등 엄격한 보안 검사를 거쳐야 한다.

운영적 제약으로는 각 화물에 대한 정확한 문서작업과 국제운송 시 추가 서류작업이 있다. 대형화물이나 특수화물은 전용 장비 사용이 필요해 준비 시간도 추가로 소요된다.

이러한 요인들은 여객기 대비 화물기의 긴 공항 제류시간을 일으키며, 보안 관점에서는 단계별 철저한 검증이 안전운항의 전제조건이 된다.

(6) 복합운송 체계에서의 보안통제 연속성 확보

화물운송업체와 물류 서비스 제공업체는 물품의 전체 여정을 관리하는 포괄적인 서비스를 제공한다. 물품 준비부터 최종 배송까지 모든 과정을 담당하며, 관련 서류 처리와 절차 촉진도 함께 수행한다.

화물운송은 단일 운송수단을 이용하거나, 항공운송이 해상·철도·도로운송과 결합하는 복합운송 형태로 이루어진다. 복합운송은 화주에서 출발공항까지, 목적지 공항에서 최종 수하인까지의 전체 과정을 포괄한다.

운송업체들은 물품 이동 외에도 통합, 보관, 취급, 포장 등 다양한 부가서비스를 제공한다. 여기에는 세관 업무, 공식 물품 신고, 보험 가입, 서류 조달 등이 포함되며, 최신 정보통신기술을 활용해 전체 공급망을 효율적으로 관리한다.

항공화물운송에서 화물운송업체는 항공운송사업자와 직접 계약을 맺어 출발공항에서 도착공항까지의 운송을 담당한다. 창고나 다른 장소에서 화물을 준비하여 항공운송사업자나 그 대리인에게 직접 인도하며, 이는 대개 세관 수출 절차 완료 전에 시작된다. 화물운송업체의 핵심 임무는 고객과 화주의 이익을 보호하는 것이다.

(7) 항공화물과 여객운송의 성장률 격차와 보안자원 배분

항공화물산업은 급속한 성장과 함께 복잡한 문제에 직면하고 있다. 화물운송이 거의 모든 산업과 연결되면서 기업 경영의 핵심 요소로 자리잡았다. 항공운송은 kg당 가격이 가장 높지만, 빠른 성장세로 항공사의 주요 수익원이 되었으며, 특히 세계 경제 성장률의 3배 속도로 성장하고 있다.

항공화물운송은 과거 여객운송의 부수적 서비스에서 벗어나 현재 많은 항공사가 전문화하고 있으며, 일부 소형공항은 이를 핵심사업으로 삼고 있다. 이러한 중요성 증대 배경에는 여객기의 엄격한 보안규제로 인한 화물 수용력 부족, 산업 통합 및 규모 확대, 수출입 화물 흐름의 불균형 등이 있다.

항공화물량은 톤 킬로미터로 측정되며, 잠재적 화물과 실제 탑재 화물로 구분된다. 잠재적 항공화물량은 경제활동과 무역으로 결정되는 수요를 의미한다. 따라서 항공화물의 거시경제적 특성을 분석할 때는 경제활동 및 무역과의 관계를 함께 고려해야 한다.

2. 하늘길의 도전: 항공화물운송의 보안관리 한계요인

항공화물 운송업계는 다양한 도전에 직면하고 있다. 가장 큰 문제는 항공화물이 여객 서비스의 부수적인 것으로 취급되어 시장 접근권의 유연성이 부족하다는 점이다. 또한 특급 서비스의 특성상 늦은 시간까지 기다렸다가 밤샘 운항해야 하는데, 이는 공항의 통행금지 시간이나 운항시간 제한과 자주 충돌한다.

항공화물 수요의 불안정성과 불규칙성도 큰 과제다. 승객 운송에 비해 화물 운송의 수요 변동이 훨씬 심하다. 승객 좌석은 단순히 좌석 수만 고려하면 되지만, 화물 공간은 길이, 높이, 폭, 부피, 중량, 단위탑재장치(ULD) 위치 등 다차원적 요소를 모두 고려해야 한다.

규제 측면에서도 여러 제약이 있다. 공항 통행금지와 슬롯 제한은 모든 화물운송 사업자가 직면하는 문제로, 항공사들이 기술적·상업적 고려사항을 바탕으로 서비스를 자유롭게 개발하는 데 제한을 받고 있다.

현행 규제는 소유와 지배구조, 국내외 항공사와의 자유로운 계약 체결, 보완적 서비스로의 다각화 가능성을 제한한다. 공항에서의 화물 지상처리 지연, 활주로 접근 문제, 통행금지와 소음제한으로 인한 운송 제한 등은 항공운송의 장점을 제한하고 품질 및 비용 문제를 일으킨다.

FAQ

Q 공항의 야간 운항 제한이 항공화물운송에 어떤 영향을 미치나?

A 야간 운항 제한은 항공화물운송의 운영 효율성을 저하시킨다. 화물은 보통 오후에 모여 밤에 운송되어 다음 날 아침에 배송되는 형태를 보이고 있는데, 야간 운항 제한으로 이러한 최적 일정을 맞추기 어려워진다. 이는 배송 지연과 비용 증가로 이어질 수 있다.

3. 여객과 화물의 다른 길: 항공화물보안과 여객보안의 핵심 차별점

항공화물 운송은 여객운송과 다른 특성을 가진다. 승객들이 주로 왕복 여행을 하는 반면, 항공화물은 대체로 한 방향으로만 이동하며, 양방향 화물량이 균형을 이루는 노선은 드물다. 대부분 한 방향의 화물량이 다른 방향보다 몇 배 많은 불균형 구조를 보인다.

항공사들은 화물 운송 서비스를 직접 판매하기도 하지만, 상당 부분은 화물운송업체를 통해 이루어진다. 이는 전문적인 중개인의 역할이 중요하기 때문이다.

항공화물 운송의 주요 장점은 중장거리에서의 빠른 속도, 높은 안전성과 신뢰성, 광범위한 국제 비행 네트워크다. 반면 높은 비용과 단거리 운송의 비효율성, 화물 전용기의 제한된 수로 인한 규모의 경제 달성 어려움 등이 단점이다.

항공화물의 가치는 해상 운송 대비 매우 높다. 평균적으로 항공 운송 화물 1톤의 가치는 해상 운송의 52배에 달한다. 이는 고부가가치 상품, 시간과 온도에 민감한 상품, 위험물 등을 주로 운송하기 때문이다.

항공화물운송은 여객운송보다 훨씬 복잡하다. 더 많은 이해관계자가 관여하며, 정교한 프로세스와 다양한 우선순위 서비스가 필요하다.

보안 검색 절차에서도 차이가 있다. 위탁수하물은 엑스선 검색 후 재검색, 개봉검색 등 단계적으로 진행되지만, 항공화물은 한 번의 검색으로 접수, 화주 호출, 운송 거부를 결정한다. 이는 보안검색요원에게 큰 책임을 부과하므로, 항공화물 보안 강화를 위한 검색 절차의 추가적인 표준화가 필요하다.

4. 미래의 하늘길: 도심항공교통(UAM)과 항공화물 보안관리 융합전략

국제민간항공기구(ICAO)는 제29회 항공보안패널회의에서 무인항공기로 운송되는 화물의 보안 요구사항을 논의했다. 항공보안워킹그룹(WFACS)은 이 분야 발전이 기술과 업계의 비즈니스 요구에 의해 주도되며, 보안뿐만 아니라 안전과 사이버보안 등 민간항공의 여러 영역에 영향을 미칠 것이라고 강조했다.

무인항공기 시스템의 보급 확대는 다양한 보안 위험을 야기한다. 테러리스트들이 드론을 이용해 지상 목표물을 공격할 가능성이 있으며, 드론 자체가 테러나 사이버 공격의 대상이 될 수도 있다. 특히 센서 데이터 조작이나 제어 신호 해킹을 통한 악용 가능성이 우려된다.

토론주제

도심항공교통(UAM)과 드론 배송이 확대되면서 새로운 유형의 항공화물 보안 위협이 등장하고 있다. 드론 해킹, 불법 드론을 통한 테러, 드론 탐지 및 제어 시스템 개발 등이 주요 쟁점이다. 기존 항공화물 보안 체계와 드론 보안을 어떻게 통합적으로 관리해야 할까?

실제로 주요 공항 근처에서의 드론 비행은 무기 사용 없이도 상업 항공에 지장을 주고 있다. 국내에서도 공항, 항공기, 제한 구역, 경기장, 야외 행사장 상공에서의 드론 근접 비행 사례가 빈번히 보고되고 있다. 소형 드론의 제한된 탑재 능력으로 인해 재래식 폭발물을 이용한 테러의 피해는 제한적일 수 있으나, 화학, 생물학, 방사능 무기를 이용한 드론 공격은 더 심각한 결과를 초래할 수 있다.

5. 하늘과 바다의 경쟁: 항공화물운송과 해상화물운송의 보안관리 체계 비교

다른 화물운송수단의 발전은 항공화물산업 성장에 영향을 미친다. 전 세계 화물운송의 약 90%를 차지하는 해상화물운송은 지난 10년간 과도한 경쟁과 무역 침체로 수익성이 악화되었지만, 이러한 변화가 오히려 항공화물 부문에 기회가 될 수 있다.

일반적으로 해상화물운송은 항공화물과 직접 경쟁하지 않는다. 그러나 컨테이너선 운송의 변화하는 특성은 항공화물 산업에 긍정적 영향을 준다. 제조업체들이 공급 기반의 위험을 줄이고 생산 거점을 비용이 저렴한 아시아 태평양 지역으로 분산시키려는 노력은 항공화물 이용 증가로 이어질 수 있다.

항공화물운송은 다른 글로벌 상품 운송방식과 비교해 독특한 가치를 제공한다. 도로, 철도, 해상, 항공 등 다양한 운송수단이 동일한 상품을 운송할 수 있지만, 항공화물은 글로벌 상품 유통 네트워크에서 특별한 위치를 차지한다.

대륙 간 화물 운송에서 화주들은 주로 항공과 해상 중 하나를 선택한다. 해상운송은 저렴한 비용이, 항공운송은 속도와 신뢰성에서 우위를 가진다. 이러한 특성 차이로 각 운송 방식은 고유한 시장을 형성하며, 화주의 요구사항에 따라 선택되고 있다.

(1) 항공운송과 해상운송의 보안체계별 특성과 강점 분석

해상화물운송과 항공화물운송은 여러 측면에서 뚜렷한 차이를 보인다.

속도와 운송시간 면에서 항공화물은 2~4일 내 도착하는 반면, 해상화물은 몇 주에서 한 달 이상 소요된다. 비용 측면에서는 항공운송이 해상운송의 몇 배에 달하는 고가지만, 해상운송은 대량 화물에 경제적이다.

운송 용량에서 항공화물은 상대적으로 적은 양의 화물을, 해상화물은 대량 운송에 적합하다. 화물 유형을 보면 항공운송은 시간 민감성과 고가 상품(전자제품, 의약품)을, 해상운송은 무겁거나 부피가 큰 품목(가구, 기계)을 주로 다룬다.

신뢰성 면에서 항공운송은 고정된 일정과 일관된 도착 시간을 제공하지만, 해상운송은 날씨나 항구 혼잡 등 지연 요소에 취약하다. 환경 영향 측면에서는 항공운송이 상대적으로 높은 탄소 배출을 보이며, 운송 경로는 각각 공항 간, 항구 간 이동으로 구분된다.

기업은 화물의 특성, 긴급성, 비용, 운송 거리 등을 종합적으로 평가해 가장 적합한 운송방식을 선택해야 한다.

실무 팁

시간과 비용의 균형을 맞출 때는 'Sea-Air' 복합운송 옵션도 고려하라. 예를 들어 아시아에서 유럽으로 운송 시, 아시아에서 중동(두바이 등)까지 해상으로 운송한 후 유럽까지 항공으로 운송하는 방식이다. 이는 순수 항공운송보다 30~40% 저렴하고, 순수 해상운송보다 40~60% 빠른 중간 옵션을 제공한다.

1) 항공운송과 해상운송의 차이점: 보안과 효율성의 균형

해상화물운송과 항공화물운송은 각각 고유한 장단점을 가진다.

해상화물운송은 대용량 물자 운송에 강점이 있다. 대형 선박과 컨테이너선을 이용해 대량의 상품을 한 번에 이동할 수 있어 비용 효율성이 높다. 또한 환경친화적이며, 대기오염과 소음 오염이 상대적으로 적고 탄소 배출량도 낮다. 그러나 운송시간이 길고, 내륙이나 산악 지형 등 접근성이 떨어지는 지역으로의 운송이 어려우며, 자연재해의 위험도 존재한다.

반면 항공화물운송은 속도와 효율성에서 강점을 보인다. 2~4일 내 목적지 도착이 가능한 빠른 속도가 특징이며, 지리적 제약을 덜 받아 전 세계 대부분 지역에 접근할 수 있다. 고정된 일정으로 운영되어 일관된 도착시간을 보장하며, 보안 측면에서도 안정적이다. 그러나 높은 비용이 주요 단점이며, 선박 대비 제한적인 화물 공간과 높은 탄소 배출로 환경에 부정적 영향을 미친다.

2) 항공화물과 해상화물의 운송신뢰성

해상화물운송과 항공화물운송의 신뢰성에는 몇 가지 주요한 차이점이 있다.

일정 준수 측면에서 항공화물운송은 엄격한 비행 일정을 따르며 변수가 적어 더 안정적이다. 이는 항공사의 비행 일정과 공항 운영의 효율성 덕분이다. 반면 해상화물운송은 기상 조건, 항만 혼잡, 복잡한 통관 절차 등 다양한 요인의 영향으로 일정 변동성이 크다.

운송 시간도 큰 차이를 보인다. 항공화물은 대부분 며칠 내 배송되는 반면, 해상화물은 몇 주에서 몇 달까지 소요된다. 해상운송이 장거리 운송에 적합하지만, 시간이 중요한 화물에는 적합하지 않다.

화물 안전 측면에서도 차이가 있다. 항공화물은 엄격한 공항 보안 조치와 최소한의 화물 취급으로 손상 및 도난 위험이 낮다. 해상화물은 긴 운송 시간과 여러 번의 화물 취급으로 이러한 위험이 상대적으로 크다.

통관 절차도 신뢰성에 영향을 미친다. 항공화물의 서류 및 통관 절차는 해상화물 대비 더 빠르고 간단하여 전반적인 신뢰성을 높인다. 이러한 차이점들로 인해 시간에 민감하거나 고가의 화물 운송 시 항공화물이 더 신뢰할 수 있는 옵션으로 간주된다.

(2) 컨테이너선 화물처리량 증가가 항공화물보안에 미치는 영향 분석

해상운송산업은 운송량 측면에서 항공화물 산업을 크게 앞선다. 2019년 기준 해상화물운송은 119억 톤으로 추정되는 반면, 항공화물산업은 60.9백만 톤에 그쳤다.

세계 해상화물 무역의 86% 이상이 원자재와 벌크 품목으로, 주로 가치가 낮고 시간에 덜 민감한 석유, 금속광석, 곡물 등이 특수 유조선이나 벌크선을 통해 운송된다. 이는 고가 물품을 주로 다루는 항공운송과는 직접적인 비교가 어렵다.

컨테이너 화물은 항공화물과 가장 유사한 해상운송 부문이다. 컨테이너선은 일부 항공화물과 동일한 상품을 운반하며, 속도와 신뢰성이 덜 중요한 상품에 저렴한 대안을 제공한다. 일반적으로 컨테이너선 운송가격은 단위 중량당 항공화물의 1/10에서 1/20 수준이지만, 운송시간이 길고 신뢰성은 떨어진다.

최근 컨테이너선 화물 운송량은 증가 추세를 보인다. 글로벌 컨테이너 물동량은 2022년부터 2025년까지 연평균 1%씩 늘어날 것으로 예상된다. 2023년 미국의 대중국 수입 물동량은 7월에 102만 TEU로 사상 최대치를 기록했으며, 이러한 증가세는 글로벌 무역 회복과 관련이 있다.

(3) 해상화물 사전신고제도가 항공화물보안에 주는 시사점

해상화물 보안강화의 주요 도구는 여러 가지가 있다. 먼저, 컨테이너 보안장치(CSD)는 RFID 기술을 활용한 첨단 침입탐지 시스템으로, 도난, 파손, 복제 방지 기능을 제공한다. 온도, 습도, 충격 등 부가기능과 데이터 암호화 기술도 보유하고 있다.

컨테이너보안대책(CSI)는 고위험 컨테이너를 식별하고 사전에 선별하는 시스템이다. 이는 자동화된 정보시스템을 활용해 외국 항구에서 사전검사를 하며, 해상화물 보안강화와 테러 위협 예방에 중요한 역할을 한다.

선박 장거리 추적시스템은 2008년부터 설치가 의무화되었으며, 선박의 위치와 상태를 실시간으로 모니터링할 수 있게 한다.

물류보안 인증 제도는 기업의 물류보안 수준을 평가하고 인증하는 프로그램으로, EU, 싱가포르, 일본 등에서 도입되어 기업의 보안수준 향상과 글로벌 물류 보안 강화에 이바지하고 있다.

1) 9·11 이후 해상화물보안 규제체계: 사전목록 신고제도의 도입과 발전

2001년 9·11 테러 이후 화물보안 강화를 위해 여러 해상화물 운송제도가 도입되었다.

첫 번째는 2002년 제정된 해양운송보안법(MTSA)이다. 이 법은 여객선, 화물선, 항만 운영자 등 미국 해양 부문 참여자들에게 시설 보안평가와 테러 대응절차 수립을 의무화했다. 승객과 수하물 검사, 직원 신원확인, 검색장비 사용 등 구체적인 안전조치를 권장하며, 선박 간 정보교환을 통한 이동 모니터링 시스템인 AIS(자동선박식별장치) 도입도 규정했다.

같은 해 미국 세관국경보호국(CBP)은 24시간 사전화물 목록 규칙 시행을 통해 컨테이너 선적 24시간 전 미국행 화물 내용을 CBP에 신고하도록 요구했다. 이를 통해 CBP는 컨테이너의 보안 위험을 평가하고 추가 조치나 선적 거부 여부를 결정할 수 있게 되었다. 이 규칙은 선적 준비 시간 증가와 운송비용 상승을 가져왔다.

9·11 테러 이후 도입된 이러한 보안강화 조치들은 해상운송 분야에서 보안 패러다임의 전환점이 되었으며, 현재까지도 국제 해상화물 운송의 기본 보안 프레임워크로 작동하고 있다.

FAQ

Q 24시간 사전화물 목록 규칙이 항공화물에도 적용되나?

A 항공화물에는 별도의 규정이 적용된다. 미국행 항공화물은 출발 전 최소 4시간(장거리 비행) 또는 출발 직전(단거리 비행)까지 사전화물정보를 제출해야 한다. 해상화물에 비해 짧은 제출 시간이 허용되는 이유는 항공화물의 신속성과 시간 민감성 때문이다.

Q 이러한 사전신고제도가 운송비용과 시간에 어떤 영향을 미치나?

A 사전신고제도는 추가적인 서류작업과 시간을 요구하므로 물류비용 증가와 일부 지연을 초래할 수 있다. 그러나 신고 시스템이 디지털화되고 통합됨에 따라 이러한 부담은 점차 감소하고 있다.

2) 글로벌 해상보안의 표준: 국제해사기구(IMO)의 보안규정

국제해사기구(IMO)는 9·11 테러 이후 해상 항구와 화물의 안전을 보장하기 위해 새로운 보안조치를 마련했다. 세계 무역의 80% 이상이 바다를 통해 운송되며, 이는 해상운송이 국제 경제에서 중추적 역할을 한다는 것을 보여준다. 이러한 보안조치는 2004년 7월 1일 발효된 ISPS(International Ship and Port Facility) 코드에 요약되어 있다.

ISPS 코드는 국제항구에 대한 보안위협을 평가하고 대응하기 위해 정부, 항만 시설 운영자, 해운회사가 공동으로 이행할 통일된 조치를 수립하는 것을 목적으로 한다. 코드는 두 부분으로 나뉘는데, 첫 번째 부분은 선박, 해운회사, 항만에서 수립해야 할 보안계획에 대한 필수 지침을 포함하며, 각국 정부가 이행을 감독할 책임을 가진다. 두 번째 부분은 항만 보안계획을 실행하는 방법에 대한 권장사항을 제공한다.

ISPS 코드 참여자는 항만 보안을 위해 미리 정의된 세 가지 위협 수준(보통, 강화, 예외)을 기반으로 계획을 수립해야 하며, 위험 평가를 통해 선박과 항만에서 가장 취약한 위협을 파악하고 대응할 가치가 있는 위협을 결정한다. ISPS 코드 준수에는 상당한 비용이 발생하지만, 항구 운영 중단 방지와 빠른 선박처리 시간, 신속한 세관 처리 등 규정 준수의 잠재적 이점이 더 큰 효과를 불러올 것으로 기대된다.

토론주제	항공화물과 해상화물의 보안규정은 서로 다른 역사적 배경과 위험 특성에 기반하여 발전했다. 테러 위협이 증가하는 현대 사회에서 두 운송방식의 보안규정을 어떻게 조화롭게 통합하고 상호보완할 수 있을까? 특히 복합운송이 증가하는 상황에서 어떤 협력 모델이 가장 효과적일까?

3) 국내법과 국제법의 이원적 구조: 해양운송보안법(MTSA)과 ISPS 코드

해양운송보안법(MTSA)은 미국 국내법으로, 미국 관할 내의 모든 해상운송 관련 시설과 선박에 적용된다. 이는 미국 국적 선박뿐만 아니라 외국 국적 선박이 미국 항구를 입항할 경우에도 적용된다. 반면, ISPS 코드는 국제적인 규정으로, 국제 항로를 운항하는 선박(500톤 이상의 화물선과 여객선) 및 해당 선박을 지원하는 항만 시설에 적용된다. 군함이나 정부 소유 비상업용 선박은 제외된다.

해양운송보안법(MTSA)은 미국 항만보안을 강화하고 테러위협을 예방하는 데 초점을 맞춘 국내 보안프로그램이다. 이를 통해 시설보안 평가, 보안계획 수립 그리고 선박 및 항만 시설의 정기적인 점검과 훈련을 요구한다. ISPS 코드는 국제적으로 협력하여 해상보안을 강화하고, 보안위협을 감지하며 예방조치를 취하기 위한 프레임워크를 제공한다. 이는 각국 정부와 해운업계 간 협력을 강조하며, 국제무역에 영향을 미치는 보안사고를 방지하는 데 중점을 둔다.

Chapter 2

항공화물보안 위험관리와 통합 대응체계

Chapter 2

항공화물보안 위험관리와 통합 대응체계

Ⅰ. 보이지 않는 전쟁터: 항공화물 보안위협 분석과 대응 전략

자유사회를 테러리즘으로부터 보호하는 일은 보이지 않는 위협에 맞서는 지속적인 과정이며, 완벽한 승리보다는 끝없는 경계와 대비가 현실적 접근이라 할 수 있다.

테러리스트들은 경험을 통해 지속적으로 학습하며 우리의 대테러 조치를 관찰해 전술을 변경하고 있어, 테러방지 조치는 정적이고 예측할 수 있는 형태가 아닌 끊임없이 진화하는 동적 전략으로 접근해야 한다.

하지만 현재 시행되는 보안정책과 프로그램의 대부분은 과거 발생한 테러공격에 대한 사후대응에 치중하고 있다. 이는 이미 끝난 전투의 전략만을 반복 학습하는 것과 같으며, 우리의 보안체계가 미래 위협에 대비하는 광범위한 보호책이라기보다는 과거 사건에 대한 반응적 조치에 머물러 있음을 보여준다. 이러한 접근방식은 항공보안의 근본적 목적 달성에 한계를 드러내고 있다.

1. 그림자 속의 전장: 항공화물보안의 전략적 접근

항공화물보안이 추구하는 목적은 명확하다. 불법적인 방해행위에 사용될 수 있는 무기, 폭발물, 위험장치를 적절한 검색으로 탐지하면서 동시에 화물을 신속하고 안전하게 운송하는 것이며, 이를 위해서는 화물의 최초 접수부터 항공기 탑재까지 전 과정에서 보안 연속성을 유지하는 것이 핵심이다.

이러한 목표 달성을 위해 항공보안요원에 대한 체계적 교육과 비인가자 출입통제가 필수적이며, 이러한 보안 활동들이 유기적으로 연결될 때 안전성과 효율성이 동시에 확보되고 있다. 그러나 항공보안에서 화물보안은 가장 취약한 분야로 인식되는데, 매일 수천 톤의 화물이 공항을 통과하는 상황에서 모든 화물을 100% 보안검색하는 것이 물리적으로 거의 불가능하기 때문이다.

현장 인사이트

"항공화물 보안에서 가장 큰 과제는 철저한 보안과 신속한 물류흐름 사이의 균형을 찾는 것입니다. 완벽한 보안을 위해 모든 화물을 철저히 검사하면 물류가 마비되고, 속도만 중시하면 보안위험이 커집니다."

– ○○국제공항 화물터미널 보안책임자

「상용화주 항공화물 보안기준」을 보면 화주부터 국제물류주선업자, 항공운송사업자, 심지어 차량 운전자까지 다양한 주체가 화물보안에 관여한다는 점을 확인할 수 있다. 이는 각자의 책임과 역할을 명확히 나누는 것이 중요하며, 한 곳에서라도 보안이 허술해지면 전체 시스템이 위험해질 수 있음을 의미한다.

주요 용어 정리

- **항공보안:** 민간항공을 불법방해행위로부터 보호하기 위한 항공보안(Aviation Security) 개념은 국제민간항공협약 Annex 17 제1조에서 "불법적인 방해행위로부터 민간항공을 보호하기 위한 대책 및 인적, 물적요소의 결합"으로 규정하고 있다. 제2조에서는 "각 체약국은 불법방해행위로부터 민간항공의 보호와 관련된 모든 문제에 있어서 승객, 승무원, 지상조업요원과 일반인의 안전을 주요 목표로 두어야 한다"고 명시하고 있다.
- **항공안전:** 항공안전은 항공기 운항과 관련하여 운항활동에 장애를 유발하는 각종 사고로부터 인적·물적 자산의 피해를 보호하기 위한 목적으

로 수행되는 제반 조치로 항공보안과 유사한 개념이다. 그러나 항공안전은 항공기 운항에 따른 사고(accident)나 안전을 저해할 수 있는 사건(event)을 유발하는 수많은 환경과 요인을 모두 포함한다. 즉, 항공안전은 의도적인(intentional) 범죄행위에 의한 사고뿐만 아니라 단순한 실수(errors)나 의도하지 않은(unintentional) 오류나 착오 등에 의한 항공운송사업자를 모두 대상으로 하지만, 항공보안은 항공과 관련하여 발생하는 의도적인(intentional) 범죄행위를 대상으로 하는 제반 활동만을 의미한다.

- **보안검색:** 불법방해행위를 하는 데 사용할 수 있는 무기 또는 폭발물 등 위험성이 있는 물건들을 탐지하기 위한 행위로, 기내반입금지물품(Restricted Item) 탐지를 직접적인 목적으로 한다. 기내반입금지물품은 크게 위해물품(총기류, 화약류, 폭발물 등)과 위험물품(인화성 또는 방사성 물질 등)으로 구분된다.
- **불법방해행위:** ICAO는 불법방해행위를 ① 운항 중인 항공기의 불법 점유(납치), ② 지상에 주기해 있는 항공기의 불법 점유, ③ 기내 또는 비행장에서의 인질극, ④ 항공기, 공항 또는 항행안전시설에 대한 무력 불법 침입, ⑤ 범죄를 행할 목적으로 기내 또는 공항으로 무기, 위험한 장치와 물품을 반입하는 행위, ⑥공항 또는 민간항공 시설 내에 있는 운항 또는 주기중인 항공기, 승객, 승무원, 지상조업요원과 일반인의 안전을 위협하는 거짓 정보를 제공하는 행위의 시도 등으로 규정하고 있다.

항공운송 환경에서 화물보안체제 강화가 필요한 배경은 세 가지로 요약된다. 먼저 ICAO 통계에 따르면 전 세계 항공화물 운송량은 매년 꾸준히 증가하고 있으며, 이와 함께 마약 밀수, 무기 운반, 테러 관련 물질 운송 등의 불법행위도 비례적으로 늘어나고 있다. 현재의 보안시스템만으로는 이러한 다양한 위험을 효과적으로 차단하기 어려운 상황이며, 증가하는 위험에 대응할 수 있는 체계적인 보안체제 구축이 시급하다.

둘째, 2001년 9·11 테러 이후 여객과 수하물 보안검색이 대폭 강화되면서 테러리스트들은 상대적으로 취약한 화물 시스템에 주목하기 시작했으며, 2010년 예멘발 화물기 폭탄 테러 시도 사건이 이러한 '풍선 효과'의 대표적 사례다.

마지막으로 브라이언 젠킨스(Brian Jenkins)의 테러리즘 연구에 따르면, 항공기 테러는 경제적 피해, 인명 손실, 심리적 충격, 언론 관심 등 모든 측면에서 극대화된 효과를 가져온다. 특히 국제항공 네트워크의 연결성으로 인해 한 지역의 사건이 전 세계 항공운송 시스템에 즉시 영향을 미치게 되어, 항공화물 시스템은 테러리스트들에게 매력적인 공격 대상으로 인식되고 있기 때문이다.

(1) 보안의 그림자: 항공화물에 숨어있는 위험과 취약점

항공화물 보안에서 '잠재적 위협'과 '취약점'은 공급망보안의 핵심 구성요소로, 이를 체계적으로 분석하고 관리하는 것이 효과적인 보안정책 수립의 출발점이 된다.

테러 위협은 여전히 가장 심각한 요소다. 테러리스트들이 정교한 방법으로 폭발물이나 위험물질 탑재를 시도하고 있으며, 마약·무기 밀수와 내부자 위협도 지속적인 관리가 필요한 영역이다. 특히 공급망 내 직원의 의도적 보안규정 위반은 예측하기 어려운 위험요소로 작용하고 있다.

디지털 전환이 가속화되면서 사이버 위협의 중요성이 급격히 증가하고 있다. 화물관리시스템 해킹, 데이터 조작, 시스템 무력화 시도는 물리적 보안조치를 우회할 수 있어 새로운 대응체계가 요구된다. 화물정보 유출 역시 악의적 행위자에게 악용될 수 있는 심각한 위협이다.

취약점은 크게 물리적, 절차적, 인적, 시스템적 측면으로 구분된다. 보안검색장비의 기술적 한계와 화물보관시설의 보안 미흡은 대표적인 물리적 취약점이며, 표준화되지 않은 절차와 직원교육 부족은 절차적 취약점에 해당한다. 인적 취약점은 보안인식 부족이나 업무 피로로 인한 실수에서 비롯되며, 시스템적 취약점은 화물추적시스템 결함이나 데이터베이스 보안 약점을 포함한다. 특히 다국가를 거치는 공급망의 복잡성은 연결점마다 서로 다른 보안표준으로 인한 취약점을 발생시킨다.

3D 프린팅 기술 발전으로 기존 검색체계로 탐지하기 어려운 무기 제작이 가능해졌으며, 드론을 활용한 공항시설 공격이나 운항방해는 새로운 형태의 위협으로 부상하고 있다. 드론은 감시, 충돌, 무기화 등 다양한 공격 방식이 가능해 포괄적 대응전략이 필요하다. 미래에는 양자컴퓨팅이 현재 암호화 방식을 무력화할 수 있어 화물정보 보안에 근본적 변화가 요구될 것이며,

바이오테러리즘은 탐지의 어려움으로 인해 특별한 주의가 필요한 영역이다.

효과적인 항공화물 보안을 위해서는 잠재적 위협과 취약점을 지속적으로 평가하고, 변화하는 위험환경에 적응하는 유연한 보안체계 구축이 필수적이다. 체계적인 위험평가 프로세스를 통해 모든 가능한 위협과 취약점을 파악한 후 발생가능성과 잠재적 영향을 평가하여 우선순위를 설정하는 것이 핵심이다. 우선순위 결정 후에는 각 위험요소에 대한 구체적이고 실행 가능한 대응방안을 개발해야 한다. 위험환경이 지속적으로 변화하는 특성을 고려할 때, 정기적인 재평가와 실시간 모니터링 체계를 통해 새로운 위협과 취약점을 신속히 식별하고 대응하는 것이 무엇보다 중요하다.

토론주제	항공화물 보안에서 가장 심각한 취약점은 기술적 한계일까요, 아니면 인적 요소일까요? 인공지능과 같은 첨단기술이 인적오류를 줄이는 데 어떤 역할을 할 수 있을까요?

(2) 급증하는 항공화물과 보안체계의 진화: 새로운 패러다임의 모색

항공화물 운송량의 지속적 증가는 보안 위험 확대와 함께 보안시장 성장을 동시에 촉진하고 있다. 하지만 보안장비 성능과 구체적 보안수준에 관한 정보는 보안상 이유와 상업적 민감성으로 인해 제한적으로만 공개되어 정확한 시장규모 추정을 어렵게 만든다. 특히 테러 위협 현실화 시 막대한 사회경제적 손실이 예상되어 효과적이고 사전예방적인 보안대책 마련이 시급한 상황이다.

이러한 국제적 동향에도 불구하고 우리나라는 현재 항공화물 공급망 통합관리 보안제도가 미흡한 실정이다. 국토교통부의 상용화주 제도와 관세청의 종합인증우수업체(AEO) 제도가 별도로 운영되고 있으나 두 제도 간 연계와 협력체계는 제대로 구축되지 않았다. 상용화주 제도는 국제적으로 강화되는 항공화물 보안제도에 대한 이해 부족으로 단독 운영되어 공급망 전반의 보안성을 확보하지 못하고 있으며, 보안장비 구비와 보안검색요원 운영비용 문제로 제도 활성화에 어려움을 겪고 있다.

반면 미국은 9·11 테러 이후 도입한 대테러 세관-무역 파트너십(C-TPAT) 프로그램을 통해 큰 성과를 거두고 있다. 이 프로그램은 정부와

민간부문 협력으로 공급망보안을 강화하며 합법적 화물의 신속처리를 목표로 한다. 제조업체, 화물운송업체, 터미널 운영자 등이 참여하는 자발적 프로그램으로 참여비용 없이 운영되며, 참여 기업들은 공급망 전반의 보안강화 계획 수립, 시설보안 강화, 정기적 위험평가 실시, 물리적 보안 확보, 직원 신원조사 등을 의무적으로 이행해야 한다. 이를 통해 기업들은 고위험화물 방지에 자원을 집중할 수 있으며, 전체적인 공급망보안 수준 향상과 운영 효율성 개선을 동시에 달성하고 있다.

실무자를 위한 체크포인트: 효과적인 항공화물 보안 관리

- 보안담당 직원들이 적절한 교육과 인증을 받았는가?
- 화물접수 과정에서 화주 신원확인 절차가 제대로 이루어지고 있는가?
- 의심스러운 화물을 식별할 수 있는 체크리스트를 모든 직원이 알고 있는가?
- 항공보안장비(X-ray, ETD 등)가 정기적으로 유지 · 보수되고 있는가?
- 내부자위협에 대응하기 위한 절차가 마련되어 있는가?
- 보안사고 발생 시 비상대응계획이 수립되어 있는가?

실제로 주요국들은 국제기준에 부합하는 보안시스템을 적극 활용하여 환적화물을 유치하고 국제경쟁력을 높이는 전략을 추진하며, 체계적인 보안 인프라 구축을 통해 글로벌 물류 허브의 지위를 확고히 하고 있다. 하지만 우리나라는 이러한 국제적 흐름에 뒤처져 있으며, 항공화물 보안 강화를 위한 민관 협력 프로그램과 전문가 양성, 국제 협력 분야에서 상당한 개선이 필요한 상황이다.

따라서 우리나라도 항공화물 보안시장을 새로운 성장산업으로 인식하고 전략적 접근을 시행해야 한다. 물류 전 구간에 걸친 완벽한 보안시스템 구축과 물류보안 전문가 육성에 집중적으로 투자하여 국제 항공화물 보안 분야에서의 경쟁력을 확보하고 지속가능한 성장 기반을 마련하는 것이 무엇보다 중요하다.

주요 용어 정리

- **대테러 세관-무역 파트너십**(C-TPAT, Customs-Trade Partnership Against Terrorism)**프로그램**: 미국은 9·11테러 이후인 2002년 테러

방지를 목적으로 C-TPAT를 도입했다. 이 프로그램은 정부와 민간부문이 협력하여 합법적 화물의 신속한 처리와 공급망보안을 개선하고 있다. C-TPAT는 화물흐름의 원활성을 보장하면서 동시에 공급망 내 모든 당사자 간 보안조치의 상호협력을 강조한다. 이를 통해 CBP는 고위험화물 차단에 보안자원을 집중할 수 있으며, 참여업체에게는 신속한 통관처리와 화물 검색 횟수 감소 등의 혜택을 제공하고 있다.

(3) 다변화 시대의 항공화물 보안: 복잡성 관리와 통합적 접근법

화주들은 일반적으로 자신의 화물이 어떤 경로나 항공기로 운송될지 미리 알 수 없다. 화물은 물류 소프트웨어에 의해 최적화된 경로로 이동하며, 국제 항공화물은 주로 유럽과 아시아의 대형 허브공항을 경유하는 허브앤스포크 네트워크를 통해 운송되고 있다.

이러한 복잡한 운송체계 속에서 항공화물 보안비용 부담 문제는 여전히 해결되지 않은 핵심 쟁점이다. 정부는 예산 제약을, 항공사는 공급망 전체 화물 무결성 보장의 한계를, 소규모 화주는 보안투자 자본 부족을 각각 항변한다. 통합특송업체들은 연간 대규모 보안투자를 하고 있지만 추가 비용 발생 시 정부 지원을 요구하고 있어 현장 갈등이 지속되고 있다.

이와 더불어 보안장비 구매 및 운용비용에 관해 수요자와 공급자 모두 정보 공개를 꺼리는 상황이다. 보안비용은 검색장비뿐 아니라 직원 교육훈련, 시설 경비, 화주 검증 등 다양한 요소를 포함하며, 규제 변화와 불확실성은 새로운 보안투자를 지연시켜 항공보안 체계 발전의 중요한 과제로 작용하고 있다.

한편, 국가별로 항공보안 인증절차 비용부담 방식이 다르다는 점도 문제를 복잡하게 만든다. 일부 국가는 정부가 책임지지만, 다른 국가에서는 보안검색 비용이나 세금으로 충당하며, 이러한 불일치는 국제 항공화물 운송에서 보안수준의 차이를 일으킬 수 있다. 특히 미국의 경우 승객 보안검색은 TSA가 전담하지만, 항공화물 보안검색은 TSA, CBP, 민간기업, 화물운송업체, 화주 등이 책임을 나누는 분리된 시스템이다.

이처럼 다양한 이해관계자들의 다른 목표는 지속적인 취약점을 만들어내며, TSA와 CBP가 비국행 국세 항공화물을 100% 규제할 수 없다는 점에서 더 심화한다. 실제로 David Widdowson과 Stephen Holloway는 World

Customs Journal에서 “많은 정부의 국제항공화물 보안위협 대응이 고위험화물 보안은 강화하지 않고 정직한 거래자의 규제 부담만 늘리고 있다”라고 지적했다. 이는 현재 보안체계의 실효성에 대한 의문을 제기하며, 항공화물 운영 자원이 승객 보안검색 등 다른 우선순위로 이동하고 있음을 보여준다.

(4) 계층별 보안통제 메커니즘: 예방-탐지-대응의 통합적 방어체계

항공화물보안의 다층적 접근방식은 종합적인 보안 프레임워크를 통해 위험요소를 차단하는 체계적 방법론이다. 이 접근방식은 접근통제, 감시 및 물리적 보안조치, 화물 검색, 공급망보안, 운송업자와 종사자 검색 등 다양한 보안요소를 포함하며, 특히 훼손방지 포장과 같은 기술적 조치를 통해 화물의 무결성을 보장하고 있다. 이러한 다층적 방어는 하나의 보안조치가 실패해도 다른 조치가 위험을 차단할 수 있는 ‘방어 심층화’ 개념을 구현한다.

이러한 체계적 접근이 필요한 이유는 항공보안 분야에서 지속적으로 발생하는 심각한 위협 때문이다. 9·11 테러 사건이나 2010년 예멘 항공화물 폭발물 은폐 사건은 공급망을 악용한 불법행위의 대표적 사례로 항공보안 업계에 큰 경각심을 불러일으켰다. 항공화물을 통한 보안위협은 대규모 테러 외에도 무기나 CBRN(화학 · 생물 · 방사능 · 핵) 장비 은폐, 도난품 밀수, 미신고 화물, 각종 잠재적 유해물질 반입 등 다양한 형태로 나타난다. 비록 발생빈도가 상대적으로 낮을 수 있지만, 한 번의 사건이 불러올 수 있는 인명피해의 파급력을 고려할 때 항상 잠재적 위험에 노출되어 있다고 봐야 한다.

특히 항공화물보안이 중요하게 다뤄지는 이유는 단순히 운송 화물의 경제적 가치가 높기 때문만은 아니다. 미국 교통보안청(TSA) 자료에 따르면, 전체 항공화물 중 약 25%가 여객기를 통해 운송되고 있어 화물과 승객이 동일한 항공기 내에서 함께 운송되는 상황이 빈번하다. 따라서 화물보안의 실패가 곧바로 승객 안전에 직결될 수 있어 보안의 중요성이 더 많이 강조된다.

실무 팁: 항공화물 위험 식별하기

1. 의심스러운 발송인(화주) 정보
- 주소나 연락처가 불완전하거나 존재하지 않는 경우
- 최근에 설립된 회사나 이전에 거래실적이 없는 경우

실무 팁: 항공화물 위험 식별하기

2. 비정상적인 포장
- 과도한 포장 테이프나 봉인
- 기름얼룩이나 이상한 냄새
- 배선이나 전자부품이 외부로 노출

3. 배송 특성의 불일치
- 화물가치에 비해 과도한 운송비 지급
- 급한 배송 요청이나 특정 항공편 지정
- 내용물 가치보다 보험 가입 금액이 높은 경우

4. 내용물 신고의 불명확성
- 모호하거나 일반적인 설명("선물", "샘플", "전자제품" 등)
- 신고된 내용물과 화물 무게/크기의 불일치

※ 이러한 특징이 발견되면 즉시 보안담당자에게 보고하고, 정해진 절차에 따라 항공화물 검사를 강화하세요.

이와 같은 위험성은 항공화물운송 시스템의 복잡한 유통망 구조로 인해 증폭된다. 제조업체와 화주에서 시작된 화물은 화물운송업자, 공항 외부 화물통합업체를 거쳐 최종적으로 공항 내 분류 및 화물 취급시설로 연결되는 다단계 과정을 거친다. 대부분의 항공화물은 공항 외부에서 미리 통합 작업을 거쳐 대형 팔레트나 단위탑재장치(ULD) 형태로 공항에 도착하며, 여러 단계와 다양한 업체들이 관여하는 복잡한 과정 특성상 단계마다 보안 취약점에 노출될 위험성이 상당히 크다.

결국 이러한 위험성에 대응하기 위해 항공화물 보안은 다층적 방어체계를 구축하고 있다. 이 시스템은 하나의 보안장치가 실패하더라도 다른 보안조치가 위협을 효과적으로 차단할 수 있도록 설계되어 있으며, 첫 번째 방어선이 뚫려도 그 다음 단계의 보안조치들이 연속적으로 작동하여 최종적인 보안을 확보하는 방식이다.

2. 국제항공화물 보안위협 분석: 유형분류에서 위험평가까지

이러한 다층적 방어체계의 필요성은 ICAO의 「Aviation Security Manual」에서 명시한 항공화물의 핵심 보안위협을 통해 더 명확해진다. 화물 내 급조폭발물(IED) 은폐와 화물기 납치를 통한 지상목표 공격이 바로

그것이다. 실제로 2010년 예멘사건은 공급망보안 취약점을 악용한 대표 사례로, 화물 내 폭발물 은폐를 통해 운송과정에서의 테러시도를 보여주었다.

그러나 현재 항공화물운송은 규모와 복잡성이 지속 증대되면서 새로운 위협에 직면하고 있다. 가장 심각한 문제는 국가별 위험평가 기준의 차이로 인한 통일된 국제보안표준의 부재다. 이러한 표준화 부족은 공급망 전체에 취약성을 조성하며, 항공운송사업자들에게 국가별 다른 보안기준 이행 부담을 가중시키고 있다.

현장 인사이트

"국가마다 다른 보안 요구사항은 국제 항공화물 운송의 가장 큰 도전과제 중 하나입니다. 한 공항에서는 허용되는 절차가 다른 공항에서는 금지되는 경우가 많죠."

– 에어○○ 인천국제공항 화물보안담당자

더욱이 테러리스트와 언론매체를 통한 공급망 취약성 정보의 광범위한 노출이 화물보안위협을 증가시키는 요인으로 작용한다. 비록 항공화물 대상 테러위협이 여객운송 대비 상대적으로 낮게 평가되지만, 테러시도가 성공할 경우 항공화물운송시스템 전체의 신뢰성에 치명적 타격을 가하며 글로벌 물류체계에 광범위한 영향을 미친다. 특히 COVID-19과 같은 위기상황에서는 이미 취약해진 글로벌 공급망에 추가 충격을 가해 경제적 · 사회적 파급효과가 극대화될 가능성이 높다.

(1) 화물처리 복잡성에서 비롯되는 보안취약요소

이러한 위험성이 증폭되는 배경에는 항공화물운송의 구조적 복잡성이 자리하고 있다. 화주에서 수하인까지 화물운송관련업체와 항공운송사업자를 거치는 다단계 복잡 구조로 되어 있으며, 이러한 복잡성과 다양한 서비스 네트워크로 인해 화물보안 불확실성이 지속 증대되고 있다.

무엇보다 화물검색의 근본적 어려움은 화물 자체의 특성에서 비롯된다. 형태, 크기, 밀도의 다양성으로 인해 엑스선검색 등 기존 방법만으로는 완벽한 보안검색이 현실적으로 제한되며, 화주부터 항공기 탑재까지 수많은 이해관계자가 참여하면서 화물 흐름과 절차가 불가피하게 공개되어 적절한 보안대책 마련과 유지가 어렵다는 점이다.

실무 팁: 항공화물 공급망보안 강화하기

1. 문서관리의 철저화

- 항공화물운송장(AWB) 정보와 실제 화물 내용물의 일치 여부를 꼼꼼히 확인
- 서류상 불일치가 발견되면 즉시 보안담당자에게 보고하고 추가 검사 실시

2. 공급망 파트너 검증

- 신규 거래 파트너에 대한 철저한 배경조사 실시
- 정기적인 보안감사 및 보안평가 시행

3. 화물 무결성 보장

- 화물 봉인(seal) 상태 확인을 위한 체크포인트 설정
- 훼손 방지 포장재 및 RFID 태그 활용

4. 내부 교육 강화

- 모든 직원에게 최신 보안위협 및 대응방법 정기교육
- 의심스러운 활동보고를 위한 내부절차 숙지

실제 화물처리과정을 살펴보면 운송계약 체결 → 화물공간 예약 → 탑재(ULD, 목재스키드, 개별박스 등) → 통관신청 → 보안검색 → 보세구역 반입 순으로 진행된다. 화물운송관련업체는 공간 활용도 극대화를 위해 동일 목적지 화물을 통합 운송하며, 항공운송사업자는 화물 인계 후 포장상태 점검과 도착지 보안규정에 따른 검색을 완료한다. 이 과정에서 화물터미널 보호구역에 대한 철저한 접근통제와 비인가자 출입 차단이 필수적이다.

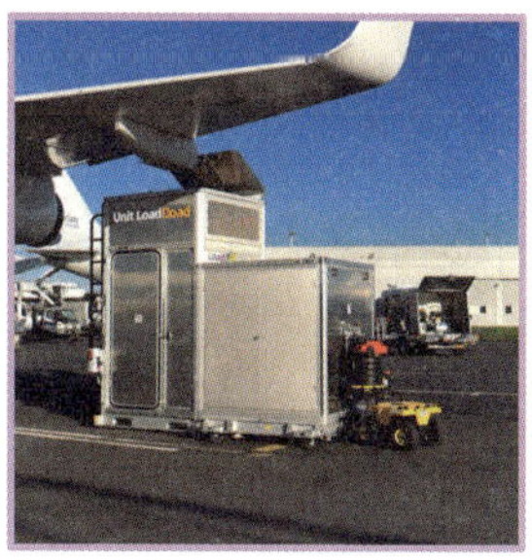

주요 용어 정리

- ULD(Unit Load Device): 항공기 화물칸 형태에 맞게 설계된 컨테이너나 팔레트 등의 항공화물 적재 장치

- **목재스키드**: 다수의 박스를 랩핑작업하여 입고하는 화물
- **환적화물**: 최종 목적지로 가기 위해 중간공항에서 다른 항공기로 옮겨지는 화물
- **보세구역**: 관세법상 수입통관 전 화물이 보관되는 특별 지역

결과적으로 현재 공항 간 경쟁우위는 적절한 화물 인프라, 효율적 비행경로 네트워크, 육상교통 연결성으로 결정되지만, 복잡한 운송과정의 다양한 주체들로 인한 보안 불확실성은 보안절차 취약성 증대로 이어져 항공화물 보안 전반에 심각한 위협이 되고 있다.

(2) 여객보안 대비 화물보안통제의 구조적 차이 분석과 균형화 전략

보안 불확실성과 취약성이 더 문제가 되는 이유는 현재 항공보안 분야에서 여객보안과 화물보안 사이에 상당한 격차가 나타나고 있기 때문이다. 여객보안은 새로운 검색장비 도입과 제도 개선을 통해 꾸준히 강화되고 있지만, 화물보안은 화물 흐름을 방해할 수 있다는 우려 때문에 비체계적으로 운영되면서 취약성을 그대로 드러내고 있다.

이와 관련하여 항공화물보안이 특히 중요한 이유는 두 가지다. 우선 항공화물 자체가 높은 경제적 가치를 가지고 있고, 더 중요한 건 상당량의 화물이 전용 화물기가 아닌 여객기로 운송된다는 점이다. 따라서 화물보안에 문제가 생기면 곧바로 승객 안전과 직결될 수밖에 없다.

그런데 현재 ICAO와 주요국들이 채택하고 있는 보안조치를 살펴보면, 대부분 항공기 납치나 여객 수하물 내 폭탄 은폐처럼 과거에 시도됐던 테러유형에 대응하는 데 집중하고 있다. 이런 접근방식은 다른 잠재적 보안위험들을 상대적으로 소홀히 다루는 한계를 보여준다. 실제로 항공화물운송에서 확인되는 주요 보안취약성을 보면, 항공기 내 폭발물 은폐, 위험물품의 불법탑재, 화주에서 공항까지 이동과정이나 육상운송 중 불법방해행위 등이 있으며, 이런 취약성이 테러리스트들에게 악용되면 전체 항공화물운송시스템과 세계 경제에도 심각한 타격을 줄 수 있다.

결국 여객 분야에 집중된 보안강화 추세는 상대적으로 화물보안의 취약성을 더 부각하고 있으며, 이에 따라 항공화물을 노린 테러 가능성이 높아질 것으로 예상된다. 따라서 효과적인 화물보안체계를 구축하기 위해서는 두 가지 핵심원칙이 필요하다. 첫째, 항공화물은 항공기에 탑재되기 전에 반드시 적절한 보안통제를 받아야 한다. 둘째, 한번 보안통제를 받은 화물은 그 시점부터 불법방해행위로부터 철저히 보호되어야 한다. 이런 원칙들이 체계적으로 시행되고 보안절차가 통합적으로 관리된다면, 훨씬 효율적이고 신뢰할 수 있는 화물보안체계를 만들어갈 수 있을 것이다.

토론주제

여객보안과 화물보안의 균형

주제: 항공보안에서 여객보안과 화물보안 사이의 자원 배분은 적절한가?

배경: 현재 항공보안은 여객보안에 더 많은 자원과 관심을 집중하고 있다. 이는 여객에 대한 직접적인 위험이 더 가시적이고 정치적으로 민감하기 때문이다.

1. 여객보안과 화물보안 사이의 현재 자원 배분은 실제 위험도를 정확히 반영하는가?
2. 제한된 자원으로 두 영역의 보안을 모두 강화하는 방법은 무엇인가?

1) 화물보안 비용분담 체계의 불명확성

현재 항공화물운송 산업은 테러 위협으로부터 화물을 보호하기 위해 막대한 보안비용을 투입해야 하는 부담에 직면하고 있다. 항공보안당국은 화물의 원활한 흐름을 과도하게 방해하지 않으면서도 테러공격 가능성과 그 결과를 효과적으로 줄일 수 있는 대응시스템 마련에 주력하고 있다.

특히 주목할 문제는 대형화물과 비규격화된 화물에 대한 추가검색의 어려움이다. 기존 화물검색비용 분석에서 충분히 고려되지 않았던 이런 특수화물들은 검색과정을 훨씬 더 노동집약적으로 만들고 있으며, 효과적인 검색을 위해 대체 보안장비의 추가 배치가 필요해 전체 보안비용이 더 증가하는 악순환을 만들어내고 있다.

더욱이 증가하는 화물량과 다양한 보안 위협으로 보안장비 시장이 성장하고 있지만, 정확한 시장 규모 추정은 현실적으로 매우 어렵다. 이는 보안상의 이유로 보안장비의 성능 기준이나 상업적으로 민감한 구매비용 정보를 공급자와 수요자 모두가 공개를 꺼리기 때문이다. 더 복잡한 문제는 항공화물 보안비용 부담의 책임 소재가 불분명하다는 점으로, 정부, 항공운송사업자, 화주 모두가 화물보안 비용 부담을 회피하려는 경향을 보여 근본적인 해결책 마련이 시급한 상황이다.

결국 이런 보안비용 부담 책임문제를 개선하려면 보다 포괄적인 접근이 필요하다. 단순히 보안장비 구매비용뿐만 아니라 보안직원 교육훈련, 화물보안시설 확보, 상용화주와 Regulated Agent의 평가 및 인증, 불분명한 규제체계로 인한 중복투자 비용까지 모든 요소를 종합적으로 고려해 책임 소재를 명확히 할 필요가 있다.

2) 항공화물 검색기술의 현황과 제약요인

한편 이러한 비용 부담 문제와 함께 최근 항공화물 보안대책의 주요 흐름을 보면 공급망보안과 위험평가에 초점이 맞춰져 있다. 반면 새로운 검색장비 개발이나 효율적인 검색절차를 통한 화물보안 강화 방안은 상대적으로 소홀히 다뤄지고 있다.

이러한 접근방식의 근본적인 문제는 현재 화물검색이 일반적으로 여객 및 수하물 검색방법에 기초해 보안표준을 마련하고 있다는 점이다. 이는 화물보안 관련 당사자들의 현실적 요구를 제대로 반영하기보다는 여객보안의 부수적 절차로 화물검색을 바라보는 시각과 밀접한 관련이 있다. 그러나 실제로 화물검색기술이 요구하는 보안요구사항은 여객 및 수하물 보안검색과 근본적으로 다르며, 적용해야 하는 검색기법 역시 화물유형에 따라 크게 달라져야 한다.

더욱이 현재의 화물검색기술은 비용이 많이 들 뿐만 아니라 이미 통합 포장이 완료된 화물과 다양한 유형의 물품을 효과적으로 검색할 수 없다는 분명한 한계가 있다. 문제를 더 복잡하게 만드는 건 일부 국가들이 독자적으로 추가보안절차를 적용하면서 국가별 화물보안표준이 달라지고 있다는 점으로, 이에 따라 화물을 재검색해야 하는 과정이 추가되어 전체 화물처리 과정이 더 지연되고 있다.

실제로 화물보안과 여객보안 간 보안검색 절차의 가장 분명한 차이점은 2차 보안검색 수단 적용 여부를 결정하는 과정에서 나타난다. 항공화물은 1차 보안검색에서 금지물품이 없다는 확실한 결론을 내릴 수 없는 경우, 의심스러운 화물에 대해 단 한 가지 검색방법만 적용되며, 화주는 화물의 항공기 탑재가 거부될 때만 호출받게 되어 항공화물 보안검색요원에게 과도한 책임을 부과하고 있다.

결국 효과적인 화물보안 강화를 위해서는 항공화물의 검색기술과 검색절차가 근본적으로 개선되어야 한다. 화물 내 폭발물 은폐 등 불법방해행위를 효과적으로 탐지하고 방지할 수 있도록 보다 효율적인 기술 배치와 체계적인 절차 확립이 필요하다.

3) 공급망 보안 정책의 부작용: 이해관계자 갈등과 중복 규제 문제

기술적 개선의 필요성은 2001년 9·11 테러가 항공화물 보안 패러다임에 근본적인 변화를 불러온 분수령이 되었다는 점에서 더 명확해진다. 이 사건은 테러조직이 테러 도구나 재료, 심지어 테러리스트까지 항공화물 컨테이너에 은폐해 목적지에서 대량파괴를 감행할 수 있다는 새로운 우려를 불러일으켰다. 특히 항공화물공급망이 테러리스트의 불법방해행위에 매우 취약한 시스템으로 인식되기 시작하면서, 공급망보안에 대한 엄격한 규제 요구가 급격히 강해졌다.

이에 따라 9·11 이후 항공화물 공급망보안의 핵심 관점이 기존의 화물도난방지에서 대테러로 완전히 전환되었으며, 이러한 패러다임 변화는 수많은 새로운 공급망보안프로그램과 관련 법규정 도입으로 이어졌다.

그런데 새롭게 도입된 공급망보안제도들이 예상치 못한 부작용을 낳고 있다. 구체적으로 새로운 보안제도 도입으로 화물운송시간이 상당히 길어지면서 항공화물의 정시성과 신뢰성이 현저히 떨어지고 있으며, 추가 보안조치로 인해 배송비가 증가해 전체 물류비용 상승을 일으키고 있다.

더 문제가 되는 것은 화물보안위협에 대한 많은 항공보안당국의 대응방식이다. 정작 고위험화물에 대한 보안을 실질적으로 강화하지는 않으면서, 오히려 보안위협이 상대적으로 적은 화물운송업계 규제만 강화하는 비효율적인 보안대책을 채택해왔다는 점이다. 이런 접근방식은 한정된 보안자원의 효율적 활용 측면에서도 문제가 있으며, 실질적인 보안 효과보다는 행정적 부담만 가중시키고 있다.

실제로 현재 항공화물 보안체계에서 가장 근본적인 문제는 서로 다른 목표를 추구하는 다양한 관련 당사자 간의 구조적 갈등에서 비롯된다. 이익극대화를 추구하는 화물운송업계와 엄격한 규제를 담당하는 항공보안당국처럼 상호보완적이지 않은 별개의 목표를 가진 이해관계자들이 공존하는 상황에서는 필연적으로 화물보안의 취약성이 지속될 수밖에 없다. 특히 한 국가에서 이미 보안검색을 완료했음에도 불구하고, 항공화물공급망을 따라 이동하는 과정에서 하나 이상의 다른 국가에서 동일한 보안통제를 반복해야 하는 비효율적인 중복 문제가 지속적으로 발생하고 있다.

토론주제

신뢰기반 공급망보안 가능성

주제: 자발적 참여와 인센티브 기반의 공급망보안 프로그램은 얼마나 효과적인가?

배경: 미국의 C-TPAT와 같은 프로그램은 민간기업의 자발적 참여와 혜택을 통해 공급망보안을 강화하는 모델을 제시하고 있다.

1. 기업이 추가 비용과 노력을 감수하면서 자발적으로 엄격한 보안기준을 준수할 만한 충분한 인센티브가 있는가?
2. 신뢰기반 시스템은 국가 간 다른 위험평가와 보안문화에도 적용 가능한가?

이런 문제를 해결하려면 항공보안당국과 화물운송업계 모두 중요한 인식 전환이 필요하다. 공급망보안의 본질적 장점은 화물흐름을 방해하지 않으면서도 보안통제를 더 효과적으로 적용해 궁극적으로 화물보안을 확보할 수 있다는 점에 있다. 따라서 단순한 규제 강화보다는 관련 당사자 간의 신뢰 구축과 정보공유, 표준화된 보안절차의 상호인정을 통한 통합적 접근방식이 요구된다.

4) 내부자위협의 체계적 분석과 통합대응: 위험요인 진단에서 예방관리까지

2015년 10월 이집트 샤름엘셰이크공항을 출발한 러시아 여객기 추락 사건은 내부자위협의 현실성을 극명하게 보여준 분수령이 되었다. 이 사건을 통해 수하물 및 항공화물에 대한 폭발물 탐지능력의 한계와 공항 내부직원에 대한 감시능력의 취약성이 석나라하게 드러났으며, 내부자위협이 얼마나 심각하고 현실적인 보안 문제인지를 명확히 보여주었다.

내부자위협이란 항공화물 및 화물터미널에 대한 정당한 접근권한을 보유한 화물업무종사자가 보안의 취약성을 의도적으로 악용하여 불법방해행위를 시도하는 것을 의미한다. ICAO는 이러한 내부자위협을 항공테러 위협의 중요한 구성요소로 이미 인식하고 강조해왔으며, 이에 따라 각국의 항공보안당국, 공항운영자 및 항공운송사업자는 공항에서 발생할 수 있는 모든 잠재적 내부자위협을 완화하기 위한 다양한 보안조치를 수행할 책임을 지고 있다.

그러나 현재의 화물보안시스템은 여러 구조적 한계를 안고 있다. 외부위협에만 편중되어 있으며, 화물운송보다는 여객보호에 초점을 맞추고 있다. 더 문제가 되는 것은 항공운송사업자, 화물운송관련업체, 화주, 항공보안당국 간에 서로 화물보안책임을 회피하려는 경향이 뚜렷하게 나타나고 있다는 점이다.

비록 ICAO의 「Aviation Security Manual」이 화물업무종사자의 채용과 교육훈련 등에 관한 구체적인 내용을 통해 항공화물에 대한 내부자위협을 방지하기 위한 대책을 제시하고 있지만, 항공화물의 실질적인 보안확보는 ICAO의 제도와 규정만으로는 충분한 실효성을 확보하기 어려워 각국의 국내법 적용을 통해 이를 보완하는 균형적 접근방식을 채택하고 있다.

한편, 최근 들어 새로운 화물보안규정이 지속적으로 도입되면서 화물운송업계에 상당한 불확실성을 일으키고 있다. 특히 주목해야 할 문제는 최근 발생한 불법방해행위를 개선하기 위해 도입되는 보안규정들이 이미 확인된 과거의 보안위협에만 대응하는 후행적 특성을 보인다는 점으로, 이러한 접근방식은 화물보안에 대한 중요한 전략이나 목표에 높은 불확실성을 초래할 뿐만 아니라 새로운 보안장비에 대한 투자를 잠재적으로 저해할 수 있는 요인이 되고 있다.

결국 효과적인 내부자위협 예방을 위해서는 보다 선제적이고 체계적인 접근이 필요하다. 중요한 화물보안영역에 대한 접근권한을 가진 직원정보를 관련 기관 간에 적극적으로 공유하고, 화물업무종사자의 채용 및 교육훈련에 관한 지침을 구체적이고 실질적으로 강화할 필요가 있다. 이를 통해 사후대응보다는 사전 예방에 중점을 둔 내부자위협 관리체계를 구축해야 할 것이다.

FAQ

Q 내부자위협은 얼마나 흔한가요?

A 대부분의 내부자위협 사례는 공개되지 않지만, 항공업계에서는 화물도난부터 테러까지 다양한 내부자 관련 사건이 매년 발생하고 있습니다.

Q 내부자위협과 외부위협 중 어느 것이 더 위험한가요?

A 내부자위협은 시스템에 대한 지식과 접근 권한을 가진 사람들에 의해 이루어지기 때문에 탐지하기 어렵고, 잠재적 피해가 더 클 수 있습니다.

Q 신원조사만으로 내부자위협을 예방할 수 있나요?

A 신원조사는 중요한 첫 단계지만, 충분하지 않습니다. 지속적인 모니터링, 행동 기반 탐지, 건전한 보안문화 조성이 함께 이루어져야 합니다.

(3) 국제항공화물 보안위협 사례분석: 유형별 특성연구와 대응전략

사전 예방 중심의 관리체계 필요성은 항공보안 역사상 상업용 항공기를 대상으로 한 테러행위들이 여객 및 화물검색의 보안표준에 가져온 근본적이고 지속적인 변화를 통해 더 명확해진다.

1988년 로커비(Lockerbie) 사건으로 알려진 팬암 103편 폭파사건은 항공화물 보안의 취약성을 극명하게 드러낸 대표적인 사례로 평가된다. 프랑크푸르트에서 출발해 런던 히드로공항을 경유한 후 미국으로 향하던 중 스코틀랜드 로커비 상공에서 폭발한 이 사건이 항공보안업계에 던진 가장 중요한 교훈은 이미 한 번 보안검색을 완료한 화물이라 할지라도 다른 국가에서 환적되거나 재운송될 때 안전하지 않을 수 있다는 사실이있다.

이어 2001년 9·11 테러는 미국의 항공화물 보안정책에 혁명적 변화를 불러왔다. 이 사건을 계기로 미국은 여객기에 탑재하는 모든 화물에 대한 100% 검색제도를 도입하게 되었으며, 이는 전 세계 항공화물 보안 기준의 새로운 벤치마크가 되었다. 최근에도 2017년 호주 여객기 폭탄 테러 음모 사건이나 2018년 3월 미국 연쇄 소포폭탄 사건에서 테러리스트들이 항공화물공급망을 적극적으로 악용했다는 사실이 확인되어, 항공화물공급망이 지속적으로 테러 목적의 표적이 되고 있음을 보여주고 있다.

실무 팁: 주요 항공화물 테러사건 이후의 보안 변화

1. **로커비 사건(팬암 103편, 1988년):** 수하물-승객 일치 확인 의무화, 수하물 100% 검색 도입, 체크인 질문 강화
2. **9·11 테러(2001년):** 미국 TSA 설립, 여객기 화물 100% 검색, 조종석 보안 강화, 기내 보안요원 배치 확대
3. **신발 폭탄 테러 시도(2001년):** 신발 X-ray 검색 도입, 폭발물탐지 기술 개선
4. **액체 폭탄 테러 시도(2006년):** 액체 기내반입 제한 도입, 액체 검색기술 개발
5. **예멘 화물기 폭탄 시도(2010년):** 고위험 국가 출발화물 검색 강화, 화물정보 사전제출 요구, 공급망보안 프로그램 확대

그런데 9·11 테러사건을 비롯한 주요 항공보안 위협사건들은 확실히 강화된 화물보안규정을 도입하는 중요한 전환점이 되었으며, 전반적인 화물보안 수준을 향상시키는 측면에서는 분명히 중요한 의미가 있다고 평가할 수 있다.

하지만 이런 보안강화 조치들이 가져온 예상치 못한 부작용들도 간과할 수 없는 상황이다. 심각한 문제 중 하나는 다양한 기관별로 서로 다른 화물보안규정을 중복적으로 마련하는 결과를 초래했다는 점이다. 각국의 항공보안당국, 국제기구, 지역별 보안기관들이 저마다의 기준과 절차를 제시하면서 화물운송업계는 복잡하고 때로는 상충하는 다중 규제체계에 직면하게 되었다.

이런 규제의 중복과 복잡성은 필연적으로 보안비용의 대폭적인 증가를 일으켰다. 화물운송업계는 단일한 통합된 보안시스템이 아닌 여러 개의 서로 다른 보안요구사항을 동시에 충족해야 하는 상황에 놓이게 되었고, 이는 운영비용과 관리비용의 기하급수적 증가로 이어졌다. 특히 중소규모의 화물운송업체들은 급변하는 보안규정에 적절히 대응할 수 있는 인적 · 물적 자원이 부족한 상황에서 규제 준수에 어려움을 겪고 있다.

결과적으로 보안 강화라는 본래의 목적은 달성했지만, 동시에 산업 전반의 효율성 저하와 비용부담 가중이라는 새로운 과제를 만들어낸 셈이다. 따라서 앞으로는 보안수준의 실질적 향상을 도모하면서도 업계의 운영 효율성을 크게 저해하지 않는 보다 통합적이고 체계적인 접근방식이 필요할 것

으로 판단된다.

1) 2024년 급조방화장치(IIDs) 위협과 항공화물보안 대응방안

통합적이고 체계적인 접근방식의 필요성은 ICAO의 최근 위협 보고서에서 더 분명하게 확인된다. 2024년 7월 발생한 급조방화장치(IIDs, Improvised Incendiary Devices) 관련 사건들이 국제 항공보안계의 주목을 받고 있으며, 두 개국의 공항과 화물창고에서 발생한 이번 사건들은 항공화물 보안에 새로운 위협 양상을 보여주는 중요한 사례로 평가된다.

두 사건 모두 화물창고에서 화재가 발생해 함께 보관 중이던 항공화물 팔레트에 상당한 피해를 줬다. 특히 유럽 사례에서는 개인이 통합특송업체를 통해 접수한 가전제품과 액체가 들어 있는 화물이 지상운송 단계와 공항 화물창고에서 각각 발화하는 사고를 일으켰다.

이에 따라 ICAO 항공보안패널(AVSEC) 산하 위협 및 위험작업그룹(WGTR)은 즉각적인 대응에 나섰다. 작업그룹은 관련 위협정보를 자세히 검토하고 기존의 항공화물 위험평가를 전면 재검토했으며, 2024년 9월 국제민간항공협약 Annex 17의 표준 5.3.1에 따라 해당 불법방해행위가 공식적으로 ICAO 사무국에 보고되었고, 10월 3일 전 세계 회원국들에 관련 보고서가 긴급 통보되었다.

ICAO는 해당 사건들이 2010년 예멘사건으로 인해 2012년 항공화물에 관한 Annex 17 SARPs가 대폭 강화된 이후 항공화물보안 분야에서 발생한 가장 심각한 사건이라고 공식 언급했다. 특히 가해자들이 항공화물 공급망에 급조방화장치를 은폐하기 위해 항공화물 통합특송업체를 전략적으로 표적화했다는 점을 강조했다.

더 우려스러운 것은 이번 사건의 수법이 상당히 정교하고 계획적인 특성을 보인다는 점이다. 의심스러운 배송물품들은 미공인 배송업체에 의해 발송되었고, 전자제품과 액체의 조합으로 구성되어 급조방화장치를 극도로 정교하게 은폐한 상태였다. 보고된 두 건의 사건 외에도 다수의 의심스러운 배송물품을 항공으로 운송해 경로를 사전 테스트하고 추적하는 시도가 있었다는 사실은 가해자들이 운영방식의 허점을 체계적으로 파악해 최종 위협목표를 결정하려는 매우 치밀한 준비과정을 거쳤음을 보여준다.

그런데 현행 대응체계의 한계도 명확히 드러났다. ICAO는 이전까지 급조방화장치를 항공화물에 대한 일반적이고 구체적인 위협요소로, 명시적으로 인식하지 못했다고 인정했다. Doc. 8973(Aviation Security Manual)에 급조방화장치에 대한 일부 언급이 포함되어 있지만, 완화조치의 주요 초점은 현재 급조폭발물(IED)의 탐지 및 예방에 집중되어 있어 항공화물 분야에서 급조방화장치의 탐지 및 예방에 특화된 구체적이고 실용적인 완화조치에 대한 상세한 지침은 사실상 부재한 상황이었다.

이런 포괄적인 위협 분석을 바탕으로, ICAO는 현재 시행 중인 글로벌 완화조치의 한계를 종합적으로 고려해 항공화물 위협 시나리오에서 급조방화장치의 위험도를 최고 수준인 HIGH로 공식 평가했다. 이번 위험도 상향조정은 전 세계 항공보안 당국과 관련 이해관계자들이 급조방화장치라는 새로운 형태의 위협에 대해 근본적으로 새로운 접근방식을 개발해야 할 필요성을 강력히 시사하고 있다.

2) 2010년 예멘사건과 항공화물보안 패러다임의 전환

항공화물보안은 2010년 예멘사건을 분수령으로 패러다임의 근본적 변화를 경험했다. 이 사건은 항공화물 보안체계의 취약성을 적나라하게 드러내며 전 세계 항공보안 정책에 혁명적 변화를 불러온 역사적 사건으로 평가된다.

2010년 10월 발생한 예멘사건에서 예멘 기반 알카에다 조직은 극도로 정교한 테러를 시도했다. 이들은 프린터 카트리지로 교묘하게 위장된 급조폭발물이 포함된 소포 2개를 제작해 UPS와 FedEx 화물기를 통해 시카고 지역 유대교회당으로 발송했다. 주목할 점은 해당 폭발물이 최종 목적지를 표적으로 한 것인지, 아니면 운송 중인 항공기 자체를 공중에서 폭파할 의도였는지 여전히 명확하지 않다는 것이다.

더 놀라운 사실은 화물기 두 대에 탑재된 급조폭발물의 탐지과정이었다. 이 중대한 위협의 발견은 기존 화물검색 시스템을 통한 폭발물 탐지가 아니라, 숙련된 보안직원의 경험과 논리적 추론능력에 의해 이루어졌다. 이는 기술적 보안시스템의 한계와 인적요소의 중요성을 동시에 부각시키는 결정적 사례가 되었다.

현장 인사이트

"예멘사건은 기술중심의 보안검색 시스템의 한계와 인적요소의 중요성을 보여준 사례입니다. 200달러짜리 프린터를 보내기 위해 500달러의 운송비를 지급한 비정상적인 부분을 발견한 보안담당자의 직관이 폭발물을 탐지했습니다. 이는 우리에게 기술에만 의존해서는 안 된다는 중요한 교훈을 주었습니다."

- ○○항공 항공보안팀장(ICAO 항공보안교관)

실제로 예멘사건이 항공보안업계에 던진 충격적인 교훈은 화물검색의 폭발물 탐지기술과 현대적 폭탄제조기술 간에 존재하는 상당한 기술격차였다. 사후 조사결과, 예멘의 알카에다는 금속탐지장비 검색을 완전히 우회하기 위해 폭발물의 모든 구성요소에서 금속을 철저히 배제했고, 탐지견이 폭발물 특유의 냄새를 감지하지 못하도록 밀폐된 폭발물의 취급과 포장 과정에서 극도로 세심한 주의를 기울인 것으로 밝혀졌다.

이에 따라 예멘사건은 알카에다가 전략적으로 의도했던 대로 전 세계 항공화물 운송시스템을 일시 마비시키면서 글로벌 경제에 심각한 부정적 파급효과를 일으켰다. 극도로 정교하게 은폐된 급조폭발물이 당시 운용 중이던 공항의 폭발물 탐지시스템을 완전히 우회했다는 사실은 전 세계에 항공보안에 대한 근본적 불신과 테러 공포를 확산시켰으며, 결과적으로 각국 정부의 보안비용 부담이 기하급수적으로 증가하는 직접적 원인이 되었다.

이 사건을 계기로 다양한 화물보안조치의 전면적 재검토와 함께 차세대 첨단검색기술 도입이 가속화되었으며, 화물보안검색요원에 대한 훈련과 교육프로그램이 근본적으로 개선되고 대폭 강화되는 계기가 되었다.

미국의 대응조치는 특히 신속하고 강력했다. 2010년 11월 미국은 기존에 여객기에만 적용되던 항공화물에 대한 100% 검색 요구사항을 화물기까지 확대 적용하는 혁신적 조치를 시행했다. 유럽연합 역시 제3국에서 EU 역내로 들어오는 모든 화물에 대해 EU 영토 도착 전 출발공항에서의 엄격한 보안통제를 의무화하는 강화된 새로운 규칙을 도입했다.

예멘사건이 제시한 중요한 시사점은 인바운드화물 및 제3국에서 출발하는 화물의 보안통제가 갖는 전략적 중요성에 대한 인식 전환이었다. 이 사건을 통해 항공화물 보안이 단일 국가나 공항 차원의 문제가 아닌 글로벌 공급망 전체의 통합적 보안관리 문제임이 명확히 드러났으며, 관련기관 간의 실시간 화물정보 공유의 필요성이 절실히 부각되었다.

예멘사건은 결국 항공화물보안이 개별 국가의 단편적 노력으로는 한계가 있으며, 글로벌 차원의 통합적이고 선제적인 접근방식이 필요함을 명확히 보여준 분수령 적 사건이었다. 이는 현재까지도 국제 항공화물보안 정책 수립과 운영의 핵심원칙으로 작용하고 있다.

(4) 화물보안위협의 변화와 예방적 대응의 한계

글로벌 차원의 통합적 접근방식 필요성은 현재 글로벌 항공화물 시장의 지속적 성장세가 항공보안 분야에 제기하고 있는 새로운 도전과제를 통해 더 명확해지고 있다. 국제항공화물 운송실적과 화물수요의 꾸준한 증가추세는 경제적 측면에서는 긍정적이지만, 동시에 항공화물과 관련한 불법방해행위가 지속적으로 발생하는 구조적 배경이 되고 있다. 특히 최근 들어 사이버 위협의 급속한 확산과 함께 전통적인 물리적 보안위협을 넘어서는 새로운 형태의 화물보안위협이 다각화되고 정교화되는 추세를 보인다.

문제는 현재 운용 중인 화물검색기술과 항공보안장비의 성능을 객관적으로 평가해보면, 급격히 진화하는 다양한 테러위협을 예방하는 데 명백한 기술적 한계가 존재한다는 점이다. 이런 한계는 단순히 기술적 성능의 문제를 넘어서 현행 보안체계의 근본적 취약성을 시사하는 중요한 지표로 해석되어야 한다.

따라서 이런 구조적 한계를 극복하기 위해서는 다층적이고 통합적인 접근방식이 필요하다. 우선 진화하는 새로운 테러위협 및 추세에 대해 지속적인 경계태세를 유지하면서 점진적이면서도 유연한 대응체계를 구축해야 한다. 이는 정적인 보안시스템에서 탈피해 위협환경의 변화에 실시간으로 적응할 수 있는 동적 보안모델로의 전환을 의미한다.

특히 주목해야 할 점은 여객의 수하물 검색기준과 화물검색표준 간에 존재하는 상당한 격차다. 항공보안의 일관성과 효과성을 확보하기 위해서는 화물검색표준과 검색장비 성능을 여객 수하물 검색 수준에 상응하도록 지속적으로 업데이트하고 표준화하는 것이 무엇보다 중요하다. 이를 통해 확산되는 화물보안 위협에 대한 선제적 대응능력을 확보할 수 있을 것이다.

한편, 포괄적인 화물보안 개선을 위해서는 단편적인 기술적 보완을 넘어서 관련 화물보안위협을 체계적으로 식별하고 적절히 관리할 수 있는 통합적 화물보안체계의 확립이 핵심과제다. 이런 체계는 위험기반 접근법(Risk-based Approach)을 기반으로 하여 한정된 보안자원을 최적화해 배분할 수 있는 지능형 관리시스템이어야 한다.

향후 항공화물 보안의 미래 방향성은 세 가지 핵심 축을 중심으로 전개될 것으로 전망된다. 차세대 검색기술 발전의 적극적 도입과 활용, 다자간 국제 협력체계의 지속적 강화와 심화, 실시간 정보공유 체계의 근본적 개선과 고도화가 바로 그것이다. 이 중에서도 특히 인공지능(AI)과 빅데이터를 활용한 차세대 위험평가 시스템의 도입은 항공화물 보안 패러다임의 혁신적 전환점이 될 것으로 예상된다. 이런 지능형 시스템은 방대한 데이터 분석을 통해 잠재적 위험요소를 사전에 식별하고, 한정된 보안자원을 효율적으로 배분하는 데 결정적 역할을 수행할 것이다.

결론적으로 미래의 항공화물 보안은 기술혁신, 국제협력, 정보통합이라는 세 축의 유기적 결합을 통해 현재의 한계를 극복하고 새로운 차원의 보안체계를 구축해야 할 것이다. 이런 변화는 항공보안업무 종사자들에게 새로운 역량과 전문성을 요구하는 동시에, 보다 안전하고 효율적인 글로벌 항공화물 운송환경을 조성하는 기반이 될 것이다.

FAQ

Q 현재 가장 우려되는 신종 항공화물 보안위협은 무엇인가요?

A 급조방화장치(IIDs), 3D 프린팅 기술을 활용한 검출 어려운 무기류, 사이버 공격과 결합한 복합적 위협이 위협적입니다.

Q 항공화물 보안과 관련된 사이버 위협은 어떤 것이 있나요?

A 화물추적시스템 해킹, 화물 적하목록 조작, 보안 카메라 및 접근통제 시스템 무력화 등이 주요 사이버 위협으로 부상하고 있습니다.

(5) 사이버보안 위협과 항공화물 취약점

항공화물 분야의 사이버보안 위협은 이제 항공보안 전문가들이 마주한 가장 중요한 과제가 되었다. 디지털 전환의 물결이 빨라지면서 항공화물 업계는 그 어느 때보다 심각한 사이버보안 위협에 노출되고 있다.

실제 사이버공격 사례들을 들여다보면 상황의 심각성이 더 명확해진다. 공항과 항공사 시스템, 물류 IT 인프라가 주요 표적이 되고 있으며, 랜섬웨어, DDoS, 정보유출이 빈번한 공격 유형으로 나타나고 있다. 이에 따라 실제 운영 중단과 정보유출 피해가 연이어 발생하고 있다.

항공업계 전반에 걸친 사이버공격 증가 추세도 눈에 띈다. 최근 몇 년 사이 공격 빈도와 강도가 현저히 높아지면서, 업계 전체가 사이버보안 강화에 나서고 있다. 특히 항공물류 분야는 복잡한 공급망 구조와 다양한 이해관계자들이 얽혀 있어 더 취약한 모습을 보이고 있다.

더 우려되는 것은 ICT 시스템 통합과 함께 클라우드 컴퓨팅, IoT, 인공지능 같은 첨단 기술들이 도입되면서 항공화물 시스템의 공격 표면이 크게 넓어지고 있다는 점이다. 새로운 기술이 편리함과 효율성을 가져다주는 만큼, 사이버 범죄자들이 노릴 수 있는 취약점도 그에 비례해 늘어나고 있는 셈이다.

1) 항공화물 정보시스템의 사이버위협

디지털 전환이 가속화되면서 항공화물 정보시스템은 사이버공격의 주요 표적으로 부상하고 있다. 화물예약, 추적, 통관 시스템이 광범위한 네트워크로 연결되면서 공격 표면이 현저히 확대되고 있으며, 이러한 시스템 간 상호연결성 증가는 효율성 향상과 동시에 보안 취약점 확대라는 양면성을 보이고 있다.

이러한 환경에서 사이버공격 행위자들은 악의적 의도, 정보 도용, 개인적 이익, 정치적 목적 달성을 위해 다양한 공격을 감행한다. 특히 이들의 익명성 유지 특성으로 인해 항공업계는 외부 행위자는 물론 의도적이든 비의도적이든 내부자로부터의 위협까지 종합적으로 대응해야 하는 복합적 과제에 직면해 있다.

한편, 항공분야 사이버공격은 전통적 테러리즘과 본질적으로 다른 특성들을 나타낸다. 우선 사이버공격의 은밀성으로 인해 물리적 공격과 달리 즉시 발견되지 않는다. 사이버 테러리스트들은 조종사가 공격 사실을 인식하지 못하는 상황에서 항공기를 계획된 항로에서 이탈시킬 수 있으며, 항공기나 공항 시설이 장기간 악성 코드에 손상된 채로 유지되면서도 탐지를 지연시킬 수 있다.

더 주목할 점은 사이버공격이 전 세계 어디에서나 원격으로 시작될 수 있어 지리적 제약이 없다는 것이다. 또한 스마트폰이나 일반 컴퓨터만으로도 쉽게 개시될 수 있어, 기존 테러범과 달리 항공기에 불법물질을 직접 밀반입할 필요가 없다는 근본적 차이를 보인다. 이런 사이버 위협의 특성을 고려할 때, 항공보안업무 종사자들은 전통적인 물리적 보안체계와 함께 사이버보안 역량을 병행 강화해야 할 필요성이 더 절실해지고 있다.

2) 사이버공격의 일반적 특성

사이버공격은 컴퓨터 시스템을 대상으로 한 테러 공격이나 위협으로, 주로 시스템 취약성을 악용한 서비스 거부 공격이나 악성프로그램 업로드를 통해 이루어진다.

민간항공 분야는 사이버공격에 특히 취약한 구조로 되어 있다. 승객 지상처리, 수하물처리, 항공기 통신, 비행계획, 항공교통관제 등 모든 운영시스템이 컴퓨터 기반으로 상호연결되어 있기 때문이다. 이러한 통합성은 운영효율성을 높이는 동시에 사이버공격의 잠재적 경로를 확대시키는 양면성을 보이고 있다.

이런 맥락에서 항공보안 실무진이 사이버공격을 평가할 때는 공격자의 최종 의도를 명확히 구분해야 한다. 단순히 정보보안의 기밀성, 무결성, 가용성을 침해하려는 것인지, 아니면 항공기 착륙 실패나 인명손실과 같은 물리적 피해까지 의도하는지를 판단하는 것이 핵심이다.

특히 항공시스템의 상호연결성 때문에 의도된 공격이 예상치 못한 연쇄효과를 발생시킬 수 있다는 점도 주목할 필요가 있다. 예를 들어, 승객 정보 접근을 목적으로 한 공격이 승객 데이터베이스 마비로 이어져 심각한 운항중단을 초래할 수 있으며, 전자비행정보장치(EFB) 태블릿의 운영체제 공격처럼 민간항공을 직접 겨냥하지 않은 공격도 항공안전에 치명적 결과를 불러올 수 있다.

더 복잡한 것은 사이버공격 방법이 공격자의 동기, 의도한 효과, 기존 완화조치 회피 능력에 따라 다양하게 나타난다는 점이다. 새로운 기술 발전과 함께 공격 방법도 진화하며, 일부 공격은 항공기 내에서 직접 수행되는 반면 다른 공격들은 원격지나 타국에서도 실행할 수 있다. 공격자들은 종종 실제 위치를 숨기고 특정 경로 뒤에 은폐되며, 인터넷의 특성상 사이버공격 발원지 추적은 매우 어려운 과제가 되고 있다. 이러한 특성은 항공보안 실무진에게 어떤 행위가 사이버공격으로 간주되고 공격 위치가 어떤 영향을 미칠지 판단하는 데 추가적인 도전을 제기하고 있다.

3) 항공분야 사이버위협 분석

민간항공 분야에 대한 사이버위협은 공항, 항공사, 항공기, 항공교통관제 및 항행안전시설의 정보 자산(시스템 및 데이터 포함)을 목표로 한다. 악의적 행위자들은 이러한 공격을 통해 운항 중인 항공기에 장애를 발생시키거나 심각한 경우 인명손실까지 초래할 수 있으며, 그 범위는 항공기 부품 제조업체와 정비시설까지 확대되고 있다.

주요 용어 정리

- **항행안전시설**: 공항시설법 제2조에 따라 유선통신, 무선통신, 인공위성, 불빛, 색채 또는 전파를 이용하여 항공기의 항행을 돕기 위한 시설을 말한다. 이는 항공기의 출발에서 도착까지 모든 비행단계에 걸쳐 안전하고 경제적인 비행을 지원하는 필수적인 시설이다. 구체적으로는 관제사와 조종사 간의 통신을 위한 관제통신시설, 항공기 위치와 속도를 감시하고 관제사에게 제공하는 레이더시설, 조종사에게 항로정보인 방위와 거리를 제공하는 전방향표지시설이 핵심을 이루고 있다. 또한 항공기 착륙 시 조종사에게 활주로 중심선, 착륙각도, 거리 등을 안내하는 계기착륙시설과 함께 항공통신망, 공항정보방송시설, 항공기 출발허가시설 등이 포함되어 전체적인 항행안전시설 체계를 구성하고 있다.

이러한 민간항공 사이버공격 시나리오는 위협 성격과 목표에 따라 4가지 주요 범주로 분류된다. 첫째는 항공교통관리(ATM)시스템 위협으로, 항공통신, 항법, 감시 시스템을 목표로 하며 항공교통의 안전한 흐름을 직접 위협하여 항공기 간 충돌이나 관제시스템 마비 등 치명적 결과를 초래할 수 있다.

둘째는 항공기 시스템 위협이다. 항공기 통제시스템, 객실 운영시스템, 승객시스템을 대상으로 하며, 항공기 운항 안전성에 직접 영향을 미치는 위험한 형태의 사이버공격으로 평가되고 있다. 이어서 셋째는 공항·항공사 운영 위협으로, 항공기를 직접 겨냥하지는 않지만, 보안조치(보안검색, 접근통제 등)를 약화시켜 전통적 물리적 공격을 쉽게 만들거나 출발제어시스템과 수하물 처리시스템 등 공항 운영을 방해한다.

마지막으로 기타 항공시스템·정보 데이터 위협은 항공기나 공항 운영을 직접 겨냥하지 않지만, 항공안전이나 보안을 약화시킬 수 있는 공격으로, 유지보수 정보나 기밀 AVSEC 정보유출, 재래식 공격 촉진, 데이터 탈취 등이 포함된다. 그러나 실제 사이버공격 환경에서는 이러한 범주화가 단순하지 않다는 점을 인식해야 한다. 사이버공격은 여러 범주와 시스템의 조합으로 발생하는 경우가 많아 명확한 범주화는 매우 복잡하고 어려운 작업이 되고 있다.

4) 정보보안 영향 분석

정보보안의 핵심 구성요소인 기밀성(Confidentiality), 무결성(Integrity), 가용성(Availability)에 대한 기술적 영향은 다양한 형태로 나타난다. 이 중 승객 개인정보나 재무정보에 대한 무단 접근과 같이 항공 안전 및 보안에 직접적 영향을 미치지 않는 사이버공격 유형도 존재한다.

이러한 공격들은 항공기 운항 안전성이나 공항 보안시스템에 즉각적 위험을 가하지 않지만, 정보보안 측면에서는 중대한 침해 사건으로 분류된다. 특히 개인정보 유출은 승객 프라이버시 침해와 함께 항공사 신뢰도 하락, 법적 책임 등 광범위한 파급효과를 초래한다.

여기서 중요한 점은 공격자의 원래 의도와 실제 피해 범위가 반드시 일치하지 않는다는 것이다. 단순한 정보 탈취 목적의 공격도 시스템 간 상호연결성으로 인해 예상치 못한 연쇄 반응을 일으킬 수 있어, 항공 운영 전반에 광범위한 영향을 미칠 가능성이 상존한다.

현장 인사이트

"사이버공격자들은 항공화물 정보시스템의 세 가지 핵심 요소를 노립니다. 가용성(서비스 중단), 무결성(데이터 변조), 기밀성(정보 탈취)으로 특히 화물정보 변조 공격은 불법 화물을 합법적으로 위장하는 데 활용될 수 있어 위험합니다."

- 한국항공보안학회 ○○이사

항공분야 시스템 및 정보에 미치는 주요 정보보안 영향은 기밀성, 무결성, 가용성 기준으로 다음과 같이 분류된다.

첫째, 기밀성 위반이다. 민감한 항공정보에 무단 접근하는 경우로, 항공보안 절차, 시설 배치도, 보안 취약점 등이 노출되면 후속 공격의 성공 가능성을 현저히 높인다.

둘째, 정보의 무결성 손실이다. 조종사나 관제사 등 핵심 운영 직원이 활용하는 항공정보의 무결성 손상으로, 잘못된 기상정보나 변조된 비행계획, 조작된 항행 데이터 등은 안전한 항공기 운항에 치명적 위험을 초래한다.

셋째, 시스템 기능의 무결성 상실이다. 시스템 통제권을 탈취하는 고도화된 공격으로 공항이나 항공기의 안전 관련 시스템 통제력을 상실시킨다. 항공기 자동조종장치, 착륙시스템, 화재감지시스템 등 핵심 안전시스템의 오작동을 유발할 수 있어 가장 위험한 형태로 분류된다.

넷째, 정보의 가용성 상실이다. 항공고시보(NOTAM)나 실시간 기상정보 접근 차단 등으로 운항 필수 정보에 접근할 수 없어 항공기 지연, 우회, 심각한 경우 운항 중단까지 초래한다.

다섯째, 시스템 기능의 가용성 상실이다. 비행정보 표시시스템, 항공통신시스템, 항행안전시설 관리시스템 등 핵심 항공시스템의 기능 중단으로 공항 운영 전체를 마비시키고 대규모 항공교통 혼란을 일으킬 수 있다.

이러한 분류 체계는 항공보안 담당자들이 사이버위협의 우선순위를 설정하고 적절한 대응 전략을 수립하는 데 필수적인 분석 틀을 제공한다.

3. 위험평가 기반 국제항공화물 보안체계: 통합적 대응전략 수립과 실무적용

항공화물을 이용한 민간항공 불법방해행위 억제를 위해서는 항공화물의 보안성 확보가 절대적으로 필요하다. 2001년 9·11 테러 이후 여객과 수하물 보안검색이 대폭 강화되면서, 테러리스트들이 폭발물 은폐 수단으로 항공화물을 선택하는 것이 상대적으로 쉬워졌다는 인식이 확산하고 있다.

이러한 화물보안위협에 대응하기 위해서는 보다 포괄적이고 체계적인 화물보안대책이 필요하다. 구체적으로는 화물과 함께 반입될 수 있는 폭발물 등을 효과적으로 탐지할 수 있는 고도화된 보안검색 체계를 구축하고, 화물의 육상이동 과정에서 엄격한 보안통제를 통해 불법방해행위로부터 항공화물을 보호하면서도 신속한 운송을 보장하는 것이 핵심이다.

특히 현대적 화물보안 접근법에서는 위험평가에 기초한 보안검색과 공급망보안 조치의 조화가 중요하며, 이를 통해 식별된 고위험화물에 대해서는 강화된 보안조치를 집중적으로 적용하는 차별화된 화물보안대책을 마련해야 한다.

(1) ICAO 표준과 조화: 항공보안 통제체계의 표준화와 상호인정체계 구축

화물보안 강화와 신뢰할 수 있는 화물보안 규제체계 발전을 위해서는 보안통제기준 및 검색절차의 표준화가 핵심적 중요성을 갖는다. 화물량 증가와 맞물린 화물 관련 테러위협의 증가는 항공보안시장 성장의 계기를 제공하고 있지만, 현실적으로 화물보안위협의 진화 속도에 뒤쳐진 비효율적 보안통제는 오히려 항공화물운송산업을 더 큰 위험에 노출하는 역설적 결과를 초래하고 있다.

이런 문제를 해결하기 위한 표준화 접근법은 두 가지 패러다임으로 구분된다. 첫 번째는 각 국가가 보안검색에서 완전히 동일한 화물보안절차를 사용하도록 하는 절차적 동일화 접근법이다. 이 방식은 화물검색에서 X-ray 검색과 같은 동일한 장비 및 기술만을 사용하도록 제한하여 화물보안의 심각한 취약점으로 작용할 수 있다. 동일한 기술과 절차의 광범위한 사용은 테러리스트들이 해당 시스템의 약점을 파악하고 이를 우회하는 방법을 개발할 경우, 전 세계적으로 동시다발적인 보안 침해가 발생할 위험을 내포하고 있다.

반면 보안통제기준의 표준화 접근법은 훨씬 더 효과적이고 안전한 대안을 제시한다. 특정 화물에 대해 폭발물 검사를 의무화하는 보안조치와 같이 달성해야 할 보안목표와 기준을 표준화하되, 이를 달성하는 구체적인 방법론은 각국의 기술적 역량과 운영 환경에 따라 다양화할 수 있도록 하는 것이다.

예를 들어, 폭발물 탐지라는 동일한 보안목표를 달성하기 위해 한 국가는 첨단 CT(Computed Tomography) 스캐너를 사용하고, 다른 국가는 화학탐지시스템을 활용하며, 또 다른 국가는 인공지능 기반 패턴 분석시스템을 도입할 수 있다. 이러한 기술적 다양성은 테러리스트들이 특정 시스템의 취약점을 악용하여 광범위한 공격을 수행하는 것을 효과적으로 차단한다.

이와 함께 상호인정체계(Mutual Recognition System)의 도입도 중요하다. 서로 다른 기술과 절차를 사용하더라도 동등한 보안수준을 달성한다는 것이 검증된 경우, 해당 보안조치를 상호 인정함으로써 글로벌 화물이동의

효율성을 보장하면서도 보안수준을 유지할 수 있다.

이러한 접근법을 통해 화물보안 분야에서 혁신과 보안의 선순환 구조를 구축할 수 있다. 획일적 기술 사용의 강제가 아닌 성과 기반의 경쟁을 통해 더 효과적이고 효율적인 보안기술의 개발을 촉진하면서도, 동시에 전체적인 보안수준의 지속적 향상을 달성할 수 있을 것이다.

1) 항공화물 보안체계 통합: 표준조화부터 실무 이행까지의 체계적 접근

항공화물 보안은 체계적인 검색시스템과 공급망보안체계 구축을 통해 각국 보안환경에 맞는 효율적인 통제기준을 마련하는 것이 핵심이다. 특히 화물보안은 항공보안 영역에서 가장 취약한 분야로, 지속적으로 지적받고 있는데, 이는 항공화물의 100% X-ray 검색이 현실적으로 어렵다는 구조적 한계에서 비롯된다.

이러한 화물 특성과 검색장비 성능의 한계는 여러 연쇄적 문제를 일으키고 있다. 대형화물의 완전검색을 위한 포장해체 및 재포장 작업은 화물의 신속성을 현저히 저하해 운송지연을 악화시키는 주요 원인이 되며, 화물터미널의 보안검색 지체와 활용제한으로 이어져 전체적인 효율성을 떨어뜨린다.

더 심각한 것은 항공운송사업자가 화물보안의 일차적 책임을 지고 있음에도 불구하고 실제 보안대책이 빠져 있다는 점이다. 이는 관련 당사자 간 상호감시체계 부족과 화물이동 단계별 보안확보 미흡으로 나타나며, 결국 항공기 탑재 후에도 보안문제가 발생할 수 있는 구조적 취약성을 만들어내고 있다.

한편, 테러리스트 관점에서 항공화물은 매우 매력적인 공격 대상이다. 항공기 테러 발생 시 막대한 인명피해와 미디어의 집중적 관심 등 다른 운송수단 대비 압도적인 테러효과를 얻을 수 있기 때문이다. 이러한 위험성 인식에 따라 우리나라는 「항공보안법」 제15조제2항에서 "항공운송사업자는 화물에 대한 보안검색을 하여야 한다"라고 명시하여 화물보안위협에 대한 예방책임을 법적으로 명확히 하고 있다. 철저한 항공화물 보안통제기준 마련은 이제 선택이 아닌 필수요건이 되었다.

2) 표준화된 검색절차의 성능 최적화와 효과성 평가

화물보안을 확보하기 위해서는 표준화된 보안검색절차를 명확하게 마련

하는 것이 필수적이다. 항공화물의 보안검색은 화물 내 은폐된 폭발물 등을 탐지하기 위한 기술적 수단의 적용을 의미하며, 화물 특성을 종합적으로 고려하여 표준화된 검색방법을 선택해야 한다.

그러나 현행 항공화물 보안검색 방법인 엑스선검색, 폭발물탐지시스템(EDS), 폭발물흔적탐지장비(ETD), 폭발물 탐지견 및 감압실 검색 등은 모두 분명한 기술적 한계를 가지고 있다. 이러한 기술적 제약은 단일 검색방법에 의존할 때 보안 취약성이 발생할 수 있음을 시사한다.

주요 용어 정리

- **EDS(폭발물탐지시스템)**: 양방향 엑스선과 컴퓨터 분석을 통합하여 화물 내 폭발물의 특징적 신호를 자동으로 식별하는 기술
- **ETD(폭발물흔적탐지)**: 의심스러운 화물 표면에서 채취한 폭발 잔여물의 화학적 성분을 이미 알려진 폭발물질의 성분과 비교·분석하여 폭발물 잔류물의 화학적 성분을 탐지하는 장비로 보안검색요원이 폭발성 물질의 흔적을 식별하기 위해 시료를 채취한 후에 화물에 남아있는 미량의 폭발성 물질을 화학적으로 분석하는 데 사용된다.
- **폭발물 탐지견(K9)**: 특수 훈련을 받아 폭발물 냄새를 탐지할 수 있는 폭발물 탐지견은 화물 내에 은폐된 폭발물을 탐지하는 반복훈련을 통해 효과적으로 활용되고 있다.
- **감압실 검색**: 항공기 화물칸의 감압된 환경을 모방하여 폭발물을 탐지하는 방법으로 폭발물만 탐지할 수 있고 보안위협을 유발할 수 있는 다른 물질은 탐지할 수 없다는 단점이 있다.

일반적인 엑스선검색은 보안검색요원의 전문성과 지속적인 교육훈련이 요구되는 고도의 노동집약적 기술이다. 검색요원이 복잡한 이미지를 제한된 시간 내에 신속하게 분석하여 위협물질을 효과적으로 탐지하는 고도의 전문능력이 핵심적으로 요구된다. 허위경보비율(False Alarm Rate)을 최소화하면서도 높은 탐지율(Detection Rate)을 동시에 보장하기 위해서는 작업의 단조로움, 피로도 관리, 시간 압력 대응능력 및 교육훈련의 적절성이 결정적으로 중요하다.

〈엑스선 검색장비 (X-ray)〉

현장 인사이트

"X-ray 화면에서 의심스러운 물체를 식별하는 것은 마치 퍼즐을 푸는 것과 같습니다. 경험이 쌓일수록 패턴을 더 빨리 인식하게 되지만, 하루에 수천 개의 화면을 검사하다 보면 '검색 피로'가 발생합니다. 이것이 우리가 정기적인 휴식과 교대 근무를 중요시하는 이유입니다."

\- ○○국제공항 화물터미널 보안검색요원

폭발물 탐지시스템(EDS)은 양방향 엑스선검색과 고도화된 컴퓨터 분석 알고리즘을 통합하여 화물 내부를 정밀하게 검사하고 폭발물의 특징적인 신호를 자동으로 식별하는 첨단 기술이다. 그러나 화물의 복잡한 내용물 구성과 다양한 재질의 혼재, 대형 화물의 복잡한 기하학적 구조 등으로 인해 높은 허위경보율을 보인다. 이는 빈번한 2차 검색을 초래하여 화물 탑재 지연, 운영비용 증가, 화물터미널 처리능력 저하 등 운영 전반에 부정적 영향을 미치는 핵심 요인이 되고 있다.

〈폭발물탐지장비 (EDS)〉

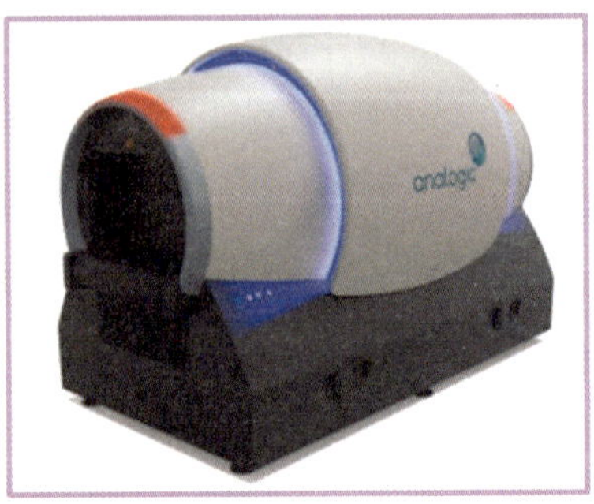

폭발물 흔적탐지장비(ETD)는 화물의 외부표면에서 표본을 수집하여 폭발물 잔류물의 화학적 성분을 정밀 분석하는 기술로, 1차 엑스선검색에서 위협물질을 확인할 수 없는 경우 2차 검색 수단으로 활용된다. 하지만 표면검사의 한계라는 근본적 제약을 안고 있어 화물 내부 깊숙이 정교하게 은폐된 폭발물이나 밀폐된 용기 내부의 위험물질 확인이 원천적으로 불가능하며, 폭발물이 완전히 밀봉되거나 표면 오염이 제거되면 탐지 효과가 현저히 떨어진다.

〈폭발물흔적탐지장비 (ETD)〉

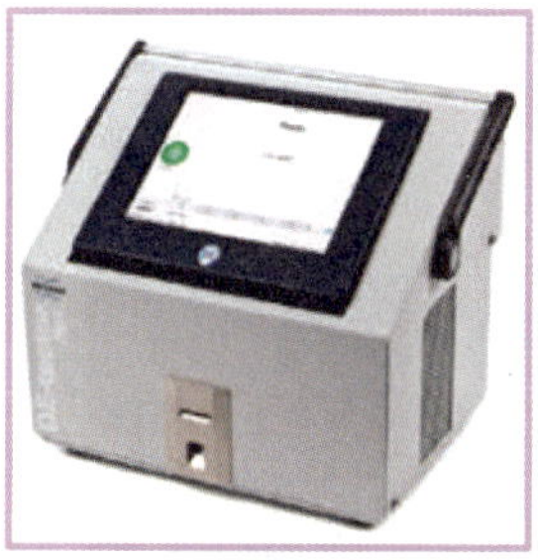
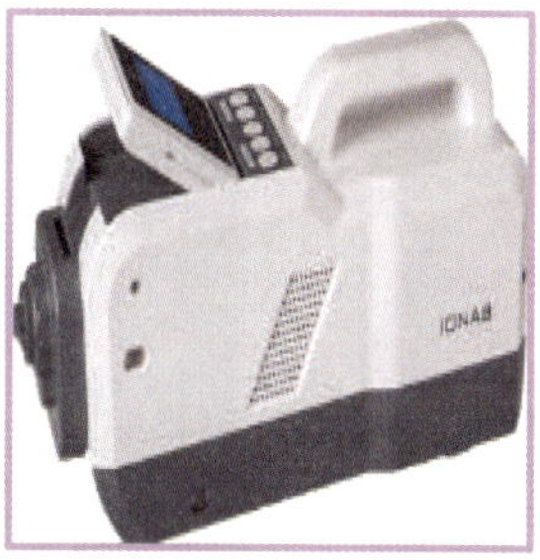
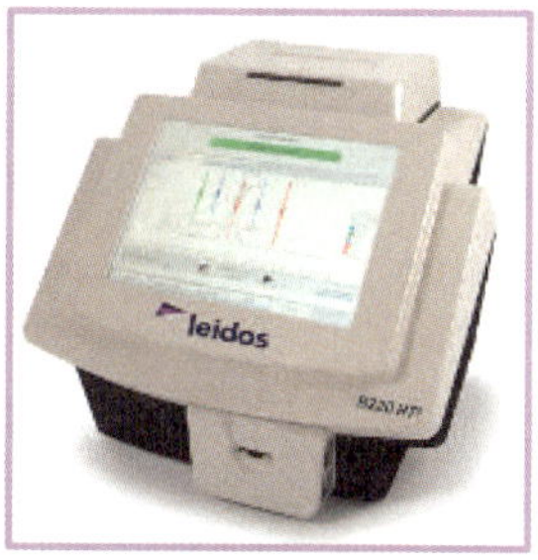

이처럼 명확한 한계를 가진 보안검색장비들에 대해서는 검색기술의 탐지 성능을 지속적으로 모니터링하는 체계적 프로세스를 개발하고 구현하는 것이 필수적이다. 이는 화물현장에 배치된 후에도 장비가 설계 당시의 폭발물 탐지 요구사항을 지속적으로 충족한다는 것을 검증하고 유지·관리하기 위함이다.

〈액체폭발물탐지장비 (BLS)〉

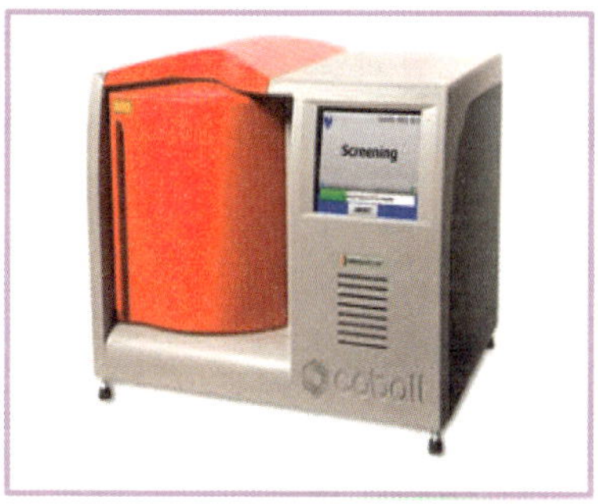

〈원형검색장비, 문형금속탐지장비, 휴대용금속탐지장비〉

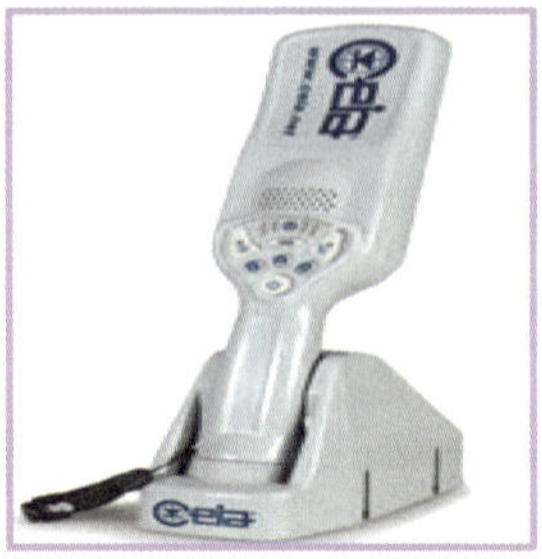

〈폭발물 탐지견(K9)〉

(2) 보호된 경로 구축: 공급망 및 화물터미널 보안강화 프레임워크

항공화물 보안대책은 화물이 최초 포장 시점에서 보안성을 갖추어 포장된 후, 보안이 확보된 장소에서 보관될 때 추가검색 등 보안요구사항이 줄어든다는 원칙을 기반으로 한다. 이러한 접근법은 보안 효율성을 높이면서도 물류 흐름의 원활함을 보장하는 핵심 전략이다.

실제로 항공화물은 대부분 공항 외부시설에서 통합 처리되며, 팔레트나 항공운송 전용 컨테이너 형태로 육상운송을 통해 공항에 도착한다. 이 과정에서 다수의 관련 이해관계자가 개입하게 되어 보안위협 노출 위험이 증가하므로, 최초 항공화물 포장 시점부터 항공기 탑재 전까지 위험물품의 은폐를 방지하는 공급망보안대책의 중요성이 더 주목받고 있다.

이런 맥락에서 공항에 도착한 화물이 검색 및 보관되는 화물터미널 지역은 일반지역(landside)과 보호구역(airside)으로 구분하여 관리한다. 보호구역은 일반지역과 물리적으로 분리되며, 화물업무종사자를 포함한 모든 출입자에 대해 신원확인 시스템을 구축하여 지정된 검문소에서의 신분확인 절차를 통해 체계적인 보안을 확보하고 있다.

또한 화물터미널 지역은 공항 보호구역으로 지정하여 화물에 대한 보안 통제를 하며, 화물터미널 지원시설은 일반지역으로 분류하여 관리한다. 불법방해행위로부터 보호구역 내 항공기를 보호하기 위한 절차를 마련하고, 화물터미널의 보호구역에서 항공기를 오가는 인원과 차량의 이동을 지속적으로 관리 · 감독함으로써 화물터미널 보안대책의 실효성을 확보하고 있다.

현장 인사이트

"화물터미널의 보안은 단순히 외부인의 불법 접근을 막는 것을 넘어, 화물의 무결성을 보장하는 전체 프로세스를 의미합니다. 터미널 내에서 화물이 이동하는 모든 지점에서 보안이 유지되어야 하며, 이는 CCTV 모니터링, 접근통제, 화물추적, 인력관리를 포함한 종합적인 접근이 필요합니다."

- ○○국제공항 화물터미널 항공경비감독자

주요 용어 정리

- **일반지역(landside)**: 공항지역 중 보호구역 이외의 지역으로 일반인의 출입이 가능한 지역을 말한다.
- **보호구역(airside)**: 공항의 이동지역, 이동지역과 인접한 지형 및 건물 또는 그 일부로 일반인의 진입을 통제하는 지역을 말하며, 보안검색 완료구역, 활주로, 계류장, 관제시설, 화물터미널 등을 말한다.

(3) 연결된 보안의 핵심: 화물보안신고서를 통한 보안성 검증

화물보안신고서(CSD, Consignment Security Declaration)는 항공화물공급망에서 화물 보호에 사용되는 핵심 도구로, Regulated Agent 및 상용화주가 화물보안에 대한 책임을 지도록 보장하는 역할을 수행한다. 이 제도는 화물의 안전성을 체계적으로 관리하기 위한 필수적인 수단이다.

특히 화물보안신고서는 항공화물공급망을 따라 각 보안 주체별로 화물의 보안상태에 대한 책임을 지속적으로 확인함으로써, 화물이 공급망 전역에서 보안성이 유지되었다는 것을 보장하는 중요한 역할을 한다. 이를 통해 공급망 전체의 보안 연속성과 투명성을 확보할 수 있다.

이런 맥락에서 Regulated Agent, 상용화주 또는 항공운송사업자와 같이 국가가 인정한 기관만이 적절한 보안통제가 적용된 후에 화물보안신고서를 발행할 권한을 갖는다. 공급망보안 주체들의 고유한 식별번호를 기록하여 책임 소재 및 행정적 승인여부를 명확하게 나타냄으로써 보안관리의 효율성과 추적 가능성을 높이고 있다.

실무 팁: 화물보안신고서(CSD)의 핵심 기능

1. 책임소재 명확화: 항공화물 취급 주체별 책임과 보안조치 적용 여부를 명확히 기록
2. 보안 연속성 보장: 공급망 전 과정에서 보안상태를 추적하고 문서화
3. 정보공유 플랫폼: 화물의 보안상태와 적용된 보안조치에 관한 정보공유 매개체
4. 규제 준수 증명: 관련 법규 및 국제표준 준수 여부를 증명하는 공식문서
5. 위험평가 기초 자료: 화물의 위험도 판단 및 추가 보안조치 필요성 결정의 기초
6. 보안평가 지원: 보안절차 준수 여부를 사후 검증할 수 있는 보안평가 자료 제공

실제 운영에서 Regulated Agent는 화물보안신고서에 제공된 정보를 통해 화물의 보안상태를 보장하며, 다른 Regulated Agent나 항공운송사업자에게 화물을 전달하거나 받기 전에 해당 화물이 상업용 항공기로 운송될 수 있는지를 결정한다. 이러한 사전 검증 과정은 항공화물 운송의 안전성을 확보하는 핵심적인 절차다.

한편, 화물의 보안상태가 표시되지 않았거나 화물보안신고서가 발행되지 않은 경우, 이전에 적용된 보안통제가 유효하지 않은 것으로 간주하여 항공기에 탑재할 수 없게 된다. 이는 보안 연속성을 보장하기 위한 필수적인 조치로, 공급망 전체의 보안 무결성을 유지하는 중요한 안전장치 역할을 한다.

결과적으로 화물보안신고서는 항공화물공급망을 따라 관련 당사자에게 화물보안 정보가 공유되어 적절한 보안조치를 적용하고 불법방해행위로부터 화물을 보호하는 역할을 하며, 공급망 전체의 투명성과 책임성을 강화하는 동시에 항공보안의 실효성을 높이는 핵심 도구의 기능을 담당하고 있다.

(4) 공급망보안 강화를 위한 주체별 인증체계 구축

항공화물 보안대책에서 무엇보다 중요한 것은 공급망 전반에 걸쳐 보안통제를 적용함으로써 관련 공급망보안 주체들이 상호보완적인 화물보안체

계를 확보하는 것이다. 항공화물공급망은 화물을 출발지에서 목적지로 이동시키는 복잡한 과정으로, 적절한 보안검색 시행 등 다양한 보안통제 요구사항이 적용되기 때문이다.

항공화물공급망은 보안주체의 인증과 보안절차를 체계적으로 마련하여 공급망 전체에 걸쳐 보안통제를 적용할 필요가 있다. 첫 번째로, 화주는 항공화물공급망 전반에 걸친 보안조치 이행여부 검증을 거쳐 상용화주로 지정받을 수 있으며, 이 요건을 충족할 때 화물은 추가 보안통제 없이 항공기에 탑재할 수 있다. 이는 보안 효율성을 높이면서도 물류 프로세스의 신속성을 보장하는 중요한 제도다.

두 번째로, 화물운송관련업체는 Regulated Agent로 지정받아 상용화주가 위탁한 화물을 처리하고 다른 화물운송관련업체가 발송한 화물에 대하여 보안통제를 적용할 수 있다. 이를 통해 공급망 내 보안 연속성과 책임 소재를 명확히 한다.

현장 인사이트

"상용화주 제도는 화물보안의 출발점입니다. 이 제도가 제대로 운용되면 공항에서의 병목현상을 줄이고 효율적인 물류 흐름을 유지하면서도 보안을 강화할 수 있습니다. 하지만 현실은 많은 중소기업들이 상용화주 자격 취득을 위한 비용과 절차를 부담스러워합니다."

– 상용화주 화물보안담당자

세 번째로, 상용화주나 Regulated Agent로부터 접수한 화물이 아닌 경우 항공기 탑재 전에 모든 화물의 검색이 필요하다. 또한 상용화주나 Regulated Agent에 의한 보안통제 대상이 된 시점 이후 보안이 확보되지 않은 화물과의 불법간섭 징후가 있는 경우에도 화물검색을 한다.

네 번째로, 항공화물시설의 보안강화를 위해 물리적 보안조치와 함께 화물지역에 대한 출입통제시스템 구축 그리고 화물시설 접근 인원에 대한 신원조사 절차가 확립되어야 한다. 이를 통해 항공화물공급망 전반의 보안성을 확보하고 고위험화물 및 내부자위협에 대한 화물보안을 더 집중하는 보안대책을 마련할 필요가 있다.

항공화물 공급망보안을 확보하는 것은 화물보안확보뿐만 아니라 고가상품의 적시공급 등을 담당하는 항공화물운송의 위상을 고려할 때 사회·경제적 측면에서 그 중요성이 크다. 결과적으로 체계적인 공급망보안 관리는 항공운송산업의 지속가능한 발전과 국가경제 안정에 이바지하는 핵심 요소로 작용하고 있다.

4. 통합보안체계: 화물·여객 보안시스템의 융합적 운영전략

여객은 직접적인 테러 위험에 노출되어 있어 새로운 검색장비 개발과 도입, 지속적인 제도 개선을 통해 보안 검색을 강화하고 있다. 반면 항공화물은 여객보다 보안이 상대적으로 취약한 실정이다. 이러한 보안격차는 항공운송 전반의 안전성에 큰 영향을 미치는 구조적 문제로 인식된다.

이런 취약성의 배경에는 여러 요인이 복합적으로 작용하고 있다. 항공화물은 물품의 다양성과 크기, 밀도, 형상의 차이로 인해 엑스선 검색장비를 통한 불법물질 판별이 어렵다. 또한 화주부터 항공기 탑재까지 여러 사업체나 운영자가 관여하므로 보안 취약점이 많다. 특히 항공화물의 약 30%가 화물전용기가 아닌 여객기로 운송된다는 점을 고려하면 항공화물 보안의 중요성이 더 주목받는다.

9·11 사건 이후 항공안전 및 보안체계의 개념과 기준이 크게 변화했으며, 각국은 테러 방지를 위해 다양한 항공보안체계를 구축하여 보안을 강화했다. 그러나 항공화물의 경우, 보안강화가 신속한 물류 흐름을 저해한다는 인식 때문에 여객운송에 비해 보안조치가 미흡하여 취약점을 드러내고 있다. 이는 효율적인 물류와 강화된 보안 사이의 균형을 찾는 것이 항공화물 분야의 주요 과제임을 시사하고 있다.

현장 인사이트

"여객보안과 화물보안은 동전의 양면과 같습니다. 특히 여객기로 운송되는 화물의 경우, 두 영역을 통합적으로 고려하지 않으면 보안 허점이 생길 수밖에 없습니다. 문제는 여객보안은 모든 사람이 볼 수 있고 체감하지만, 화물보안은 보이지 않는 곳에서 이루어져 투자와 관심이 적다는 점입니다."

– ICAO 항공보안평가관(Auditor)

실무 팁: 여객보안과 화물보안의 비교		
구 분	여객보안	화물보안
검색 목적	여객과 항공기 보호	화물, 항공기, 여객 보호
검색 주체	공항운영자	항공운송사업자/상용화주
비용 부담	공항시설 사용료에 포함	화물운송 비용에 반영
검색 방법	표준화된 방법 (X-ray, 문형탐지장비 등)	화물 유형에 따라 다양
처리 시간	여객 1인당 평균 1~3분	화물 유형/크기에 따라 수분~수 시간
검색 지점	승객 탑승 전 중앙집중식	공급망 전반에 분산 가능
표적 위협	폭발물, 무기, 위험물질	폭발물, 금지품목, 위조품, 밀수품
기술 발전	빠른 기술혁신과 적용	상대적으로 느린 기술 적용

5. 인바운드화물과 환적화물의 차별화된 보안관리체계

ICAO 제30차 항공보안패널회의(2019년 5월, 캐나다 몬트리올, 31개국 약 150명 참석)에서는 화물보안의 문제점을 인식하고 전 세계적으로 수준 관리를 통해 화물보안을 강화해야 한다는 데 의견을 모았다. 이 회의는 국제적 차원에서 항공화물 보안체계의 표준화 필요성을 공식적으로 확인한 중요한 전환점이었다.

이에 따라 우리나라는 기존의 물리적 보안검색 중심에서 벗어나 Regulated Agent와 상용화주 등 ICAO 표준에 부합하는 공급망보안체계를 구축하여 위험관리 기반 중심의 화물보안으로 패러다임을 전환할 필요성을 강조했다. 이러한 접근법은 보안 효율성을 높이면서도 물류 흐름의 원활함을 동시에 보장하는 혁신적 방향성을 제시하고 있다.

ICAO 제40차 총회(2019년 9월, 캐나다 몬트리올, 193개 회원국 약 2,700명 참석)에서는 국가 간 보안절차 상호인정을 통해 환승 보안검색 면제를 촉진하는 원스톱보안을 구현하기 위한 국제협력 강화를 촉구했다. 또한 효과적인 항공보안 대책 마련을 위해 체약국 간 민감정보 공유의 필요성을 인정하며 이를 결의했다.

하지만 환적화물의 경우, 제3국에서 출발해 인천공항을 통과하는 동안 세관검사나 화물 서류 검사가 생략되는 문제가 있다. 특히 미신고 위험물은 식별할 수 없으며, 신고된 위험물이라 하더라도 ICAO 표준에 따라 처리된 화물인지 확인하기 어려운 상황이다. 이러한 화물은 출발지에서 취해진 보안조치를 전적으로 신뢰할 수밖에 없어 자국의 보안통제권이 제한되는 한계를 드러내고 있다.

국제민간항공협약 Annex 17 표준 4.6.11에 따르면 각 체약국은 자국으로 들어오는 운송화물이 적절한 보안통제를 받았음을 확인하기 위한 절차를 수립해야 한다고 규정하고 있다. Doc. 8973에서는 사전화물 자료수집, 상호인정 체계, 항공운송사업자 보안프로그램 승인 등의 메커니즘을 활용해 화물보안을 확보하도록 요구하고 있다. 이러한 다층적 보안메커니즘은 환적화물의 보안 취약점을 보완하고 글로벌 항공화물 운송의 안전성을 제고하는 핵심 수단으로 역할하고 있다.

(1) 국제 신뢰 구축: 인바운드화물 보안확보를 위한 전략적 접근

ICAO의 규제체계는 인바운드 화물의 보안 확보를 위해 국가 간 동등성 인정과 원스톱 보안을 장려하는 조항들을 포함하고 있다. 이 원스톱보안 시스템은 항공보안당국이 제3국과 상호인정 협정을 추진한다는 전제하에 운영되며, 공항이 이 과정을 촉진할 수 있다.

현장 인사이트

"원스톱보안은 '보안의 전체 수준을 약화시키지 않으면서도 중복을 제거하는' 이상적인 모델입니다. 그러나 현실에서는 국가 간 신뢰 부족, 주권 문제, 보안표준의 차이로 인해 진전이 더딘 상황입니다. 양자 협정부터 시작해 점진적으로 확대하는 접근법이 현실적입니다."

- ICAO 항공보안교관

이러한 ICAO 체계는 표준과 권고되는 방식(SARPs)의 표준 4.4.3, 4.5.4 및 RP 2.49, Doc. 8973의 11.10, 글로벌항공보안계획(GASeP) 2.1.2 등에서 동등성 인정 및 원스톱 보안에 관한 내용을 구체적으로 다루고 있다. Doc. 8973은 동등성 프로세스를 동등성 확인, 동등성 검증, 동등성 인식, 지속적 동등성 검증 등 4단계로 설명하고 있다.

여기서 주목할 점은 원스톱 보안 프로세스에 "step zero"라는 단계가 있다는 것이다. 이는 검증 개시 제안 전 동등성 인정 후보를 파악하는 것으로, 공항은 유사한 규모와 비즈니스 모델을 가진 외국 공항과의 보안 협업, 모범사례 공유, 상호 방문 및 평가 등을 통해 이 관계를 촉진할 수 있다.

(2) 환적화물 보안관리 메커니즘 및 취약점 보완

환적화물 보안의 문제점을 개선하기 위해서는 제도적 개선방안이 필요하다. 항공보안법에 일정 수준의 보안 확보 조건을 명시하여 환적화물에 원스톱보안을 도입하기 위한 기준을 제시하고, 국가항공보안계획에 포함된 환적화물의 검색면제 기준을 개정하여 구체적인 절차를 마련해야 한다.

이러한 필요성은 현재 EU 등 주요국이 원스톱보안을 여객 분야에 도입해 운영 중이며, 여객 분야에서 얻은 경제적 편익과 비용 절감 효과를 바탕으로 화물 분야로 확대 적용하는 방안을 모색하고 있다는 점에서 더 주목받고 있다. 이런 맥락에서 상대국 간 상호 협정을 기반으로 화물 분야에 원스톱보안을 적극적으로 도입하기 위해서는 먼저 공급망보안체계를 법적으로 마련하고, 이를 화물보안에 적용할 수 있는 근거와 효과를 구체적으로 제시해야 한다. 이러한 체계적 접근은 환적화물 보안의 실질적 강화와 국제적 상호인정 체계 구축의 기반이 될 것이다.

II. 공급망보안 거버넌스: 항공화물 시스템의 협력적 보안체계

최근 몇 년간 전 세계 여러 지역에서 항공화물을 대상으로 한 심각한 위협 시도가 발생하고 있다. 이러한 사건들은 항공업계에 경각심을 불러일으키며, 항공화물 관련 보안조치 강화의 필요성을 부각시킨다. 특히 화물이 생산지에서 소비자의 손에 도달하기까지 거치는 전 구간, 즉 공급망(supply chain) 전체에서의 보안을 확보하는 일이 점점 더 중요해지고 있다.

공급망은 생산자부터 최종 소비자에게 상품을 전달하는 과정에 관련된 모든 요소를 포괄하는 시스템으로, 자원, 조직, 인원, 기술, 활동, 정보 등이 포함된다. 이러한 공급망에 대한 위협은 발생 위치와 특성에 따라 두 가지로 구분되는데, 외부 위협은 공급망 밖에서 발생하여 정상적인 물류 흐름을 방해하는 위협이며, 내부 위협은 테러 시도와 같은 불법방해행위를 실행하고 은폐하기 위해 공급망 자체를 악용하는 위협을 의미한다.

이러한 위협을 예방하기 위해 국제민간항공협약 Annex 17의 4.6.2는 체약국에 공인화물보안대행기관(Regulated Agent)과 상용화주가 화물검색 및 기타 보안통제를 이행할 때 이들에 대한 승인 절차를 포함한 공급망보안 절차를 마련하도록 규정하고 있다. 또한 ICAO는 위험기반 접근법을 토대로 화물보안 확보와 원활한 화물 흐름을 지원하기 위해 공급망보안 주체별 차별화된 보안통제 시행을 강조하고 있다.

주요 용어 정리

- **공급망**(Supply Chain): 생산자부터 최종 소비자까지 상품이 이동하는 전체 과정과 관련된 모든 자원, 조직, 인력, 기술의 네트워크
- **공인화물보안대행기관**(Regulated Agent): 항공보안당국이 인증한 화물 운송업체로, 항공화물에 보안통제를 적용할 수 있는 권한을 가진 주체
- **상용화주**(Known Consignor): 항공보안당국이 승인한 화물 발송인으로, 자체 보안프로그램을 통해 화물의 보안을 확보할 수 있는 주체

실제로 항공화물 공급망은 항공운송사업자, 화물운송 관련 업체, 화주로 구성되며, 이러한 다양한 이해관계자 참여로 인한 화물보안 위협이 증가하고 있다. 이에 따라 공인화물보안대행기관과 상용화주 제도가 공급망 전반의 보안 확보와 보안검색 비용 및 화물지연 감소를 위한 효과적 수단으로 등장하게 되었다.

1. 공급망보안(Supply Chain Security)의 이론적 기반

공급망보안은 항공보안당국으로부터 인증받은 보안주체에 의해 검색되거나 보안성이 확보된 화물만이 적절한 보안통제를 거쳐 항공기에 탑재되도록 보장하는 것을 의미한다. 이는 공급망 위협과 경제적 · 사회적 · 물리적 안전 위협을 해결하기 위한 프로그램, 시스템, 절차, 기술 및 솔루션을 포괄하는 개념이다.

실무 팁: 효과적인 공급망보안 구축의 3요소

1. 명확한 프로세스 정의: 각 주체의 역할과 책임을 명확히 규정하고 문서화
2. 원활한 정보공유: 화물 상태와 보안조치에 관한 정보를 모든 관련 당사자에게 적시에 전달
3. 지속적인 검증: 무작위 검사와 정기적인 평가를 통해 공급망 전체의 보안수준 유지

이러한 공급망보안은 항공화물공급망을 구성하는 다양한 관련 당사자들 간의 유기적 협력과 조정을 통해 화물보안을 확보할 수 있다. 이러한 역할 분담은 항공화물 운송의 보안강화와 원활한 화물흐름 유지를 위한 기반이 되어 안전하고 효율적인 공급망보안 체계 구축에 이바지하고 있다.

따라서 각 주체가 수행해야 할 화물보안 조치에 대한 기준과 내용을 제도적으로 마련하는 것이 중요하다. 이를 통해 위험기반 접근법에 기초한 공급망보안과 보안검색 간의 상호보완적 관계를 유지하며, 공급망보안 통제 절차의 유효성을 확보하여 화물보안 조치의 실효성을 높일 수 있다.

(1) 항공화물 공급망보안: 통합적 위험관리 접근법

ICAO는 공급망보안체계 구축 시 화물보안조치가 원활한 화물 흐름과 같은 경제적 측면을 저해해서는 안 된다고 강조한다. 항공운송 자체가 화물 유통을 전제로 하므로 보안 확보와 경제적 효율성 사이의 균형 잡힌 접근방식이 중요하다.

토론주제

항공화물 공급망에서 보안 강화는 필연적으로 비용증가와 처리시간 지연을 불러올 수 있다. 어떻게 하면 높은 수준의 보안을 유지하면서도 화물흐름의 효율성을 최대화할 수 있을까? 이해관계자들의 관점에서 이 문제를 논의해 보자.

이러한 공급망보안의 실제 이행을 위해서는 최신 법규정의 즉각적인 적용이 필요하지만, 법규 개정 소요 시간으로 인해 화물운송업계가 불확실성에 직면할 수 있다. 따라서 사후 업데이트뿐만 아니라 사전에 체계적인 항

공화물 보안제도를 마련하는 것이 중요하다.

이런 맥락에서 ICAO는 위험기반 접근법을 도입하여 저위험화물의 운송을 촉진하면서 고위험화물에 추가 보안조치를 적용하는 유연한 운영체계를 제공하고 있다. 이를 통해 공급망보안을 강화하고 불법방해행위를 방지하기 위해 항공보안당국, 항공운송사업자, 세관, 이해관계자 간의 협력을 강조하고 있다.

1) 공급망보안과 보안검색: 항공화물보안의 이중 방어체계

공급망보안과 보안검색의 장단점을 비교할 때 효율성, 비용, 신뢰성, 적용 범위, 유연성이 중요한 요소다.

공급망보안은 사전에 체계적으로 보안을 확보해 운영 효율성을 높이고, 전체 공급망을 포괄하는 광범위한 보안을 제공한다. 또한 다양한 기관 간 협력을 통해 변화하는 위협에 유연하게 대응할 수 있지만, 초기 구축과 관리에 투자 비용이 들고 모든 단계에서 완벽한 보안을 보장하기 어렵다는 한계가 있다.

이에 비해 보안검색은 개별 화물에 대한 직접적 검증을 통해 즉각적인 보안을 제공하고 금지 물품 탐지에 높은 신뢰성을 보인다. 하지만 시간과 비용이 많이 소요되어 물류 흐름에 부담을 주며, 기술적 한계로 인한 실패 가능성과 새로운 위협에 대한 대응력이 제한적이다.

이러한 점들을 고려하면 두 접근법의 조화로운 활용이 항공화물 보안을 강화하는 데 가장 효과적이다. 공급망보안은 위험기반 접근법을 통해 고위험화물에 집중하고 저위험화물에 간소화된 절차를 적용함으로써 불필요한 검색 작업과 비용을 줄이며, 이해관계자 간 협력과 정보공유로 중복절차를 최소화하고 자동화 기술과 데이터 분석을 활용해 전통적 검색방식보다 효율적이고 경제적인 보안을 제공하고 있다.

2) 서로의 부족함을 채우다: 공급망보안과 보안검색의 상호보완적 관계

화물보안 확보를 위한 공급망보안과 보안검색의 접근방식에 관한 문제는 보안검색을 더 높은 수준의 화물보안을 확보하는 방법으로 인식하는 데서 비롯된다. 화물검색은 금지된 물품을 탐지하기 위해 일정한 수단과 방법을 적용하는 것으로, 금지품목이 숨겨져 있지 않음을 합리적으로 보장할 수 있는 충분한 기준이 확립되어 있어 신뢰도가 높다.

그러나 100% 보안검색은 비용증가와 화물흐름 방해라는 문제를 야기한다. 보안장비 구매비용뿐만 아니라 운영을 위한 인력 채용 및 교육훈련 비용이 추가로 필요하기 때문이다. 이런 관점에서 항공화물 보안은 공급망보안과 보안검색이 상호 배타적이지 않고 보완적인 관계를 유지해야 한다.

실제로 100% 보안검색은 복잡한 화물처리절차에 문제를 일으키고 화물량 증가 시 지연을 유발할 수 있지만, 효율적으로 시행된 공급망보안은 더 낮은 비용으로 높은 수준의 화물보안을 제공할 가능성이 높다. 이러한 측면에서 공급망보안과 보안검색이 상호조화를 이루며 적절히 이행된다면 화물보안의 실효성이 더 높아질 것으로 판단된다.

3) 한 번으로 충분하다: 중복 검색의 최소화를 통한 효율성 제고

항공화물 공급망보안제도는 공급망 내 주체 간 보안비용과 책임 공유를 통해 불필요한 화물보안조치의 중복을 제거하는 데 도움을 준다. 이 제도에서는 공급망보안 주체가 항공보안당국의 점검과 유효성 인증을 바탕으로 화물보안 통제절차 수행을 확인한 후 다음 주체에게 화물을 전달하도록 하고 있다.

현재 시스템에서는 모든 화물 관련 문서를 확인하고 항공기 탑재 여부를 결정하는 최종 보안책임이 항공운송사업자에게 있다. 그러나 실제로는 이러한 화물 보안통제를 지상조업체 등 보안위탁업체에 위임하는 경우가 많으며, 공급망 내 다른 인가된 주체들과 보안책임을 공유하는 것을 목표로 한다.

따라서 불필요한 화물보안조치의 중복을 방지하기 위해서는 항공보안당국의 인증과 점검을 기반으로 공급망 주체들이 일정 수준의 보안을 확보할 수 있도록 감독 활동을 강화할 필요가 있다. 이를 위해 공급망보안 주체 간의 화물정보 교환 활성화와 보안통제를 위한 무작위 검사 이행을 촉진하는 것이 중요하다.

4) 신뢰의 검증: 공급망보안 통제절차의 유효성 확보방안

항공화물은 복잡한 공급망을 거치기 때문에 보안 확보를 위해서는 단계별로 인력과 장비에 상당한 투자가 필요하다. 최근 항공화물 운송의 대중화와 정보 공개로 인해 그 체계와 절차가 널리 알려지게 되었다. 이는 화물

운송의 접근성을 높였지만, 동시에 테러리스트들이 화물 운송 경로를 파악하고 테러 수단으로 이용할 가능성도 증가시켰다.

이러한 위험에 대응하기 위해 화물의 제조현장부터 항공기 탑재까지 전 구간에 걸쳐 불법방해행위로부터 보호하는 공급망보안체계 확립이 필요하다. 또한 화물 보안 위협에 대해 사전 예방적 접근을 통해 사고를 방지하고, 효과적인 대응을 위한 공급망보안 통제절차의 유효성 확보가 중요하다.

현장 인사이트

"항공화물 공급망보안의 유효성을 확보하기 위해서는 정기적인 점검과 불시평가가 필수입니다. 우리 회사에서는 분기마다 불시평가를 하여 직원들이 모르는 상태에서 의도적으로 보안 허점을 찾아내려고 시도합니다. 이런 실전 같은 테스트가 가장 효과적인 교육 도구가 되었습니다."

– 상용화주 화물보안검색 위탁업체 보안담당자

결국 항공화물에 대한 테러 위협은 공급망 전체에 심각한 영향을 줄 수 있어, 화물운송의 효율성을 높이면서도 안전한 공급망보안을 유지하는 것이 중요하며, 균형 잡힌 접근방식을 통해 보안과 효율성을 동시에 추구하는 것이 현대 항공화물 운송체계의 핵심과제라고 할 수 있다.

(2) 부서 간 협력의 예술: 항공보안 통합전략 수립 및 실행체계

ICAO는 항공화물 보안을 강화하기 위해 공급망보안시스템의 중요성을 강조하며, ICAO 표준에 부합하는 공급망보안대책 확립의 필요성을 제시하고 있다. 이를 위해 ICAO와 WCO는 항공화물 규제와 보안 측면에서 공급망보안의 중요성을 인식하고, 항공보안당국, 세관당국 그리고 관련 이해관계자들이 협력하여 화물보안 문제를 해결하도록 촉구하고 있다.

이런 맥락에서 ICAO와 WCO는 저위험화물의 운송을 촉진하면서 고위험화물에 대해 추가 보안조치를 적용할 수 있도록 위험기반 접근법을 도입했다. 이를 통해 보안 확보와 통관 촉진 사이의 균형을 유지하며 운영 유연성을 제공하고 있으며, 규제체계를 조정하여 중복통제를 방지하고 감독활동에 대한 상호인정을 강화함으로써 공급망보안대책의 실효성을 높이고 있다.

ICAO와 WCO는 국제적으로 통일된 보안표준과 절차를 통해 공급망보안을 강화하고, 항공화물 흐름을 원활히 유지하면서도 테러 및 불법행위를 예방하기 위한 협력을 지속적으로 추진하여 효율적이고 안전한 물류 환경 조성에 이바지하고 있다.

2. 취약점에서 강점으로: 항공화물 공급망보안의 개념 및 특성

항공화물은 물동량이 많고 여러 단계를 거치기 때문에 항공보안을 완벽히 확보하려면 상당한 노력과 장비, 인력 그리고 투자가 필요하다. 과거에는 항공화물이 운송비용이 높아 일반인에게 친숙하지 않았고 운송체계에 대한 정보도 잘 알려지지 않았다. 그러나 최근 항공화물 운송이 대중화되고 인터넷을 통해 정보가 공개되면서 일반 대중도 항공화물의 운송체계를 쉽게 파악할 수 있게 되었다.

이러한 상황은 테러리스트들에게 화물의 경로를 파악하고 흐름과 위치를 예측할 기회를 제공하며, 항공화물을 테러의 손쉬운 목표로 삼게 할 가능성을 높이고 있다.

따라서 항공보안 위협에 대비하기 위해서는 국가적으로 항공여객 보안정책과 연계하여 ICAO 표준에 부합하는 항공화물 보안시스템을 구축할 수 있도록 체계적인 준비가 필요하며, 이를 위해 항공보안당국, 항공운송사업자, 화물운송업체가 긴밀히 협력해야 한다.

(1) 원산지에서 시작되는 보안: 항공화물 공급망보안의 체계 구축 전략

ICAO는 항공화물의 특성상 공항 보안검색만으로는 한계가 있어, 화물 생성 단계부터 체계적인 보안조치를 적용하는 것이 더 효과적이라고 강조한다. 화주의 포장 단계에서부터 지상운송과 탑재 과정에 이르기까지 일관된 보안대책을 수립한다면, 공항 검색에만 의존하는 방식의 한계를 극복할 수 있다.

이러한 접근이 중요한 이유는 항공화물 보안이 현재 항공보안 분야에서 가장 취약한 영역으로 평가되고 있기 때문이다. 화물의 크기와 밀도가 워낙 다양해서 100% 보안검색을 하는 것은 현실적으로 불가능하다. 하지만 고가 상품과 적시공급을 담당하는 항공화물의 특성을 생각해 보면, 공급망 전체의 보안 확보는 국가 항공보안시스템의 핵심일 뿐만 아니라 사회경제적으로도 매우 중요한 요소라고 할 수 있다.

이런 현실을 반영하여 항공화물은 개인 소지품부터 살아있는 동물까지 매우 다양한 형태로 전 세계 어디든 운송되고 있으며, 안전지역 정기화물부터 고위험 의심화물까지 위험도에 따른 분류가 가능하다. 이에 대응하여 ICAO와 세계관세기구는 위험기반 접근법을 통한 차별화된 보안전략을 권장하고 있다. 저위험화물의 원활한 이동을 보장하면서 고위험화물에는 강화된 보안조치를 적용하는 방식인데, 이러한 접근법은 보안과 세관 업무의 시너지를 창출하고 중복을 방지하며 상호인정을 통한 효율적인 보안체제 구축에 이바지하고 있다.

한편, 실제 운영 현장에서 화물은 공급망을 따라 항공운송사업자, 통합특송업체, 공인화물보안대행기관, 발송자, 화물운송업체, 지상조업체 등 여러 기관에 의해 처리된다. 각 기관은 화물이 여러 항공편을 거쳐 목적지에 도착하는 과정에서 다양한 법적·상업적 규제 요구사항을 준수해야 한다. 이 과정에 관여하는 모든 이해관계자는 화물의 안전과 보안을 보장하고, 특히 항공기와 승객의 안전을 위협하지 않도록 할 공동의 책임을 지고 있다.

1) 현실의 한계: 100% 보안검색과 운영효율성의 균형점 모색

항공화물 보안에서 원산지부터의 체계적 접근이 중요하지만, 현실적으로는 여러 제약이 존재한다. 항공화물 보안에서 100% 검색이 실행 불가능한 가장 큰 이유는 방대한 화물물량 때문이다. 모든 화물을 개별적으로 검색하는 데 필요한 시간과 인력이 절대적으로 부족하며, 이는 물류 흐름을 심각하게 방해하고 공항운영에 과도한 부담을 주고 있다.

이러한 운영상의 문제와 더불어 경제적 부담도 만만치 않다. 100% 검색을 시행할 때 전문인력과 고가 장비로 인한 비용이 많이 증가하여 항공운송업체와 화주에게 전가된다. 결국 물류비 상승으로 이어져 경제적 비효율성을 초래하는 것이다.

기술적 한계도 빼놓을 수 없는 요소다. 항공화물의 다양한 크기, 형태, 내용물로 인해 검색기술 자체에 한계가 존재한다. 일부 화물은 기존 검색장비로 탐지하기 어려운 구조로 되어 있어 금지 물품을 완벽히 식별하기 어렵다. 여기에 국제무역과 공급망의 복잡성이 더해진다. 각국의 다른 규제와 절차로 인해 모든 화물에 동일한 검색기준을 적용하기 어렵고, 공급망 전체에 걸친 조율이 필요한 상황이다.

이런 현실적 제약을 종합해 보면, 100% 검색보다는 위험기반 접근법이 더 효과적인 대안이라고 할 수 있다. 고위험화물을 선별적으로 검색하고 공급망보안을 강화하는 방식이 보안성과 운영효율성 간의 균형점을 찾는 현실적인 해법이다.

2) 위험기반 접근법의 선택과 집중으로 효율성과 보안성 동시 확보

항공화물 공급망에서 위험기반 접근법을 도입하는 이유는 보안과 효율성의 균형을 맞추기 위해서다. 100% 검색은 물류흐름을 방해하고 지연을 초래하지만, 고위험화물에 집중하고 저위험화물의 검색절차를 간소화하면 원활한 물류흐름을 확보할 수 있다.

이런 차별화된 접근법은 비용 효율성 측면에서도 상당한 장점을 보이고 있다. 모든 화물을 동일하게 검색하는 대신, 신뢰할 수 있는 상용화주나 공인된 주체의 화물에 간소화된 절차를 적용하면 불필요한 비용을 줄일 수 있다. 이는 AEO(공인경제운영자) 제도와 같이 세관과 보안당국 간 협력을 통해 인증된 화물에 대한 검색 면제나 완화 프로그램으로 구현되고 있다.

더 중요한 것은 보안과 세관의 협력체계를 통해 중복적인 절차를 줄이고 효율성을 높일 수 있다는 점이다. 보안검색과 세관 통관절차를 조화롭게 운영한다면 중복 검증을 피하면서도 필요한 보안수준을 유지할 수 있으며, 이는 복잡한 국제무역과 공급망 환경에서 필수적인 요소가 되고 있다. 결국 위험도에 따른 보안검색 절차의 차별화는 물류 효율성과 비용 절감을 도모하면서도 고위험화물에 대한 집중적인 보안을 유지하는 현실적인 해법이라고 할 수 있다.

(2) 통합적 보안통제: 항공화물 공급망보안 시스템의 운영 효과성

공급망 전반의 조화롭고 합의된 보안통제는 공급망 이해관계자 간 책임 공유로 공항운영 부담을 줄이고 화물의 안전한 이동과 운송을 촉진하면서 각 단계의 적절한 보안통제로 화물 탑재 후 비인가 방해행위로부터 보호를 보장한다.

이러한 통합적 접근을 실현하기 위해 공급망 전체에 '계층' 접근방식을 기반으로 한 보안인증과 절차를 통해 보안성을 확부하고 있다. 우선 상용화주 프로그램을 통해 EU와 미국은 공급망 전반에 걸쳐 보안조치에 대해 적

절히 승인받은 화주를 '상용화주'로 지정하며, 이들이 지정요건을 충족하면 추가 통제 없이 화물을 항공기에 탑재할 수 있다. 이와 연계하여 EU는 'Regulated Agent'를, 미국은 '간접항공운송업체(IAC)'를 지정하여 상용화주의 화물을 처리하고 보호하는 체계를 운영하고 있다.

한편, 상용화주나 Regulated Agent/IAC가 처리하지 않은 화물에 대해서는 항공기 탑재 전 보안검색을 요구하는 것이 기본원칙이다. 여기에 항공화물 시설보안 강화를 위한 물리적 보안조치와 화물구역 접근시스템 강화, 화물시설 접근인원에 대한 보안·신원조사 강화 등이 포함되고 있다.

현장 인사이트

"실제 현장에서는 X-ray 검색만으로는 충분하지 않을 때가 많습니다. 특히 고밀도 화물이나 복잡한 구조의 포장에서는 폭발물 탐지견(K9)이나 폭발물흔적탐지장비(ETD)를 병행 사용하는 것이 효과적입니다. 한번은 일반 X-ray에서는 보이지 않았던 위험물이 ETD 검사에서 발견된 사례가 있었습니다. 다양한 검색방법의 조합이 보안수준을 높이는 핵심입니다."

– ○○국제공항 화물터미널 보안검색감독자

특히 주목할 점은 공급망보안이 낮은 비용으로 높은 수준의 보안을 제공할 수 있다는 것이다. 전체적인 시스템과 절차를 사전에 체계적으로 설계하고 관리함으로써 개별 화물검색과 같은 반복적이고 비용이 많이 드는 작업을 줄일 수 있다. 또한 위험기반 접근법을 사용하여 고위험화물이나 구간에 보안자원을 집중함으로써 자원의 효율적 배분이 가능하다.

더불어 공급망 내 이해관계자 간의 협력과 정보공유를 통해 보안절차의 중복을 줄이고 신속한 대응이 가능하며, 기술기반 솔루션과 자동화된 프로세스를 활용해 데이터 분석 및 추적시스템을 통한 잠재적 위협 사전 식별이 가능하다. 이는 전통적인 검색 방식에 비해 훨씬 비용 효과적인 방식이라고 할 수 있다.

결론적으로 공급망보안은 사전 예방적 접근과 효율적인 자원활용을 통해 높은 수준의 보안을 제공하면서도 비용부담을 최소화할 수 있는 현실적인 보안전략인 것이다.

(3) 국제 표준의 힘: ICAO 항공화물 보안프로그램 체계 분석

항공보안 관련 내용은 Annex 17에 명시되어 있으며, 모든 항공기 탑재 물품에 대해 보안통제 또는 보안 검색을 요구하고 화물 접수부터 운송 전 과정에서 보안을 확보하도록 규정한다. 이를 위해 ICAO는 항공화물 보안 프로그램을 통해 대량살상무기의 국경 간 운송 금지, 수출입 화물 관련 이해관계자들의 협력을 통한 다각적인 보안 접근, 화주의 사전 승인 강화, 세관 서류 간소화, 위험관리 기법 적용 등을 강조하고 있다.

이러한 맥락에서 항공화물 공급망에서는 각 참여자가 서로 다른 서비스를 제공하며 공급망의 가치를 창출한다. 공인화물보안대행기관, 상용화주, 항공운송사업자는 공급망보안 절차를 이행하는 기본 주체이며, 화물이 여러 주체와 권한 있는 대리인을 거쳐 처리되므로 적합한 주체에 의해 검색되거나 안전하게 조치된 화물만 항공기를 통해 운송되도록 보장하는 것이 핵심 목표다.

한편, 항공보안당국 또는 권한을 위임받은 지정 주체가 보안 감독과 수준 관리를 효과적으로 수행할 수 있도록 법적 근거가 마련되어야 한다. 관련 법규에는 공인화물보안대행기관과 상용화주 제도에 대한 점검 항목으로 인력 관리, 보안조치, 운영절차, 자체규정, 시설과 장비에 대한 점검 및 평가 사항이 포함되어야 하며, 국가 항공보안 규정의 집행 및 위반 시 벌칙에 관한 규정과 승인, 변경, 중지 또는 취소 조치를 포함해야 한다.

더 나아가 국가 항공화물 보안프로그램에는 공인화물보안대행기관과 상용화주에 대한 객관적이고 철저한 승인 기준, 화물 취급 및 검색 업무를 수행하는 모든 직원 대상 교육 및 훈련, 화물에 적용될 보안통제 기준, 정기적으로 업데이트되는 상용화주 및 공인화물보안대행기관 데이터베이스 그리고 공급망 전체에서 보안통제의 효과성을 보장하기 위한 체계적인 보안감독과 수준관리 활동이 포함되어야 한다.

이러한 요소들은 ICAO가 강조하는 공급망보안 주체 간의 상호 감시 체계를 통한 상호보완적 관계의 중요성을 반영하며, 항공보안당국은 공급망 주체를 감독할 수 있는 권한을 바탕으로 관련 법규를 마련하고 감독체계를 구축해야 한다.

(4) 항공화물 공급망보안의 취약점 분석: 제도적 불균형과 운영 제약

항공화물 공급망은 단순한 화물운송을 넘어 산업 제조 활동까지 포함하는 포괄적인 개념이다. 화주, 화물운송업체, 항공운송사업자로 구성되며, 속도가 가장 중요한 요소로 작용하므로 고속 공급망으로 간주해 화주는 다른 운송수단보다 높은 비용을 기꺼이 지급하고 있다.

하지만 이러한 고속 공급망의 특성이 오히려 보안 취약점을 증가시키는 역설적 상황이 발생하고 있다. 공급망 주체 간의 상호보완적 관계에 영향을 미치는 주요 문제들이 존재하기 때문이다. 우선 회원국의 항공보안당국이 법률 제정과 집행을 효과적이고 조화롭게 수행할 충분한 역량을 갖추고 있는지에 대한 의문이 제기되고 있다.

더 심각한 문제는 ICAO 체약국 간의 불균형이다. 일부 국가가 제3국에도 적용되는 추가적인 화물 보안프로그램을 시행하여 보편적인 제도 마련의 한계를 드러내고 있다. 이는 글로벌 항공화물 공급망의 일관성을 해치고 있는 요소다.

제도적 혼재 상황도 중요한 취약점으로 작용하고 있다. 공급망 내 이해관계자 간 표준의 중요성이 약화되고 국가별 강제규제가 이를 대체하고 있으며, 항공화물 보안관련 규제기관과 표준 제정기관이 다수 존재하여 공급망 일부 구간이 여러 규제체계의 적용을 받고 있다. 이러한 복잡성은 보안 공백을 만들어낼 위험성을 내포하고 있다.

이런 제도적 취약점과 함께 운영상의 제약도 존재한다. 화물검색은 화물 내 금지된 물품을 탐지하기 위한 특정 수단과 방법을 적용하는 과정으로, 주로 지상조업체나 화물보안 검색업체에 의해 공항의 보호구역에서 이루어진다. 대부분의 이해관계자는 보안검색을 효과적인 방법으로 간주하지만, 100% 검색은 현실적으로 실행하기 어려우며 비용증가와 물류흐름 방해를 초래한다는 공감대가 형성되어 있다. 이는 앞서 논의한 현실적 한계와 맞닿아 있는 부분이다.

FAQ

Q 공인화물보안대행기관(Regulated Agent)과 상용화주(Known Consignor)의 차이점은 무엇인가요?

A 주요 차이점은 다음과 같습니다.

- 공인화물보안대행기관은 다른 화주의 화물을 대신 처리하고 보안조치를 적용할 수 있지만, 상용화주는 자신의 화물에 대해서만 보안조치를 적용합니다.
- 공인화물보안대행기관은 일반적으로 화물 운송주선인이나 물류업체지만, 상용화주는 제조업체나 수출업체입니다.
- 공인화물보안대행기관은 보안검색 장비를 갖추고 운영할 수 있어야 하지만, 상용화주는 물리적 보안과 절차적 보안에 더 중점을 둡니다.

이에 반해 공급망보안과 보안검색 접근법에 대한 논쟁에도 불구하고, 공급망보안은 항공화물에 금지된 물품이 포함되지 않음을 완전히 보장할 잠재력을 가지고 있다. 따라서 화물보안을 효과적으로 확보하기 위해서는 공급망 내 다양한 기관 간의 원활한 조정이 우선으로 중요하며, 공급망보안 관련 기관들의 강한 사업적 연계는 합의된 보안절차 준수를 강화하는 데 이바지할 수 있다. 이해관계자 간의 보안절차를 적절히 통제하고 무작위적인 검증 방식을 도입해 운영 효율성을 높이는 것이 필요하다.

Ⅲ. 보안의 핵심 퍼즐: 항공화물 공급망보안의 필수 구성요소

항공운송사업사는 원칙적으로 항공기 탑재 전 화물에 대해 100% 보안검색을 포함한 모든 보안통제를 적용할 책임을 갖는다. 그러나 승객과 수하물이 출발 직전 모두 보안검색을 받는 것과 달리, 화물은 현실적으로 완전한 보안검색이 어려운 경우가 많다. 이에 대한 대안으로 마련된 것이 보안이 확보된 공급망으로, 화물이 출발지에서부터 공항 도착까지 모든 중간 지점에서 보안통제가 이루어지고 있다.

토론주제

항공화물 공급망에서 보안책임의 분배는 효율성과 효과성 측면에서 중요하다. 현재 항공운송사업자에게 최종 책임이 집중된 모델의 장단점은 무엇인가? 책임을 공급망 전체에 더 균등하게 분산시키는 방안은 어떤 형태가 가능할까? 이러한 변화가 실제 보안수준에 미칠 영향은 무엇일까?

항공화물 공급망은 관련 이해관계자 간 화물보안 비용과 책임을 분담하며, 출발지에서 보안을 확보한 화물이 항공기로 운송될 때까지 보안통제의 부담을 줄일 수 있게 한다. 이는 항공화물 흐름을 촉진하고 운송지연을 최소화하며, 일반적인 보안검색이 어려운 특정 화물에도 적합한 보안관리를 가능하게 하고 있다.

ICAO와 회원국들은 Regulated Agent(공인화물보안대행기관) 및 상용화주 제도를 통해 안전한 공급망 구현 표준을 개발했다. 항공보안당국 승인을 받은 이들 기관은 항공화물 공급망 출발지에서부터 보안검색을 포함한 보안통제를 이행할 수 있으며, Annex 17 표준 4.6.2에 따라 각국은 이러한 공급망보안 절차를 수립해야 한다.

화물은 항공운송사업자, 통합특송업체, 공인화물보안대행기관, 화물운송업체, 지상조업체 등 다양한 이해관계자들에 의해 처리되며, 이들은 공급망을 형성하여 협력하고 있다. 이 복잡한 운송 과정에 관여하는 모든 이해관계자는 화물의 안전과 보안을 유지하고 관련 법령을 준수해야 하며, 특히 화물이 항공기와 승객의 생명을 위협하지 않도록 할 책임을 갖는다.

1. 글로벌 기준의 조화: ICAO 공급망보안 표준의 통합적 분석

공급망보안시스템은 Regulated Agent(공인화물보안대행기관)와 상용화주 간의 상호 연결된 보안절차를 통해 화물 무결성을 보장하며, 국제 공급망보안 표준화를 실현하고 있다. 이러한 국제표준들은 상호인정협정(MRA) 체결로 국가 간 공급망보안 통합관리체계를 구축하여 위험기반 접근법의 효율성을 향상시키고 공급망보안 유연성을 제공한다. 특히 항공화물 분야에서는 ICAO와 WCO 간 협력을 통해 보안과 세관의 상호협조에 의한 표준화된 보안시스템 수립이 강조되고 있다.

9·11 테러 이후 각국은 항공보안 강화를 요구하며 공급망 내 항공화물 물류 보안의 중요성을 강조하고 있다. 항공운송중 보안 조치만으로는 전체

물류 운송체계 중 특정 분야 보안만 확보할 뿐이므로, 미국과 EU는 공급망 전체의 항공화물 보안 강화에 노력을 기울이고 있다. 그러나 공급망보안 주체들이 수행할 보안조치의 구체적 기준과 내용이 마련되지 않은 것이 가장 현실적인 문제로 남아있다.

현장 인사이트

"ICAO 표준이 있다고 해도 실제 적용 과정에서는 지역별, 국가별 차이가 있습니다. 미국과 EU로 동시에 화물을 발송하는 경우, 때로는 상충하는 보안표준 요구사항을 만나게 됩니다. 예를 들어, 미국의 경우 화물검색 기술에 대한 요구사항이 더 엄격하지만, EU는 문서관리와 인증절차에 더 많은 중점을 둡니다. 글로벌 공급망을 운영하는 기업은 이러한 국가별 차이를 이해하고 각 목적지에 맞는 보안절차를 준비해야 합니다."

- ○○항공 인천국제공항 보안검색감독자

항공화물 공급망보안은 화물의 최초 검색이나 보안통제 시점부터 경유지와 환적지를 거쳐 최종 도착공항까지의 모든 연결된 절차를 포함한다. ICAO와 WCO는 위험기반 접근법을 도입하여 고위험화물에 집중하고 저위험화물의 불필요한 지연을 방지하며, 상호인정 시스템을 통해 중복절차를 줄이고 글로벌 물류흐름을 촉진하고 있다. 효과적인 항공화물 물류보안 확보를 위해서는 공급망 내 모든 주체 간 협력과 조율이 필수적이며, 각국이 일관되게 적용할 수 있는 구체적인 기준과 절차 마련이 시급하다.

(1) 신뢰의 기초: 항공화물 공급망보안 표준의 전략적 가치

공인공급망(Authorized Supply Chain)은 공급망 내 모든 협력업체가 물품의 안전과 보안을 확보하고 관련 정보 관리를 일정 기준에 따라 이행했을 때 인정하는 공급망을 의미한다. 이 개념을 바탕으로 상용화주(Known Consignor)와 공인화물보안대행기관(Regulated Agent) 절차가 도입되어 공급망 전체의 보안을 보장하고 일반 발송인의 비용과 지연을 줄이는 수단으로 활용되고 있다.

상용화주 프로그램은 항공운송사업자나 화물운송업체가 이전 거래를 통해 신뢰할 수 있는 발송인을 식별하고, 신뢰도가 낮은 비상용화주를 구별하기 위해 만들어졌다. 이 시스템은 알 수 없는 출처의 화물에는 추가 보안검색을 적용하는 한편, 공인화물보안서비스 제공업체에는 통제를 줄이고 지연을 감소시키는 이점을 제공하고 있다. 상용화주와 공인화물보안대행기관 개념은 보안조치의 준수와 촉진을 조정하여 공급망보안을 신속하고 효율적으로 유지하는 데 이바지한다. 그러나 제도의 효과는 자격과 의무가 어떻게 정의되고 실제로 어떻게 운영되는지에 달려 있다.

ICAO 항공보안 관련 협약은 대상 범위와 처벌 규정, 각국의 의무 조항을 지속적으로 강화하고 확대하고 있어, 국내 항공운송사업자뿐만 아니라 화주와 화물운송업체의 부담도 증가하고 있다. 우리나라는 급증하는 항공화물을 효율적으로 처리하고 동북아 물류 중심지로 자리 잡기 위해 항공화물 보안시스템을 ICAO 표준에 부합하도록 완비하고 이를 효과적으로 활용할 전략 마련이 시급하다. 정부는 단순한 행정적 지도를 넘어 보안제도와 시스템, 장비 확보를 위한 인력과 예산 확대에 나서야 한다.

(2) 진화하는 글로벌 기준: ICAO 공급망보안 표준의 발전과정

ICAO는 회원국과 협력하여 진화하는 보안 위협에 대응한 효과적인 글로벌 정책과 법적 체계를 지속적으로 개발하고 조정하는 데 주력하고 있다. ICAO는 항공화물 공급망의 전 과정을 보호하기 위해 강화되고 조화로운 보안조치와 모범사례를 개발해야 하며, 국제기구와 협력하여 공급망의 안전을 보장하면서 화물 취급과 통관절차를 가속해야 한다고 강조한다.

다만 보안 메커니즘 개발 시 경제적 측면과 무역의 원활함을 고려하지 않고 보안만을 최우선에 두는 것을 경계해야 한다고 지적한다. 화물운송업체, 항공운송사업자, 화주는 공급망의 핵심 주체로서 이들의 경제적 활동 없이는 보안 문제를 논할 필요가 없다는 점에서 항공화물 보안과 경제적 측면 간 균형이 중요하다. 국가 및 국제 수준의 보안정책이 실제로 이행되기 위해서는 최신 법률이 뒷받침되어야 하며, 법 개정이 지연될 때 업계에 심각한 불확실성을 초래할 수 있다.

ICAO는 보안평가프로그램(USAP, Universal Security Audit Program)을 통해 각국의 보안절차를 평가하여 다른 국가들이 평가 대상 국가에서 출발하는 항공편, 승객, 화물의 위험을 정확히 판단할 수 있도록 지원하고 있다. 이러한 평가 프로그램은 국가 내 보안절차에 대한 주권을 존중하면서도 적절한 보안조치 이행을 확인하는 중요한 역할을 한다.

2. 보안의 6가지 기둥: 항공화물 공급망보안의 핵심 구성요소와 역할

공급망보안은 화물 흐름을 원활하게 하면서 보안통제로 인한 지연을 최소화하는 효과적인 접근법이다. 특히 일반적인 검색방법으로는 관리가 어려운 특정 범주의 화물에 대해서도 적절한 보안조치를 적용할 수 있어, 항공화물 운송이 추구하는 신속성과 안전성, 보안성을 동시에 확보하는 데 핵심적인 역할을 하고 있다.

이러한 맥락에서 ICAO는 공급망보안 강화를 위한 6가지 핵심 요소를 제시하고 있다. 시설보안, 인원보안, 교육훈련, 보안검색, 운송과정 중 보안조치, 보안감독 활동이 그것으로, 이 모든 요소가 유기적으로 연계되어 체계적으로 이행될 때 비로소 효과적인 공급망보안 체계가 구축된다.

(1) 보이지 않는 성벽: 항공화물 시설보안(facility security) 관리체계

시설보안은 항공화물을 접수, 검색, 탑재 또는 운송하는 화물시설에서 비인가자의 침입을 탐지하고 방지하기 위한 물리적 장벽과 출입통제를 포함한 적극적이고 체계적인 보안절차와 조치를 의미한다. 화물시설과 화물지역에 대한 접근은 운영상 필요한 개인으로 제한되며, 보안조치가 완료된 화물을 보관하는 시설은 비인가자의 접근을 철저히 차단하도록 엄격히 통제되어야 한다.

보안통제를 받은 화물은 보호구역에 보관하거나 항공기에 탑재될 때까지 안전하게 보호되어야 하며, 보안성이 확보되지 않은 장소에서 보관되면 탑재 전에 반드시 추가적인 검색이 이루어져야 한다.

보호구역에서 화물을 보관할 때는 출입통제시스템을 도입하여 허가된 인원만 접근할 수 있도록 하고, 출입증 패용을 의무화하며 CCTV를 통해 지속적으로 감시해야 한다. 물리적 보안 강화를 위해 화물시설은 외부 침입을 방지할 수 있는 장벽과 잠금장치로 보호되어야 하며, 표준운영절차를 마련하고 직원들에게 정기적인 교육과 훈련을 해야 한다.

화물시설의 출입통제 절차는 보안성과 효율성을 유지하기 위해 체계적으로 운영된다. 출입자는 출입구에서 신원을 확인받고 출입 목적을 명확히 밝힌 뒤 허가된 인원만 출입할 수 있다. 생체인식 시스템이나 출입증을 활용해 인증절차를 거치며, 출입구에는 CCTV와 센서 같은 감시 장비가 설치되어 출입 상황을 지속적으로 감시한다. 임시출입자의 경우 반드시 인솔자가 동반해야 하며, 비상상황 발생 시에는 공항 보안기관의 지시에 따라 한시적으로 출입이 허용된다.

(2) 사람이 핵심이다: 항공화물 인원보안(personnel security) 관리전략

인원보안은 화물검색을 수행하거나 화물지역에 인솔자 없이 접근할 수 있는 직원과 화물업무를 위탁받은 대리인을 대상으로 범죄기록, 개인 신원, 과거 근무경력을 확인하기 위한 절차와 조치를 포함한다.

항공보안당국이 신원조사 요건으로 요구하는 사항에는 범죄경력 확인과 과거 근무경력 검토가 포함되는데, 범죄경력 확인은 항공화물 보안 업무를 수행하는 직원이나 대리인의 과거 법적 기록을 조사하여 보안에 위협이 될 가능성을 평가하기 위한 것이다. 이와 함께 과거 근무경력 검토를 통해 해당 인원이 신뢰할 수 있는 업무수행 능력을 갖추었는지 확인하고 있다.

신원조사는 신규 채용된 인력뿐만 아니라 기존 근무자와 장기 휴직 후 복귀한 인력까지 포함하여 일관되게 시행된다. 특히 민감한 보안정보를 처리하거나 보안기능을 수행하는 인력을 먼저 조사하며, 정기적으로 갱신되어야 한다.

현장 인사이트

"항공화물 보안에서 큰 위협 중 하나는 내부자위협입니다. 아무리 완벽한 물리적 보안시스템을 갖추어도 내부직원이 의도적으로 보안을 우회하면 취약해집니다. 우리 회사에서는 정기적인 신원 재조사뿐 아니라, 행동 패턴 모니터링과 불규칙한 근무 스케줄 배정을 통해 내부자위협을 최소화하고 있습니다. 또한 직원들의 재정적 어려움이나 급격한 생활방식 변화에 주의를 기울이는 것도 중요합니다."

- ○○항공 인천국제공항 화물보안담당자

(3) 지식이 힘이다: 항공화물 보안교육훈련(training) 프로그램 설계

항공화물 공급망에서 화물업무를 담당하는 직원과 화물업무를 위임받은 대리인은 직무 요구사항에 따라 마련된 화물보안 및 검색 관련 교육훈련을 이수하도록 규정되어 있다.

이러한 화물보안 및 검색교육의 주요 내용은 다양한 분야로 구성되어 있다. 먼저 위해물품 식별 및 항공위험물 운송기술을 배우게 되는데, 이는 무기나 폭발물과 같은 위해물품을 식별하는 기술과 관련 규정을 학습하는 것을 포함하며, 위험물의 안전한 운송을 위한 기준과 절차를 익히게 된다. 아울러 항공화물 보안통제 및 대책에 대한 교육이 이루어지며, 화물보안 절차와 통제방안을 배우고 보안위협에 대응하기 위한 대책을 수립하고 실행하는 방법을 교육받는다.

이와 함께 교육과정에서는 항공보안 관련 법규와 정책을 이해하고 이를 화물보안 업무에 적용하는 방법도 학습하게 된다. 컴퓨터 기반훈련(CBT)을 통해 X-ray 판독, 위해물품 탐지, 검색절차 등을 실습하게 되며, 보안업무에서의 인적요소를 이해하고 효과적으로 관리하는 방법을 배운다. 이러한 교육은 화물업무 종사자들이 항공화물 보안위협에 효율적으로 대응하고 보안절차를 준수하며 안전한 화물운송을 지원할 수 있도록 설계되어 있다.

(4) 보이지 않는 것을 찾아내는 기술: 항공화물 보안검색(screening) 최적화 전략

항공화물은 크기, 무게, 밀도 등 다양한 특성을 가진 제품을 포함하므로, 화물검색은 각 화물의 특성을 고려하여 적합한 방법으로 이루어져야 한다. 만약 화물의 특성상 효과적인 검색이 불가능한 경우에는 해당 화물을 항공운송 해서는 안 된다.

이러한 원칙 아래에 ICAO의 「Aviation Security Manual」에서는 특정 상황에서 화물을 반드시 검색해야 한다고 규정하고 있다. 주요 상황으로는 Regulated Agent가 Non-Regulated Agent와 비상용화주로부터 화물을 접수한 경우, 상용화주 발송 화물이 미등록 업체에 의해 처리된 경우, 화물이 보호조치를 받지 않거나 무단접근의 의심이 드는 경우, 고위험화물, 화물기에서 여객기로 환적된 경우 그리고 국가가 요구하는 무작위 표본검색 등이 있다.

화물검색 시 고려해야 할 주요 특성들을 살펴보면, 먼저 화물의 크기와 무게는 검색 장비와 절차 선택에 영향을 미치며, 대형화물이나 중량화물은 특수장비나 별도의 검색절차를 적용해야 한다. 화물의 밀도와 내용물도 중요한 요소로, 밀도가 높으면 내부 확인이 어려워 추가적인 검색 방법이 필요하다.

포장 형태와 외장 상태도 검색 효율성에 영향을 미친다. 위험물, 온도 민감 품목, 깨지기 쉬운 물품 등 특수 취급이 필요한 화물은 해당 조건을 고려한 검색 절차가 요구된다. 아울러 화물의 출처와 신뢰성, 운송경로 및 환적 여부도 검색 강도를 결정하는 중요한 요소이며, 보호구역 외부에서 보관되었거나 무단접근 가능성이 있는 화물은 탑재 전 반드시 추가검색을 통해 안전성을 확보해야 한다.

(5) 안전한 이동을 위한 고리: 항공화물 운송보안(chain of custody) 연속성 관리

항공화물의 운송과정에서 이루어지는 보안조치는 보안통제가 적용되는 시점부터 화물이 공급망을 따라 이동하는 동안 화물의 무결성과 보안을 유지하기 위한 절차다. 이러한 보안조치는 화물의 접수, 보관, 육상운송 및 취급, 환적과 통과 등 모든 단계에서 적용된다.

화물이 공급망보안 주체들의 통제를 벗어나거나 훼손된 흔적이 있는지 확인하기 위해 보안씰을 사용하는 경우, 무단 사용을 방지하기 위해 철저한 재고관리와 감사 절차가 시행되어야 한다. 운송차량의 화물칸은 탑재 완료 직후 보안씰을 부착하거나 잠금장치를 설치하여 보안을 확보하고, 화물터미널의 보호구역으로 들어가기 전에 보안씰 확인 등을 통해 화물의 무결성을 점검해야 한다.

이와 함께 적절한 보안통제를 받은 화물은 Regulated Agent, 상용화주, 항공운송사업자가 운영하는 차량 또는 항공보안당국에 승인된 육상운송업체를 통해서만 운송되어야 하며, 운송 차량의 운전자는 화물 탑재 전에 유효한 신원확인 서류를 제시해야 한다. 항공운송사업자는 지정된 직원 또는 권한 있는 대리인에 의한 배송, 무단접근 흔적 미발견 그리고 화물보안신고서 제공 등의 조건을 충족하는 경우에만 상용화주 또는 Regulated Agent로부터 화물을 접수한다. 이러한 조치는 항공화물의 안전성과 무결성을 유지하고 공급망 전반의 보안을 강화하기 위해 필수적이다.

(6) 보안의 파수꾼: 항공화물 보안감독(oversight and compliance) 체계

항공화물이 공급망을 통해 운송되는 과정에서는 여러 주체와 권한 있는 대리인이 화물을 처리하게 되므로, 적합한 주체에 의해 검색되고 보안조치가 이루어진 화물만이 항공기를 통해 운송되도록 보장하는 것이 공급망보안의 주요 목적이다. 이렇게 적절한 공급망 주체에 의해 보안조치가 적용된 항공화물은 '보안성 확보 화물'로 간주한다.

현장 인사이트

"감독활동은 단순한 규정 준수 확인을 넘어서는 포괄적인 접근법이 필요합니다. 저희는 '삼중 검증' 시스템을 도입했습니다. 첫째, 상시 감시 카메라와 센서를 통한 자동 모니터링, 둘째, 직원들의 내부 교차 점검, 셋째, 외부 전문가에 의한 불시평가를 조합하는 방식입니다. 이 접근법은 항공화물 공급망의 모든 지점에서 높은 보안수준을 유지하는 데 효과적이었습니다."

– ○○항공 김해국제공항 화물보안담당자

공급망보안을 확보하기 위해서는 항공보안당국 또는 권한을 위임받은 지정 대리인이 보안감독과 수준관리 활동을 수행할 수 있도록 법적 근거가 마련되어야 한다. 관련 법규에는 Regulated Agent와 상용화주에 관한 인원관리, 화물보안조치, 운영절차, 내부규정, 시설 및 보안장비에 대한 점검과 평가 항목이 포함되어야 한다.

화물의 보안성을 확보하기 위한 명확한 법적 근거가 필요하다. 먼저 항공화물 보안통제 책임에 관한 규정으로, 화물이 공항 외부에서 운송되는 동안에는 상용화주가, 항공운송사업자에게 접수된 이후에는 항공운송사업자가 책임을 맡도록 규정해야 한다.

실무자를 위한 체크포인트: 효과적인 수준관리

- 수준관리 계획이 문서로 만들어져 있고 정기적으로 업데이트되는가?
- 일상적 점검, 정기 점검, 불시평가가 균형있게 시행되는가?
- 감독활동 결과가 체계적으로 문서로 만들어지고 추적 관리되는가?
- 위반사항 시정을 위한 명확한 절차와 기한이 설정되어 있는가?
- 수준관리 평가관들이 적절한 교육과 자격을 갖추고 있는가?
- 보안평가 결과가 경영진에게 정기적으로 보고되고 있는가?
- 감독활동 자체에 대한 수준관리가 이루어지고 있는가?

항공화물보안신고서 작성 의무도 법적으로 명확히 규정되어야 한다. 상용화주는 통제된 화물을 운송하기 전에 항공화물보안신고서를 작성해야 하며,

이는 화물이 적절한 보안조치를 거쳤음을 증명하는 서류로 사용된다. 또한 통제된 화물을 운송하는 차량은 밀폐된 탑재시설을 갖추어야 하며, 운전자는 유효한 신분증을 소지해야 한다.

벌칙 및 승인 취소 규정도 포함되어야 한다. 규정을 위반하거나 허위로 보안통제를 완료했다고 통보한 경우, 항공보안당국은 승인을 취소하거나 벌칙을 부과할 수 있어야 한다. 이러한 법적 근거는 항공화물의 무결성과 안전성을 확보하며, 공급망 전반에서 일관된 보안을 유지하기 위한 핵심적인 역할을 한다.

3. 설계에서 이행으로: 항공화물 공급망보안 프로그램의 구축과 운영

공급망보안 시스템은 전체 공급망을 대상으로 해야만 운송과정에서 원하는 수준의 보안을 달성할 수 있다는 생각에 기반하여 설계된다. 이 시스템은 상품 수출업자가 안전한 환경에서 화물을 포장하고, 이후 해당 상품이 안전한 것으로 인증된 뒤 보안이 확보된 차량을 통해 화물운송업체 또는 항공운송사업자에게 전달되는 방식으로 작동하고 있다.

이러한 공급망보안을 구축하기 위해서는 거래에 참여하는 모든 주체가 상품정보의 안전한 취급과 관련된 특정 표준을 준수하고 항공보안당국의 승인을 받아야 한다. 공급망 내에서 출발지에서 목적지로 전달되는 화물은 최소한의 수입 및 수출 정보 요구사항만으로 통합된 국경 간 단순화된 보안절차의 이점을 누릴 수 있다.

공급망보안프로그램을 설계할 때는 몇 가지 최소 보안표준을 마련해야 한다. 육상운송 인프라에 대한 서비스 제공업체의 접근 확인, 차량에 잠금장치 또는 보안씰 적용, 작업자의 신원확인, 직원 신원조사, 물리적 보안 및 안전 인식 교육, 감시 시스템 운영, 출입통제 등 필수적인 기본 보안조치를 통해 화물이 안전하게 운송될 수 있도록 해야 한다.

공급망보안을 도입할 때 얻을 수 있는 이점은 분명하지만, 국제적으로 채택하는 데 있어 주요 장애물 중 하나는 관련된 모든 시설과 운송수단의 보안을 보장하는 데 드는 비용이다. 또한 승인된 거래자가 시스템을 남용할 우려도 문제로 지적되어, 안전하다고 선언된 화물에 대해 무작위로 보안검색을 수행하는 것이 바람직하다.

항공화물 보안조치를 실행하는 데 드는 비용은 정부와 항공화물 업계 모두에게 상당한 부담이 될 수 있지만, 테러 공격으로 인해 발생할 인명과 재산 손실의 잠재적 비용은 예측하거나 정량화할 수 없으며, 엄청난 경제적·사회적 영향을 미칠 수 있다. 따라서 이러한 위험을 예방하기 위해 공급망 보안을 강화하고 체계적으로 이행하는 것은 필수적이며 장기적으로 더 큰 가치를 제공할 수 있다.

(1) 보안 비용 분담의 현실: 항공화물 보안 수수료 부과와 경제적 영향

보안정책 자금 조달 문제를 해결하기 위해 일부에서는 화물 보안검색 비용을 충당하기 위해 모든 화주에게 수수료를 부과하는 방식을 채택하고 있다. 이는 미국이 승객에게 부과하는 보안 서비스 수수료와 유사한 형태로 운영된다.

FAQ

Q 항공화물 공급망보안 비용은 누가 부담해야 하나요?

A 공급망보안 비용은 일반적으로 다음과 같이 분담됩니다.

1. 정부: 국가 차원의 보안 프레임워크 개발, 감독시스템 운영, 국제협력 등 기본 인프라 비용
2. 항공운송사업자: 항공기와 관련 시설의 보안, 직원교육, 보안장비 등
3. 화물운송업체/포워더: 화물보관시설의 보안, 배송 중 보안조치, 직원 교육 등
4. 화주: 상용화주 인증 비용, 보안요건 준수 비용, 보안 수수료 등
5. 최종 소비자: 궁극적으로 보안비용의 일부는 운송비용에 반영되어 소비자에게 전가됨

효과적인 접근법은 '위험기반, 위험부담' 원칙에 따라 위험을 창출하거나 통제할 수 있는 주체가 비용을 부담하는 것입니다. 또한 정부와 민간 부문 간의 적절한 비용분담도 중요합니다.

상대적으로 가치가 높은 항공화물의 경우 탑재 가치 대비 보안 수수료 비용이 적어 경제적 영향을 최소화할 수 있다. 그러나 여객기 운송 화물에 적용되는 수수료가 화물기보다 높게 책정되면 여객운송의 수익이 많이 감소할 가능성이 있다. 특히 특정 국가에서만 수수료가 부과될 경우, 배송비 증가로 인해 해당 항공 서비스를 이용하는 제조업체와 화주의 경쟁력에 부정적인 영향을 미칠 위험이 있다.

한편, 공급망보안의 성공적인 구축을 위해서는 국가별로 규제 조항을 해석하고 적용하는 효율성과 무결성, 인프라와 자원의 품질, 정치적 안정성, 국제 표준 이행 의지 등이 중요한 요인으로 작용한다. 이와 함께 거래자의 규정 준수 여부와 무역 촉진을 위한 정부-기업 간 파트너십의 품질도 진행 속도와 범위를 결정짓는 핵심 요소다. 결론적으로 항공화물 보안 강화를 위해서는 국제적인 협력과 균형 잡힌 접근방식이 필요하며, 각국의 정책 및 인프라 수준을 고려한 맞춤형 해결책이 요구된다.

(2) 현장 적용의 핵심: 항공화물 공급망보안 프로세스의 설계원칙과 실행방안

항공화물 보안제도는 두 가지 주요 원칙에 기초하고 있다. 첫째는 공급망을 따라 이해관계자 간의 책임과 역할을 명확히 분배하는 것이며, 둘째는 보안절차와 불필요한 제한 사이에서 중복을 제거하는 것이다. 현행 제도는 기본적으로 각 이해관계자가 항공보안당국과 협력하여 특정 보안절차와 통제를 적용하고, 해당 절차가 수행되었음을 확인한 뒤 다음 이해관계자에게 화물을 전달하는 방식으로 운영되고 있다.

이러한 체계에서 항공운송사업자는 궁극적으로 모든 문서를 확인하고 화물 운송을 승인할 책임이 있지만, 일반적으로 보안통제를 직접 수행하지 않는다. 대신 이러한 책임은 공급망을 따라 다른 인가된 이해관계자들에게 전가되고 있으며, 이러한 상황에서 항공보안당국의 인증과 점검을 기반으로 한 공급망보안시스템만이 협력업체 간 일정 수준의 화물보안을 확보했다고 보장할 수 있는 타당한 접근방식으로 여겨진다.

하지만 이러한 접근방식은 모든 이해관계자가 특정 절차에 대해 책임을 공유하도록 요구하면서도, 다른 이해관계자들의 절차와 완전히 통합되지 못한 상태로 실행되고 있다. 더 나아가 화물보안 책임소재가 명확하지 않은 경우가 많아, 보안절차를 이행한 화물에 대한 정보와 관련 데이터를 효과적으로 교환하지 못하고 있다는 문제점도 존재한다.

실무 팁: 효과적인 항공화물보안신고서 작성법

항공화물보안신고서(CSD)는 공급망 전체에서 화물의 보안상태를 증명하는 중요한 문서입니다. 다음은, 이 문서를 효과적으로 작성하기 위한 핵심 팁입니다.

1. 정확한 정보 기재: 화물식별정보(AWB 번호, 포장 수, 중량 등)를 정확히 기재
2. 보안조치 명확히 표시: 적용된 보안조치(검색방법, 면제사유 등)를 구체적으로 명시
3. 시간 정보 포함: 보안조치 적용 일시를 정확히 기록
4. 책임자 정보 표시: 보안조치 수행자와 승인자의 이름, 서명, 자격 번호 등을 명확히 기재
5. 보안수준 표시: 화물의 보안상태를 명확히 표시
6. 특이사항 기록: 추가 검사 필요성이나 특별 취급 요구사항 등 특이사항 기록
7. 문서 보안 유지: 완성된 화물보안신고서는 무단 변경을 방지하기 위해 적절히 보호(전자서명, 암호화 등)

이와 같은 우려를 해결하기 위해 입법적 제도의 설계는 이해관계자들 사이의 중복된 통제를 제거하는 방향으로 진행될 필요가 있다. 공급망보안시스템이 항공보안당국의 감독 아래 운영되어야 함은 분명하지만, 이는 산업 이해관계자 간의 직접적인 관계를 대체해서는 안 된다. 결론적으로 항공화물 보안을 강화하기 위해서는 공급망 내 모든 이해관계자가 명확한 책임과 역할을 수행하며 긴밀히 협력해야 하며, 동시에 중복된 절차를 제거하고 효율적인 정보교환 체계를 구축함으로써 전체 시스템의 신뢰성과 효과성을 높여야 한다.

Ⅳ. 항공화물 공급망보안: 참여 기관별 역할과 책임체계

1. 공급망보안 참여주체: 누가, 어떻게 연결되는가

항공화물은 우리가 상상하는 것보다 훨씬 더 복잡한 과정을 거쳐 목적지에 도착한다. 항공보안당국, 항공운송사업자, 상용화주, Regulated Agent (공인화물보안대행기관) 등 다양한 보안 주체들이 각자의 책임을 맡아 화물

이 안전하게 운송되도록 협력하고 있다.

항공화물은 최종 목적지에 도달하기 전까지 여러 항공편 간 환적과정을 거칠 수 있으며, 단계마다 다양한 보안절차를 준수해야 한다. 이러한 복잡한 공급망 구조에서 국가는 공급망보안 주체를 대상으로 적절한 법규를 마련하고, 각 주체의 역할과 책임, 보안조치가 효과적으로 이행될 수 있도록 명확히 규정해야 한다.

현장 인사이트

인천국제공항 화물터미널에서 근무한 경험이 있는 통합특송업체 화물보안담당자는 "하루에도 수만 개의 화물이 전 세계로 이동하는데, 화물마다 출발지부터 도착지까지 완벽한 공급망보안을 유지하는 것은 마치 거대한 오케스트라를 지휘하는 것과 같다"라고 말한다. 또한, "한 부분에서라도 협력이 무너지면 전체 시스템이 위험해질 수 있다"라고 강조한다.

최근 ICAO 표준의 규제 변경으로 항공보안당국이 상용화주와 Regulated Agent를 인증하는 방식으로 변화하였으며, 이는 항공화물 공급망의 보안통제가 기존의 내부통제에서 항공보안당국에 의한 외부통제로 전환되고 있음을 시사한다.

(1) 감시자의 눈: 항공보안당국의 감독과 규제기능

항공보안당국은 국가 항공보안의 중추적 역할을 담당하는 기관으로, 일반적으로 교통부나 민간항공국(Civil Aviation Authority)이 이에 해당한다. 이들은 국제민간항공기구(ICAO)의 표준과 권고되는 방식(SARPs)을 국가 차원에서 실행할 책임을 지고 있다.

항공보안당국의 핵심 임무를 살펴보면, 국가 정보기관이 제공하는 위험평가를 바탕으로 항공화물 정책과 법규를 수립한다. 또한 Regulated Agent와 상용화주의 항공화물보안프로그램 준수 여부를 현장 검증하고, 모든 화물이 항공기 탑재에 적절한 보안수준을 충족했는지 확인 및 승인한다. 이와 함께 항공화물보안프로그램의 지속적인 업데이트와 감독을 수행하며, 공항 내 보안검색 감독과 항공기 탑승객, 화물, 수하물에서 위험물품 적발 업무를 담당한다.

공인화물보안대행기관(Regulated Agent)의 인증과 감독도 중요한 역할 중 하나다. 공급망보안 주체 후보기관을 공인화물보안대행기관으로 승인하며, 결함이 발견될 때 계약을 중단하거나 철회할 수 있다. 지속적인 감독을 통해 보안조치의 이행과 효율성을 유지하는 것도 이들의 몫이다.

(2) 하늘의 수호자: 항공운송사업자의 보안책임과 의무

항공운송사업자는 항공기 비행경로와 일정을 관리하면서, 화물과 공항 상황을 종합적으로 살펴보고 운항계획을 수립한다.

이러한 항공운송사업자의 보안프로그램은 두 가지 핵심 목표를 가지고 있다. 첫째는 항공화물 공급망보안을 강화하는 것이고, 둘째는 공항 화물터미널 현장에서 보안통제를 효율적으로 관리하는 것이다. 항공화물 공급망에서는 항공운송사업자와 화물운송업체들이 서로 협력하는 것이 필수적이며, 화물터미널은 육상운송과 항공운송을 이어주는 중계소 역할을 한다.

화물터미널에서는 화물이 트럭으로 배송되고 나서 항공기에 실리기 전까지 화물검색, 정보 확인, 분류 및 포장 등의 보안 프로세스가 진행된다. 결국 항공운송사업자와 화물운송업체 간 정보 공유와 명확한 역할 분담이 항공화물의 안전성과 효율성을 동시에 확보하는 핵심이라고 할 수 있다.

(3) 신뢰의 출발점: 상용화주(Known Consignor) 제도와 운영체계

상용화주(Known Consignor)는 항공화물 공급망보안의 첫 단계를 담당하는 중요한 역할을 한다. 이들은 자신의 비용으로 화물을 발송하며, 항공보안당국의 보안규칙과 기준을 충족한 화주를 말한다.

비상용화주 화물은 엄격한 보안검색이 필요하지만, 이전 거래를 통해 신뢰를 얻은 상용화주 화물은 완화된 보안통제를 적용받아 화물지연을 줄일 수 있다. 상용화주는 자신이 발송하는 화물의 보안통제를 공인화물보안대행기관(Regulated Agent)과 항공운송사업자에게 보증해야 하며, 이를 통해 해당 기관들에 화물을 직접 운송할 수 있게 된다.

1) 상용화주란 무엇인가: 개념 정의와 법적 지위

상용화주는 화물이 생산, 포장, 운송, 처리되는 전 과정에서 화물의 무결성을 유지하고, 공급망보안을 통해 발생 시점부터 비인가된 개입으로부터 보호하는 데 중점을 둔다. 화물을 발송할 때는 상업용 항공기 운송에 요구되는 일반적인 보안규칙과 표준을 충족해야 한다.

이러한 상용화주 승인을 받으려면 제조사나 조립업체 같은 기관이 해당 국가 항공보안당국이 인정한 상용화주 보안프로그램을 수립해야 하며, 국가 요구사항을 준수한다고 인정되면 항공보안당국 또는 승인된 기관의 점검을 받게 된다. 항공화물 취급 직원들을 대상으로 한 보안교육프로그램은 일정 간격으로 재교육을 포함해 실시되어야 하며, 항공보안당국의 승인을 받아야 한다.

상용화주 지정은 5년 이내 주기로 신청해야 하고, 항공보안당국은 정기점검과 불시점검을 통해 보안대책 이행여부를 감독하고 있다.

2) 신뢰의 관문: 상용화주 지정과정과 자격관리 체계

상용화주가 받는 점검은 보안프로그램 준수여부 확인에 중점을 둔다. 항공보안당국은 상용화주가 승인된 보안프로그램을 효과적으로 이행하고 있는지 점검하며, 국가 보안 요구사항 충족 여부를 평가한다.

이러한 점검 과정에서는 항공보안당국이 상용화주 시설을 직접 방문해 화물 보안조치 실행상태를 현장에서 확인하고, 동시에 화물 취급 직원들의 신원조사와 정기적인 보안교육프로그램 운영실태도 점검한다. 정기점검과 불시점검을 통해 상용화주가 발송하는 화물이 공인화물보안대행기관이나 항공운송사업자에게 전달될 때 요구되는 보안통제를 충족하는지 확인하고 있다.

상용화주 보안프로그램 마련 시 필요한 서류로는 보안프로그램 계획서, 회사 등록증이나 자격 증명서, 위험평가 보고서가 있으며, 화물 취급 직원들의 신원확인 및 보안교육 이수내역, 시설과 장비 목록, 내부 감사 및 점검 기록도 제출해야 한다. 이러한 서류들은 항공보안당국이 상용화주 보안프로그램의 적절성을 평가하고 승인여부를 결정하는 데 중요한 역할을 한다.

3) 안전의 학습터: 상용화주 보안교육 체계와 실무

항공보안당국이 제공하는 상용화주 보안교육프로그램은 5단계 체계화된 과정으로 구성된다.

기본원칙 이해 단계에서는 항공보안법, 국제민간항공협약 Annex 17,

Doc. 8973(Aviation Security Manual), 국가민간항공보안 교육훈련지침 등 핵심 법규와 지침을 학습한다. 이어지는 실무기술 습득 및 보안검색 실습 단계에서는 화물검색 절차, X-ray 판독, 반입금지 물품 식별 등의 기술적 내용과 함께 신체검색, 휴대품 검색 등의 실습으로 실무능력을 기르고 있다.

장비와 시스템 교육 단계에서는 항공보안장비 운용원리와 공항 내 보호구역 관리 및 출입통제시스템을 익히며, 종합 평가 및 실습 단계에서는 교육내용에 대한 종합평가와 실제 상황 적용능력을 확인한다. 개인 발표 및 피드백을 통해 이해도를 점검하는 과정도 포함되어 있다. 이러한 교육은 항공화물 보안 최전선의 상용화주가 보안위협에 효과적으로 대응하고 공급망 전체의 안전을 보장하는 데 필수적인 역할을 한다.

토론주제

항공화물 보안교육에서 이론과 실습의 적절한 비율은 어떻게 되어야 할까?
온라인 보안교육이 전통적인 집합교육 방식보다 효과적일까?

4) 보안의 관리자: 상용화주의 보안관리 실무와 점검체계

화물보안신고서(CSD)는 항공화물 보안의 핵심 도구로, 화물의 보안상태 정보를 공급망 전체 주체들과 공유하여 적절한 보안검색을 수행하는 데 중요한 역할을 한다.

화물보안을 책임지는 주체들은 화물의 보안상태를 확인한 후 중요한 보안정보를 표시한 화물보안신고서를 발행하며, 전자 버전은 항공화물 프로세스 자동화를 지원하여 운영자가 보안정보를 전자적으로 교환하고 저장할 수 있게 한다. 공인화물보안대행기관이나 항공운송사업자는 이 신고서를 참조해 화물의 취급, 준비, 보관 및 보안검색 방법을 결정하고 있다.

화물보안신고서는 적절한 보안통제가 적용된 이후에만 발행되어야 하며, 보안상태가 표시되지 않거나 신고서가 발행되지 않으면 해당 화물은 보안통제가 적용되지 않은 것으로 간주한다. 공인화물보안대행기관, 상용화주, 항공운송사업자 등 국가가 인정한 기관만이 발행 권한을 가지며, 각 기관은 고유 식별 번호를 기록하여 책임과 승인을 명확히 하고 있다.

가. 보안의 증명서: 화물보안신고서(CSD) 작성과 활용

화물보안신고서(CSD)를 발행하기 위해서는 먼저 화물에 대한 보안통제를 수행해야 한다. 상용화주 또는 공인된 기관은 화물이 항공기에 탑재되기 전에 X-ray 검색, 물리적 검사 등의 보안검색과 필요한 보안통제를 진행하고 있다.

보안통제가 완료되면 해당 화물은 "통제화물"로 분류되며, 보안검색 완료를 나타내는 표식을 화물에 부착하거나 관련 정보를 기록하여 보안상태를 명확히 한다. 이어서 화물보안신고서를 작성하는데, 화물의 세부정보, 수행된 보안검색 방법 및 결과, 보안통제를 수행한 직원의 서명, 화물의 보안성 유지 및 운송 중 책임에 관한 내용이 포함되며, 담당자 서명을 통해 법적 효력을 갖게 된다.

발행된 신고서는 항공운송사업자에게 전달되어 해당 화물이 적절한 보안통제를 거쳤는지 확인받으며, 전자 버전(eCSD)을 사용하면 디지털 방식으로 정보가 저장되고 공유되어 항공화물 프로세스 자동화와 정보의 정확성 및 효율성 향상에 이바지하고 있다.

나. 신고 이후의 여정: 화물보안신고서 발행 후 지속관리와 점검

화물보안신고서(CSD)가 발행된 화물은 항공기 탑재 전에 보안검색을 통해 보안상태를 최종 확인받아야 한다. 엑스선 검색장비(X-ray), 폭발물 탐지장비, 폭발물 흔적탐지장비(ETD) 등 다양한 검색 장비를 사용해 화물을 검사하고 있다.

검색절차는 화물의 크기와 특성에 따라 달라지는데, 일반 화물은 엑스선 검색장비로 1차 검색을 진행하며, 위해물품이 발견되거나 의심스러운 내용물이 확인되면 개봉검색을 한다. 폭발물로 의심될 때는 폭발물 흔적탐지장비를 사용해 정밀검색을 진행하고 있다. 의료용품, 외교행낭 또는 검색장비로 손상될 가능성이 있는 특별한 조건의 화물은 특별보안검색 절차를 적용받으며, 이때는 개봉검색 대신 증명서류 확인이나 다른 적합한 방법으로 보안을 확보한다.

보안검색이 완료되어 화물이 안전하다고 판단되면 항공기 탑재가 승인되지만, 보안검색이 완료되지 않았거나 위해물품이 발견되면 해당 화물은 운송이 제한되거나 추가 조치를 받게 된다.

다. 철저한 검증: 보안통제 점검과 개선조치 방안

화물보안신고서(CSD)는 화물의 보안통제가 완전히 완료된 상태에서만 발행해야 한다. 보안검색이나 기타 보안조치가 제대로 수행되지 않은 채 신고서를 발행하면 허위 문서로 간주해 법적 문제를 초래할 수 있기 때문이다. 이러한 원칙에 따라 잘못된 정보가 포함되거나 필수 항목이 빠지면 화물은 보안통제 미완료 상태로 분류되며, 항공운송사업자는 해당 화물의 탑재를 거부하거나 추가 검사를 요구하게 된다.

전자 버전인 eCSD를 사용할 때는 데이터 전송 및 저장 과정에서 정보 손실이나 왜곡을 방지하기 위해 전산시스템의 안정성 확보와 철저한 데이터 보호조치가 필수적이다. 이처럼 정확하고 신뢰할 수 있는 화물보안신고서는 항공화물 운송의 안전성과 효율성을 동시에 보장하는 핵심 토대 역할을 하고 있다.

라. 디지털 보안의 힘: eCSD 시스템과 전자화의 이점

전자 화물보안신고서(eCSD)는 종이 문서 관리의 번거로움과 오류를 크게 줄이며, 데이터 디지털화를 통해 정보 검색과 전달 속도를 향상해 공급망 내 신속한 의사결정을 가능하게 한다. 이와 함께 eCSD는 정보의 정확성과 일관성 유지에도 탁월한 효과를 보이고 있다. 전자시스템을 통한 체계적인 정보 입력과 관리로 종이 문서 대비 오류 발생률이 현저히 낮아지며, 데이터가 체계적으로 기록되어 화물의 보안상태에 대한 명확한 추적이 가능해진다.

보안 강화 측면에서도 eCSD는 상당한 이점을 제공한다. 암호화 및 접근제어 기능을 통해 민감한 보안정보를 효과적으로 보호할 수 있으며, 무단 수정이나 위조를 방지하는 데 매우 효과적이다. 더욱이 ICAO와 IATA 같은 국제기관이 권장하는 디지털 표준과의 높은 호환성으로 인해 글로벌 항공화물 운송 환경에서 광범위하게 활용되고 있다. 따라서 eCSD는 효율성, 정확성, 보안성 그리고 국제적 호환성을 동시에 제공하는 항공화물 공급망의 핵심 도구로 자리매김하고 있다.

(4) 보안의 중개자: Regulated Agent의 핵심 역할

Regulated Agent(공인화물보안대행기관)는 항공화물 공급망에서 핵심적인 역할을 담당하고 있다. 이들은 항공운송사업자와 협력하여 화물운송주선인이나 지상조업체 등의 형태로 운영되며, 항공보안당국이 요구하거나 승인한 보안통제를 제공한다. 이러한 보안조치가 완료된 화물은 보안검색 또는 기타 보안통제 적용 시점부터 항공기 탑재 후 출발까지 불법방해행위로부터 지속적으로 보호받아야 한다.

주요 용어 정리

- **화물운송주선인(Freight Forwarder)**: 화주를 대신해 화물 운송에 필요한 예약, 통관, 수출입 면장 발행 등의 업무를 수행하는 기관(업체)
- **지상조업체(Ground Handler)**: 공항에서 항공기와 화물의 처리, 수하물 관리, 급유 등을 담당하는 기관(업체)

공급망보안 시행을 통해 화물터미널에 도착한 보안조치 완료 화물을 효율적으로 처리할 수 있게 되며, 이는 공항에서 항공운송사업자의 보안통제 부담을 상당히 줄이는 효과를 가져온다. 이에 따라 국가는 Regulated Agent의 체계적인 인증 프로세스를 마련하고 인증된 기관의 데이터베이스나 목록을 구축해야 하며, 이 제도는 출발 공항에서 모든 화물을 개별 검색하는 대신 공급망 전반을 통해 항공화물의 보안을 보장하는 것을 목적으로 한다.

Regulated Agent는 운송되는 화물에 적용된 보안통제를 항공운송사업자에게 확실히 보증할 수 있어야 하며, 다른 보안주체에 화물을 인도할 때까지 화물의 보안 유지와 무결성 확보를 위한 보안프로그램을 마련하고 지속적으로 운영해야 한다.

1) 보안의 대리인: Regulated Agent의 법적 정의와 실제 기능

Regulated Agent는 항공보안당국으로부터 인가를 받아 화물의 보안검색을 포함한 보안통제를 직접 수행할 수 있으며, 항공운송사업자 역시 이 역할을 담당할 수 있다. 승인을 받으려는 신청자는 항공보안당국이 인정하고 승인한 보안프로그램을 수립해야 하는데, 이는 기업이 개발하여 당국의

승인을 받는 기업 개발형과 항공보안당국의 모델 보안프로그램을 기반으로 개별 기관에 적합하게 적용하는 모델형으로 구성된다.

보안프로그램이 국가 요구사항을 준수한다고 인정되면 신청자는 항공보안당국의 점검을 받아 물리적 및 절차적 보안기준을 충족해야 한다. 이 과정에서 직원들의 신원조사를 포함한 보안교육프로그램은 화물보안을 유지하기 위한 필수 요소로 설계되고 있다. 승인받은 Regulated Agent는 5년을 초과하지 않는 주기로 자격갱신을 신청해야 하며, 화물구역 모니터링, 무단접근 방지, 보안검색 절차, 배송 및 접수 프로세스 관리, 직원 보안교육, 하청업체 모니터링 등의 구체적인 보안조치를 수행한다.

토론주제

Regulated Agent 제도가 과연 항공화물 보안을 충분히 강화하고 있는가? 현 제도의 장단점은 무엇이며, 어떻게 개선할 수 있을까? 특히 국가 간 Regulated Agent 인증의 상호인정 문제는 어떻게 해결할 수 있을까?

결론적으로 Regulated Agent는 공급망 내에서 화물의 안전성과 무결성을 유지하는 핵심 역할을 담당하며, 공급망 전반에서 효율적인 보안을 확보하고 항공운송사업자의 부담을 줄이는 데 이바지하고 있다.

2) 신뢰의 인증: Regulated Agent 인증과정과 자격관리 체계

국제민간항공협약 Annex 17에 따르면 체약국은 Regulated Agent의 승인을 포함한 공급망보안 프로세스를 마련해야 하며, 항공화물이 전사적 형태나 서면 형태로 공급망 전반에서 보안이 유지되었음을 보장해야 한다. 또한 ICAO의 Doc. 8973(Aviation Security Manual)에서는 Regulated Agent로 인증받은 뒤 관리시스템에 등록하는 절차를 거쳐야 최종 승인이 완료된다고 명시하고 있다.

이러한 규정에 따라 미국과 EU는 항공보안당국이 Regulated Agent를 인증하면서 동시에 데이터베이스에 등록하는 관리시스템을 구축하여, 정부기관, 항공운송사업자, 화물운송업체 등이 실시간으로 변동사항을 확인할 수 있는 시스템을 운영하고 있다.

효과적인 항공화물 공급망보안 관리시스템 구축을 위해서는 다차원적인 자원 투입이 필요하다. 제도적 자원으로는 ICAO와 WCO의 국제기준을 반영한 국내 법령 정비, 항공보안당국과 세관당국 간 협력체계 강화, 상호인정 시스템 도입 등이 요구된다. 기술적 측면에서는 항공화물의 보안상태를 실시간으로 확인하고 관리할 수 있는 통합 데이터베이스, RFID 기반 추적시스템, AI 기반 위험분석 도구 등이 필수적이다.

인적 자원으로는 항공보안과 세관 업무를 담당할 전문 인력 양성과 공급망보안의 핵심요소를 이해하고 실행할 수 있는 인력 확보가 중요하며, 이를 위한 체계적인 교육 및 훈련프로그램 운영이 뒷받침되어야 한다. 또한 시스템 구축, 장비 도입, 인력 교육을 위한 충분한 재정적 자원과 항공보안당국, 세관, 항공사, 물류업체 등 관련 기관 간 유기적인 협조체계 구축이 병행되어야 한다.

이처럼 제도적, 기술적, 인적, 재정적 자원과 협력체계를 효과적으로 활용하면 신속하면서도 안전한 항공화물 공급망보안 관리시스템을 구축할 수 있으며, 국가 간 상호인정을 통해 글로벌 항공화물 보안 강화에도 이바지할 수 있다.

3) 보안의 삼중주: 화물검색, 분류, 처리의 통합 운영

항공화물은 화주를 대신해 예약, 통관, 수출입 면장 발행 등의 업무를 수행하는 화물운송주선인, 통관대행업체, 종합운송업체 등에 의해 처리된다. 이들 업체는 화주나 제조시설에서 화물을 접수한 뒤 트럭으로, 물류센터로 운송하며, 보안검색과 분류 작업을 거쳐 공항으로 보안조치된 화물을 운송하고 있다.

주요 용어 정리

- **통관대행업체**(Customs Broker): 수출입 화물의 세관 통관절차를 전문적으로 대행하는 기관(업체)
- **종합운송업체**(Integrator): 화물의 운송, 보관, 통관 등 물류 서비스를 일괄적으로 제공하는 기관(업체)

이러한 과정을 통해 높은 속도, 신뢰성, 보안 등 항공화물운송의 요구를 충족시키며, 항공/해상, 항공/도로, 항공/철도 운송을 효율적으로 제공하여 가격과 총 선적 시간의 유연성을 확보한다. 한편, 화주가 항공운송사업자와 직접 계약할 때는 공항으로 직접 배송하며, 항공운송사업자가 화물터미널에서 분류와 검색 작업을 직접 수행한다.

항공기 화물 공간 확보는 두 단계로 진행되는데, 첫 번째 단계에서는 실제 출발 6~12개월 전에 Regulated Agent가 항공기 화물 공간을 확보하고, 두 번째 단계에서는 출발 며칠 전에 할당된 공간을 확인하며 불필요한 공간을 반환하거나 필요성을 재확인한다. 이 과정에서 정보 지연이나 오류는 전체 공급망의 위험 요소로 작용할 수 있으며, 특히 잘못된 정보는 테러 시도와 같은 불법 방해 행위로 이어질 위험이 있다.

화물의 분류와 통합 과정에서는 화물운송업체가 다양한 고객으로부터 소량의 화물을 수집해 통합 창고로 운송하고, 목적지와 특성에 따라 분류하며 포장 및 라벨링을 수행한다. 분류된 화물은 동일한 항공기로 운송될 수 있도록 더 큰 컨테이너나 팔레트로 통합되며, 화물의 크기와 유형에 따라 최적화된 후 항공사에 전달되어 항공화물운송장을 발급받는다. 결과적으로 Regulated Agent는 화물접수, 검색, 보관, 분류, 포장, 탑재 등 다양한 서비스를 제공하는 원스톱 서비스를 통해 화주의 편의를 도모하며, 이러한 포괄적이고 복잡한 업무 특성상 항공화물운송의 성공은 Regulated Agcnt의 능력과 효율성에 달려 있다고 할 수 있다.

4) 효과적인 파트너십: Regulated Agent와 상용화주의 협력 체계

Regulated Agent와 상용화주는 항공보안당국의 지속적인 감독과 위험 평가를 기반으로 공급망 보안체계 내에서 상호보완적으로 운영되며 실효성을 확보하고 있다. Regulated Agent는 화물의 보안통제를 주도적으로 수행하는 주체이고, 상용화주는 화물보안프로그램을 통해 보안을 확보했다고 인정받은 화주로서 역할과 책임의 한계를 명확히 구분한다.

FAQ

Q Regulated Agent와 상용화주가 협력할 때의 주요 이점은 무엇인가요?

A 두 주체가 효과적으로 협력하면 중복 검사를 줄여 시간과 비용을 절약할 수 있고, 상호감시를 통해 보안수준이 향상되며, 정보공유로 인해 위험에 더 효과적으로 대응할 수 있습니다.

Q 두 주체 간 정보공유 시 주의해야 할 점은 무엇인가요?

A 정보의 정확성과 적시성이 중요하며, 보안정보의 기밀성을 유지하고, 권한이 없는 사람에게 민감한 정보가 노출되지 않도록 주의해야 합니다.

그러나 우리나라 「항공보안법」에서는 국제민간항공협약 Annex 17 및 ICAO Doc. 8973이 명확히 구분하고 있는 Regulated Agent와 상용화주의 개념을 혼용한 상용화주 제도를 도입하고 있어 ICAO가 제시하는 기준과 차이를 보이고 있다. 이와 함께 상용화주 제도를 단독으로 운영함으로써 두 주체 간의 상호보완적 연계성을 통한 공급망 보안관리의 중요성을 충분히 반영하지 못하고 있으며, 이는 공급망 내 각 주체 간 협력 부족으로 이어져 항공화물 보안체계의 효율성과 신뢰성을 저하할 우려가 있다.

ICAO는 상용화주와 Regulated Agent의 역할을 명확히 구분하여 제시한다. 상용화주는 자체적으로 보안을 확보한 화물을 제공하는 주체이며, Regulated Agent는 이러한 화물을 관리하고 최종적으로 항공기에 탑재하기 위한 보안통제를 수행한다. 따라서 효과적인 항공화물 보안을 위해서는 Regulated Agent와 상용화주 간의 명확한 역할 구분과 긴밀한 협력이 필요하며, 이를 통해 공급망 내 각 주체가 자신의 역할을 충실히 수행하면서 상호 보완적인 관계를 유지하여 전체 보안수준을 높일 수 있다.

2. 보안의 균형: 공급망보안 주체별 역할분담과 협력체계

항공화물 공급망 전반에서 조화롭고 공통으로 합의된 보안통제는 항공화물이 적절한 보안조치를 거쳤음을 보증하는 데 필수적이며, 공급망보안을 통해 화물의 이동을 쉽게 하고 효과적으로 화물보안을 확보하는 중요한 요소로 작용한다.

이러한 공급망보안을 실현하기 위해서는 직원의 신원조사, 보안교육, 출입통제 및 감독활동과 같은 다양한 보안조치가 필요하며, 이를 통해 화물이 안전하게 이동할 수 있는 보안표준을 마련해야 한다. 특히 이 보안표준은 항공운송사업자와 화물운송 관련 업체를 포함한 모든 공급망보안 주체들의 역할과 책임을 기반으로 한 위험분석을 통해 구체적으로 수립될 필요가 있다.

화물보안 조치의 효율성과 무결성을 보장하고 해당 국가의 공급망보안 인프라를 안정적으로 유지하는 다양한 요인들은 국가별 공급망보안의 이행 속도와 범위를 결정하는 데 중요한 역할을 하고 있다. 이와 관련하여 화물 정보의 정확성을 확인하기 위해 무작위 표본검색을 할 경우, 공급망보안 주체들이 보안조치된 화물을 훼손할 가능성을 예방하는 것이 매우 중요하다. 결과적으로 공급망보안은 공급망 관련 당사자 간의 책임공유와 보안통제 적용을 통해 공항운영에 대한 부담을 줄이는 효과를 제공한다.

(1) 맞춤형 보안 설계: 공급망 유형별 프로세스와 운영 체계

항공화물 공급망에서 원하는 수준의 화물보안을 확보하려면 유형별로 효율적인 공급망 보안시스템을 구축해야 실효성을 확보할 수 있으며, 보안조치가 완료된 화물이 공급망을 통해 운송될 때 화물정보만으로 간소화된 통관절차의 혜택을 누릴 수 있다.

주요 용어 정리

- **국가화물보안프로그램(NCSP):** 항공화물 보안을 위한 국가 차원의 종합적인 프로그램으로, 각 국가의 항공보안당국이 수립 · 시행
- **통제화물:** 보안검색 및 기타 보안조치가 완료되어 항공기 탑재가 승인된 화물

공급망 내 주체 간의 운송은 무단 간섭으로부터 화물을 보호하기 위해 국가화물보안프로그램과 공급망 보안프로그램의 자격요건에 부합하는 인가된 대리인에 의해 이루어져야 한다. 이 과정에서 운송 중 적절히 보호되지 않은 화물은 공급망보안을 벗어난 화물로 간주하며, 항공기에 탑재하기 전에 반드시 검색을 통해 보안을 확보하는 절차를 명확히 마련할 필요가 있다.

공급망보안을 통한 항공화물 운송절차는 세 가지 유형으로 정리할 수 있다. 첫째, 상용화주 화물 운송 유형에서는 상용화주의 화물이 보안조치가 완료된 상태에서 Regulated Agent를 통해 항공운송사업자에게 인계되며,

때에 따라 보안조치가 완료된 상용화주의 화물이 바로 항공운송사업자에게 전달되어 항공기에 탑재되기도 한다.

둘째, Regulated Agent를 통한 비상용화주 화물 처리 유형에서는 비상용화주의 화물이 보안이 확보되지 않은 상태로 취급되며, Regulated Agent의 보안검색을 거쳐 보안이 확보된 후 항공운송사업자에게 인계된다.

셋째, 항공운송사업자에 의한 비상용화주 화물 처리 유형에서는 Non-Regulated Agent에 의해 운송된 화물을 화물터미널에서 항공운송사업자가 직접 보안검색을 한 뒤 항공기에 탑재한다.

각 유형은 화물의 성격, 출발지, 목적지 그리고 관련 주체의 역량과 자원에 따라 선택될 수 있으며, 궁극적인 목표는 항공기와 승객의 안전을 보장하면서도 화물 운송의 효율성을 유지하는 것이다.

FAQ

Q 화물유형에 따라 서로 다른 보안프로세스가 적용되나요?

A 화물의 성격(예: 일반화물, 위험물, 귀중품 등), 크기, 출발지와 목적지 그리고 관련 주체(상용화주 vs 비상용화주)에 따라 서로 다른 보안프로세스가 적용됩니다.

Q 국가마다 화물보안 요구사항이 다른데, 국제운송 시 이를 어떻게 조정하나요?

A 국제 항공화물 운송 시에는 일반적으로 가장 엄격한 기준을 적용합니다. 또한 많은 국가가 '상호인정 협약'을 통해 서로의 보안조치를 인정함으로써 중복검사를 방지하고 효율성을 높이고 있습니다.

(2) 글로벌 표준의 나침반: ICAO가 제시하는 공급망보안 운영 모델

ICAO는 체약국들의 항공화물 보안규정 정의를 위한 일반적 규칙을 제시하고, 표준과 권고되는 방식(SARPs) 준수 평가를 위한 보안평가 프로그램(USAP)을 운영하고 있다. 하지만 ICAO가 채택한 규칙은 구속력과 효과적인 집행력이 부족해 실효성에 한계를 보인다.

이러한 ICAO의 제약으로 인해 미국과 같은 국가들은 제3국 출발 항공편에 대해 일방적으로 강화된 화물보안 조치를 적용하게 된다. 이는 ICAO 표준 준수에 대한 신뢰 부족이나 ICAO 표준만으로는 충분한 보안 확보가 어

렵다는 인식에서 비롯되고 있다.

한편, 공급망보안 표준은 주로 항공운송사업자를 중심으로 운영되며 제한된 내부통제만이 존재한다. 여러 기관이 공급망보안 참가자들을 인증하거나 감사할 수 있지만, 실제로는 항공운송사업자만이 공급망 내에서 표준과 현장 모범 관행을 부과하는 광범위한 프로그램을 시행하고 있다. 최근 규제 변경으로 회원국 항공보안당국이 보안통제 인증과 시행을 담당하게 되었으나, 지상조업체들은 여전히 항공운송사업자와 밀접한 관계를 유지하며 항공화물 보안에서 핵심적인 역할을 수행한다.

이와 연결하여 항공보안당국은 교통부나 민간항공국과 같은 기관으로서 국가 차원의 ICAO 표준과 권고되는 방식(SARPs) 이행을 담당한다. 이들은 국제적 의무 준수와 동시에 국가 정보 평가기관의 위협평가를 바탕으로 알려진 보안 위협과 취약점을 고려해 항공화물 공급망의 위험을 효과적으로 관리하기 위한 정책과 규정을 설계하고 있다.

1) 세계 표준 시나리오: ICAO 공급망보안 지침과 운영 모델

공급망보안은 공급망 내 이해관계자 간의 책임 공유와 보안검색 및 통제 적용을 통해 공항 운영 부담을 줄이는 역할을 담당한다. 화물이 한 주체에서 다른 주체로 안전하게 이동하는 과정에서 항공화물 공급망의 단계마다 적절한 보안통제가 이루어지며, 이는 항공기 탑재 시점까지 비인가된 방해행위로부터 화물을 보호한다는 것을 의미한다.

실제 운영에서 항공화물 공급망의 화물은 공인화물보안대행기관 또는 상용화주 범주 중 하나에 속하며, 비인가된 간섭으로부터 지속적으로 보호되는 경우에만 항공운송이 허용된다. ICAO는 이러한 항공화물 공급망을 통한 운송 시나리오를 제시하여 화물의 안전한 이동 경로와 단계별 보안책임을 명확히 하고 있으며, 출발지에서 목적지까지 전 과정의 보안 유지를 위한 구체적 지침을 제공하고 있다.

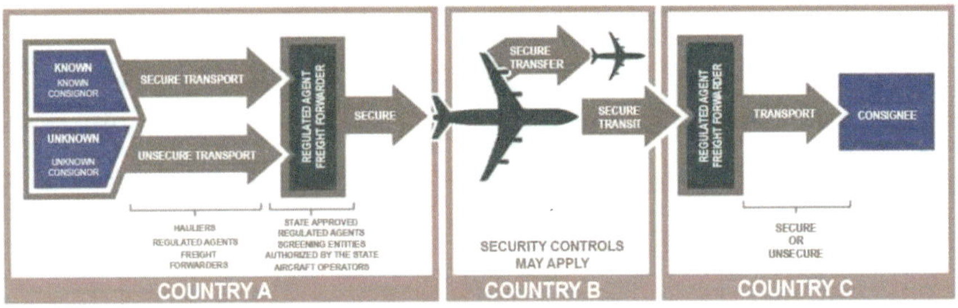

〈항공화물 공급망을 통한 운송 시나리오〉

2) 실무의 나침반: 공급망보안 주체별 운영 매뉴얼과 현장 적용

ICAO는 공급망보안을 통한 화물이동의 유형별 시나리오를 제시하여 다양한 상황에서의 항공화물 보안 프로세스를 명확히 하고 있다. 이 시나리오는 화물의 출처(상용화주 vs 비상용화주), 처리 주체(Regulated Agent vs Non-Regulated Agent) 그리고 단계에서 필요한 보안조치를 상세히 설명하여 현장에서 실제로 적용할 수 있는 지침을 제공한다.

ICAO가 제시하는 항공화물 공급망보안 주체별 운영 시나리오는 다음과 같은 세 가지 주요 유형으로 구분된다.

1. 시나리오 1: 상용화주의 보안이 확보된 화물이 Regulated Agent를 통해 항공운송사업자에게 전달되는 경우
2. 시나리오 2: 비상용화주의 화물이 Regulated Agent에 의해 보안검색을 받고 항공운송사업자에게 전달되는 경우
3. 시나리오 3: 비상용화주의 화물이 Non-Regulated Agent를 통해 항공운송사업자에게 전달되고, 항공운송사업자가 보안검색을 수행하는 경우

이러한 시나리오 체계는 각 상황에 맞는 보안절차와 책임을 명확히 함으로써, ICAO 표준에 부합하는 항공화물 보안을 효과적으로 구현할 수 있도록 한다.

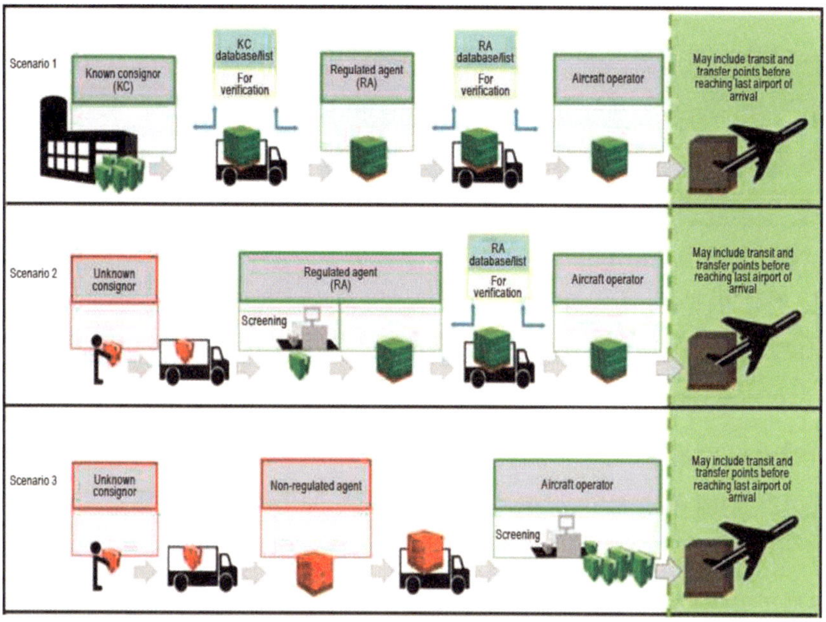

〈공급망보안을 통한 화물이동의 유형별 시나리오〉

가. 안전한 출발: 상용화주 화물의 보안 여정과 관리체계

시나리오 1에서는 상용화주의 화물이 보안이 확보된 상태로 인증받아 공인화물보안대행기관을 통해 운송되며 항공운송사업자에게 인계된다. 이 과정에서 화물은 마지막 도착지에 도달하기 전 경유지나 환적지를 거칠 수 있으며, 때에 따라 상용화주의 보안이 확보된 화물이 바로 항공운송사업자에게 전달되기도 한다.

이러한 운영 방식은 상용화주 제도를 도입할 때도 보안이 확보된 화물의 운송과 공급망 내 주체 간의 상호 감시 및 상호보완적 관계 강화를 위해 국내 공급망보안체계 내 공인화물보안대행기관 도입이 필요함을 보여준다.

구체적인 운영 과정을 살펴보면, 상용화주는 항공보안당국의 승인을 받은 보안프로그램을 통해 화물의 보안을 확보하는 것에서 시작한다. 상용화주는 화물의 안전성 보장을 위해 필요한 조건을 충족하고, 이를 기반으로 화물이 보안이 확보된 상태임을 인증받는다. 이렇게 보안이 인증된 화물은 공인화물보안대행기관에 의해 운송되며, 공인화물보안대행기관은 안전한 운송을 위해 필요한 모든 보안조치를 이행하고 있다.

최종적으로 운송된 화물은 항공운송사업자에게 인계되며, 항공운송사업자는 인계받은 화물이 이미 적절한 보안조치를 거쳤음을 확인한다. 이러한 과정은 상용화주가 제공하는 보안이 공급망 내에서 신뢰할 수 있는 수준임을 전제로 하며, 각 단계에서 보안이 유지됨으로써 항공기에 안전하게 탑재될 수 있도록 하는 데 목적이 있다.

나. 검증의 관문: 공인화물보안대행기관의 비상용화주 화물처리와 보안관리

시나리오 2에서는 비상용화주의 화물이 보안이 미확보된 상태로 취급되며, 공인화물보안대행기관의 보안검색을 거쳐 보안이 확보된 후 항공운송사업자에게 인계된다. 이 과정에서 공인화물보안대행기관은 화물 보안검색을 수행하기 위해 항공보안 장비, 보안검색요원, 보안통제시설 등을 갖추고 있어야 한다.

구체적인 절차를 살펴보면, 비상용화주의 화물은 먼저 보안이 확보되지 않은 상태로 공인화물보안대행기관에 제출되는 것으로 시작된다. 항공보안당국의 승인을 받은 공인화물보안대행기관은 화물의 보안 확보를 위한 모든 필요한 검색을 수행하며, 이 과정에서 X-ray 검색, 폭발물흔적탐지장비(ETD), 손으로 하는 물리적 검색, 개봉 검색 등의 방법이 사용될 수 있다.

보안검색이 완료되면 화물은 보안이 확보된 상태로 인증받으며, 이 시점에서 화물보안신고서(CSD)가 발행되어 화물의 보안상태를 공식적으로 인증한다. 이후 보안이 확보된 화물은 항공운송사업자에게 인계되며, 항공운송사업자는 적절한 보안조치를 거친 화물임을 확인하고 이를 바탕으로 항공기에 탑재할 수 있게 된다.

한편, 우리나라는 항공보안법에 따라 상용화주에게도 보안검색요원, 항공보안장비 및 시설을 갖추도록 규정하고 있다. 이는 ICAO 표준에서 제시한 Regulated Agent의 역할까지 상용화주에게 요구하는 것으로 해석되며, ICAO 표준과의 일관성 측면에서 재검토가 필요한 것으로 보인다.

다. 마지막 보안장치: 화물터미널의 최종 보안검색과 승인 절차

시나리오 3에서는 비상용화주의 보안이 미확보된 화물이 비공인화물보안대행기관에 의해 운송된 후 화물터미널에서 항공운송사업자가 직접 보안검색을 한 뒤 항공기에 탑재된다. 이는 화물터미널을 중심으로 운영되는 화물

보안체계를 보여주는 사례로, 화물터미널에서 항공운송사업자가 엑스선 보안검색장비를 이용해 100% 보안검색을 한 후 항공기에 탑재하고 있다.

그러나 이러한 운영 방식은 상용화주 제도 활성화에 제약 요인으로 작용하고 있다. 상용화주 제도를 도입하여 운영 중임에도 불구하고 대부분의 화물이 공항 화물터미널에 도착한 후 항공운송사업자에 의해 다시 보안검색을 받게 되면서, 상용화주가 제공할 수 있는 신속성과 이점이 상쇄되어 상용화주 제도가 활성화될 기회를 제한하는 결과를 초래하고 있다.

구체적인 절차를 살펴보면, 비공인화물보안대행기관이 운송하는 화물은 보안이 확보되지 않은 상태로 취급되어 공항의 화물터미널에 도착한 후 항공운송사업자가 직접 보안검색을 수행하게 된다. 화물이 화물터미널에 도착하면 항공운송사업자는 엑스선 보안검색장비와 같은 첨단 보안장비를 활용하여 100% 보안검색을 하며, 이 과정에서 X-ray 검색, 폭발물흔적탐지장비(ETD) 검색, 물리적 검색, 서류 확인, 화주 정보 검증 등의 방법이 포함될 수 있다.

(3) 균형의 설계: 주체별 보안비용 분담의 체계적 접근법

공급망보안의 시행은 그 효과가 분명하지만, 화물보안조치 실행에 드는 비용은 정부와 화물운송업계 모두에게 상당한 부담으로 작용한다. 이러한 보안비용은 공급망보안의 주체들이 공정하게 분담해야 하며, 이를 위해 상호 협력적인 운영이 필요하다. 이는 테러공격으로 인한 인명과 재산 손실이 예측 불가능할 정도로 막대한 경제적 · 사회적 영향을 미칠 수 있기 때문이다.

이러한 보안비용 문제를 해결하기 위해 주요국들은 관련 당사자들에게 화물보안수수료를 부과하고 있다. 이 수수료는 항공운송사업자의 여객에게 부과되는 여객보안 수수료와 유사하며, 항공운송사업자나 화물운송관련업체가 직접 부담하는 형태를 취하지만 실제로는 최종 화물운송서비스 사용자에게 전가되는 구조로 되어 있다. 그러나 이러한 수수료가 특정 국가에서만 부과될 때 배송비 증가로 인해 해당 항공화물서비스를 이용하는 제조업체와 화주의 경쟁력에 부정적인 영향을 미칠 위험이 있다.

현장 인사이트

"보안비용은 결국 누군가가 지급해야 합니다. 핵심은 이 비용을 가장 효율적으로 분담하는 방법을 찾는 것입니다. 너무 큰 비용이 특정 주체에게 집중되면 서비스 품질이 떨어지거나 가격이 상승하게 되고, 이는 결국 전체 산업의 경쟁력 약화로 이어집니다. 균형 잡힌 비용분담 모델은 보안과 효율성 사이의 최적 지점을 찾는 데 필수적입니다."

– 에어○○ 인천국제공항 화물보안담당자

이를 고려할 때 효과적인 보안비용 분담 방식으로는 여러 모델이 제시된다. 정부가 기본 인프라와 규제체계를 제공하고 민간부문이 운영비용을 부담하는 정부-민간 파트너십 모델, 보안위험이 큰 화물에 더 높은 비용을 부과하는 위험기반 분담 모델, 공급망의 단계마다 책임 범위에 따라 비용을 분담하는 단계별 비용 분담 모델이 있다. 또한 높은 보안 수준을 유지하는 기업에 세금혜택이나 보조금을 제공하는 보안투자 인센티브 시스템과 국제적으로 통일된 보안 수수료 체계를 구축하여 특정 국가의 경쟁력 약화를 방지하는 표준화된 국제 수수료 구조 등이 제안되고 있다.

결론적으로 공급망보안을 효과적으로 운영하기 위해서는 공정한 비용분담 체계와 명확한 법적 규정이 필요하며, 이를 통해 공급망 내 모든 주체가 협력하여 안전하고 효율적인 항공화물 보안을 유지할 수 있다. 또한 국제적인 협력과 표준화된 접근법을 통해 전 세계적으로 일관된 보안 수준을 확보하는 것이 중요하다.

3. 두 축의 비교: 공인화물보안대행기관과 상용화주 운영방식의 심층 분석

주요 국가들은 ICAO의 공인화물보안대행기관(Regulated Agent)과 상용화주를 통합 운영하여 공급망보안 주체 간 사전 화물정보 공유로 중복 검증을 줄이고, 상호감시를 통한 보안통제 강화에 중점을 두고 있다.

이러한 운영의 핵심인 공급망보안 주체 간 상호인증 시스템은 양방향 인증을 기반으로 각 주체가 서로의 신원을 확인하고 신뢰를 구축한다. 각 주체는 인증서 발급을 통해 신원을 증명하고 항공보안당국이 정한 보안 요구사항을 충족해야 한다. 이 시스템은 단순한 신원확인을 넘어 지속적인 감시와 협력을 포함하며, 모든 거래와 인증과정을 기록하여 추적할 수 있도록 투명성을 확보하고 있다.

이와 관련하여 공인화물보안대행기관과 상용화주에 대한 보안검색 기준을 살펴보면, 주요 국가들은 공급망보안을 통해 화물 이동 전 과정에서 보안을 확보함으로써 보안검색을 면제하는 체계를 운영한다. 반면 우리나라는 모든 화물에 대해 100% 보안검색을 하는 독특한 특징을 가진다.

이러한 차이는 공항 화물터미널의 보호구역 지정, 항공보안감독관 수, 보안프로그램 활성화 수준, 화물량 등 다양한 요소와 화물 제조시설에서 공항까지 이동 경로의 보안 확보 수준 차이에서 비롯된다. 따라서 효과적인 항공화물 공급망보안을 위해서는 공인화물보안대행기관과 상용화주 제도의 균형 있는 통합과 각 국가 물류 환경에 맞는 보안체계 개선이 필요하다.

Chapter

3

국제항공화물보안 표준체계와 실무적용: ICAO 및 주요 규제기관 분석

Chapter 3

국제항공화물보안 표준체계와 실무적용: ICAO 및 주요 규제기관 분석

항공화물은 글로벌 경제를 움직이는 핵심 동력이다. 그 이면에는 점점 지능화되는 보안 위협에 맞서는 든든한 안전망이 자리하며, 국제민간항공기구(ICAO)가 전 세계 체약국들과 손잡고 효과적인 항공화물 보안표준을 만들어가는 중심축 역할을 하고 있다.

이러한 역할의 핵심은 표준과 권고되는 방식(SARPs)을 공식화하고 채택하는 것이다. ICAO는 화물보안 위협을 줄이고 예측 가능성을 높이기 위한 일관된 보안표준 시행의 필요성을 강조한다. 또한 위험기반 접근법을 활용해 항공화물보안표준을 지속적으로 개선하며, 회원국 간 공통 보안표준과의 연계성을 확인하고 있다. 아울러 화물운송업계의 요구를 반영하여 관련 표준을 지속적으로 검토하고 수정해 나간다.

Ⅰ. 하늘길의 보안 설계도: ICAO의 항공화물 보안 국제표준

국제항공화물보안의 효과적인 규제환경 구축에는 실효성 있는 입법, 합리적인 규제기관 그리고 항공화물 산업 내 보안 규정 준수 문화라는 세 가지 핵심 요소가 필요하다. 국제민간항공협약 Annex 17은 모든 체약국이 항공보안당국을 설치하여 위험평가 기반의 보안조치를 시행하고 감독하도록 명확히 규정한다.

이를 바탕으로 항공보안당국은 국가민간항공보안프로그램(NCASP)을 통해 자국의 항공화물 위협 수준을 검토하고 프로그램 요소를 조정하며, ICAO의 화물 보안표준에 따라 관련 정보를 관리하고 보호한다.

주요 용어 정리

- **NCASP(국가민간항공보안프로그램):** 수준관리절차에 따라 불법방해행위에 대한 예방적 보안 및 대응조치를 마련하고, 공항보안프로그램(ASP)과 항공사보안프로그램(OSP)의 마련을 위한 규정을 제공한다.
- **ASP(공항보안프로그램):** 각 공항에서 시행되는 보안조치와 절차를 상세히 기술한 프로그램
- **OSP(항공사보안프로그램):** 항공사가 운영하는 항공기와 항공사 보안과 관련된 보안프로그램

국제 항공화물 보안기준은 국제민간항공기구(ICAO)와 세계관세기구(WCO)가 협력하여 구축하고 있다. ICAO는 Annex 17을 통해 모든 화물이 항공기에 실리기 전 물리적 검색을 받거나 보안이 확보된 공급망에서 발송되도록 요구한다. 특히 고위험화물에는 강화된 보안조치를 적용하되, 위험기반 접근법을 도입해 저위험화물의 신속한 운송과 고위험화물의 철저한 관리를 동시에 실현하는 유연한 체계를 제공한다.

WCO는 SAFE Framework로 국제무역 공급망보안을 강화하며, 공인경제운영자(AEO) 제도를 통해 인증받은 기업에 신속한 통관처리 등의 실질적 혜택을 준다. 두 기구는 긴밀한 협력으로 국가별로 다른 보안기준 때문에 생기는 중복문제를 해결하고, 상호인정 시스템을 구축해 글로벌 공급망에서 화물이동의 효율성과 보안을 함께 높여 나간다.

1. 하나의 표준, 세계의 연결: ICAO의 항공화물보안 공통표준 접근방식

ICAO의 항공화물보안 공통표준은 단순한 규제를 넘어 실질적인 가치를 창출한다. 개별국가의 화물보안조치에, 확실성과 일관성을 부여하고, 보안

인력과 자원의 불필요한 중복을 막는다. 동시에 국가 항공보안당국 간 화물 보안정보와 모범사례를 공유하여 위험관리 및 사고대응 역량을 높인다.

더 나아가 ICAO는 화물보안의 핵심이 바로 사람이라는 점을 명확히 인식한다. 화물보안에 중요한 결정을 내리는 운영자들의 역량이 곧 보안수준을 좌우하므로 수준관리와 교육훈련 분야의 국제협력을 적극 권장한다. 특히 인바운드 항공화물의 경우 출발국가가 수행한 보안검색 및 절차에 의존할 수밖에 없으므로, 국제적으로 합의된 공통표준은 화물운송의 상호보안확보에 이바지하는 동시에 정부와 화물운송업계 모두의 보안비용을 절감하는 효과를 준다.

이처럼 항공화물공급망 내 모든 당사자는 상호의존적 관계에 있다. 만약 공통보안표준이 없다면 보안조치를 성실히 실행하는 업체가 오히려 경쟁에서 불리해지는 왜곡이 발생한다. 이를 방지하려면 공급망의 모든 관련 당사자에게 적용되는 국제적 공통표준이 필수다.

그러나 현실적으로 항공화물 보안규정은 운송시간에 영향을 미칠 수밖에 없다. 따라서 적절히 조정된 화물보안체계를 도입하되 화물 흐름을 과도하게 방해하지 않는 균형점을 찾아야 한다. 시간에 민감한 항공화물산업의 특성을 고려하여 공급망 전반에서 더 효과적인 보안을 제공할 방법을 지속적으로 모색하는 것이 중요하다.

2. 항공보안의 글로벌 청사진: Annex 17 표준과 권고되는 방식 (SARPs)

국제민간항공협약 Annex의 표준과 권고되는 방식(SARPs)은 정기적인 개정을 통해 높은 수준의 국제적 일관성을 유지한다. 특히 Annex 17은 '불법방해행위로부터 국제 민간항공을 보호하는 것'을 목표로 항공보안의 핵심 표준을 다룬다.

구체적으로 Annex 17에 따라 각 국가는 상업용 항공기 탑재 전 화물에 대한 보안검색을 포함한 적절한 보안통제를 적용해야 한다. 동시에 Regulated Agent 및 상용화주 승인을 포함하는 공급망보안절차를 체계적으로 마련하도록 규정한다. 특히 고위험화물에는 강화된 보안조치를 적용하며, 이러한 보안통제는 항공보안당국이 승인한 공급망보안 주체를 통해 공식적으로 확인되고 조정된다.

한편, ICAO는 '보안성 확보 화물'을 명확히 정의한다. 적절한 보안통제를 받은 상용화주나 Regulated Agent로부터 접수된 화물과 보안검색을 거친 화물이 여기에 해당한다. 결국 Annex 17의 핵심 원칙은 모든 화물이 항공기 탑재 전 적절한 보안통제를 받아야 하며, 모든 보안성 확보 화물은 불법방해행위로부터 철저히 보호되어야 한다는 것이다.

3. 보안의 지침서: 「Aviation Security Manual」(Doc. 8973)의 핵심 내용

이러한 원칙들을 실무에서 구현할 수 있도록 ICAO는 회원국의 SARPs 이행을 지원하는 「Aviation Security Manual」을 마련하고 지속적으로 검토·수정한다. 이 매뉴얼에는 Annex 17의 SARPs와 관련해 항목별로 구체적인 화물보안 조치 기준과 공급망보안을 위한 항공화물 보안프로그램의 목표 및 내용이 담겨있다.

주목할 점은 ICAO가 이 매뉴얼을 회원국 항공보안당국에만 제공한다는 것이다. 매뉴얼은 항공화물의 보안검색, 접근통제, 공급망보안 분야를 다루며, 불법방해행위 방지를 위한 항공화물 보안의 핵심으로 여겨진다.

세부적으로는 공급망보안 프로세스, 고위험화물, Regulated Agent, 상용화주, 화물보안신고서(CSD) 등과 관련된 구체적 기준을 제시한다. 동시에 위험평가와 위험기반 검색을 효과적으로 수행할 수 있는 시스템과 규정도 반영하여 현장에서 바로 활용할 수 있도록 돕는다.

(1) 공급망 전체의 안전 설계: 공급망보안조치의 구체적 적용기준 및 방법론

ICAO의 「Aviation Security Manual」은 항공화물운송에 상용화주와 Regulated Agent 제도를 활용하여 공급망보안통제의 효율성을 높임으로써 화물터미널에서의 검색 혼잡으로 인한 화물지연을 감소시키고 보안비용을 줄이는 효과를 강조한다.

실제 운영에서 Regulated Agent는 화물에 대한 적절한 보안통제를 하고, 보안조치된 화물을 공항에서 항공운송사업자에게 인계하기 전까지 불법방해행위로부터 보호한다. 항공운송사업자는 화물터미널 보호구역 내 보관된 화물을 지키고, 항공기 탑재 전 모든 화물이 적절한 보안등급을 갖추었는지 확인한다. 동시에 항공기에 실리는 모든 화물이 상용화주 직원이 운송했는지, 유효한 화물보안신고서가 있는지, 비인가자의 불법방해행위 흔적이 없는지 등을 꼼꼼히 점검한다.

한편, 보안성 확보 화물일지라도 내용물과 서류 일치 여부를 확인하기 위한 무작위검사를 한다. 검사 비율은 위협등급에 따라 달라지며, 내용물과 서류가 맞지 않으면 해당 화물은 보안성 미확보 화물로 취급되어 재검색을 받는다.

환적화물의 경우 좀 더 복잡하다. 제3국에서 도착해 타국으로 가는 화물은 환적지점에서 불법방해행위로부터 보호될 때 검색을 생략할 수 있다. 하지만 외국에서 육상이나 해상으로 도착한 환적화물이 출발지나 중간과정의 보안통제 여부를 확인할 수 없다면, 보안성 미확보 화물로 분류되어 반드시 검색을 받도록 규정한다.

(2) 안전의 청사진: 항공화물보안프로그램의 설계 및 이행지침

ICAO 「Aviation Security Manual」의 항공화물보안프로그램은 항공화물 공급망 전 구간에서 화물이 상용화주 또는 Regulated Agent로부터 접수되었는지를 확인함으로써 불법방해행위로부터 화물을 보호한다. 동시에 항공보안당국의 감독활동을 통해 화물보안 인프라의 강도를 점검하여 화물보안을 강화하는 동시에 화물지연으로 인한 공항 화물터미널의 병목현상을 예방한다.

구체적으로 항공화물보안프로그램은 세 가지 핵심 목표를 추구한다. 테러리스트의 대량파괴무기 항공운송 방지, 화물보안 확보를 위한 화주 사전승인 강화 그리고 위험관리기법 적용이다.

이를 달성하기 위해 각국의 항공화물보안프로그램에는 필수 요소들이 포함되어야 한다. Regulated Agent와 상용화주에 대한 철저하고 객관적인 승인 프로그램, 화물 취급 및 검색 관련 직원과 공급망보안 주체를 위한 체계적 교육훈련, 화물에 적용될 명확한 보안통제 기준이 그것이다. 또한 공급망보안시스템 내 모든 관련 당사자가 공유하고 정기적으로 업데이트하는 상용화주 및 Regulated Agent 데이터베이스와 공급망보안 전체의 효과적인 보안통제를 보장하기 위한 체계적 보안감독 및 수준관리 활동도 필수다.

결국 공급망보안을 감독할 권한을 가진 정부는 항공화물보안프로그램을 통해 공급망 주체들에 대한 명확한 보안통제기준을 마련하고, 이를 토대로 실효성 있는 감독체계를 구축해야 한다.

4. 글로벌 항공화물보안의 중심축: 표준 이행에서 ICAO의 역할

이러한 프로그램의 실행력을 담보하기 위해 ICAO는 Annex 17의 SARPs와 「Aviation Security Manual」을 기반으로 항공보안평가(USAP)를 시행한다. 공통 보안표준의 시행을 촉진하는 국제적 접근방식을 통해 각국의 항공보안당국이 보안규정을 준수하고 공급망 내 보안 수준을 유지하도록 지원하는 것이다.

하지만 현실적으로 ICAO의 화물보안 규제제도는 사전 예방보다 사후 대응에 초점이 맞춰져 있어 실효성이 부족하다. 이에 따라 국가별로 독립적인 화물보안조치가 시행되면서 보안통제의 일관성이 저해되고 효율적인 보안관리가 어려워진다.

이를 극복하기 위해서는 회원국 간 국제협력 강화와 공통 보안표준의 통일적 시행이 필수적이다. 특히 ICAO는 위험기반 접근법을 도입해 고위험화물에 추가 보안조치를 적용하는 동시에 저위험화물의 원활한 흐름을 보장하려 노력한다.

결국 각국은 ICAO의 국제기준에 따라 Regulated Agent와 상용화주 승인 절차를 체계적으로 도입하고 데이터베이스를 구축하여 공급망보안을 강화해야 한다. ICAO의 집행력 한계를 극복하고 국제적 공통표준을 효과적으로 시행하려면 회원국 간 긴밀한 협력과 조정이 무엇보다 중요하며, 이를 통해 항공화물 보안체계의 효율성과 신뢰성을 함께 높일 수 있다.

(1) 조율과 견제 사이: 공통보안표준 시행에서 ICAO의 기능 및 한계

이러한 문제의 근본 원인을 살펴보면 ICAO의 제도적 특성에서 찾을 수 있다. ICAO는 항공화물 운송을 위한 공통 보안 표준과 화물 보안조치의 시행을 평가하는 역할과 제도적 권한을 가진다. 회원국들이 화물 보안규정을 채택할 때 따라야 할 일반적인 규칙을 정하고, 항공보안평가(USAP)를 시행하여 규칙 준수를 평가한다. 또한 화물보안 확보를 위해 공통 보안표준을 기반으로 한 회원국 간 국제 협력과 정보 교환의 중요성을 강조한다.

그런데 문제는 ICAO가 항공화물이 직면한 잠재적 위험과 위협에 적절히 대응할 능력이 부족하다는 점이다. 모든 이해관계자가 수용할 수 있는 화물

보안 규제제도를 만들지 못하는 한계도 있다. 더욱이 국제연합 전문기구로서 효과적인 집행력을 갖추지 못해 공통 보안표준이 개별 국가에 제대로 적용되지 않는 문제가 드러난다.

이런 상황에서 미국과 EU 같은 일부 국가들은 제3국에서 출발하는 항공편에 대해 독자적인 추가 보안조치를 요구하고 있다. 이는 화물보안 규제에, 복잡성과 불확실성을 더한다. 개별국가의 추가 보안조치는 ICAO의 화물보안체계에 대한 신뢰 부족에서 비롯되었지만, 동시에 ICAO의 업무역량을 더 약화시키는 악순환을 만든다.

결국 ICAO가 이런 문제를 극복하기 위해서는 회원국 간 협력을 강화하고, 다양한 규제기관 간 조정과 조화를 이루는 노력이 절실하다. 공급망보안을 위한 국제적 기준과 절차를 통일적으로 적용함으로써 효율적이고 신뢰할 수 있는 화물보안체계를 구축하는 것이 여전히 중요한 과제로 남아 있다.

1) 보안과 효율 사이의 균형: 공통보안표준절차 개발 및 권고

화물보안은 외부위협과 여객보안에 중점을 둔 기존 관행의 영향을 받고 있다. 이에 따라 화물 특성에 맞는 보안규정과 절차의 세밀한 조정이 필수적이며, ICAO는 항공화물 공급망과 보안검색을 위한 공통 보안표준 마련에 지속적으로 노력하고 있다.

이를 위해서는 두 가지 핵심 전제조건이 충족되어야 한다. 각국 항공보안당국의 충분한 역량과 보안자원 확보 그리고 회원국들의 다양한 보안요구를 수용하면서도 중복규제를 제거할 수 있는 ICAO의 절차 채택능력이다.

하지만 현실적으로 개별국가의 독자적 보안조치는 화물운송의 초국가적 위협에 효과적으로 대응하기에 한계가 있다. 이러한 조치들은 부분적 보안강화에는 기여할 수 있으나, 상호 호환되지 않는 중복 요구사항으로 인해 관련 당사자들에게 과도한 비용부담을 초래한다. 이러한 문제를 해결하기 위해 ICAO와 회원국들은 국제협력을 강화하고 통일된 공통기준을 통해 효율적이고 비용효과적인 화물보안체계를 구축해야 한다.

2) 규범과 현실 사이의 간극: ICAO 규제력의 한계와 국가별 보안제도 조화

ICAO는 SARPs 준수를 강제할 수 없고 회원국 간 효과적인 화물정보 교환을 촉진하는 능력이 부족하다. 이러한 한계로 인해 미국과 EU는 높은 보

안위협에 직면했다고 판단하여 자국 영토 밖에서도 적용되는 독자적 보안 제도를 시행하고 있다. 개별국가 간 보안수준 차이와 ICAO 공통 보안표준에 대한 신뢰 부족이 제3국 출발 항공편에 대한 일방적 화물보안 규칙 적용을 초래한 것이다.

이에 따라 미국은 자국행 항공화물의 보안강화를 위해 제3국 출발공항에서 별도 보안조치를 요구하며, EU 역시 독자적 보안제도를 채택했다. 이러한 조치들은 ICAO 권한 밖에서 이루어지는 국제적 접근방식으로, 전 세계 통일된 공통 보안표준을 통한 해결책에서 벗어나는 결과를 가져오고 있다.

현재 ICAO의 역할은 사전 예방적 접근보다는 사후 대응 중심의 제도운영에 머물러 화물보안 확보에 한계를 드러낸다. 특히 느린 의사결정 과정은 새로운 위협에 신속한 대응을 어렵게 하며, 투자능력과 보안위협 인식이 다른 국가들 간 화물보안 절차 차이를 심화시킨다.

결과적으로 개별국가의 추가 보안조치는 ICAO 공통 보안표준 합의를 어렵게 만들고 의사결정을 더 지연시킨다. 이는 국가 간 정보교환 의지를 약화시키고 다양한 화물보안 규제제도의 공존을 야기하여 항공운송사업자의 규정준수 비용을 증가시키는 악순환을 반복한다.

(2) 일관성과 신뢰의 가치: 화물보안 관련 국제표준의 일관된 적용 필요성

ICAO는 여객기와 화물기로 운송되는 화물을 구분하지 않고, 모든 상업용 항공기에 동일한 보안통제를 적용하도록 보장한다. 이를 위해 항공화물의 공통 보안표준 충족을 위한 세 가지 기준을 제시하고 있다.

첫째는 상업용 항공기 탑재 전 모든 화물의 100% 검색이다. 둘째는 충분한 보안절차를 갖춘 주체를 위한 상용화주 프로그램 마련이며, 셋째는 Regulated Agent나 상용화주의 화물이 아닌 보안 미확보 화물에 대한 대체 보안절차 적용이다.

이에 따라 각국은 상업용 항공기로 운송되는 모든 화물에 대해 탑재 전 폭발물 탐지 검색을 수행하거나, 공급망 전반에 걸친 적절한 보안통제를 통해 은폐된 폭발물 유입을 사전 예방하는 절차를 마련하고 시행해야 한다. 이러한 조치는 국제항공화물운송의 안전성과 효율성을 동시에 확보하기 위한 필수 단계로 간주되고 있다.

실무자를 위한 체크포인트: ICAO 공통표준 적용을 위한 단계별 점검사항

- 최신 Annex 17 개정사항을 확인하고 조직 내 공유했는가?
- Regulated Agent 또는 상용화주 인증 요건이 충족되는지 정기적으로 점검하는가?
- 화물접수 시 보안성 확보 여부를 체계적으로 검증하는 절차가 있는가?
- 보안성 확보 화물의 무결성 유지를 위한 물리적 보호조치가 적절한가?
- 고위험화물에 대한 추가 보안조치 절차가 명확히 수립되어 있는가?
- 직원들이 불법방해행위 식별 및 대응에 관한 교육을 정기적으로 받는가?

1) 국경을 초월한 안전망: 회원국 간 협력체계 구축의 중요성

ICAO는 항공화물 보안강화를 위해 회원국 간 공동 노력과 정보기관 및 항공보안당국 간 긴밀한 협력체계의 중요성을 강조한다. 신종 화물테러에 대비한 국제협력체계 강화를 통해 항공화물 운송은 합리적 가격으로 신속하고 안전한 서비스를 제공하며 괄목할 만한 성장을 이루고 있다.

이러한 협력체계의 기반이 되는 국제민간항공협약 Annex 17은 항공화물의 보안검색, 접근통제, 물리적 보안에 대한 궁극적 책임이 공항 소재 국가에 있음을 명확히 규정한다. ICAO SARPs 이행은 전적으로 각 국가의 책임이며, 조화로운 화물보안 조치 실행을 위해서는 국가 간 국제협력이 필수적이다.

그러나 ICAO는 불법방해행위 방지를 위한 위험기반 접근법을 도입했음에도 불구하고, 사전 예방적 접근보다 사후 대응 중심의 제도 운영으로 인해 화물보안 확보에 한계를 보이고 있다. 이로 인해 일부 국가들이 독자적 추가 보안조치를 시행하면서 ICAO 공통 보안표준의 일관성을 저해할 가능성이 있다. 따라서 국제협력 강화, 회원국 간 정보교환 촉진, 통일된 보안표준의 효과적 적용을 통한 근본적 해결이 필요하다.

2) 신뢰의 척도: 항공보안평가(USAP)를 통한 이행평가

ICAO는 항공화물을 불법방해행위로부터 보호하기 위해 각 국가에 보안통제 채택과 시행 책임을 부여하고 있다. 이를 위해 항공보안평가(USAP)를 통해 회원국들의 화물보안 활동을 감시하고 평가하는 체계를 운영한다. 항공보안평가는 각국이 적절한 국가민간항공보안프로그램(NCASP)을 마련하고 시행할 수 있는 보안 역량을 검증하며, 공항 점검을 통해 화물 보안 조치의 실제 이행 상황을 평가하고 있다.

특히 ICAO는 평가 결과를 통해 회원국들의 적절한 화물보안 절차 수행 여부를 명확히 드러낸다. 평가 결과는 회원국 간 투명성과 상호신뢰 증진을 위해 제한된 웹사이트를 통해 모든 ICAO 회원국이 확인할 수 있도록 공개된다.

실무 팁: 항공보안평가(USAP)의 핵심 평가 영역

- 항공보안 법규 및 규정의 적절성
- 국가민간항공보안프로그램(NCASP) 및 조직 구조
- 공항, 항공사, 화물 관련 보안통제 조치
- 항공보안 인력의 교육 및 인증
- 보안사고 대응 및 위기관리 능력
- 수준관리 및 감독 메커니즘
- 국제협력 및 정보공유 체계

이처럼 항공보안평가는 다른 회원국에서 출발하는 항공편과 화물보안조치의 이행 여부를 평가하는 데 중요한 역할을 하며, 이를 통해 국제항공화물운송의 보안을 강화하고 국가 간 협력과 신뢰를 기반으로 한 효율적인 보안체계를 구축할 수 있다.

토론주제

항공보안평가(USAP)가 실질적으로 각 국가의 보안수준을 향상시키는데 효과적인가? 평가 결과에 따른 개선 권고사항이 실제로 이행되는지 그리고 이를 강제할 수 있는 메커니즘은 무엇인지 논의해보자.

3) 보안과 원활한 화물 흐름의 양립: IATA의 항공보안과 간소화의 균형

국제항공운송협회(IATA)는 항공보안과 운송 간소화의 균형을 추구하기 위해 다섯 가지 핵심 요소로 구성된 포괄적인 항공보안 전략을 수립했다. 첫 번째 요소인 위협기반 위험관리 접근법에서는 항공운송사업자를 위한 항공보안관리시스템(SeMS)을 제안하고 있다. SeMS는 IATA 운영안전감사(IOSA) 등록의 필수 요소로 포함되며, 최근의 보안 위협에 효과적으로 대응

하고 비효율적이며 비용이 많이 드는 일방적인 보안조치를 지양한다.

나머지 네 가지 요소는 다음과 같다. 규제제도의 구체화는 각국 정부와 항공 당국, 산업계 간 협력 강화와 상호인정 촉진에 중점을 둔다. 관계관리는 불필요한 보안 및 간소화 규정으로 인한 비용절감에 중요한 역할을 하며, 혁신과 기술은 기술 표준의 조화를 강조하고 첨단 기술을 활용한 항공보안 강화를 포함한다. 마지막으로 비용과 효율성은 항공운송업계와 승객에게 부과되는 요금과 정책이 공정하면서 동시에 보안에 기여할 수 있도록 하는 것을 목표로 한다.

주요 용어 정리

- **항공보안관리시스템(SeMS, Security Management System)**: 조직의 보안수준을 체계적으로 관리·개선하기 위한 통합적 관리체계로 항공기 테러 등 불법방해행위로부터 승객, 항공기, 공항시설을 보호하기 위해 체계적이고 효과적인 보안관리를 목표로 한다. SeMS는 위험기반 접근법을 강조하며, 데이터 수집과 보안문화 정착, 자발적 보고제도 활성화 등이 주요 운영 원칙이다. Annex 17, Doc. 8973, IATA SeMS Manual에 근거해 교육훈련, 조직구성, 변화관리, 우발계획 수립 등이 포함된다.
- **IATA 운영안전감사(IOSA, IATA Operational Safety Audit)**: 항공사의 안전운항과 품질보증 체계를 국제적으로 표준화된 방식으로 점검·인증하는 제도이다. 2년마다 갱신되는 이 인증은 항공사 신뢰도와 국제 경쟁력의 중요한 척도로, 항공업계의 안전문화 정착과 글로벌 표준 준수의 핵심이다.

IATA의 표준과 절차는 주로 여객운송에 초점을 맞추고 있지만, SeMS와 IOSA 등록은 항공운송사업자 전반에 걸쳐 우수한 절차를 확산시킬 중요한 기회를 제공한다. IOSA는 항공운송사업자의 운영관리와 통제시스템을 평가하는 국제적으로 인정된 프로그램으로, IATA는 이 프로그램에 보안 관련 관리절차를 통합함으로써 보안조치가 품질 감사 프로그램의 일부가 되도록 하고 있다.

결론: 글로벌 항공화물보안의 미래 과제와 전망

항공화물보안 국제표준 체계는 지속적으로 진화하고 있으며, 새로운 위협에 효과적으로 대응하기 위해 끊임없이 개선되고 있다. ICAO는 공통 보안표준의 중요성을 강조하면서도, 위험기반 접근법을 통해 유연성을 확보하고자 노력한다. 그러나 ICAO의 규제력 한계와 각국의 상이한 보안 요구사항으로 인해 통일된 국제표준의 효과적인 이행에는 여전히 많은 과제가 남아있다.

이러한 현실 속에서 항공화물보안의 미래는 네 가지 핵심 방향으로 발전할 것으로 전망된다. 첫째, 기술혁신을 통한 보안 효율성 증대다. 인공지능(AI), 빅데이터 분석, 자동화된 검색기술 등의 발전은 보안수준을 높이면서도 화물흐름의 지연을 최소화할 것이다. 이러한 기술적 진보는 인력 의존도를 줄이고 검색 정확도를 향상시켜 전반적인 보안체계의 신뢰성을 높이는 데 기여할 것으로 예상된다.

둘째, 국제협력과 정보공유의 강화다. 보안위협의 초국가적 성격을 고려할 때, 회원국 간 더욱 긴밀한 협력과 정보교환이 필수적이다. 실시간 위협정보 공유 플랫폼 구축과 공동 대응체계 마련을 통해 국제항공화물 보안의 사각지대를 최소화해야 한다.

셋째, 공급망 전체의 통합적 보안 접근법 확대다. 화물의 출발지부터 최종 목적지까지 전 과정에서 일관된 보안통제를 적용하는 것이 중요하다. 이는 단순히 공항 내 보안검색을 강화하는 차원을 넘어, 화물 생산단계부터 최종 소비자 전달까지 모든 과정을 아우르는 포괄적 보안체계를 의미한다.

넷째, 교육과 인식 제고의 지속적 강화다. 보안기술과 장비의 발전도 중요하지만, 이를 운영하는 인력의 전문성과 보안 의식이 더욱 중요하다. 정기적인 교육훈련과 함께 보안문화 정착을 위한 지속적인 노력이 필요하다.

미래의 항공화물보안은 보안과 효율성 사이의 적정점을 유지하면서, 전 세계적으로 조화된 접근방식을 통해 더욱 강화될 것이다. 이를 위해서는 ICAO의 리더십 강화, 회원국 간 협력 증진 그리고 공급망 전반에 걸친 모든 이해관계자의 적극적인 참여가 필수적이다. 항공화물보안은 단순한 규제 준수의 문제가 아니라, 글로벌 공급망의 지속가능한 발전과 안전을 위한 공동의 책임인 것이다.

II. 위험과 균형의 예술: 위험기반 항공화물 보안 접근법

1. 위험평가의 과학과 예술: 항공화물 보안 전략의 새로운 패러다임

항공화물 산업은 세계 경제를 순환시키는 핵심 동맥이지만, 유가변동, 정부정책 변화, 국제 분쟁, 환경재해 같은 다양한 위험 요소에 직면하고 있다.

세계화 심화와 정보기술 발전, 환경문제 대두로 항공화물 산업은 그 어느 때보다 복잡한 위험 환경에 놓여 있다.

이러한 상황에서 위험기반 접근법은 단순한 방법론이 아니라 항공화물 보안의 패러다임을 바꾸는 철학이다. 이 접근법은 ICAO와 WCO가 공동으로 추진하는 SAFE Framework의 핵심 요소로서, 고위험화물에 대한 집중적 관리와 저위험화물의 효율적 처리를 통해 보안성과 물류 효율성의 균형을 추구한다.

현장 인사이트

"항공화물 보안에서 가장 큰 실수는 모든 화물을 동일한 위험군으로 간주하는 것입니다. 위험기반 접근법은 유한한 보안자원을 효과적으로 배분하는 데 필수적이죠."

- ICAO 항공보안교관

2016년 민간항공보안에 관한 UN 안전보장이사회 결의 2309호는 각국이 보안위협에 대응하는 탐지능력을 극대화하기 위해 위험기반의 보안조치를 도입할 것을 강조했다. 이에 따라 각국은 ICAO의 항공화물보안 공통표준에 따른 위험분석을 기반으로 화물보안 확보 절차를 마련하고 위험기반 보안체계를 채택하고 있다. 이러한 접근방식은 고위험화물에 강화된 보안통제를 적용하여 한정된 보안자원을 효율적으로 사용할 수 있는 유연성을 제공한다.

Annex 17(Aviation Security)

- 2.2 각 체약국은 관계 국가당국이 수행한 보안위험평가를 기반으로, 국내 운항에 대해서도 실행 가능한 범위 내에서 불법방해행위로부터 보호하기 위한 보안대책이 적용되도록 보장해야 한다.
- 3.1.3 각 체약국은 자국 영토 내 민간항공에 대한 위협수준을 지속적으로 검토해야 하며, 관련 국가당국이 수행한 보안 위험평가를 기반으로, 국가 민간항공보안프로그램의 관련 요소를 조정할 수 있도록 정책 및 절차를 수립하고 시행해야 한다.

항공보안에서 위험(risk)이란 불법방해행위가 특정 목표물을 대상으로, 성공적으로 이루어질 가능성을 의미하며, 이는 세 가지 핵심 요소로 구성된다.

- **위협(threat)**: 불법방해행위가 시도될 발생 가능성으로, 공격자의 의도(intention)와 역량(capability)을 기준으로 산정
- **파급력(consequence)**: 불법방해행위 발생 시 예측되는 최악의 상태
- **취약성(vulnerability)**: 불법방해행위가 성공할 수 있었던 시스템 및 자원의 불충분함 또는 그러한 속성을 의미하며 사전에 완화조치(mitigation) 가능

미국 국토안보부(DHS)는 "위험을 결정하는 첫 번째 요소는 실제 위협이다"라고 표현하고 있다. 위험은 완전히 제거할 수는 없지만, 위협평가, 취약성 평가 및 중요도 평가를 통해 위험을 식별하고 감소시킬 수 있다.

주요 용어 정리

- **위험기반 접근법(Risk-based Approach)**: 제한된 보안자원을 위험 수준에 따라 차등 배분하여 효율성과 보안성을 동시에 추구하는 전략
- **위험관리(Risk Management)**: 위험을 식별 · 분석 · 소통하고, 보안조치의 비용과 효과를 고려하여 위험을 용인할 수 있는 수준으로 통제하기 위한 과정

항공화물이 테러리스트의 표적이 되기 쉬운 근본적인 취약성은 대부분의 보안대책이 현재의 위협이나 파급력에만 집중하며, 테러 시도의 가능성에 대한 선제적 해결책을 명확하게 다루지 않는 점에 있다. 따라서 효율적이고 지속가능한 보안대책을 마련하여 모든 위협에 적절히 대응하는 것이 무엇보다 중요하다.

(1) 보안 효율성 제고를 위한 전수검색과 위험기반 접근법 비교

위험기반 화물보안시스템은 위험평가를 통해 보안성이 확보된 화물에는 인센티브를 제공하고, 고위험화물에는 보안통제를 집중하는 방식으로 운영된다. 이는 공급망 내 모든 요소가 동일한 위험수준을 나타내지 않는다는 현실을 반영한 접근법이다.

반면 항공화물의 100% 보안검색은 이러한 위험수준의 차이를 무시하여 보안자원의 비효율적 사용을 초래한다. TSA는 100% 보안검색을 시행할 때 팔레트를 해체하고 개별 화물을 검색한 후 재조립하는 과정으로 인해 일일 화물량의 4%만 처리 가능할 것으로 추정했다. 이는 항공운송사업자와 화물운송업계에 상당한 경제적 부담을 가중시키는 결과를 초래하고 있다.

이제는 단순히 보안검색 장비를 늘리는 방식보다 위험분석을 기반으로 한 전략적 접근이 필요한 시점이다. 보안효과와 비용 효율성을 종합적으로 고려할 때, 위험 수준에 따라 차등화된 관리 프로그램을 도입하는 것이 더 효과적이다. 고위험 화물에는 CT 스캐너나 폭발물 탐지견을 활용한 집중적인 보안검색을, 중위험 화물에는 X-레이 검색과 무작위 추가 검사 등 표준 보안검색을, 저위험 화물에는 문서 검증과 선별적 검사 등 간소화된 절차를 적용한다.

이러한 접근법은 불필요한 중복 보안검색을 줄이는 동시에 실제 위협에 대응하는 능력을 강화하며, 최종적으로는 보안비용 대비 효과를 최적화하면서도 화물흐름의 효율성을 유지하는 것을 목표로 한다.

(2) 위험평가의 실전 가이드: 효과성 검증과 현장 적용 노하우

100% 화물검색 방식과 위험기반 접근법의 가장 큰 차이점은 보안자원의 할당 방식에 있다. 위험기반 접근법은 화주, 지역, 항공기 유형별 위험을 평가하여 고위험화물에 보안통제를 집중함으로써 제한된 보안자원을 효율적으로 활용한다.

이러한 접근법은 항공화물운송의 속도를 저해하지 않으면서도 보안을 강화할 수 있으며, 송하인, 수하인, 화물정보 분석을 기반으로 고위험화물을 식별하여 강화된 보안통제를 적용하는 한편, 저위험화물에는 보안통제를 유연하게 적용할 수 있다.

테러는 보안의 취약성을 이용해 화물보안시스템에 침투하므로, 위험기반 접근법을 기반으로 한 보안대책은 테러의 발생가능성과 실제 발생했을 때 미칠 영향의 균형을 적절한 감독활동을 통해 효과적으로 조정해야 한다. 이를 위해 항공보안당국은 위험정보를 기반으로 하는 불시평가를 수행하는 등 화물보안의 취약성을 개선하기 위한 보안조치를 적극적으로 시행할 필요가 있다.

위험기반 접근법의 효과성은 고위험화물에 대한 집중 검색으로 위험물 탐지 정확도가 증가하고, 화물 처리 시간 및 지연이 감소하며, 보안비용 대비 보안수준이 향상되고, 위협 환경변화에 대한 대응 속도와 적응성이 개선되는 것으로 평가할 수 있다.

위험기반 접근법은 항공화물 보안체계를 유연성과 효율성의 균형 위에 재설계하는 전략적 프레임워크로 작용한다. 이 접근법의 핵심은 ICAO와 WCO의 국제표준에 기반하여 고위험화물에 대한 집중적 관리와 저위험화물의 신속통관을 동시에 구현하는 데 있다. 미국 CBP의 상용화주 프로그램이나 EU의 AEO 제도는 신뢰도가 검증된 기업의 화물에 대해 검색절차를 간소화하지만, 의심스러운 화물에는 강화된 검색프로토콜을 적용하는 이원화 시스템을 운영하고 있다.

공급망보안의 구조적 개선 측면에서 이 접근법은 화주, 항공사, 화물운송업체 등 공급망 주체 간 상호 감시체계를 구축함으로써 금지물품 유통을 사전 차단한다. ICAO Doc. 8973은 시설보안, 인원보안, 교육훈련 등 핵심요소를 제시하며, 세관과 보안당국 간 상호인정 프로세스를 통해 중복 검사와 행정적 부담을 해소하고 있다.

보안자원의 전략적 재배분 측면에서는 기술혁신을 촉진한다. 기존 2D 엑스선 장비에서 CT급 영상분석 시스템으로의 전환은 AI 기반 자동탐지 기술과 결합해 보안검색요원의 판독 오류를 줄이며, 미국의 항공화물 정보 사전전송 요구는 위험평가 기법을 고도화하여 테러위협에 선제적으로 대응하는 기반을 마련하고 있다.

위험기반 접근법의 지속가능성 확보를 위해서는 항공보안당국과 세관 간 공급망 보안프로그램 조정, 민간기업의 AEO 인증 확대, 사이버보안 위협에 대한 선제적 대응체계 마련이 병행되어야 한다. 궁극적으로 이 접근법은 단순한 위험 감소를 넘어, 글로벌 물류 네트워크의 회복탄력성을 높이는 인프라로 진화하고 있다.

토론주제

위험기반 접근법에서 '프로파일링'과 '차별'의 경계는 어디인가?
특정 출발지, 화주, 화물 유형에 대한 위험평가가 불공정한 처우(차별)로 이어질 가능성은 없는가?

2. 항공화물 공급망의 위험 지도 그리기: 평가 방법론과 실무자 기법

공급망보안의 위험평가는 항공화물공급망의 잠재적 위험과 그러한 위험이 피해를 유발할 가능성을 식별하는 체계적인 프로세스다. 위험 원인 분석을 통해 위험의 가능성과 결과를 예측하고 이러한 위험을 처리하는 방법에 관한 결정을 내리는 데 목적이 있다.

항공화물공급망의 위험은 내부위험과 외부위험으로 분류할 수 있다. 내부위험에는 화물보안의 취약성, 항공운송사업자 간 과당경쟁, 내부자에 의한 보안 위협, 프로세스 및 절차상의 허점이 포함된다. 외부위험에는 테러 및 불법방해행위, 자연재해 및 기상 조건, 국제 정치적 갈등, 규제 환경의 변화가 있다. 위험의 전이성은 위험이 정보, 사회, 조직 및 사람 관계를 통해 확산할 수 있음을 의미한다.

효과적인 위험평가를 위한 체계적 방법론은 위험 식별, 원인-결과 분석, 위험 평가, 위험 특성화의 단계로 구성된다. 위험분석 및 완화 주기는 위험 식별, 평가, 완화계획 수립, 계획 이행 그리고 명확한 의사소통이라는 다섯 가지 주요 요소로 구성되며, 100% 항공화물 보안검색 프로토콜보다는 제한된 자원을 효과적으로 활용하기 위한 지능형 위험기반 프로세스를 채택해야 한다.

이러한 위험기반 접근법은 위험요소를 체계적으로 검측하고 분석할 방법을 제공한다. 이를 통해 제한된 보안자원을 효과적으로 배분하고 대응조치의 우선순위를 정하는 근거를 마련할 수 있으며, ICAO 표준과 권고되는 방식을 준수하는 기반을 제공하고 있다.

항공운송 산업은 자본 집약적, 노동 집약적, 기술 집약적인 산업으로 다양한 종류의 위험과 불확실성이 존재한다. 항공화물 공급망에서 공급업체에서 최종 사용자까지의 전체 운송프로세스 중단은 전체 공급망에 위험을 초래할 수 있으며, 정보 흐름, 현금 흐름, 물리적 상품 흐름을 포함하는 하나의 작은 공급망으로 볼 수 있다.

실제 위험평가 실행에서는 AI 데이터 분석이나 시나리오 기반 모델링 같은 방법으로 위험요소를 분류하고 우선순위를 정한 후, 이해관계자들의 상충하는 목표를 조율하기 위한 프레임워크를 구축해야 한다. 공급망 다각화는 기업이 위험을 최소화하기 위해 하나 이상의 모델을 공급망에 통합하는 사전 예방적 접근 방식으로, 공급망 가시성 솔루션을 도입하여 실시간 상황

확인과 선제적 조치가 가능한 효율적이고 가시성 높은 물류 환경을 구축하는 것이 중요하다.

3. 위험의 연결고리 끊기: 항공화물 공급망 보안 설계의 핵심 원칙

항공화물의 테러시도에 대비한 전 세계 항공보안당국의 단편적이고 즉각적인 대응은 정부와 화물운송업계 사이에 지속적인 마찰을 야기했으며, 비효율적인 보안절차로 인해 사후 대응적인 보안조치 위주의 취약한 항공화물 공급망보안 프로세스가 형성되었다. 미국 교통보안청(TSA)은 화물을 발송하는 단계에서부터 보안조치를 하는 것이 항공기 탑재 직전에 화물검색을 하는 것보다 효과적이라고 지적한다.

이러한 맥락에서 위험기반 공급망보안의 설계 원칙은 다층 방어, 취약점 최소화, 조기 감지와 대응, 적응성, 통합적 접근을 포함한다. 다층 방어는 공급망 전 단계에 걸쳐 다층적인 보안통제를 구축하는 것이며, 취약점 최소화는 공급망의 가장 약한 연결고리를 식별하고 강화하는 것이다. 또한 변화하는 위협 환경에 맞게 보안통제를 지속적으로 조정하고, 물리적 보안, 정보보안, 인적 보안을 통합적으로 관리하는 것이 중요하다.

현장 인사이트

"공급망보안의 핵심은 '연속성'입니다. 한 지점에서의 보안 실패가 전체 시스템을 무력화할 수 있기 때문에, 모든 단계에서 일관된 보안수준을 유지하는 것이 중요합니다."

– ICAO 항공보안평가관(Auditor)

위험기반 정보공유시스템은 화물의 위험 및 위협정보를 항공화물 공급망보안 주체들이 서로 신속하게 공유함으로써 고위험화물과 저위험화물을 빠르게 분리하는 것을 목표로 한다. 핵심 전략으로는 표준화된 보안 프로토콜 적용, AEO 같은 인증 제도를 통한 검증된 기업 활용, 보안기술과 물류기술의 통합, 국가 간 보안표준 및 정보공유를 통한 글로벌 공급망보안 강화가 있다.

그러나 현재 항공화물 공급망보안 시스템에는 몇 가지 문제점이 존재한다. 표면적으로는 모든 주체가 일련의 통제를 적용하는 것처럼 보이지만,

실제로는 공급망 주체 간에 정보공유에 대한 의무감이나 관심이 부족하여 후속 공급망 주체에게 위험에 대한 정보를 전달하는 프로세스가 미흡한 실정이다. 이러한 문제의 근본 원인은 화물에 대한 보안책임이 명확히 규정되지 않았다는 점에 있다.

이를 해결하기 위해서는 각 공급망 주체의 보안책임을 명확히 정의하고 문서로 만들어 공유함으로써 명확한 책임체계를 수립해야 한다. 또한 안전하고 효율적인 정보공유를 위해 통합 플랫폼을 개발하여 모든 주체가 실시간으로 정보를 교환할 수 있는 환경을 구축하고, 정기적인 교육프로그램과 인센티브 제도를 도입하여 정보공유 참여를 촉진해야 한다.

이러한 다각적 접근을 통해 화물보안 정보의 투명성과 신뢰도를 확보할 경우, 테러위험 감소와 함께 물류지연 최소화, 관세절차 간소화 등 운영 효율성 향상 효과가 기대되며, 이는 궁극적으로 항공화물 산업의 글로벌 경쟁력 강화로 이어질 것이다.

4. 위험관리의 열쇠를 쥔 주체들: 공급망 참여자별 역할과 책임

항공화물 공급망의 위험관리는 제조업체에서 최종 사용자까지의 화물운송프로세스의 연속적인 운영을 강조한다. 중단은 항공화물 공급망에 위험을 초래하므로, 공급망 위험관리는 보안 취약성은 줄이고 연속성을 보장하는 것을 목표로 지속적인 위험평가를 기반으로 일상적인 위험과 예외적인 위험을 모두 관리하는 전략을 시행하고 있다.

항공화물 공급망 위험의 결과는 관련 이해관계자에 따라 다르게 나타나기 때문에, 위험을 식별하기 전에 주체별 프로세스를 명확하게 할 필요가 있다. 주요 이해관계자는 크게 세 그룹으로 나눌 수 있다. 핵심 주체에는 항공운송사업자, 화물운송업체, 고객이 포함되고, 지원 참여자에는 은행, 공항 운영자, 정부 기관, 석유 공급업체, 보험사, 컨설팅 기관이 있으며, 규제 주체에는 ICAO, IATA, 국가 항공보안당국, WCO가 있다. 이들 간의 목표, 이해관계, 동기의 차이는 잠재적 위험을 일으키는 불확실성 요소로 작용한다.

항공화물 공급망에서 가장 중요한 작업은 항공기의 화물탑재 용량을 확보하는 과정이다. 이 과정은 두 단계로 나뉘어 진행되는데, 첫 번째 단계에서는 실제 출발 6~12개월 전에 화물운송업체가 항공기의 화물 공간에 입찰을 진행하여 "할당용량"을 확보하고, 두 번째 단계에서는 실제 출발 며칠 전에 화물운송업체가 자신에게 할당된 공간을 확인하며 필요하지 않은 공간을 반환하거나 전체 할당용량의 필요성을 재검토한다.

이 과정에서 실제 상품운송이 정보흐름에 의해 결정되는 것을 알 수 있다. 따라서 지연되거나 잘못된 정보는 전체 공급망에 위험을 초래할 수 있으며, 화물정보는 세관, 화물운송업체, 항공운송사업자, 정부 등 모든 관련 이해관계자가 공유해야 한다. 비대칭적인 정보나 정보지연은 손실과 비효율을 일으키며, 일부 지연되거나 잘못된 정보는 탈세, 밀수, 도덕적 해이, 신용손실 등의 불법적인 결과를 초래할 수 있다.

항공화물 공급망은 정보흐름, 물자흐름, 자본흐름이라는 세 가지 핵심 요소로 구성되며, 이들의 원활한 관리와 조화는 해당 산업의 효율성과 안전성을 좌우하는 결정적 요인으로 작용한다. 항공화물운송은 화물기 이륙 전까지 복잡한 과정을 거치므로 많은 이해관계자의 철저한 준비가 필요하며, 발송인은 화물정보를 화물운송업체에 전달하고, 화물운송업체는 이 정보를 종합하여 항공운송사업자에게 제공하며, 항공운송사업자의 최종 일정은 이렇게 전달받은 화주 및 포워더의 정보를 바탕으로 결정된다.

(1) 항공운송사업자의 위험관리 전략

항공운송사업자는 항공화물 공급망에서 핵심적인 역할을 담당하며, 보안상 의심스러운 화물을 식별하고 거부할 수 있는 권한, 수용한 화물에 대한 적절한 보안검색 시행, 화물 적재 후 항공기의 보안 상태 관리, 비행 중 보안 관련 상황 대처를 위한 승무원 훈련 등의 위험관리 책임을 진다.

항공화물 운송과정은 다층적 단계로 구성되며, 단계마다 상호연계된 복합적 의사결정이 요구된다. 항공운송사업자 운영에서 가장 중요한 네 가지 의사결정 과제는 전체 비용 최소화를 목표로 인력 수요를 정확히 예측하고 고정근무와 유연근무 방식을 전략적으로 조합하는 인력계획 및 일정수립, 작업흐름 최적화를 통한 처리 효율성 극대화를 위한 화물처리 방식결정, 터미널의 제한된 서비스 용량을 고려한 화물배송 시간간격 조정을 위한 트럭도착 관리 그리고 앞선 세 요소를 종합적으로 통제하며 전체 시스템의 균형을 유지하는 터미널운영 최적화다.

이러한 운영의 핵심인 항공기 경로 및 비행일정 계획은 항공기 배치와 승무원 스케줄링, 화물과 항공편의 최적 할당, 출발지-도착지 간 경로 설계 등으로 구성되며, 네트워크 효율성에 직접적 영향을 미친다. 항공기 탑재 과정에서는 화물의 중량과 부피 분포, 컨테이너 위치 선정, 무게중심 조절, ULD 유형 선택, 승객 수하물 공간 확보 등 물리적·운영적 제한을 균형 있게 해결하면서 적재 효율을 극대화하는 것이 핵심 과제다.

한편, 항공운송사업자의 수익관리는 전용 화물기와 여객기 복합 운용 시 용량예측 정확도 향상, 네트워크 용량의 전략적 할당, 동적가격 책정, 초과예약 리스크 관리, 화물 접수/거부 기준 수립, 용량계약 조건 최적화 등을 통합적으로 관리하여 수익성을 극대화한다. 이는 여객 수익관리와 본질적 차이를 지니는데, 특히 화물 유형별 특성을 반영한 용량 추정 기법이 중요하다.

(2) 화물운송업체(포워더)의 위험관리 역할

화물운송업체는 공급망 내에서 연결자 역할을 하며, 여러 화주의 화물을 통합하고 효율적으로 관리하는 화물 통합 및 관리, 화물의 내용물과 화주의 신원을 확인하는 보안 검증, 보안 관련 문서 준비 및 확인, 다양한 국가와 항공사의 보안 요구사항 준수 등의 위험관리 책임을 진다.

이러한 화물운송업체의 항공화물 운영은 여러 복잡한 결정문제를 포함한다. 용량 예약에서는 불확실한 시장수요를 고려하여 장기계약과 동적용량 예약 사이 적절한 용량 할당을 결정해야 하며, 다양한 항공운송사업자와의 관계 관리를 위한 공급전략이 필요하다. 또한 ULD 활용 최적화를 위한 컨테이너 탑재, 화물 유형과 출발/도착지, 화물 밀도 등을 고려한 비용 최소화를 위한 통합전략, 효율적인 육상 운송 계획을 위한 트럭 라우팅 및 스케줄링 등이 주요 운영 과제다.

특히 운송주선인이 제공하는 원스톱 서비스 덕분에 고객은 운송주선인과만 거래하면 되지만, 이에 따라 운송주선인의 업무는 점점 더 복잡해지고 있다. 운송주선인은 화물 주문부터 결제, 탑재, 창고보관, 분류, 출고, 발송, 포장에 이르기까지 다양한 업무를 처리해야 하며, 결국 항공화물 산업의 서비스 품질은 운송주선인의 능력과 효율성에 크게 좌우된다고 볼 수 있다.

(3) 화주(고객)의 역할과 책임

항공화물 산업에서 고객은 항공화물 서비스가 필요한 화주를 의미한다. 화주는 화물 내용물에 대한 정확하고 완전한 정보 제공, 화물이 안전하게 포장되도록 보장하는 포장 보안, 위험물 취급 및 신고 관련 규정 준수, 공급망보안의 중요성에 대한 인식과 참여 등의 보안책임을 가진다.

고객 수요는 경제성장에 민감하게 반응하며, 정보기술 발전과 경제성장에 따라 현재 고객들은 더 빠른 배송시간, 높은 보안, 원스톱 서비스를 요구하고 있다. 대부분은 운송주선인이 지상처리, 통관, 항공운송사업자와의 협상, 배송 등 화주를 대신해 모든 업무를 수행할 수 있다.

그러나 고객에게 양질의 서비스를 제공하기 위해서는 항공화물 산업 내 이해관계자들의 이익과 관계가 적절히 조정되어야 한다. 항공화물터미널은 육상과 항공운송 사이의 중요한 연결고리 역할을 하는데, 최근 국내화물 물동량 성장이 둔화하면서 항공화물 터미널 운영자들은 사업 안정화를 위해 가격 경쟁에 의존하게 되었고, 이에 따라 터미널과 운송주선인, 항공운송사업자 간에 많은 갈등이 발생하고 있다.

(4) 공급망 전체의 통합적 위험관리 접근법

항공화물 공급망의 효과적인 위험관리를 위해서는 개별 주체의 노력을 넘어 통합적인 접근이 필요하다. 이를 위한 핵심 전략으로는 모든 이해관계자가 위험 정보를 실시간으로 공유할 수 있는 정보공유 플랫폼 구축, 공급망 전체의 위험을 종합적으로 평가하는 통합 위험평가 프레임워크 개발, 모든 주체가 참여하는 통합 보안 훈련 및 교육프로그램 시행이 있다. 또한 보안사고 발생 시 모든 이해관계자의 조정된 대응을 위한 계획 수립과 공급망 보안의 효과성을 측정하기 위한 표준화된 지표 개발이 필요하다.

이러한 맥락에서 항공화물 서비스 공급망의 특징 중 하나는 아웃소싱, 통합, 조정, 경쟁 등 복잡한 의사결정 과정을 포함한다는 점이다. 서비스 아웃소싱은 승무원, 네트워크 연결, 시간, 시설용량 등의 제약을 고려해 다양한 서비스 제공자를 선택하는 것으로, 총비용 최소화나 총수익 극대화를 목표로 하고 있다.

결과적으로 공급망 내 이해관계자들의 협력적 위험관리는 중복된 보안절차 감소를 통한 운영 효율성 향상, 보안 사고 감소로 인한 고객 신뢰 증가,

조정된 접근법을 통한 규제 준수 비용 감소, 안전하고 효율적인 공급망을 통한 시장 경쟁력 강화 등의 비즈니스 이점을 제공한다.

FAQ

Q 위험기반 접근법에서 가장 중요한 이해관계자는 누구인가?

A 모든 이해관계자가 중요하지만, 특히 항공운송사업자와 화물운송업체(포워더)는 공급망 내에서 핵심적인 위치를 차지한다. 항공운송사업자는 최종적인 보안책임을 지며, 포워더는 화주와 항공사 사이의 중요한 연결고리 역할을 한다. 효과적인 위험관리를 위해서는 모든 주체 간의 협력과 조정이 필수적이다.

Q 화주가 보안프로세스에 적극적으로 참여해야 하는 이유는 무엇인가?

A 화주는 공급망의 시작점으로, 정확한 화물정보 제공과 적절한 포장은 효과적인 위험평가의 기반이 된다. 화주의 적극적인 참여 없이는 공급망보안 주체들이 아무리 노력해도 완전한 화물보안을 보장할 수 없다.

Q 위험관리에서 항공보안당국의 역할은 무엇인가?

A 항공보안당국은 규제 프레임워크를 제공하고, 국가 간 정보공유를 촉진하며, 보안기준의 이행을 감독한다. 또한 테러와 같은 위협에 대한 정보를 산업계와 공유하는 중요한 역할을 담당한다.

5. 다층 방어의 미학: 항공화물 보안의 전략적 심층 방어체계

2010년 9월과 10월, 알카에다는 항공화물을 표적으로 한 연쇄 테러를 시도했다. 9월 3일 UAE 두바이발 보잉 747 화물기 추락사고와 10월 29일 프린터 토너 카트리지에 위장한 폭발장치 발견 사건이 그것이다. 특히 후자는 미국 상공에서 폭발하도록 정교하게 설계되어 있어 항공업계에 큰 충격을 주었다.

이러한 사제폭발물(IED) 위협에 맞서 국제사회는 대응체계를 강화하고 있다. 비금속 폭발물 탐지를 위한 전신검색대 고도화, 화물 발송처 추적시스템 개선 그리고 국가 간 정보공유 네트워크 구축이 핵심 조치로 시행되었다.

하지만 테러조직들도 이에 대응하여 전술을 진화시키고 있다. 예멘 등 지정학적 취약지역을 발송 거점으로 활용하며 화물처리 프로세스의 허점을 공략하는 방식으로 발전해 나가고 있다. 이는 글로벌 공급망의 복잡성으로 인한 감시 사각지대가 여전히 존재함을 시사하는 중요한 사례다.

(1) 다층 방어체계의 구성요소

항공화물 보안에서 다층 방어체계는 단일 보안조치 실패 시에도 전체 시스템이 붕괴하지 않도록 여러 보안통제 계층을 구축하는 핵심 전략이다. 이 체계는 다섯 가지 보안계층으로 구성되어 상호 보완적 역할을 수행하고 있다.

물리적 보안층은 시설과 화물에 대한 직접적 보호를 담당한다. 보안 펜스, 출입통제, 감시시스템, 화물 검색장비 그리고 보안 씰 등이 첫 번째 방어선을 형성한다. 이와 연계하여 절차적 보안층이 표준화된 프로토콜을 통해 체계적 보안관리를 실현한다. 화물 검증 및 수락 절차, 보안 검색 프로토콜, 의심화물 처리 등이 핵심 요소다.

이러한 물리적 · 절차적 조치를 뒷받침하는 것이 인적 보안층이다. 보안요원의 교육과 인증, 내부자위협 대응, 보안문화 조성을 통해 인적요소의 신뢰성을 확보하고 있다. 나아가 정보 보안층은 화물정보의 무결성과 사이버보안 통제를 담당하며, 최상위 정보기반 보안층에서는 첩보 분석과 행동 패턴 식별을 통한 예측적 위험 평가를 수행한다.

(2) 국제적 보안 프로그램의 다층적 적용

항공화물 보안의 다층 방어체계는 국제적으로 다양한 프로그램을 통해 실현되고 있다. 각국의 규제와 국제기구 표준이 상호 보완하며 글로벌 보안망을 형성하고 있다.

미국의 ACAS(Air Cargo Advanced Screening)는 화물탑재 4시간 전 사전정보를 수집해 자동화된 위험분석으로 고위험화물을 선별한다. 2010년 예멘 프린터 카트리지 테러 미수 이후 강화된 이 제도는 위험기반 접근의 대표적 사례다. 이와 연계하여 EU의 ACC3는 제3국 공항 출발화물에 대한 인증을 의무화하며, EU 기준 미달 공항의 화물은 반입을 제한한다.

세계관세기구(WCO)의 AEO(Authorized Economic Operator) 제도는 신뢰기업에 통관절차 간소화 혜택을 부여하며, 미국과 EU 등은 이를 항공보안 프로그램과 연계 운영하고 있다. ICAO와 WCO가 공동 개발한 SAFE Framework는 화물을 저 · 중 · 고위험으로 분류하는 표준화된 기준을 제공한다.

PLACI(Pre-Loading Advance Cargo Information)는 미국, EU, 캐나다 등이 도입한 사전정보 제출 의무화 제도로, 알고리즘 분석을 통해 테러

위협을 사전 평가한다. 고위험화물은 탑재 전 추가 검증을 거치며, 디지털 추적기술과 결합해 실시간 대응능력을 강화하고 있다.

이러한 체계들은 보안강화와 물류효율성의 균형을 추구하며, 고위험화물 집중관리와 저위험화물 신속처리를 동시에 실현한다. 다만 국가별 다른 위험평가 기준과 기술적 호환성 문제는 지속적인 국제조율이 필요한 과제로 남아있다.

(3) 위험기반 접근법이 항공화물 보안에 미치는 영향

위험기반 접근법은 항공화물 보안의 패러다임을 전환시키며 다방면에 걸쳐 영향을 미치고 있다.

우선 보안 효율성이 크게 강화되었다. 미국 ACAS의 사전 위험분석과 EU ACC3의 차별적 조치를 통해 고위험화물은 집중적으로 관리하고 저위험화물은 신속처리가 가능해졌다. 이러한 효율성 증대는 경제적 편익으로도 이어지고 있다. 재검색 면제와 통관절차 간소화로 운송시간이 단축되어 연료비와 창고관리비가 절감되며, AEO 제도 연계 화물의 통관지연 감소는 글로벌 공급망 안정성 향상에 이바지한다.

제도적 측면에서는 ICAO와 WCO가 위험기반 접근을 통해 국가 간 상호인정 협정을 확대하며, 표준화된 프로그램으로 중복 보안조치를 방지하고 있다. 이와 함께 기술혁신도 촉진되고 있다. 실시간 화물 모니터링과 위변조 방지기술 적용으로 물리적·사이버 보안이 통합관리되며, 알고리즘 기반 위험평가가 실현되고 있다.

농적 위협환경에 대한 대응력도 향상되었다. 글로벌 위협정보 공유체계를 통해 특정국가 보안기준 급변 시 신속 대응이 가능하며, 지속적 위험 재평가로 보안조치를 동적 조정하고 있다.

하지만 정책적 한계도 존재한다. 국가별 기준 차이와 기술 인프라 격차, 상용화주 제도나 AEO 인증기준의 다름이 문제로 대두되고 있으며, 특히 소규모 공항과 개발도상국의 디지털 시스템 도입 자원부족은 국제협력과 기술지원을 통한 해결이 필요한 과제다.

(4) 미국의 위험기반 항공화물 보안검색 프로토콜

TSA와 CBP가 공동 운영하는 항공화물보안 프로토콜은 여객기와 화물기의 운송위험을 사전 평가하는 핵심 체계다. 이를 통해 고위험화물의 항공기 유입을 차단하거나 위협지역 출발화물에 강화된 보안검색을 적용해 조건부 승인하고 있다.

TSA와 CBP는 49 CFR 규정을 기반으로 국내외 화물시설에 대한 지속적 평가와 관리감독을 수행하며, ACAS 프로그램을 통해 위험기반 관리체계를 도입했다. 상용화주 프로그램 확대로 필수 참여체계를 구축하는 동시에 자료수집과 분석역량 강화에 중점을 두고 있다.

현장 인사이트

"미국의 화물보안 프로토콜은 규정준수(compliance)보다 성과(performance) 중심으로 발전하고 있습니다. 단순히 체크리스트를 채우는 것이 아니라, 실제로 위협을 탐지하고 차단할 수 있는 능력을 중시하는 방향으로 바뀌고 있죠."

– 국토교통부 항공보안감독관

이러한 접근법은 EU 규정의 영향으로 더 세분화되었다. 여객기 화물은 100% 보안검색을 전제로 하지만, 화물기 전용 화물은 상용화주 인증과 무작위 검색을 결합한 유연한 기준을 적용한다.

향후 과제는 100% 검색에서 위험도 기반 적응형 접근법으로의 전환이다. 화물보안 표적화 기술과 지능형 검색시스템을 결합해 고위험화물 집중관리와 저위험화물 신속통관을 동시에 보장하는 균형 잡힌 운영체계 구축이 필요하다.

FAQ

Q 미국의 항공화물 보안프로토콜과 EU의 접근법 사이에 주요 차이점은 무엇인가?

A 미국은 더 중앙집중화된 접근법을 취하며 TSA가 주도적 역할을 하지만, EU는 회원국별로 더 많은 자율성을 부여하면서 공통 프레임워크를 제공한다. 미국은 100% 검색 요건을 강조하지만, EU는 상대적으로 위험기반 접근법에 더 중점을 둔다.

6. 데이터가 흐르는 하늘길: 정보공유 인프라의 구축과 활용

항공화물 보안이 사후 대응에서 예방 중심 접근법으로 패러다임이 전환되면서, 정보공유 인프라의 중요성이 주목받고 있다. 이러한 정보공유 시스템은 위험기반 접근법의 핵심 구성요소로서 공급망 전반에 걸쳐 위험정보를 실시간 공유한다. 이를 통해 보안 담당자들의 의사결정 품질을 높이고 한정된 보안 자원을 효과적으로 활용할 수 있게 된다.

(1) 정보공유 인프라의 전략적 중요성

항공화물 산업에서 보안 요구사항과 운영비용이 지속 증가하면서, 위험기반 접근법을 통한 보안 강화 필요성이 주목받고 있다. 특히 미국과 영국 등 높은 위협 수준에 노출된 국가들에서 이러한 요구가 강하게 나타나고 있다.

이에 대응하여 위험기반 항공화물 보안시스템은 잠재적 위협을 체계적으로 평가하고 한정된 자원을 효율적으로 배분하는 데 중점을 둔다. 화주들에게 공급망보안 강화 인센티브를 제공하며, 위험도가 높은 화물을 선별적으로 검색하는 방식으로 운영된다. 각 화물정보는 적용할 보안통제 수준을 결정하는 핵심 기준이 된다.

글로벌 공급망의 보안 확보를 위해서는 국제적 정보공유 체계와 위험기반 프로세스 개발이 필수적이다. 이 접근법은 100% 화물검색과 같은 비현실적 목표를 강요하지 않으면서도 실질적 보안 강화를 달성한다. 공급망 내 각 구성요소가 동일한 위험 수준을 나타내지 않는다는 점을 고려해 자원을 효과적으로 활용할 수 있기 때문이다.

위험기반 시스템의 효과적 확대를 위해서는 위험 평가 정보의 종류와 위험수준 결정 기준이 중요하다. 공급망 내 화물정보 활용, 세관과의 긴밀한 협력, 정보 교환 용이화 조치가 주요 경로로 제시되고 있다. ICAO와 WCO가 강조하듯, 위험기반 접근법은 고위험화물에 대한 추가 보안조치와 저위험화물의 불필요한 지연 방지라는 유연성을 제공하여 글로벌 공급망의 복잡성을 효과적으로 관리하면서 항공화물 보안을 강화할 수 있다.

실무자를 위한 체크포인트: 정보공유 체계 구축

- 화물정보의 정확성과 완전성을 보장하기 위한 검증프로세스가 마련되어 있는가?
- 정보공유 파트너와 명확한 정보교환 프로토콜이 수립되어 있는가?
- 민감한 정보의 보호 및 관리를 위한 보안정책이 마련되어 있는가?

(2) 정보공유시스템 기반 항공화물 보안검색 프로토콜

TSA의 위험기반 정보공유 항공화물 검색프로토콜은 기존 100% 보안검색 프로그램의 기준을 설정하고 확장하기 위해 개발되었다. 이 프로세스는 다층 구조로 설계되어 실제 또는 인지된 위험 수준에 따라 화물을 분류하는 위협기반 보안검색 방법을 활용하고 있다.

이 프로토콜의 핵심은 화물의 물리적 검사 이전에 데이터 기반 절차를 통해 신속한 위험 판단을 수행한다는 점이다. 분류된 각 위협 그룹은 현행 100% 보안검색 의무와 달리 해당 위험 수준에 적합한 물리적 검사만 받게 된다.

계층형 시스템의 주요 목적은 위험 및 위협기반 정보공유 체계를 바탕으로 각 그룹을 유연하게 조정할 수 있도록 하는 것이다. 각 계층은 지역별 특성, 특정 기간의 위협 인식 변화, 화물 유형 관련 위험 요소에 따라 신속한 조정이 가능하며, 필요성이 사라진 계층은 적절히 삭제할 수 있다. 이러한 접근방식은 TSA가 2009년부터 시행하고 있는 강화된 보안검색 요구사항에 맞으며, 효율적이고 유연한 항공화물 보안시스템 구축에 이바지하고 있다.

(3) EU의 위험기반 정보공유 체계

제3국의 항공화물 보안절차에 대해서는 실행방법, 비용부담, 실제 효과 등 여전히 많은 불확실성이 존재한다. 현재 ICAO의 접근방식이 필요한 보안수준 달성에 부족하다는 데 의견이 일치하며, 특히 테러위협을 받고 있다고 인식하는 국가들에서 이러한 우려가 강하게 나타나고 있다.

이에 반해 유럽의 항공화물 보안규제는 위험기반 접근법을 부분적으로 반영하고 있다. 신뢰할 수 있는 상용화주 화물에 대해서는 검색을 면제하지만, 고위험화물에는 강화된 보안통제를 적용하는 차별화된 접근을 취한다. EU Regulation은 회원국들이 위험수준에 따라 더 엄격한 조치를 적용할 수 있게 하고, 화물 전용기에 대한 별도 공급망보안 경로를 허용하며, 특정 국가에 대한 ACC3 인증면제를 할 수 있게 하는 등 다각적인 위험기반 접근법을 구현하고 있다.

위험수준 결정기준과 관련하여 TSA는 발신인, 수취인, 배송 특성 등을 종합 고려한 위험점수 체계를 운영하며, 일부 통합특송업체들도 유사한 기준으로 보안절차를 결정한다. 그러나 EU에서는 위험평가 책임 주체에 대한 논의가 부족한 상황이다. TSA와 같은 전담기관이 존재하지 않으며, 각국 항공보안당국의 능력에 대한 우려도 제기되고 있다. 한편, 산업계에 위험평가를 위임하는 것은 상업적 관계로 인해 보안 절차가 완화될 수 있다는 점에서 적절하지 않을 수 있다는 지적도 있다.

(4) 정보공유의 장벽과 해결 전략

효과적인 정보공유 시스템 구축에는 여러 주요 장벽이 존재한다. 민감한 보안정보와 상업적 기밀 공유에 대한 우려, 데이터 신뢰도 저하, 시스템 간 기술적 호환성 부족이 핵심 문제다. 더불어 국가 간 데이터 공유의 법적 제한과 경쟁사 간 정보공유에 대한 산업계 저항도 중요한 장벽으로 작용하고 있다.

이러한 장벽 극복을 위해서는 우선 정보공유 파트너 간 신뢰관계 구축이 필요하다. 이와 함께 데이터 형식 및 교환 프로토콜의 국제적 표준화를 통한 기술적 호환성 확보와 명확한 법적 기반 마련이 요구된다. 또한 정보공유 참여에 대한 구체적 인센티브 제공과 보안성과 효율성을 동시에 갖춘 플랫폼 개발이 효과적인 전략으로 제시되고 있다.

특히 항공보안 실무 관점에서는 기술적 표준화와 운영절차 표준화 그리고 참여 주체 간 상호 이익을 보장하는 구조적 설계가 핵심이다. 이는 단순한 기술적 문제를 넘어 국제협력과 정책적 조율이 필수적임을 보여준다.

(5) 미래 정보공유 기술의 발전 방향

항공화물 보안을 위한 정보공유 기술은 빠르게 진화하며 다양한 핵심 기술이 주목받고 있다.

블록체인 기술은 화물 이력 추적의 무결성을 보장하고 정보 위변조를 방지하여 신뢰할 수 있는 분산형 플랫폼을 구축한다. 이와 함께 인공지능과 기계학습은 패턴 인식을 통한 이상 징후 탐지와 대량 데이터에서의 위험 요소 식별, 예측적 위험분석 능력을 향상시키고 있다.

빅데이터 분석은 다양한 데이터 소스의 통합 분석과 실시간 의사결정을 지원하며, 상관관계 기반의 새로운 위험 요소 발견을 가능하게 한다. 또한 IoT 및 센서 기술은 화물 상태의 실시간 모니터링과 위치 추적을 통해 비정상적 접근이나 조작을 즉시 감지하고 있다.

그러나 이러한 기술 발전과 함께 새로운 도전과제도 대두되고 있다. 정보공유 시스템 자체의 사이버 보안 위협, 개인정보 침해 우려, 기관 간 기술수준 차이로 인한 불균형 등이 주요 과제다. 무엇보다 첨단 기술의 기존 보안 프로토콜과의 호환성, 운영 인력의 기술 적응 능력, 실제 위협 상황에서의 시스템 안정성 보장이 핵심 과제가 될 것이다.

실무 팁

새로운 정보공유 기술을 도입할 때는 '단계적 구현' 전략을 사용하세요. 전체 시스템을 한 번에 교체하는 대신 핵심 기능부터 시작하여 점진적으로 확장하면 위험을 줄이고 사용자 수용성을 높일 수 있다.

(6) 효과적인 정보공유를 위한 협력 모델

항공화물 보안을 위한 효과적 정보공유는 다층적 협력 모델을 통해 구현된다.

민관 파트너십은 정부와 민간 부문 간 구조화된 협력으로 위협 정보와 모범사례를 상호 교환하며, 공동 위험평가 체계를 구축하고 있다. 이와 연계하여 국제협력 네트워크는 ICAO, WCO 등 국제기구의 조정하에 국가 간 공식 정보공유 채널을 강화하고 지역별-글로벌 체계를 통합하는 방향으로 발전하고 있다.

한편, 산업 내에서는 항공사, 운송주선인, 화주 간 협력 메커니즘과 경쟁사 간 보안 정보공유 문화가 확산하고 있다. 이러한 다층적 협력 체계는 항공화물 보안 강화를 위한 핵심 기반으로 작용한다.

7. 내일의 하늘을 지키는 전략: 위험기반 관리체계의 미래 전망

위험기반 항공화물 보안체계는 지속적으로 진화하며 더 정교하고 효율적인 형태로 발전하고 있다. 여객운송 대비 상대적으로 취약한 화물운송 보안규정 개선을 위해서는 비용-편익 분석을 통한 화물검색 체제 고도화와 국가수준관리 프로그램 내 보안검색 빈도 지표 설정이 필요하다. 특히 AEO 제도와 상용화주 프로그램 간 상호인정 체계 강화를 통해 이중 인증부담을 해소할 수 있을 것으로 기대된다.

이러한 배경하에 항공화물 보안의 새로운 전략으로 위험성 평가 기반 보안프로세스 도입이 요구되고 있다. 현재 시스템은 모든 회원국에 공통 적용되는 기본적 보안표준에 기초하고 있으나, 이제는 전체적인 위험기반 보안제도로의 전환이 시급한 상황이다.

그러나 규제 조화를 위한 ICAO의 역할에는 한계가 존재한다. ICAO가 항공화물 보안을 위한 효과적 제도를 제공할 수 있는 능력에 대한 우려가 제기되고 있으며, 이는 새로운 접근 방식의 필요성을 시사한다. 따라서 항공화물 보안체계 개혁은 제도적 토대와 모든 이해관계자의 책임을 포괄적으로 다루면서, 저위험화물의 운송 촉진과 고위험화물에 대한 추가 보안조치가 가능한 유연한 시스템 구축이 핵심이다.

(1) 위험기반 관리체계의 전략적 중요성

위험기반 항공화물 보안체계로의 전환을 위해서는 공급망 전체 주체 간 제도화된 정보공유 시스템 구축이 필수적이다. 특히 화주부터 항공운송사업자에 이르는 보안관련 화물정보 전달체계 마련이 핵심 과제이며, 기존 통관정보를 위험평가 프로세스에 통합하는 방안도 검토가 필요하다. 이는 보안과 세관 간 협력강화를 통한 중복검증 절차 최소화라는 국제적 동향과 부합하고 있다.

실제 시스템 이행에서는 새로운 정보 채널 구축, 공급망 내 책임 재배분, 항공보안당국 · 세관 · 산업계 · 보안정보기관 간 공동 위험평가 규제 체계 수립 등 다층적 과제가 해결되어야 한다. 이 과정에서 시장혼란과 이해관계자 간 신뢰저하를 방지하기 위해 위험수준에 따른 단계적 도입 전략이 요구되고 있다.

한편, 위험기반 접근법은 회원국별 위험노출 차이를 인정하면서도 기본규칙의 조화를 가능하게 한다. 또한 산업계에 안정적인 투자지표를 제공하며, 위험평가와 무작위 검증을 결합해 보안의 예측 불가능성과 효과성을 높이는 주요 장점을 제공한다.

현장 인사이트

"우리는 지금 항공화물 보안의 중요한 전환점에 서 있습니다. 과거의 일률적이고 경직된 접근법은 더 이상 효과적이지 않습니다. 미래는 정보에 기반한 지능형 보안시스템에 있으며, 이는 화물의 자유로운 흐름을 보장하면서도 실질적인 위협에 효과적으로 대응할 수 있는 유일한 방법입니다."

- 한국항공보안협회 ○○이사

(2) 위험기반 관리체계의 표준 구성요소

효과적인 위험기반 관리체계는 다음과 같은 표준 구성요소를 포함한다.

〈위험평가에 따른 공통보안규칙의 구축〉

보안 계층	계층 보안 요구사항
낮은 위험	1. 화물은 강화된 검색을 받거나 공급망보안에서 출발하거나 또한 상용화주프로그램에서 발송되어야 한다.
↑	2. 여객기 운송을 위한 화물은 강화된 검색을 받거나 공급망보안에서 출발해야 한다. 화물전용 항공기의 운송을 위한 화물은 강화된 검색을 받거나, 공급망보안에서 출발해야 하거나 또한 상용화주프로그램에서 발송되어야 한다.
	3. 화물은 강화된 검색을 받거나 공급망보안에서 출발해야 한다.
	4. 여객기 운송을 위한 화물은 강화된 검색을 받아야 하고, 화물전용 항공기의 운송을 위한 화물은 강화된 검색을 받거나 공급망보안에서 출발해야 한다.
	5. 화물은 강화된 검색을 받아야 한다.
↓	6. 여객기 운송을 위한 화물은 공급망보안에서 출발해야 하며 그리고 강화된 검색을 받아야 하며, 화물전용 항공기의 운송을 위한 화물은 검색이 강화되어야 한다.
높은 위험	7. 화물은 공급망보안에서 출발해야 하며 그리고 강화된 검색을 받아야 한다.

항공화물 보안을 확보하기 위한 세 가지 주요 요소는 강화된 검색, 공급망보안, 상용화주 프로그램이다. 강화된 검색은 현행절차를 기반으로 승객 운송 모범사례에 맞춘 변경사항을 포함하며, 공급망보안은 기존 보안경로를 수정한 개선된 접근법을 적용한다. 상용화주 프로그램은 저위험 화물에 대해 가장 덜 엄격한 보안절차로 시작하여 점진적으로 일부 과정을 완화해 나

가는 방식이다.

이와 함께 무작위 평가 조항도 포함되어야 하며, 일정 비율의 화물은 잠재적으로 더 높은 보안수준으로 상향 조정될 수 있다. 각 보안수준은 매크로와 마이크로 차원의 위험평가를 통합적으로 적용하여 정의된다. 매크로 위험평가는 공공기관이 국가적·지역적 차원에서 시행하는 전략적 평가로 지정학적 환경과 테러위협 동향을 분석하며, 마이크로 위험평가는 개별화물 단위의 특수성을 반영한 운영 차원의 평가로 항공보안당국 제공 표준화 매트릭스를 바탕으로 구체적 위험등급을 부여한다.

한편, 두 평가 체계는 상호보완적 관계를 형성하고 있다. 매크로 평가가 마이크로 평가의 방향성을 제시하는 한편, 마이크로 평가 결과가 매크로 평가 개정에 피드백되는 순환구조를 통해 동적 위험관리가 가능해진다.

(3) 위험기반 항공화물보안의 발전방향

항공화물 산업에서 공급망보안 관리와 위험관리의 통합적 활용은 위험요소를 체계적으로 식별하는 데 필수적이며, 도출된 위험 요인은 분석 및 평가 단계를 거쳐 최종적으로 보안위험 통제 메커니즘으로 연결된다.

이러한 기반 위에 미래의 위험기반 항공화물 보안체계는 과거 데이터와 패턴을 기반으로 미래 위험을 예측하는 예측적 위험 분석 방향으로 발전하고 있다. 기계학습과 AI를 활용한 위험 모델링 고도화와 이상 징후 조기 감지 능력이 강화되며, 항공보안·세관·출입국 관리 등 다양한 영역의 위험관리를 통합한 플랫폼을 통해 중복 절차를 감소시키고 자원을 최적화하게 된다.

동시에 상황 변화에 따라 즉각적으로 보안수준을 조정하는 실시간 적응형 보안이 구현되고, 동적 위험평가 기반의 자원 재배치와 자동화된 의사결정 지원 시스템이 구축될 것이다. 더불어 위험평가 방법론의 국제적 표준화 강화, 국가 간 상호인정 협정 확대, 글로벌 위험정보 공유 네트워크 구축 등 국제 표준화도 심화할 전망이다.

결론: 위험기반 접근법을 통한 항공화물 보안의 패러다임 전환

위험기반 접근법은 항공화물 보안의 패러다임을 전환시키고 있으며, 그 중요성은 앞으로 더욱 커질 것으로 예상된다. 이는 모든 화물을 일률적으로 검색하던 기존 방식에서 벗어나, 실제 위험도에 따라 보안자원을 효과적으로 배분하는 전략적 변화를 의미한다.

지속가능한 항공화물 보안의 미래를 위해서는 몇 가지 핵심 요소가 필요하다. 먼저 변화하는 위협 환경에 신속하게 적응할 수 있는 유연한 보안 프레임워크가 구축되어야 한다. 실제 데이터와 분석에 기반한 증거 중심의 의사결정 체계도 필수적이다. 또한 보안강화와 물류 효율성을 동시에 추구하면서, 항공화물 보안을 글로벌 공급망보안의 일부로 인식하는 통합적 사고가 요구된다. 정부 · 산업계 · 국제기구 간의 긴밀한 협력적 거버넌스 역시 성공적인 보안체계 구현의 핵심 원칙이다.

위험기반 항공화물 보안 관리는 단순한 방법론적 변화가 아니다. 이는 보안에 대한 근본적인 사고방식의 전환을 의미한다. 모든 화물을 잠재적 위협으로 간주하는 것이 아니라, 위험 프로파일링을 통해 제한된 자원을 가장 효과적으로 배분하는 지능적인 접근법이다. 이러한 접근은 보안 수준을 높이면서도 불필요한 지연과 비용을 줄이는 효과를 가져온다.

항공화물 보안의 미래는 기술, 정책, 인적요소의 최적 조합을 통해 구현될 것이다. 이를 위해서는 지속적인 혁신, 국제 협력 그리고 모든 이해관계자의 공동 책임 인식이 필요하다. 항공화물은 세계 경제의 핵심 동맥으로서 단순한 규정준수 이상의 전략적 중요성을 지닌다. 효과적인 위험기반 접근법을 통해 보다 안전하고 효율적인 글로벌 항공화물 시스템을 구축할 수 있을 것이다.

Ⅲ. 세계관세기구(WCO)의 항공화물보안 표준화 체계와 국제협력 메커니즘

각국은 항공화물 보안 강화를 위해 체계적인 보안표준을 도입하고 있다. 미국의 ACAS 제도는 TSA와 CBP가 공동 운영하는 사전검색 체계로 화물 탑재 전 위험을 사전 감소시키며, 유럽연합은 ACC3 제도와 AEO 제도를 통해 제3국 출발 화물의 보안 강화와 공급망 내 화물의 보안 간소화를 동시에 추진하고 있다.

이러한 지역별 노력과 함께 국제적으로는 WCO의 SAFE Framework가 핵심적 역할을 담당한다. 이 프레임워크는 국가 간 사전 화물정보 공유를 통해 세관당국의 위험평가를 가능하게 하며, 미국, EU, 영국, 캐나다 등은 PLACI 요청을 통해 출발공항에서의 추가 조사를 하여 테러 예방과 효율적

물류흐름을 동시에 달성하고 있다.

> **현장 인사이트**
>
> "세관 공무원으로서 항공화물의 보안과 동시에 신속한 통관을 보장해야 하는 이중 과제에 매일 직면합니다. 효과적인 위험평가와 적시 정보공유가 없다면, 우리는 무역 촉진과 보안 확보 사이에서 균형을 이룰 수 없습니다."
>
> – ○○공항본부세관 수출입물류과 공무원

9·11 사건은 화물보안 패러다임을 근본적으로 변화시켰다. 사후 통관 중심에서 사전 검사 중심으로의 전환으로 수출업자는 화물 발송 전 세관 문서를 미리 제출해야 하며, 세관당국은 정교한 다층 위험평가 기술을 통해 수입 허용과 추가 검사 필요성을 사전 결정하고 있다. 비록 사전정보 제출과 보안검색이 무역흐름에 부담을 주지만, 최근 국제협약들은 세관 관행 조화를 통해 효율성과 기술적 진보를 추구한다.

이와 더불어 글로벌 공급망은 AI, 데이터 분석 등 첨단 기술 도입으로 급속히 변화하고 있다. 기업들은 단순한 비용 최소화에서 벗어나 공급망 다변화와 회복탄력성 확보에 집중하며, 이러한 기술 발전과 국제 협력은 항공화물 보안 강화와 국제무역 효율성 간의 균형을 통해 안전하고 원활한 글로벌 공급망 운영을 실현하고 있다.

1. 국경 없는 보안의 설계: WCO 공급망보안 프레임워크

세계관세기구(WCO)는 효율적이고 효과적인 국경통제 역량을 강화하고, 합법적인 거래 촉진과 불법 거래 방지를 위해 표준화되고 조화된 절차를 활용한다. 글로벌 보안위협이 국경을 초월함에 따라 전 세계적인 대응이 요구되며, WCO는 정부 간 세관협력 강화와 국제 모범사례 이행을 통해 이러한 정책 목표 달성을 지원하고 있다.

주요 용어 정리

- WCO(World Customs Organization): 세계 무역의 98% 이상을 처리하는 183개 회원국으로 구성되어 있으며, 관세에 관한 국제협약 개발, 관세 평가, 관세 세입 징수, 물류 공급망 안전, 국제무역 원활화를

위한 활동을 수행한다. 1952년 세관 협력위원회로 설립된 WCO의 주요 임무는 국제무역을 촉진하고 확보하기 위해 세관 절차의 조화와 표준화 및 세관 기술 개발을 보장하는 것이다.

이러한 목표 달성을 위해서는 합법적 거래를 방해하지 않으면서 무역을 활성화하고 불법활동에 대응하는 국가 간 높은 수준의 협력과 통일된 표준 적용이 필수적이다. 세관은 국경을 넘나드는 상품, 사람, 운송수단의 이동을 관리하는 주요 국경기관으로서 국제무역의 보안을 보장하며 국가경제 경쟁력에 이바지하는 핵심 역할을 담당한다.

이를 바탕으로 WCO는 효과적이고 현대적인 세관 절차와 표준을 개발하고 전달하기 위해 국제 협력, 지식 공유, 선도적인 역량 강화 프로그램을 제공하고 있다. 특히 항공화물 분야에서 이러한 글로벌 표준은 현대화를 촉진하고 상거래 흐름을 원활히 하며 항공화물 공급망의 안전성을 확보하는 데 중요한 이바지를 하고 있다.

(1) SAFE Framework의 구조와 운영원리: 무역촉진과 보안강화의 통합적 접근

세계관세기구(WCO)는 2005년 6월 27일 벨기에 브뤼셀 본부에서 166개국 회원국 대표가 참석한 회의를 통해 국제무역의 보안과 간소화를 위한 국제기준(SAFE Framework, the SAFE Framework of Standards to Secure and Facilitate Global Trade)을 정식으로 채택했다. 이 기준은 미국의 컨테이너보안대책(CSI)과 대테러 세관-무역 파트너십 제도(C-TPAT)를 결합한 것으로, 미국의 보안제도를 전 세계적으로 확산시키는 효과가 있다.

이러한 SAFE Framework 채택을 통해 각국 세관당국은 수출입 화물에 대한 정보를 국제적으로 통일된 방식으로 사전에 전자적으로 공유할 수 있게 되었다. 이를 기반으로 물류 전반에서 보안을 확보하고 원활한 무역 활동을 지원하는 공조체제를 구축하는 표준을 마련했으며, 특히 항공화물에 대한 사전 전자정보 전송을 규정하여 세관당국이 자국으로 반입되는 물품에 대해 사전 위험평가를 시행하고 위험을 예방할 수 있도록 하고 있다.

더 나아가 민관협력 프로그램인 공인경제운영자제도(AEO)를 통해 항공운송사업자, 운송주선인, 화주 등 다양한 주체들에 대한 보안인증 프로그램을 제시하며 공급망보안을 강화하고 있다.

1) SAFE Framework의 주요 목적

SAFE Framework는 글로벌 수준에서 공급망보안과 표준을 정립하고 모든 운송수단에 적용되는 통합 공급망 관리를 원칙으로 한다. 이를 통해 확실성과 예측 가능성을 증진하며, 세관과 기업 간 협력을 강화해 안전한 국제무역 공급망을 조성하고 화물이 원활히 이동할 수 있도록 보장하고 있다.

이러한 목표 달성을 위한 핵심 요소는 수입, 수출, 통과화물에 대한 사전 전자화물 정보 요구사항을 통일하여 안전 위협요소에 대응하는 일관된 위험관리 기법을 적용하는 것이다. 수입국의 합리적인 요구에 따라 수출국 세관당국은 고위험 컨테이너 및 화물에 대해 대형 X-ray 검색 등 검사를 수행하며, 공급망보안 표준을 준수하는 업체에게 세관당국이 혜택을 제공한다.

항공화물 분야에서는 사전 전자정보 공유를 통해 세관당국이 자국으로 반입되는 화물에 대해 사전 위험평가를 수행할 수 있게 한다. 고위험화물에는 추가적인 보안조치를 적용하고 저위험화물의 불필요한 지연을 방지하며, 공인경제운영자(AEO) 제도를 통해 항공운송사업자, 운송주선인, 화주 등에게 보안인증 프로그램을 제공하고 있다. AEO 기업은 수입검사 축소, 서류심사 간소화, 우선 통관 등의 혜택을 받으며 물류비용 절감과 무역 거래의 예측 가능성을 높인다.

FAQ

Q SAFE Framework는 어떤 방식으로 항공화물 보안을 강화하나요?

A SAFE Framework는 사전전자정보 공유, 위험기반 접근법 적용, AEO 제도 운영을 통해 항공화물의 보안을 강화합니다. 특히 화물이 항공기에 탑재되기 전에 위험을 평가하고, 고위험화물에는 추가적인 보안조치를 적용하는 방식으로 효과적인 보안과 효율적인 물류 흐름을 동시에 확보합니다.

더 나아가 SAFE Framework는 위험기반 접근법을 도입하여 국제적으로 통일된 표준을 제공하며, 항공화물이 생산, 포장, 운송되는 전 과정에서 무결성을 유지하고 비인가된 개입으로부터 보호받을 수 있도록 한다. 또한 세관과 항공보안당국 간 협력을 촉진하여 중복된 인증 절차를 개선하며, 효율적인 물류 흐름과 항공화물 산업 성장을 지원하여 각국이 지속 가능한 무역 환경을 조성하고 국제무역의 경쟁력을 강화할 수 있게 하고 있다.

2) SAFE Framework 표준

WCO SAFE Framework는 국제 공급망을 통한 상품 이동을 보호하고 촉진하기 위해 모든 운송수단을 포괄하는 세관제도다. 이 체계는 세관당국, 민간 부문, 항공보안당국 및 국경의 다른 정부기관 간의 파트너십 구축을 기본으로 하며, 보안위협 해결을 위해 사전 전자정보 및 사전 탑재 화물정보를 요구하고 있다. 고위험화물 및 운송에 대해서는 수출화물 검사를 하고 엑스선검색장비 등을 활용하며, 공인경제운영자(AEO) 개념을 도입하여 사전 결정된 보안표준을 충족한 기업에게 간소화 혜택을 제공한다.

이러한 체계에서 세관은 화물과 국가로 출입하는 운송수단을 검사할 권한이 있으며, 필요시 입국, 통과 또는 출국을 거부할 수 있다. 승인된 공급망 개념에 따라 모든 거래 참여자가 상품의 안전한 취급에 대한 지정 표준을 충족하면 세관의 승인을 받을 수 있으며, 이러한 공급망에서 이동되는 화물은 일반적으로 저위험으로 평가되어 국경 통과 시 간소화 혜택을 받는다. 통합 세관관리 공급망에서 세관은 수출신고 접수 후부터 지속적으로 보안 위험평가를 수행하고 있다.

이와 함께 세관은 의심스러운 화물에 대해 추가정보 요청, 조사 수행, 또는 보안검색을 위한 화물 개봉을 할 수 있으며, 모든 통관절차가 완료되면 정해진 시간 내에 물품의 탑재, 하역 또는 운송 가능 여부를 관련 당사자에게 통지하고 있다. 특히 AEO에 의해 이동되는 화물은 우선순위 처리 및 보안검색 면제 등의 혜택을 받을 수 있어 효율적인 물류 운영을 가능하게 한다.

3) SAFE Framework의 사전화물정보 활용

세관당국은 WCO의 SAFE Framework 표준에 따라 선적의 위험을 평가하는 과정에서 사전 도착화물 정보(ACI)를 필수적인 도구로 활용해왔다. 이러한 기반 위에 항공화물 보안 기술전문가 그룹(TEGACS, Technical Experts Group on Air Cargo Security))의 사전 탑재 사전화물 정보(PLACI) 제도는 공급망 보호에 이바지할 것으로 예상되며, IATA는 미국에서

PLACI 이행을 지원하고 현재 유럽에서도 관련 요구사항을 시행하고 있다.

이러한 PLACI는 항공화물 보안에 대한 다층 위험기반 접근법의 목적으로 위험평가 과정에 추가적인 옵션을 제공한다. 주요 이점으로는 다층 보안시스템과 위험기반 접근법의 효율성 향상, 고위험 항공화물의 신속한 식별과 저위험 항공화물의 불필요한 지연 방지, 세관 및 항공보안 요구사항을 단일 프로세스로 통합하여 중복을 제거하는 것이 있다.

더 나아가 다양한 공급망 모델에 적용할 수 있는 유연성을 제공하며 복잡하고 국경을 초월하는 글로벌 공급망을 통한 화물 이동을 촉진하고 있다. 이러한 PLACI 시스템의 도입은 항공화물 보안 강화와 효율적인 물류흐름 유지 사이의 균형을 이루는 데 이바지할 것으로 기대된다.

4) SAFE Framework의 경제적 효과

SAFE Framework는 국제무역에 다양한 긍정적 영향을 미치며, 통일된 글로벌 표준을 제공하여 각국 세관당국 간 협력을 증진하고 무역 흐름의 효율성을 높이는 데 이바지한다. 이 프레임워크는 수출입 화물에 대한 사전 전자정보 제출을 의무화함으로써 세관당국이 위험평가를 사전에 수행할 수 있도록 하며, 고위험화물을 선별하여 추가검사를 진행하고 저위험화물은 신속히 통관될 수 있도록 지원하고 있다.

이러한 위험기반 접근법과 함께 SAFE Framework는 공인경제운영자(AEO) 제도를 통해 민관협력을 강화하며, 기업들에게 세관절차 간소화와 같은 혜택을 제공한다. AEO 인증을 받은 기업은 국제적으로 신뢰받는 파트너로 인정받으며, 통관절차에서 우선권을 부여받아 비용 절감과 예측할 수 있는 무역 환경을 조성한다. 또한 국가 간 상호인정을 통해 AEO 기업의 신뢰성과 안전성을 보장하며 통관절차를 간소화하고 있다.

현장 인사이트

"SAFE Framework 도입 전에는 화물이 목적지에 도착한 후에야 검사 여부를 알 수 있었습니다. 이에 따라 통관 시간과 비용을 예측하기 어려웠죠. 하지만 지금은 사전 위험평가를 통해 대부분의 화물이 도착 전에 이미 저위험으로 분류되어 신속하게 통관됩니다. 특히 시간에 민감한 항공화물의 경우 이런 예측 가능성은 비즈니스에 매우 중요합니다."

– 글로벌 물류기업 통관팀장

각국 세관당국은 SAFE Framework를 기반으로 통합된 위험관리 시스템을 구축하여 잠재적으로 높은 위험이 있는 화물을 식별하고, 이를 기반으로 효율적인 검사 및 통제를 수행한다. 세관당국 간 정보공유와 협력을 촉진하며, 위험정보와 모범사례를 공유함으로써 국제적 협력을 강화하고 세관 간 신뢰를 구축하고 있다. 결과적으로 SAFE Framework는 국제 공급망의 보안과 효율성을 동시에 확보하며, 글로벌 무역 환경의 안정성과 지속가능성을 지원하는 핵심 도구로 자리 잡고 있다.

(2) 신뢰받는 무역 파트너십: 공인경제운영자(AEO) 제도의 설계 및 운영

WCO 프레임워크에서 도입된 주요 개념 중 하나는 공인경제운영자(AEO) 제도다. AEO는 국제무역 거래에 참여하는 모든 주체가 상품과 관련 정보를 안전하게 취급하기 위한 지정된 기준을 준수해 세관의 인증을 받는 제도로, 출발지에서 목적지로 이동하는 화물의 국경 간 통관절차가 간소화되는 혜택을 받을 수 있다.

주요 용어 정리

- **공인경제운영자(AEO):** WCO 또는 이에 상응하는 공급망보안 표준을 준수하는 것으로 국가 관세청에 의하여 승인된 주체로서, 상품의 국제 운송에 관여하는 당사자를 의미한다. 이러한 공인경제운영자의 범주에는 제조업체, 수입업체, 수출업체, 운송업체, 통합업체, 중개업체가 포함되며, 더 나아가 항구, 공항, 터미널 운영자, 창고업체, 유통업체 등 국제 물류 체계에 참여하는 다양한 주체가 해당된다.

이러한 AEO 제도는 세관과 기업 간 협력을 기반으로 하여 세관의 처리속도를 높여 기업이 시간과 비용을 절감할 수 있도록 돕고 있다. AEO 자격을 얻으려면 법규준수 실적, 세관-기업 파트너십 프로그램 참여를 통한 안전한 거래자 인정 그리고 효율적인 기업관리 시스템 보유 등의 기준을 충족해야 한다. 각국의 세관은 AEO 자격을 상호 인정하고 있으며, 이를 통해 AEO 인증을 받은 기업은 전 세계적으로 통관절차 간소화 혜택을 누릴 수 있다.

결과적으로 AEO 인증기업은 물품검사 비율 축소, 서류제출 생략, 관세조사 면제, 수입신고 시 담보 생략 등 다양한 혜택을 통해 신속한 통관과 경영 안정성을 확보하며, 이러한 혜택은 기업의 물류 흐름을 원활하게 하고 자금 부담을 줄이는 데 이바지하고 있다.

(3) 글로벌 보안 거버넌스: 세관 간 협력네트워크 구축방안

2005년 6월 WCO 회원국들은 SAFE Framework를 채택하여 교토협약의 무역촉진 원칙을 확대하고 9·11 테러에 대응한 화물보안 규정을 도입했다. WCO 체계는 관세행정이 무역촉진에 핵심적인 역할을 한다고 보았으며, 세관 간 네트워크와 세관-기업 파트너십이라는 두 가지 축을 통해 국제 공급망을 강화하고 있다.

이러한 구조에서 세관 간 네트워크는 자동화된 기술을 사용하여 고위험 화물을 보안검색하며, 세관-기업 파트너십은 공인경제운영자(AEO) 프로그램을 통해 화주를 사전 인증하는 절차를 설정한다. 이 두 시스템은 계약 당사자 간 사전화물 정보 요구사항의 조화, 위험관리 기법의 활용, 수입국의 요청에 따른 출국화물 검사, 상용화주를 위한 세관처리 촉진을 위한 새로운 프로그램 수립이라는 네 가지 핵심원칙을 실현하는 데 이바지하고 있다.

도론주제

세관 간 정보공유가 확대될수록 기업의 민감한 정보와 영업 비밀이 노출될 위험도 증가할 수 있습니다. 어떻게 하면 효과적인 보안 협력과 기업 정보 보호 사이의 균형을 맞출 수 있을까요?

(4) 공공과 민간의 성공적 파트너십: 세관-민간 협력 강화전략

세관-기업 파트너십은 무역촉진과 화물보안이라는 두 가지 목표를 충족하며, 수입업자, 수출업자, 화물운송업체 및 항공운송사업자와 같은 민간부문 기관이 내부 보안 체제에 대한 자체평가를 완료하는 데 도움을 준다. 특정 기준을 충족하는 회사는 AEO 제도 또는 상용화주 프로그램에 따라 신속한 통관 처리를 받을 수 있으며, 이를 통해 공급망 전반의 보안을 강화하고 효율적인 무역 흐름을 촉진한다.

2. 이중 방어벽의 힘: 보안기관과 세관의 항공화물 보안협력

세관과 항공보안당국은 항공화물 공급망보안 강화를 위해 위험기반 접근법을 공동 활용한다. 이러한 접근법의 핵심은 화물정보 공유를 통한 사전 위험평가다. 미국의 TSA와 CBP는 항공화물 사전검색(ACAS) 시스템을 공동 운영하며, EU는 공인경제운영자(AEO) 제도로 화물정보를 통합 관리하고 있다. 특히 세관의 AEO 제도와 항공보안의 상용화주(Known Consignor) 제도 간 상호인정 시스템을 구축하여 중복 인증절차를 효과적으로 줄이고 있다.

결과적으로 이러한 협력은 상당한 경제적 효과를 창출한다. 보안기준과 절차의 조화로운 운영을 통해 중복 인증절차를 줄여 물류비용을 절감하고, 사전화물정보(ACI) 시스템 활용으로 통관절차를 간소화한다. ICAO와 WCO의 지원 하에 국제적으로 표준화된 보안시스템이 구축되어 무역환경이 개선되고, 기업들의 글로벌 경쟁력 확보에도 이바지하고 있다.

(1) 국가 보안망의 첨병: 국내 세관의 공급망보안 운영체계

AEO(종합인증우수업체)는 관세청이 운영하는 무역보안 인증제도다. WCO SAFE Framework를 기반으로 2008년 도입된 이 제도는 수출입 법규준수도와 물품취급 · 출입통제 · 시설보안 · 거래업체관리 등 안전관리 수준이 우수한 업체에 인증을 부여하고 있다.

인증 대상에는 항공운송사업자와 운송주선인도 포함되며, 제조업자, 수입업자, 수출업자, 관세사, 운송인, 운송주선인, 항만 및 공항, 터미널 운영인, 창고업자 등 국제무역공급망의 모든 당사자를 포함한다.

AEO 인증업체는 실질적인 무역 혜택을 누리고 있다. 물품 선별검사 비율 축소와 서류제출 생략을 통한 신속통관, 관세조사 원칙적 면제, 담보생략으로 인한 자금부담 완화가 대표적이다. 특히 상호인정약정(MRA) 체결국과는 상대국 통관 시 검사생략과 우선검사 혜택을 상호 제공하여 글로벌 물류 효율성을 제고하고 있다.

(2) 두 날개로 나는 보안: 세관 AEO 제도와 상용화주제도의 비교

AEO 공인기준은 법규준수도, 내부통제시스템, 재무건전성, 안전관리 4개 영역으로 구성되며, 안전관리 항목에는 보안유지 관련 내용이 포함된다. 반면 항공보안법상 상용화주제도는 비용 부담으로 인해 활용도가 저조한 상황이다. 이러한 문제 해결을 위해서는 AEO 제도처럼 신청대상 세분화와 대상별 맞춤형 승인기준 마련이 필요하다.

〈상용화주제도와 AEO 제도 비교〉

구 분	상용화주제도	AEO 제도
관계기관	국토교통부	관세청
시행목적	항공화물 증가에 따른 항공물류 프로세스의 효율성 향상	기업들의 참여와 협력을 바탕으로 무역 공급망의 안전 및 효율성 확보
자격기준	대상에 대한 구분 없이 항공보안장비 및 시설, 보안검색요원 등의 확보가 요구됨	참여대상(공급망)에 적합한 공인기준(법규준수도/재무건전성/내부통제/안전관리) 및 지침이 개별적으로 요구됨
관계기관의 지원	관계기관과 정부의 주도적인 지원 미비	관세청 주도의 재정적 지원 및 공인기준 완화 등 적극적인 업체 지원 프로그램 운영 중

현장 인사이트

"우리 기업은 두 제도 모두에 인증을 받으려 했지만, 상용화주는 X-ray 검색장비 등 고가의 보안장비 구비와 보안요원 확보가 필요했고, 이는 중소규모 포워더로서는 감당하기 어려운 비용이었습니다. 반면 AEO는 기업 규모에 맞는 합리적인 보안 요구사항과 컨설팅 지원에 따라 상대적으로 접근이 쉬웠습니다."

– 인천국제물류센터 화물보안담당자

항공화물 보안관리에서 적하목록 제출은 핵심 절차다. 보세화물 입출항하선 하기 및 적재에 관한 고시의 적하목록 제출 규정에 따르면 항공기 입항 4시간 전까지 전자문서로 제출해야 하며, 근거리 지역(중국, 일본, 대만, 홍콩, 러시아 극동지역 등)의 경우에는 탑재공항에서 항공기가 출발하기 전까지, 특송화물은 입항 1시간 전까지 제출한다. 적하목록에는 항공수입 적하목록과 항공수입 혼재화물목록이 있으며, 제출된 목록에 대해 화물관리 세관공무원이 보안검색을 한다.

AEO 제도와 상용화주 제도는 국제물류 보안 강화라는 공통 목표를 추구하지만, 운영방식에서 차이를 보인다. AEO는 WCO SAFE Framework 기반으로 세관이 주관하며 무역 공급망 전반을 대상으로 하지만, 상용화주제도는 ICAO 표준에 따라 항공보안당국이 주관하며 발송인의 자체 보안검색 능력에 집중하고 있다.

인증절차 역시 뚜렷한 대조를 나타낸다. AEO는 종합적 평가와 지속적 사후관리가 특징인 반면, 상용화주는 물리적 보안검색 능력 중심의 단기 인증이지만 보안사고 시 즉시 취소되는 엄격한 관리를 받고 있다. 특히 AEO의 국가 간 상호인정협정을 통한 국제적 확장성은 상용화주제도가 갖지 못한 장점이다.

3. 보안기관-세관 간 화물보안 연계와 정보공유 체계

해상 · 항공 · 육상 복합 물류망에서 항공보안과 물류효율성을 동시에 확보하려면 항공보안당국과 세관 간 유기적 협력체계 구축이 필수다. 특히 AEO 제도와 항공보안 프로그램의 시스템적 연동을 통해 보안 취약점을 사전 차단하면서 물류 효율성을 높일 수 있다.

보안기술 발전과 함께 검색요원에 대한 훈련 강화가 중요하다. 2010년 예멘발 폭탄 소포 사건에서 세 번의 검색에도 폭발물이 발견되지 않았지만, 경험 있는 검사관이 200달러 프린터에 500달러 발송비를 지급하려는 이상함을 간파해 폭발물을 확인할 수 있었다. 이처럼 첨단기술과 인적 역량이 결합한 검색체계 구축이 필요하다.

한편, 화물기에 대한 테러 위험이 증가하면서 항공화물에 접근할 수 있는 화물 작업자 등에 대한 강화된 신원조사 및 보안조치가 요구된다. 화물 내 폭발물 은폐는 항공기에 접근하는 내부자의 협력 없이는 특정 항공기를 목표로 삼기 어렵기 때문이다. 현재 C-TPAT나 AEO 제도에서 인원보안 관리가 이루어지고 있지만, 보다 체계적이고 강화된 관리감독을 통해 위험을 사전 방지할 수 있도록 개선이 필요하다.

이와 함께 항공화물 사전정보 확보 및 위험평가 체계 구축도 중요하다. 출발 전 사전 항공화물 데이터 입수는 검사당국이 신속하게 의심 화물을 식별하고 필요시 탑재 금지나 추가검사를 가능하게 한다. 마지막으로 항공화물 보안 관련기관 간 협력강화가 필요하며, 미국의 CBP와 TSA 협력 사례처럼 한국도 관세청의 위험화물 분석 능력과 국토교통부의 항공관련 관리능력을 유기적으로 결합해야 한다. 이를 위해 항공화물 보안 전담기구 설립을 고려하고, 업계와의 협력을 통해 비용 효과분석을 바탕으로 각각 조치의 정당성을 확보해야 한다.

(1) 공급망보안프로그램 조정체계: 기관 간 역할분담과 협력 메커니즘

세관과 항공보안(AVSEC) 공급망 프로그램 조율을 위한 체계적 프로세스는 단계적 접근을 통해 이루어진다.

초기 준비 및 기반 구축 단계에서는 정치적 의지와 경영진의 헌신 확보가 필수다. 조정 과정은 상당한 시간과 자원이 필요하며 법 개정이 요구될 수 있어, 세관과 항공보안 당국 모두 정치적 수준과 경영진 차원에서 동등한 참여가 전제되어야 한다. 양해각서나 서한 교환을 통한 공식적 의사표시로 조정 과정의 신뢰성을 높일 수 있다. 또한 Annex 17 및 WCO SAFE Framework 준수를 보장해야 하며, 특히 ICAO 항공보안평가에서 발견된 결함은 즉시 수정 조치를 취해야 한다.

분석 및 비교 평가 단계에서는 이러한 기반 위에서 전문가로 구성된 프로젝트팀이 두 프로그램을 비교하고 분석을 한다. 두 프로그램의 비교와 평가를 위해 모든 관련 국내 및 국제 법률을 교환하고, 법안의 서면대조를 통해 AEO와 공인화물보안대행기관 또는 상용화주가 되기 위한 모든 요구사항을 비교표로 분석한다. 이 과정에서 두 프로그램 간 유사한 요구사항이 다르게 표현되거나 동일한 표현이 다른 의미가 있을 수 있다는 점에 주의해야 한다.

검증 및 조정 방안 도출 단계에서는 분석 결과를 바탕으로 각각 프로그램의 호환성을 평가하고, 프로젝트팀이 공동으로 현장을 방문하여 평가 결과를 실제로 검증한다. 이를 통해 법률 개정, 지침 문서 수정, 절차 변경 등의 구체적 조치를 결정하고 세관당국과 항공보안당국 간의 상호인정 가능성을 검토한다.

실행 및 정보공유 단계에서는 평가 결과에 따라 필요한 법률, 규정 또는 프로그램의 변경을 하고, 이해관계자들에게 의견 제시 기회를 제공한다. 새로운 제도 시행 전에 예상되는 변화에 대해 업계에 충분히 알리고 협의하며, 항공보안당국은 원스톱보안 계약을 맺은 국가들에도 변경사항을 제공하여 업계 불편을 최소화하고 조정의 성공을 보장한다.

(2) AEO 상호인정의 확장: 항공화물보안 제도와의 통합 운영 방안

AEO 상호인정협정(MRA)은 국가 간 협약을 통해 상대국 AEO 업체에 자국 AEO와 동등한 지위를 부여하고 수입검사 생략 등 신속통관 혜택을 제공하는 제도다. 일부 국가에서는 이미 AEO와 공인화물보안대행기관 및 상용화주에 대한 상호인정을 통해 이중 심사절차를 단순화하고 있으며, 이러한 제도가 점차 표준화되어 확산하고 있다.

이러한 제도를 기반으로 공인화물보안대행기관이나 상용화주로서 관세청 AEO 지위를 보유하거나 희망하는 법인이 준수해야 할 핵심 규정이 마련되어 있다. 세계관세기구(WCO) SAFE Framework에 따른 관세청의 AEO 승인 감사 결과를 심사 기준으로 활용하여 중복 검증을 최소화하며, 해당 기업은 SAFE Framework 요구사항과 함께 국가민간항공보안프로그램(NCASP)이 규정한 추가 조건을 이행해야 한다.

구체적인 신청 절차에서는 관세청 발급 AEO 인증서와 세관당국 평가 보고서를 항공보안당국에 제출해야 하며, AEO 인증서의 갱신·변경·정지 등 주요 변동사항 발생 시 항공보안당국에 즉시 통보해야 한다. 기업이 AEO 인증을 중단하거나 정지되면 항공보안당국은 해당 기업이 NCASP의 요구사항을 여전히 충족하는지 30일 이내에 재검증을 완료한다.

이러한 통합적 접근을 통해 효율성을 높이기 위해 기업이 공인화물보안대행기관/상용화주와 AEO 지위를 동시에 신청하는 경우 항공보안당국과 관세청은 공동 심사 기준을 마련하며, 양 기관은 전용 플랫폼을 통해 승인 현황과 검사 이력을 실시간으로 공유하고 있다. 이는 국제 무역의 효율성 제고와 보안강화를 동시에 달성하면서 화물 검색절차 간소화를 통한 물류 비용 절감 효과가 기대된다.

(3) 보안프로그램 통합운영의 효과: 비용절감과 보안강화

항공산업 분야의 배송업체, 화물운송업체, 항공운송사업자 등은 AEO와 공인화물보안대행기관(RA) 또는 상용화주(KC) 프로그램에 동시 신청이 가능하며, 일부 기업은 이미 두 제도를 병행 운영하고 있다. 세관과 항공공급망보안 프로그램의 체계적 조정을 통해 얻을 수 있는 실질적 이점은 다음과 같다.

운영 효율성 측면에서는 규정준수 효율화와 행정절차 간소화가 핵심이다. 상호 보완적인 규정을 단일 프레임워크로 통합하면 현장 적용성이 개선되어 전반적인 준수율이 상승한다. AEO의 무역사기 방지 기준과 RA/KC의 화물 검색 절차를 연계함으로써 중복 점검을 방지할 수 있으며, 공동 신청 포털 구축과 통합 서류제출 요건 마련으로 기업의 문서작업 부담을 크게 줄일 수 있다.

이와 더불어 당국 운영 최적화 측면에서는 업무부담 경감과 자원활용 최적화가 가능하다. 세관과 항공보안당국이 신청 처리 · 검증 · 재검증 절차를 공유하면 인력과 예산을 효율적으로 배분할 수 있고, 공동 교육프로그램 개발, 현장 검증 수행, 데이터 플랫폼 구축 등을 통해 인력 · 예산 · 시간을 집중적으로 투입할 수 있다.

한편 보안 강화 측면에서는 AEO의 공급망 통제 메커니즘과 RA/KC의 화물 검색 프로토콜을 결합하여 이중안전장치를 형성할 수 있다. 화물 위변조 방지, 내부자 위험관리 등 취약점을 여러모로 보완하여 보안수준이 고도화된다.

성공적인 통합 운영을 위해서는 세관과 항공보안당국 간 실시간 협업 체계 구축이 필수적이다. 월간 정례회의 개최, 공동 관리 시스템 도입, 업계 의견 수렴 채널 마련을 통해 모든 이해관계자가 동일한 목표를 공유하도록 유도해야 하며, AEO와 RA/KC의 상호인정 범위 확대는 글로벌 물류망에서의 경쟁력 강화로 이어질 것이다.

FAQ

Q 항공보안과 세관의 통합운영으로 보안수준이 낮아질 우려는 없나요?

A 오히려 반대입니다. 통합운영은 양 제도의 강점을 결합하여 더 강화된 보안체계를 구축합니다. 예를 들어, AEO의 전체 공급망 관리와 RA/KC의 실질적인 화물검색 프로토콜이 결합하면 이중 안전장치가 형성됩니다. 또한 통합 정보시스템을 통해 이상 징후를 더 효과적으로 감지할 수 있습니다.

Ⅳ. 국제 항공화물보안의 통합관리: 원스톱보안 체계

1. 국가화물보안프로그램의 상호인정: 신뢰기반 국제협력체계

전 세계 항공화물의 안전한 관리는 ICAO의 공통보안표준과 화물운송업계의 일관된 관행이 효과적으로 결합할 때 달성된다. 이러한 토대에서 국가 간 화물보안프로그램의 상호인정은 중복 보안조치를 제거하는 핵심 역할을 담당하고 있다.

상호인정 구축 과정에서는 각국의 위험허용 재량권을 존중하면서도 직접적 연결성을 확보해야 하는 과제가 있다. 이에 따라 다양한 화물보안 조치의 상호 완화를 위한 세심하고 장기적인 협상이 진행되고 있으며, 이를 통해 보안 확보와 원활한 화물흐름이라는 두 목표를 동시에 실현한다.

현장 인사이트

"국가 간 보안프로그램 상호인정 협상은 때로는 마라톤과 같습니다. 서로 다른 보안문화와 우선순위를 조율해야 하죠. 하지만 일단 합의에 도달하면, 그 효과는 엄청납니다. 물류 지연이 줄어들고, 비용이 절감되며, 무엇보다 일관된 보안수준을 확보할 수 있게 됩니다."

- ICAO 항공보안교관

이러한 노력의 결과로 나타나는 상호인정의 가장 큰 성과는 효율적인 화물흐름 구현이며, 화물보안 강화는 이에 따른 자연스러운 부가효과로 발현된다. 이는 상호인정 프로그램이 보안과 무역 효율성을 동시에 개선하여 모든 참여국에게 경제적 이익을 제공한다는 것을 의미한다. 구체적으로는 화물보안 프로세스 간소화, 국가별 보안시스템 교육훈련 부담 경감, 개별 국가화물보안프로그램 실행 부담 완화 등의 효과를 가져온다.

(1) 항공화물 동등성 인정 체계와 ICAO 권고사항

국가 간 동등성 인정은 다른 국가에서 수행된 화물보안조치가 자국의 최소 보안요구사항과 동등한 보안결과를 제공한다고 공식 승인하는 과정이다. 이러한 인정을 위해서는 대상국 간 공식 협정 체결이 필수적이다.

〈ICAO의 동등성 인정 프로세스〉

프로세스	인정 여부 결정	평가 결과 제시	지속적인 동등성 검증 시행
동등성 검증	동등성 결정	동등성 인정	

이러한 배경에서 ICAO는 화물보안조치의 불필요한 중복을 방지하고 국가 간 원스톱보안 협정을 활성화하기 위해 동등성 인정 개념을 핵심 목표로 설정하고 있다. 각국은 위험평가를 통해 상대국 보안프로그램의 동등성을 판단하고 이를 인정함으로써 항공보안시스템의 국제적 지속가능성을 높이고 있다.

동등성 판정을 위한 상호검증 절차는 문서 검토와 현장평가로 구성되며, 현장평가에서는 공항 및 항공운송사업자의 전반적 운영을 포괄적으로 검토한다. 이를 바탕으로 각국은 상대국 보안조치의 동등성을 공식 결정하고 문서화하고 있다.

주요 용어 정리

- **동등성 인정(Equivalence Recognition)**: 한 국가의 보안조치가 다른 국가의 보안기준과 동등한 효과를 가진다고 공식적으로 인정하는 과정으로, 단순한 형식적 유사성이 아닌 '동등한 보안결과 달성'이 핵심이다.

동등성 인정의 실효성 확보를 위해서는 세 가지 핵심 전제조건이 충족되어야 한다. 화물의 불법적 방해행위 보호, 동등 보안검색 화물과 미검증 화물의 혼합 방지, 협정 당사국 간 실시간 위협정보 공유이다. ICAO는 회원국이 법령체계 정비를 통해 동등성 평가절차를 명확히 하고, 위협환경 변화 시 협정 조정 메커니즘을 구축할 것을 권고하며, 이는 국제물류 효율화와 보안강화를 동시에 달성하는 전략적 프레임워크로 작용하고 있다.

1) 미국-EU 항공화물보안 상호인정협정(MRA)의 성과와 효과

2012년 체결된 미국과 EU 간 항공화물보안 상호인정협정(MRA)은 항공화물 운송절차를 획기적으로 개선한 대표적 사례다. 협정 이전에는 EU에서

미국으로 수입되는 항공화물이 EU 공항에서 광범위한 보안통제를 받았음에도 불구하고, 추가로 TSA의 국가화물보안프로그램에 따른 별도 보안통제를 이행해야 하는 이중 부담 구조였다.

이러한 문제를 해결하기 위해 체결된 상호인정협정으로 운영 환경이 크게 변화하고 있다. EU 공항에서 미국으로 화물을 운송하는 항공사는 EU의 화물검색 및 공급망보안 요구사항만 준수하면 되며, TSA의 추가 화물보안 조치는 불필요하게 되었다. 마찬가지로 미국에서 EU로 운송되는 화물도 추가 통제 없이 EU 공항에서 타 목적지로 이동할 수 있다.

이러한 변화의 결과로 화물 운영자의 보안비용 부담이 현저히 줄어들고 운송시간이 단축되는 실질적 효과를 창출하고 있다. 특히 양측을 출발하는 모든 화물에 단일 통제가 적용되고 보안통제 중복이 방지된다는 원칙이 확립되어, 항공화물보안 분야에서 효율성과 보안성을 동시에 달성한 모범적 협력모델로 평가받는다.

2) TSA 국가화물보안프로그램 상호인정 체계와 평가기준

미국 TSA는 EU를 포함한 다수 국가의 국가화물보안프로그램을 TSA 수준에 상응하는 것으로 인정하고 있으며, 정기적인 항공운송사업자 화물점검, 외국공항 보안평가, 외국정부 관계자와의 지속적 대화를 통해 프로그램 이행상황을 감시하고 있다.

이러한 인정 체계에서 국가화물보안프로그램 상호인정은 TSA와 외국 간 자발적 협정으로 진행된다. 상호인정 절차는 세 단계로 구성되는데, 먼저 외국의 국가화물보안프로그램을 TSA 화물보안표준과 비교하기 위한 현장방문을 하고, 운용 중인 프로그램의 실제 이행상황을 확인한 후, 최종적으로 외국 프로그램의 인정 여부를 결정한다.

상호인정 결정의 핵심 기준은 상대국의 국가화물보안프로그램이 TSA가 규정한 항공화물 공급망보안의 6개 핵심원칙에 부합하는지다. 이 원칙들은 시설보안, 인원보안, 교육훈련, 보안검색, 운송과정 중 보안조치, 보안감독 활동으로 구성된다.

검증 결과 TSA가 상대국 프로그램을 인정하지 않을 경우, 해당 국가에서 출발하는 모든 미국행 화물은 추가 보안조치 대상이 되며, 상호인정을 받지 못한 국가의 항공사는 출발공항 마지막 지점에서 TSA 화물보안표준을 지속적으로 적용해야 한다.

토론주제

국가 간 보안프로그램 상호인정은 효율성을 높이지만, 자국의 보안 주권을 일부 양보하는 측면도 있다. 테러 위협이 지속되는 현대 사회에서, 국가는 자국의 특수한 위협환경에 맞춘 독자적 보안체계를 유지해야 할까, 아니면 글로벌 표준화를 통한 효율성 증진에 주력해야 할까? 이 두 가치 사이에서 최적의 균형점은 어디에 있을까?

3) TSA 상호인정 프로그램의 지속적 모니터링과 재평가 체계

TSA의 항공운송사업자 화물점검 결과와 외국공항 보안평가 결과는 상호인정된 정부의 국가화물보안프로그램 이행을 직접 검증할 수 있는 핵심 정보를 제공한다. 2021년 1월 기준으로 TSA는 EU 27개 회원국을 포함한 다수 국가의 국가화물보안프로그램을 승인한 상태이다.

이러한 승인 상태를 지속적으로 관리하기 위해 TSA는 다양한 검증 수단을 활용하고 있다. 항공운송사업자 화물점검, 외국공항 보안평가, 외국정부 관계자와의 지속적 논의 및 연례회의 개최, 필요시 추가 현장방문 등의 결과를 종합적으로 활용한다.

재평가 체계는 체계적으로 운영되고 있으며, TSA는 2012년부터 모든 상호인정국가를 최소 1회 이상 재평가했고, 일반적으로 3년 주기로 인정된 국가의 프로그램을 재평가한다. 외국정부 관계자들과의 지속적 논의를 통해 상호인정 프로그램 검증에 필요한 정보를 공유하고, TSA 화물보안표준에 상응하는 보안수준을 지속적으로 요구한다.

이 과정에서 중요한 점은 TSA가 상호인정된 국가화물보안프로그램 이행에 우려가 발생할 때 언제든지 검증을 거쳐 인정을 취소할 수 있는 권한을 보유한다는 것이다. 이는 상호인정 체계의 신뢰성과 보안수준 유지를 위한 핵심 장치로 작용한다.

(2) 상호인정의 운영효과: 화물보안 절차간소화와 비용절감

국가화물보안프로그램 상호인정은 인정된 정부의 보안요구사항과 공급망 보안 가시성을 높여 보안취약성 확인을 쉽게 함으로써 국제항공화물보안을 강화하는 핵심요소이다. 특히 미국행 항공화물의 100% 검색의무 충족에 중

요한 역할을 수행하며, 항공운송사업자들의 두 나라 프로그램 중복 준수 필요성을 제거하고 있다.

상호인정 체계에서 항공사들은 미국행 항공편 화물에 대해 TSA 표준을 별도로 숙지하고 이행할 필요 없이 자국 표준만 준수하면 된다. 이는 보안검색요원이 자국 프로그램만 이행하면 되므로, TSA 또는 자국 보안조치 중 어떤 것을 적용할지 결정해야 하는 혼란을 줄이고 검색 오류 가능성을 현저히 감소시킨다.

반면 상호인정을 받지 못한 국가의 항공사는 TSA 요구 프로그램과 자국 정부 보안조치를 모두 이행해야 하는 이중 부담을 갖게 된다. 외국공항과 공항 외부 항공화물시설을 감독할 자원이 제한된 상황에서, 외국정부 보안조치가 자국 표준에 부합하는지 평가하여 상호인정하는 것이 화물보안 위험을 개선하는 효과적인 방법이다.

이러한 상호인정은 보안을 확보하면서도 항공화물산업의 효율성에 긍정적 영향을 미쳐 비용 절감, 운송시간 단축, 보안통제 기능의 중복 방지 효과를 동시에 달성하고 있다.

(3) 환적화물 상호인정보안 체계: 다국가 경유 화물의 보안관리

항공화물보안체제는 모든 ICAO 회원국에 걸쳐 유사한 보안수준을 보장해야 한다. 이는 동일한 보안절차 적용을 의미하는 것이 아니라, 국가 간 보안프로세스의 높은 수준 조화가 필요함을 의미한다.

이러한 원칙에 따라 ICAO 「Aviation Security Manual」은 환적화물운송 지연 방지를 위해 불필요한 환적보안절차 간소화와 신속 처리를 명시하고 있으며, 국가는 환적화물의 보안확보와 효율적 운송 보장이라는 두 가지 책임을 동시에 수행해야 한다.

이를 실현하기 위한 화물보안조치의 상호인정 메커니즘은 동일한 보안표준을 가진 국가 간 보안조치 동등성 인정에서 시작되어, 점차 환적화물의 원스톱보안 접근방식으로 확대되고 있다. 이는 항공화물보안 분야에서 보안성과 효율성을 동시에 추구하는 국제적 협력체계의 발전을 보여주고 있다.

1) 위험기반 상호검증 프로토콜: 환적화물 위험평가와 검증절차

항공화물량 증가에 따른 테러위협 확산으로 각국은 위험기반 접근법을 채택하고 있으며, 이에 따라 환적화물에 대한 추가보안검색 등 국가별, 공항별 보안이행 수준이 다양하게 나타나고 있다. 환적화물에 추가보안검색을 하는 것은 출발지공항의 화물보안 이행에 대한 확신 부족으로 동등성을 인정하지 않는 결과다.

이러한 문제를 해결하기 위해 환적화물의 원스톱보안 시행을 위해서는 국가화물보안프로그램 상호인정과 국가 간 상호 동등성검증이 선결과제이며, 특히 상호검증 및 지속적 재검증을 통한 보안의 동등성 확보가 핵심이다.

결과적으로 다자간 상호인정 협정에서는 위험평가 기반의 보안조치를 통해 불필요한 보안통제 중복을 방지하고, 보안조치강화와 공항운영 효율성 간의 적절한 균형을 유지해야 한다.

2) 환적화물 원스톱보안의 개념과 운영원칙

환적화물의 원스톱보안은 협정체결 시 인정된 출발공항에서 보안검색을 완료한 항공화물에 대해 추가 보안검색 없이 연결편으로의 환적이 이뤄질 수 있도록 양국 간 화물보안조치의 동등성을 인정하는 것이다. 이는 화물이 출발지역에서 적절히 검색되고 환적공항까지 불법방해행위로부터 보호되었음을 보장하기 위한 국가 간 협력적 확인절차다.

이러한 원스톱보안의 핵심원칙은 최초 출발공항으로부터 보안수준이 확보된 화물에 대해 재검색을 면제하여 비용절감과 동등한 보안수준 유지 그리고 속도와 편의성을 동시에 높이는 것이다. 항공화물의 보안강화는 단순한 보안통제비용 증가가 아니라, 항공운송사업자의 비용, 효율성, 수용성 관점에서 보안조치의 지속성과 일관성을 보장하는 것이다.

환적화물 원스톱보안의 실질적 시행을 위해서는 환적구역 화물의 불법방해행위 보호방안, 화물터미널 인프라 변경, 항공보안당국의 현장점검 및 규정 마련, 화물보안 위협환경 모니터링 체계, 위협 변화에 대응한 적절한 보안조치 채택 준비가 필요하다.

3) 환적화물 원스톱보안의 수준관리와 기대효과

양국 간 화물보안조치의 동등성 인정은 대상국 간 공식적인 협정체결을 통해 이뤄지므로, 각국의 법령체계가 이러한 합의를 뒷받침하고 동등성을 인정할 수 있는 명확한 절차 마련이 필수적이다.

이러한 기반 위에서 환적화물의 원스톱보안 도입은 수준관리가 핵심이다. 검색비용을 낮추고 화물흐름을 원활하게 하여 관련 당사자들의 적극적 참여를 유도하는 것이 목표이지만, 이것이 항공화물의 보안약화를 의미하지는 않는다. 오히려 동등성 상호인정을 통한 화물보안강화가 필수 선결과제이다.

원스톱보안의 기대효과는 불필요한 재검색을 생략하여 연결편 간 환적시간을 개선하고 항공운송사업자의 운영효율성을 향상시킬 뿐만 아니라, 참여국 간 협력을 증대시켜 전 세계 화물보안수준을 제고하는 것이다. 정부와 공항운영자, 항공운송사업자가 협력하여 표준화된 항공보안법령을 제·개정 및 시행함으로써 화물경쟁력 강화에 크게 이바지할 수 있다.

4) Annex의 화물처리 간소화와 보안확보 체계

국제민간항공협약 Annex는 민간항공과 보조를 맞추는 ICAO의 유연성을 반영하는 광범위한 문서로, Annex 9에서는 화물처리 간소화의 효율성 극대화 방법을, Annex 17에서는 공급망보안 등 화물보안확보 및 동등성 인정을 강조한다.

이러한 틀 안에서 Annex 9의 간소화에 관한 표준과 권고되는 방식(SARPs)은 항공화물의 발송과 통관을 촉진하기 위해 체약국들이 항공화물 운영에 적합한 규정과 절차를 채택하도록 한다. 이러한 간소화 조치들은 보안 및 규정준수 절차를 훼손하지 않으면서도 광범위하게 유용한 조치를 제공하며, 항공보안당국의 화물통제과정 관리와 규정 집행 능력을 강화하고 있다.

항공화물 관련 간소화의 주요 목적은 서류작업 감소, 국가 간 운송 문서의 국제적 표준화, 화물처리 절차 단순화다. 이를 통해 공항의 혼잡을 줄이고 효율성을 높이며, 위험분석 및 위험평가를 통해 고위험화물과 상황에 맞게 화물보안조치와 보안자원을 집중하여 공급망보안을 확보한다.

현장 인사이트

"간소화와 보안 사이의 균형을 찾는 것은 항상 어려운 과제입니다. 너무 많은 간소화는 보안위험을 증가시킬 수 있고, 너무 엄격한 보안조치는 국제무역을 방해할 수 있죠. 우리의 목표는 둘 다 최적화하는 것입니다. 특히 디지털 기술의 발전은 이 균형을 맞추는 데 큰 도움이 되고 있습니다. 예를 들어, 사전 전자정보 시스템은 화물이 공항에 도착하기 전에 위험을 평가할 수 있게 해주기 때문에, 저위험화물은 더 빠르게 처리하고 고위험화물에 더 많은 자원을 집중할 수 있게 해줍니다."

- ICAO 항공보안평가관(Auditor)

2. 원스톱보안의 개념과 발전: 단일검색 기반 글로벌 화물보안체계

원스톱보안(OSS, One-Stop Security)은 환승(환적)공항에서 승객, 기내반입수하물, 위탁수하물 및 화물의 재검색을 면제하는 혁신적인 제도다. 이 시스템의 핵심 원칙은 최초 출발지 이후 보안이 확보된 구역을 이동하는 인원과 물품에 대해 동등한 보안수준을 유지하면서 중복검색을 피해 시간과 비용을 절감하는 것이다.

시스템 운영을 위해 국가 간 보안조치의 상호인정 메커니즘이 도입되었으며, 이는 동일한 보안표준을 갖춘 항공보안조치의 동등성을 인정하는 데 활용되고 있다.

주요 용어 정리

- **원스톱보안(OSS):** 최초 출발지에서 보안검색을 완료한 승객, 수하물, 화물에 대해 환승(환적) 시 추가 보안검색 없이 연결편 탑승(탑재)이 가능하게 하는 제도

(1) Annex 9 간소화 표준: 원스톱보안의 국제법적 기반

Annex 9의 간소화에 관한 표준과 권고되는 방식(SARPs)은 국제민간항공협약의 여러 조항에서 유래한다. 제37조는 ICAO의 국제표준 채택권한을, 제22조는 각 체약국의 항공기 항행 촉진 의무를, 제23조는 국제항공 항법에 영향을 미치는 관세 및 출입국 절차 수립 약속을 명시한다. SARPs는 주로 세관, 출입국, 공중보건 및 농업 당국의 요구사항을 통해 항공기 및 상업교통 통관 절차 촉진과 관련이 있다.

이러한 기반 위에서 Annex 9은 초기 서류작업 감소, 국제 표준화, 절차 단순화에서 점차 위험관리 기반 검색기술, 불법행위 통제, 장애인 처우 개선 등으로 범위를 확대했다. 최근에는 기술 발전, 불법 이민 증가, 정치적·사회적 격변으로 인한 민간항공 보안문제에 대응하여 여행서류 및 국경통제 절차의 보안강화, 항공화물 서비스의 촉진 및 보안을 포괄적으로 다루고 있다.

이렇게 발전된 간소화 조치는 항공기 운항 전반에 걸쳐 다양한 영향을 미치며, 단순한 행정절차 축소를 넘어 보안과 효율성의 균형을 이루는 데 초점을 맞추고 있다. 구체적으로는 출입국 심사, 세관통관, 검역검사 등 국경관리 프로세스의 표준화로 처리시간을 단축하고, 전자화물 명세서(e-AWB) 도입으로 서류처리 지연을 최소화한다.

또한 국가 간 보안조치 상호인정 협정 활성화로 원스톱보안(OSS)을 구현하며, 전자 여권 등 디지털 기술 도입으로 위변조 위험을 감소시키고 처리속도를 향상시키고 있다. 항공운송 촉진 위원회를 통한 보건당국, 세관, 항공사 간 정보공유가 강화되고, 항공기 운항 관련 데이터의 실시간 공유로 항공교통 관리 효율성이 개선되고 있다. 그러나 보안기준 완화 방지를 위한 위험평가 체계 정교화와 개발도상국의 디지털 시스템 도입을 위한 기술 인프라 부족 문제 해결이 과제로 남아 있다.

(2) 원스톱보안의 개념과 적용범위: 단일검색 기반 통합보안체계

원스톱보안은 승객, 기내휴대수하물, 위탁수하물, 화물에 대해 전면적으로 또는 일부 항목만 재검색을 면제할 수 있다. 이를 통해 불필요한 재검색을 생략하여 환적시간을 단축하고 화물운송의 편의성을 높이며, 동등한 수준의 보안을 유지하면서도 비용을 절감한다. 또한 참여국 간 협력을 통해 전 세계 항공보안 수준을 높이는 효과가 있다.

FAQ

Q 원스톱보안이 도입되면 모든 화물의 보안검색이 면제되나요?

A 아닙니다. 출발지에서 적절한 보안검색을 받았다는 전제 하에, 환적 시 중복 검색이 면제되는 것입니다. 또한 특정 위협상황에서는 추가검색이 시행될 수 있습니다.

Q 원스톱보안이 테러 위험을 증가시키지 않나요?

A 오히려 반대입니다. 원스톱보안은 동등한 보안표준의 인정을 전제로 하며, 국가 간 위협정보 공유를 강화하여 전체적인 보안수준을 향상시킵니다. 또한 저위험 요소에 대한 중복 검색을 줄임으로써, 고위험 요소에 더 많은 자원을 집중할 수 있게 합니다.

이러한 시스템은 EU를 중심으로 광범위하게 활용되고 있으며, EU는 미국, 캐나다, 싱가포르 등 여러 국가와 원스톱보안 협정을 체결했다. 2015년 EU의 항공보안법령 개정을 통해 표준화된 세부 조치가 마련되어 제3국과의 협정체결이 쉬워졌으며, 현재 EU는 ICAO, 공항운영자, 항공운송사업자, 정부 등 이해관계자의 지원을 받아 원스톱보안 참여국 확대를 추진하고 있다.

(3) 동등성 인정과 원스톱보안의 검증체계

항공보안 환경에서 동등성 인정은 타국에서 수행된 보안조치가 자국에 적용될 경우, 자국이 요구하는 최소한의 보안조치와 동일한 보안결과를 제공한다고 상대국이 수락하고 이를 공식적으로 승인하는 것을 의미한다.

이러한 인정 체계를 구축하기 위해 각 국가는 관련국 간 모든 환적 연결편 운항을 승인하기 위해 단독, 양자 간 또는 다자간 협정을 체결할 수 있으며, 특정 공항이나 터미널 운영으로 범위를 제한할 수도 있다. ICAO는 각 국가의 법령체계가 이러한 합의를 뒷받침하고 동등성을 인정할 수 있는 명확한 절차를 마련해야 한다고 권고하며, 강력한 검증프로세스를 요구하고 있다.

정보공유와 관련된 국가 규칙은 문서교환을 통해 모든 국가가 동등성을 평가할 수 있도록 항공보안 시스템에 대한 포괄적인 정보를 제공하는 데 초점을 맞추며, 상호인정 절차와 협정에 따라 교환되는 모든 정보는 상호 합의된 조건에 따라 보호되고 관련 국가의 명시적 동의 없이 제3자와 공유해서는 안 된다.

이와 함께 상호검증은 문서검토와 현장평가로 구성되며, 원스톱보안의 기본 전제는 보안검색을 받지 않은 승객과 화물이 동등한 보안검색을 받은 승객 및 화물과 혼합되지 않아야 한다는 점이다.

1) ICAO 동등성 인정의 한계와 개선방향

ICAO의 동등성 인정체계는 이상적인 글로벌 표준을 지향하지만, 현실에서는 여러 한계와 도전에 직면하고 있다. ICAO의 의사결정 과정은 상대적으로 느리므로 빠르게 변화하는 위협에 신속하게 대응하기 어렵고, 항공보안에 대한 각국의 필요성과 수단이 크게 다르므로 이를 조화시키는 데 어려움이 있다.

이러한 구조적 한계로 인해 ICAO는 표준과 권고되는 방식(SARPs) 이행을 강제할 수 없고, 체약국 간 효과적인 정보교환을 촉진하는 능력도 부족하다. 결과적으로 엄격한 보안표준을 가진 국가들은 자국 영토 밖에서도 독자적인 보안제도를 적용하고 있으며, 국가별로 다른 항공화물 보안 접근법의 등장으로 ICAO 내 공통 보안표준 합의가 더 어려워지고 있다.

항공운송 단일시장의 원활한 기능을 위해서는 모든 회원국에서 동등한 수준의 보안을 보장해야 하며, 이는 보안프로세스의 높은 수준 조화가 필요함을 의미한다. 특히 공통 위험평가 방법론, 위험 계층별 일치된 보안통제 절차, 보안장비 표준 등에 대한 일치된 규칙이 중요하다.

한편, 항공화물 보안 운영에 영향을 미치는 또 다른 패러다임은 승객운송의 보안에 더 큰 중점을 두는 경향이다. 그러나 2010년 예멘 사건이 보여주듯 화물 분야의 위협도 결코 간과해서는 안 되며, 전략적 수준과 법제도에서 항공화물 보안은 승객운송 보안과 동등하게 다뤄져야 한다. 따라서 항공화물에 적용되는 보안절차를 승객운송 보안절차와 일치시키도록 현행 법규 개정이 필요하다.

2) 동등성 확산에서 ICAO의 역할: 표준개발과 이행지원 과제

ICAO는 글로벌 항공운송의 보안을 위한 공통제도를 수립하고 이행을 평가하는 중요한 역할을 담당하지만, 국가 간 투자 능력과 위협수준의 차이로 인

해 항공보안의 필요성과 수단을 조화시키기 어렵다는 점이 주요 도전과제다.

이러한 한계는 다양한 규제 제도의 공존으로 항공사의 비용부담이 증가하고 효율적인 보안통제가 어려워지고 있다. EU가 채택한 제3국 출발 화물보안 규정은 ICAO의 일반구조를 유지하면서 공급망 보안절차와 검색절차를 모두 인정하며, ACC3 인증면제 국가목록에 포함되도록 보안절차 개선을 장려하여 EU로의 화물운송을 쉽게 한다.

현장 인사이트

"ICAO의 표준은 글로벌 항공보안의 기본 토대를 제공하지만, 현실에서는 각국의 특수한 보안 우려와 정치적 상황에 맞춰 조정되는 경우가 많습니다. 예를 들어, 미국과 영국은 ICAO 표준보다 더 엄격한 보안조치를 요구하며, 이것이 때로는 국제화물 운송에, 복잡성을 더하기도 합니다. 완벽한 글로벌 표준화는 이상적이지만, 각국의 주권과 위험평가 차이를 생각하면 현실적인 접근은 '최소 공통기준' 설정과 함께 지역별, 국가별 추가 조치를 인정하는 유연한 프레임워크를 개발하는 것입니다."

- ICAO 항공보안교관

그러나 ACC3 면제국 목록 작성 과정의 불투명성으로 국가들의 보안수준 향상 동기가 약화할 수 있고, ACC3 인증기준과 ICAO 표준 간 정보 부족으로 글로벌 통합 접근방식 마련에 한계가 있다.

따라서 더 효과적인 글로벌 항공화물 보안체계를 구축하기 위해서는 ICAO 표준과 권고되는 방식(SARPs) 준수와 ACC3 인증면제를 연계하고, 독립적 유효성 확인을 위한 규제 제도를 정의하며, ACC3 인증 및 면제목록 작성과정을 제3국과의 항공 서비스 계약협상과 연계하는 방안을 고려할 필요가 있다.

3) 국가 항공보안당국의 역할과 책임: 동등성 인정체계 이행과 관리

각국의 항공보안당국은 항공화물보안에서 핵심적인 역할을 수행하며, ICAO SARPs 이행을 위한 위원회 작업그룹에 참가하고 항공화물 규정의 이행과 집행을 담당하는 "기술 전문가" 역할을 맡고 있다. 그러나 현행 제도가 최적의 방식으로 작동하지 않으며, 특히 국제적 차원에서의 소화 부족이 문제로 지적된다.

이러한 문제의 배경에는 ICAO SARPs가 회원국 항공보안당국이 국가별 항공보안프로그램을 준비하는 데 사용할 수 있는 일반 규정을 제공하지만, 회원국 및 항공보안당국 간에는 항공운송 시장의 규모와 민간항공 보안위험에 대한 인식 차이가 존재한다는 점이 있다. 일부 국가는 ICAO SARPs를 기반으로 적극적인 항공화물 보안프로그램을 수립하지만, 다른 국가들은 최소한의 의무 준수에 그치고 있어 이해관계자들에게 제공되는 정보의 양과 질에 큰 차이가 발생하고 있다.

특히 ICAO SARPs가 항공화물 보안절차의 세부적인 이행 방법을 규정하지 않기 때문에, 일부 국가는 시장을 왜곡할 수 있는 조항을 채택하기도 한다. 이러한 접근방식은 각국이 실제 위험과 지역상황에 맞춰 보안절차를 조정할 수 있게 하지만, 국제적으로 공정한 경쟁 환경을 조성하고 보안장비의 시장 점유와 연구개발을 촉진하는 데 부정적인 영향을 미칠 수 있다.

이러한 문제를 해결하기 위해 국가 항공보안당국 간 업무 조정을 개선할 필요가 있으며, 현재의 제도적 환경을 유지하면서 ICAO 규정의 특정 부분을 더 상세히 규정하는 방법을 검토해 볼 필요가 있다.

3. 원스톱보안의 운영 효과와 전략적 가치

원스톱보안 도입은 다양한 차원에서 혜택을 제공한다. 중복 보안검색 면제와 환적 연결 시간 단축을 통해 화물의 이동 효율성을 높이고, 연결편 지연 및 결항률 감소로 운영 신뢰성을 개선한다. 또한 운영 비용 절감과 상업적 편익 증대는 경제적 가치를 창출하며, 공항의 평판 및 인지도 향상이라는 전략적 이점도 가져온다.

이러한 직접적 혜택을 바탕으로 원스톱보안은 더 광범위한 파급효과를 창출한다. 환적 보안비용 절감 효과가 화물운송 요금 인하로 연결되면서 경제적 혜택이 확산하고, 정부와 공항운영자의 협력을 통해 표준화된 항공보안법령이 정비되면서 국가 간 협력 관계가 개선되고 있다. 더 나아가 해당 국가와 공항에 대한 신뢰도를 높여 긍정적 이미지를 구축하고, 신속하고 편리한 화물운송 환경 조성으로 물류산업 활성화에 이바지한다.

(1) 보안수준 향상과 국제협력 증진

거시적 관점에서 원스톱보안은 전 세계 항공보안기준의 전반적인 조정과 개선에 이바지한다. 원스톱보안에 참여하기 위해서는 정부가 화물보안검색에 대한 상대국과의 동등성을 입증할 수 있어야 하며, 대부분의 ICAO 체약국은 기존 보안프로세스의 개선이 필요하므로 이는 글로벌 보안수준 향상이라는 광범위한 혜택으로 이어진다.

이러한 체계적 접근에서 정부가 원스톱보안 이행을 위해 상대국을 선정할 때는 해당 국가가 동등한 수준의 화물보안체제를 보유하고 있거나 구축할 것이라는 확신이 있어야 하며, 이는 지속적으로 평가되어야 한다. 일부 국가에서는 보안조치의 동등성 인정 기준을 국제민간항공협약 Annex 17보다 강화된 수준으로 설정할 수 있지만, 다른 국가들은 이행에 따른 편익이 충분하다고 판단되면 양자 간 협상을 통해 동등한 관계를 수립할 수 있다.

운영 측면에서 공항운영자의 경우, 원스톱보안 이행을 위한 인프라 개선 비용을 정당화하려면 상당한 수의 원스톱보안 화물수요가 필요하다. 따라서 향후 원스톱보안 이행 예정국가를 대상으로 한 대규모 화물처리 시설 마련에 중점을 두는 것이 더 합리적인 접근방식이 될 수 있다.

(2) 효율화를 통한 비용절감과 가치창출

원스톱보안의 주요 재정적 이점은 환적 화물에 대한 보안검색 비용 절감에 초점을 맞추고 있으며, 이는 화물운송업체의 부담을 줄일 수 있다. 원스톱보안은 정부, 공항, 항공운송사업자, 화물운송업체 모두에게 다양한 혜택을 제공하지만, 가장 명확하게 수치화할 수 있는 이점은 원스톱보안 대상 환적화물의 보안검색 면제를 통한 비용 절감이다.

이러한 구조에서 공항은 원스톱보안 이행으로 환적 보안검색 대상 화물 수가 줄어 운영비용이 감소하고 재정적 이익을 얻게 된다. 환적화물 재검색 면제로 인한 비용 절감은 분명히 존재하지만, 국가와 공항별 과금 방식의 차이로 인해 직접적인 수혜자를 항상 쉽게 파악할 수 있는 것은 아니다. 대부분은 보안비용 절감은 궁극적으로 화물운송비용 절감 형태로 화주와 화물운송업체에 돌아가고 있다.

(3) 항공운송 인프라의 운영효율성 최적화

직접적인 비용 절감 외에도, 원스톱보안은 공항과 항공운송사업자에게 여러 운영상 이점을 제공한다. 주요 이점은 연결 시간 단축으로 인한 화물운송 개선과 화물편 연결 지연 감소이며, 이는 항공운송사업자에게 해당 공항을 화물 허브공항으로 선택하게 하는 긍정적인 유인이 되고 있다.

이러한 연결시간 단축은 주로 화물에 대한 보안검색 면제와 관련 절차 생략으로 인한 것으로, 화물의 공항시설 체류 시간과 대기 시간을 줄여주며 환적화물 보안검색장 인력 배치의 어려움도 해소할 수 있다.

결과적으로 원스톱보안 이행은 공항 간 경쟁우위를 확보하고, 허브공항을 중심으로 한 대규모 화물 운송 및 인근 소규모 노선 분배 전략을 개선하는데 도움이 된다.

4. 원스톱보안 도입의 과제와 전략적 대응방안

원스톱보안 이행에 대한 부정적 의견은 세 가지 핵심 우려사항으로 요약된다.

시스템 도입 과정에서 기존 공항시설 변경이 불가피하여 운영상 일시적 혼란이 발생할 수 있으며, 물류처리 프로세스 변화로 인한 비효율성이 나타날 가능성이 크다.

또한 공항운영자는 항공사, 보안당국, 지상조업체 등 다양한 이해관계자와 긴밀히 협력하여 통합 보안공간을 구축하고 지속적으로 관리해야 하는 복잡한 과제에 직면한다.

무엇보다 국가별로 다른 보안기준과 평가체계 때문에 외국 항공사가 자국의 엄격한 보안요구사항을 충분히 이행할 것이라는 확신을 얻기 어렵다는 점이 근본적 제약으로 작용한다. 이러한 우려사항들은 원스톱보안 도입 시 신중한 검토와 단계적 접근이 필요함을 시사한다.

(1) 경제적 장애요인: 환적화물 부족과 투자 효율성 문제

원스톱보안 이행의 주요 장애요인 중 하나는 화물 환적수요 부족이다. 많은 소형공항에서는 원스톱보안을 전면 이행하지 않거나 아예 이행하지 않고 있으며, 전면 이행할 때도 필요 시 전담직원이 화물을 관리하는 방식으로 운영한다.

화물 환적 관리 프로세스는 주로 소규모 공항에서 소량의 화물이나 임시화물을 대상으로 사용되며, 대형공항의 경우 전면적인 원스톱보안 이행이 어려울 때 소규모 화물 그룹을 대상으로 이 방식을 활용한다.

공항에서 전면적인 원스톱보안 대신 개별 관리 프로세스를 채택하지 않는 주된 이유는 화물 환적수요 증가에 따른 운영비용 급증과 표준화되지 않은 방식 이행으로 인한 보안위험 때문이다. 이러한 상황은 공항의 규모, 화물 환적수요, 운영비용, 보안위험 등을 종합적으로 고려하여 각 공항에 맞는 최적의 화물보안시스템을 선택해야 함을 시사하고 있다.

(2) 물리적 장애요인: 공항시설의 구조적 한계

원스톱보안 이행의 시설 측면 제한사항을 이해하기 위해서는 화물 환적에 필요한 운영절차와 개선사항을 파악하는 것이 중요하다. 환적공항에서는 화물이 보안검색을 거치지 않도록 동선을 분리하여 별도의 이동 경로를 마련해야 한다.

이러한 원스톱보안 동선을 제한하는 주요 요소들은 공항 인프라의 구조적 특성과 깊은 연관성을 가진다. 화물터미널의 설계와 위치가 동선 구성에 직접적 영향을 미치며, 터미널의 구조와 레이아웃이 화물 흐름을 제약하고 있다. 특히 화물처리시설 설계의 복잡성은 별도 통로 마련을 어렵게 만드는 핵심 장애물로 작용한다.

원스톱보안 대상 화물을 위한 별도 동선을 추가하지 않는 배경에는 다층적 이유가 존재한다. 기존 터미널 건물의 공간 제약으로 인해 추가 통로 설치가 물리적으로 불가능한 경우가 많으며, 수동개폐 출입문 설치 시 발생하는 초기 투자비용과 유지보수 부담, 자동화 시스템 도입을 위한 프로세스 재설계 비용 등이 경제적 부담으로 작용하고 있다.

따라서 이러한 시설 측면의 제한사항들은 단순한 물리적 한계를 넘어 운영 효율성과 경제성의 균형을 요구하는 복합적 문제로, 각 공항의 특수성을 고려한 맞춤형 해결전략 수립이 필수적이다.

5. 원스톱보안의 글로벌 적용사례: 주요국 운영현황과 성과

공항 차원에서의 원스톱보안 이행은 국가 차원의 이행에 비해 더 다양한 양상을 보인다. 화물 환적 수요가 많은 대형공항은 원스톱보안 이행의 혜택을 가장 크게 받기 때문에, 상당한 시설투자 후 전면적 또는 부분적으로 원스톱보안을 이행하고 있으며, 주로 별도의 화물구역이나 터미널 내 추가 공간을 통해 이루어진다.

이러한 이행 과정에서 주요 방해 요인은 물리적 시설 개조에 필요한 비용이다. 실제로 많은 공항들이 전면적인 원스톱보안 서비스 제공을 위해 터미널과 화물처리시설을 개선하고 있지만, 화물운송량이 적거나 항공편 연결이 제한되면 투자 부담이 클 수 있다.

현장 인사이트

"각 국가의 원스톱보안 접근법은 그 나라의 보안문화와 항공 산업 구조를 반영합니다. 중앙집권적 의사결정 문화가 있는 국가들은 보통 국가 전체적으로 일관된 원스톱보안 모델을 도입하지만, 분권화된 시스템을 가진 국가들은 각 공항이 자체적인 원스톱보안 모델을 개발할 수 있는 자율성을 부여합니다. 흥미로운 점은 두 접근법 모두 성공 사례가 있다는 것입니다. 중요한 것은 어떤 모델을 선택하든 항공보안당국과 공항운영자 간의 긴밀한 협력입니다."

- 한국항공보안학회 ○○이사

국가 차원에서 전면적인 원스톱보안 이행준비가 되어 있더라도, 각 공항의 적용방식은 다양하게 나타난다. 일부 국가에서는 정부가 직접 자국 공항들과 협력하여 원스톱보안 이행을 장려하지만, 다른 국가들은 공항운영자에게 법령체계에 대한 자문만 제공하고 실제 이행은 공항의 재량에 맡기기도 한다. 공항운영자가 화물 환적에 원스톱보안 서비스를 제공하기 위해서는 먼저 해당 절차가 국가 차원에서 허용되어야 한다.

(1) EU/EEA 원스톱보안 모델: 단일시장 기반 통합 보안체계 운영사례

원스톱보안(OSS)은 유럽연합(EU) 회원국과 EU 비회원국 중 쉥겐협약 가입국에서 광범위하게 시행되고 있다. EU는 미국, 캐나다, 싱가포르 등과 원스톱보안 이행 협약을 체결하여 지속적으로 참여국을 늘리고 있으며, 이 제도는 화물을 포함하여 다양하게 적용되고 있다.

〈EU 원스톱보안의 주요 특징〉

특 징	내 용
법적 기반	EU Regulation 2015/1998에 명시된 항공보안 이행 규칙
적용 범위	승객, 수하물, 화물 모두에 적용 가능
인정 형태	다자간(EU 내부), 양자 간(EU-제3국), 일방적 인정

특 징	내 용
이행 방식	국가 주도형과 공항 자율형의 혼합 접근법
평가 시스템	EU 회원국 간 상호 평가 및 EU 위원회의 정기 감사
확장 전략	단계적 확대(중요 교역국 및 주요 허브공항 우선)

이러한 원스톱보안 도입은 국가 간 보안조치의 동등성을 상호인정하는 방식을 기반으로 구현되며, 세 가지 협력형태로 구체화한다. 다자간 인정 방식은 여러 국가가 공동으로 상호 보안수준의 동등성을 승인하는 형태로 광범위한 적용이 가능하며, 양자 간 인정 방식은 두 국가 간의 상호협정을 통해 상대방의 화물보안체계를 인정하는 방식이다. 일방적 인정 방식은 한 국가가 자체평가를 통해 다른 국가의 화물보안조치를 단독으로 인정하는 형태로, 주로 보안 인프라가 우수한 국가를 대상으로 한 선택적 적용이 이루어지고 있다.

결과적으로 이러한 원스톱보안 제도는 세부 운영절차, 평가 기준, 상호검증 메커니즘 등이 체계적으로 규정되면서 점차 정교화되어 가고 있으며, 단순한 절차 간소화를 넘어 국가 간 신뢰 기반의 화물보안협력체계로 발전하고 있다.

(2) 영국의 독립적 원스톱보안 모델

영국은 유럽연합(EU)의 원스톱보안 제도와 차별화된 독자적 화물보안체계를 운영하며, EU 규정보다 엄격한 기준을 적용하고 있다. 국제선 공항에서 출발해 영국을 경유하는 항공편에 대해 원스톱보안을 전면적으로 배제하는 반면, 자국 규정을 충족하는 국내선 공항만 제한적 허용이라는 유연성과 엄격성을 동시에 보인다.

영국이 전면적 원스톱보안을 도입하기 위해서는 세 가지 전제조건이 충족되어야 한다. EU의 화물보안검색 기준이 영국 수준으로 상향조정되거나, 민간항공 위협 수준이 감소해 현행 강화기준을 완화할 수 있거나, 제3국의 원스톱보안 이행 수준이 자국 기준과 일관되게 유지된다는 확신이 필수적이다.

이러한 정책은 영국의 최근 보안강화 추세와 긴밀히 연계되어 있으며, EU의 표준화된 항공보안 법령 이행 체계와 달리 영국은 자체평가를 통해 상호인정 여부를 결정하는 방식을 고수하며 국가별 차별화된 접근법을 선호한다. 이는 단순한 제도적 차이를 넘어 테러위협 대응과 국가안보 전략의 연장선에서 이해될 필요가 있다.

(3) 캐나다의 원스톱보안 모델: 위험기반 선택적 상호인정 체계

캐나다는 현재 4개의 주요 국제공항(밴쿠버, 캘거리, 토론토, 몬트리올)에서 원스톱보안 제도를 시행하고 있으며, 국내선, EU/EEA 국가와 스위스 그리고 미국에서 출발하는 항공편만 원스톱보안을 적용하고 있다.

이러한 운영 체계에서 캐나다 정부는 원스톱보안 이행을 위한 법적 및 제도적 기반을 마련했지만, 실제 운영은 각 공항이 주도적으로 수행하고 있다. 정부는 원스톱보안의 적용범위를 확대하려는 의지를 보이고 있으며, 화물 환적수요를 분석하여 원스톱보안을 효과적으로 이행할 수 있는 잠재적 파트너 국가를 파악하고 있다.

확대 과정에서 공항운영자들은 원스톱보안 시설개조에 따른 높은 비용을 정당화하기 위해 정부가 더 많은 국가 간 협정을 체결해야 한다고 주장하지만, 정부는 다른 국가들과의 협약체결을 위해 공항들이 먼저 필요한 변화를 이행해야 한다고 강조하고 있다. 캐나다는 지리적으로 유럽과 아시아 사이에 위치하여 주요 화물 환적 허브로서의 잠재력을 가지고 있으며, 특히 미국과의 긴밀한 보안 협력 관계를 바탕으로 양국 간 화물운송 촉진을 위한 다양한 이니셔티브를 개발하고 있다.

6. 화물보안의 혁신: 원스톱보안 시스템을 통한 통합보안전략

화물 분야 원스톱보안(OSS) 제도는 국가 간 화물이동 시 상호검증을 통해 보안절차 동등성을 인정함으로써 보안수준 관리와 물류 효율성을 동시에 달성하는 혁신적 접근법이다. 이는 화물의 전체 이동과정에서 보안 취약점을 최소화하면서도 통관지연을 줄여 신속한 물류흐름을 보장한다.

현장 인사이트

"항공화물 분야의 원스톱보안은 여객 분야보다 더 복잡한 도전에 직면해 있습니다. 화물은 다양한 이해관계자(화주, 포워더, 항공사, 지상조업체 등)를 거치며, 단계마다 보안 취약점이 발생할 수 있죠. 그러나 동시에 그 잠재적 혜택도 매우 큽니다. 특히 시간에 민감한 화물(의약품, 생화, 전자부품 등)의 경우, 중복 검색으로 인한 지연은 상품 가치에 직접적인 영향을 미칩니다. 이것은 단순한 시간 절약이 아니라 공급망 전체의 신뢰성과 예측 가능성을 높이는 혁명적 변화입니다."

– ICAO 항공보안평가관(Auditor)

이러한 효과적 시스템 구축을 위해 화물 분야 OSS 도입에는 세 가지 핵심 조치가 필요하다. 첫째, 현행 항공보안법의 환적화물 처리 규정을 개정해 OSS 적용의 법적기반을 마련해야 한다. 둘째, 복합물류환경 대응과 위험물 관리 등 화물 특성상 발생 가능한 문제점을 사전에 예측해 체계적인 기준항목을 수립해야 한다. 셋째, 디지털 화물추적 시스템 도입과 국제협력 강화 등 화물 포장 · 적재 · 운송 전 단계에 걸친 구체적 개선방안을 제시해야 한다.

제도의 실효성 확보를 위해서는 화물처리 시간 단축, 보안사고 감소율, 운영비 절감액 등 정량적 지표를 제시하는 동시에 항공사, 물류기업, 항공보안당국 등 이해관계자별 혜택을 명확히 하는 입법론적 접근이 필요하다. 특히 디지털 물류 인프라와 결합한 OSS 시스템은 전통적 보안 관행을 혁신함으로써 스마트 물류체계 구축에 선도적 역할을 수행할 잠재력을 지니고 있다.

(1) 복잡성의 관리: 화물분야 원스톱보안 도입 시 주요 도전과제

화물분야 원스톱보안(OSS) 도입 시 발생하는 문제점은 다층적 과제로 구성되며, 복합적인 법적개정이 필요하다.

첫째, 현행 항공보안법의 환적화물 처리 규정이 OSS 도입의 주요 법적 장벽으로 작용한다. 국가 간 상호검증 절차를 명시한 ICAO 권고와의 불일치 가능성이 제도 개편 필요성을 촉발하고 있다.

이러한 법적 문제와 함께 둘째, 항공사와 보안검색업체 간 도급계약 구조에서 비롯되는 보안인력 전문성 부족 문제는 OSS 이행의 실효성을 저해한다. 화물 공급망의 복잡성으로 인해 상호감시체계가 미비해지며, 보안프로세스의 일관성 유지에 직접적 위협으로 작용하고 있다.

운영 측면에서는 셋째, 환적화물 처리구역의 물리적 재배치 시 공항시설 개선비용이 발생하며, 소규모 공항은 OSS 전용통로 구축이나 보안장비 확충에 자원부족을 겪을 수 있다. 넷째, 글로벌 위협수준 변화에 따른 환적검색 절차의 신속한 재설정 요구는 OSS 운영의 복잡성을 가중시키고 있으며, 특정 국가의 보안기준 급변 시 기존 협정조정 지연으로 물류차질이 발생할 수 있다.

기술적 차원에서 다섯째, 기존 화물관리 시스템과의 호환성 확보가 필요하며, 데이터 표준화 부재나 상호운용성 결여는 실시간 모니터링 장애로 이어져 보안사각지대를 형성할 위험이 있다.

이러한 문제점들은 물류 효율성과의 균형을 요구하는 복합적 도전과제로, 법규 정비부터 기술 인프라 개선, 국제협력 강화에 이르는 종합적 접근이 필요하다. 특히 ICAO 권고에 따른 동등성 검증절차를 법령에 반영하고, EU의 2015/1998 개정안과 유사한 표준화된 이행지침을 도입하는 것이 중요하다.

(2) 균형의 예술: 원스톱보안의 법적 도입효과 분석

항공화물 공급망보안 체계 구축과 원스톱보안(OSS)의 화물보안 분야 도입을 통해 화물보안을 더 강화할 수 있다. OSS의 화물분야 도입은 국가 간 인증체계를 통해 화물제조 단계부터 보안검색, 물류흐름 등 출발지에서 도착지까지 항공보안 수준을 일원화한다.

이는 화물보안 전반에 걸쳐 동등성 인정을 통해 물리적 보안검색 대신 위험관리에 따른 화물보안 강화 추세를 반영한 패러다임 전환이라 할 수 있으며, 화물 접수 및 이동 단계에서는 공인화물보안대행기관 및 상용화주제도 등 공급망보안 체계를 체계적으로 구축하여 운영하는 것이 중요하다.

이러한 접근방식은 ICAO와 WCO의 공급망보안 협조체계 강화 방향과 일치하며, 위험기반 접근법을 기반으로 고위험화물의 보안확보에 중점을 두어 저위험화물에 대한 불필요한 지연을 방지한다. 또한 상호인정 프로세스를 통해 중복을 피하면서 화물보안 요구를 충족시킴으로써 복잡한 글로벌 공급망을 통한 화물이동을 촉진한다.

〈원스톱보안 법적 도입 효과의 다차원적 분석〉

영역	주요 효과	혜택 및 도전과제
보안 강화	• 일관된 글로벌 보안표준 적용 • 위험기반 자원 할당 최적화 • 전체 공급망보안 가시성 확보	• 테러 취약점 체계적 해소 • 신종 위협에 대한 대응 역량 강화 • 보안 사각지대 최소화
운영 효율성	• 중복 검색 제거로 처리시간 단축 • 환적화물 흐름 가속화 • 인력자원 최적 배치	• 화물 운송비용 절감 • 시간 민감 화물의 신선도 유지 • 피크타임 혼잡 감소
국제 협력	• 국가 간 정보공유 체계 구축 • 보안표준 조화를 위한 공동 노력 • 상호신뢰 기반 협력관계 발전	• 글로벌 보안 거버넌스 강화 • 국제위기 대응역량 향상 • 개발도상국 보안역량 강화 지원
경제적 영향	• 물류비용 절감 • 예측 가능성 향상으로 재고 최적화 • 글로벌 공급망 회복력 강화	• 중소기업의 국제시장 접근성 개선 • 항공화물 경쟁력 강화 • 전자상거래 발전 기여
법제도 발전	• ICAO 표준과 조화된 국내법 정비 • 새로운 보안 거버넌스 모델 개발 • 책임 소재 명확화	• 법적 명확성 제고로 분쟁 감소 • 규제 예측 가능성 증가 • 다층적 법체계 간 조화 달성

화물분야 OSS 도입은 다차원적 개선 효과를 가져온다. 보안성 강화 측면에서 국가 간 동등성 인정을 통해 공급망 전반에 일관된 기준을 적용함으로써 테러위협에 대한 취약점을 체계적으로 해소한다. 운영 효율성 측면에서는 출발지 검색결과를 경유지에서 재검색 없이 인정함으로써 환적화물 처리시간을 단축해 연결편 지연감소와 물류비 절감으로 직결되어 긴급 화물 운송 시 경쟁력을 강화한다.

국제협력 심화 차원에서는 ICAO 권고에 따른 국가별 보안프로그램 상호 평가와 위협정보공유를 통해 신뢰 기반의 협력 네트워크가 구축되며, EU의 표준화된 법령 이행사례를 확장해 미국 · 캐나다 · 싱가포르 등과의 협정체결 가능성이 높아진다. 경제적 영향으로는 재검색 생략에 따른 운송시간 단축이 연료비와 창고 관리비 절감으로 이어지며, 신선식품 · 의약품 등 시간 민감 화물의 운송 효율성이 개선된다.

현장 인사이트

"원스톱보안의 도입은 단순한 효율성 개선이 아닌 화물보안 패러다임의 근본적 전환을 의미합니다. 전통적으로 화물보안은 '검색'에 초점을 맞췄지만, 원스톱보안은 '신뢰'와 '위험관리'를 중심으로 합니다. 중요한 것은 상호인정 과정에서 국가 간 보안표준이 자연스럽게 상향 평준화된다는 점입니다. 상호인정을 받기 위해 각국은 자발적으로 보안수준을 높이게 되며, 이는 전체 항공화물 시스템의 보안 향상으로 이어집니다. 또한 정보공유가 활성화되어 위협 탐지 능력도 크게 향상됩니다."

– 한국항공보안협회 ○○이사

이러한 변화는 단순한 절차 간소화를 넘어 화물보안을 사후대응에서 사전예방체계로 전환하는 패러다임 변화를 의미하지만, 법규개정 지연이나 기술적 호환성 문제와 같은 잠재적 장애요인을 고려한 종합적 이행전략 수립이 반드시 동반되어야 한다.

1) 환적화물 보안강화: 위험관리 기반 원스톱보안 시스템 구축

항공화물보안에 원스톱보안(OSS)을 도입할 때 화물보안 강화, 경제적 편익 증가, 법적 · 제도적 보안체계 고도화라는 세 가지 핵심 효과를 기대할 수 있다. 이는 단순한 절차개선을 넘어 글로벌 항공보안의 지속가능한 성장을 위한 미래지향적 전략으로, ICAO · 정부 · 업계 등 이해관계자 간 협력 플랫폼을 구축한다.

이러한 비전 실현을 위한 OSS의 핵심은 환적화물에 대한 불필요한 재검색을 생략해 연결편 간 환적시간을 단축하고, 참여국 간 협력을 통해 전 세계적 차원의 보안표준을 강화함으로써 물류비용 절감효과를 창출하는 데 있다.

구체적 실현방안으로는 첫째, 공인화물보안대행기관 제도의 법적 도입을 통해 기존 상용화주 제도와 함께 ICAO 공급망보안 체계를 구축해야 한다. 둘째, 위험기반 접근법을 적용해 환적화물 보안확보 프로세스를 최적화해야 하며, 셋째, 이러한 개편을 통해 환적 화물량 증가, 화물관련업체 확충, 항공산업 활성화라는 선순환 구조를 유도해야 한다.

효과적 체계 구축을 위해서는 기존 단일화된 상용화주 제도에서 벗어나 공급망보안 주체별 상호감시체계를 구축하는 것이 필요하며, 정부 주도로

상용화주와 공인화물보안대행기관을 이원화한 화물보안체계 개선이 시급하다. 궁극적으로 상대국과의 동등성 인정절차를 거쳐 상호인증 체계를 확립함으로써 화물이동 전 과정에 대한 보안성을 입증해야 한다.

결과적으로 공급망보안 체계와 OSS 도입은 별개의 개념이 아닌 상호 연동되는 메커니즘으로, 유기적으로 결합해 작동해야 하며, 법령 정비를 통해 두 체계가 효과를 낼 수 있는 시스템 설계가 관건이다.

2) 패러다임 전환: 화물분야 원스톱보안 도입 효과성 평가

현재 항공보안은 외부위협 대응과 승객보호에 집중되어 있으며, 이러한 패러다임은 과거 보안사건들에 의해 형성되었다. 그러나 화물보안 운영에 있어서는 승객운송 보안에 치중된 방향성이 두 번째 패러다임으로 작용하고 있다.

이러한 현실에서 전략적 · 입법적 차원에서 항공화물 보안은 승객운송과 동일한 수준이어야 한다. 미래 위험평가가 승객에게 초점을 맞추더라도, 기본 표준 정의 시에는 화물과 승객 모두에게 적절한 제도가 제공되어야 하며, 특히 승객 프로파일링 기술을 화물에 적용하면 공급망을 따라 화물 정보교환을 개선하고 효과적인 위험평가 방법론을 제공할 수 있다.

여객분야와 화물분야의 원스톱보안 도입 방식에는 중요한 차이가 있다. 여객분야는 승객 흐름, 연결시간, 항공기 주기 위치 등 공항 특성에 따라 공항운영자가 결정하지만, 화물분야는 국가 차원에서 결정해야 한다.

화물분야 원스톱보안은 국가 의지와 관련 규정 정비를 통해 더 신속하게 적용할 수 있다. 여객분야는 다양한 이해관계자들의 복잡한 결정 과정을 거쳐야 하지만, 화물은 물류와 밀접한 관계를 맺으며 현행법상 항공운송사업자가 모든 보안책임을 지고 있다. 따라서 화물분야는 국가가 결정하고 투자하여 원스톱보안을 도입하고, 제도적 · 법적 규정을 일원화해야 효과를 극대화할 수 있다.

3) 미래 경쟁력의 원천: 원스톱보안 이행에 따른 보안역량 강화효과

원스톱보안 추진계획은 글로벌 항공보안 공동체 실현을 위한 핵심 방식으로, 참가국 및 공항 간 높은 수준의 보안체계 구축을 촉진하고 국가 간 보안수준 차이를 조화시킨다. 추진계획의 글로벌 확산은 현재 참여국과 다양한 보안기준을 가진 국가 간의 보안 동등성 인정을 수반하며, 견고한 접근방식을 요구한다.

원스톱보안 이행 희망국은 Annex 17에 따라 동등성 검증절차를 준수하고 대상국 간 보안검색 수준의 동등성을 입증해야 한다. 협정체결 시 국가별 보안검색 절차 개선이 요구되며, 이는 공항 이용 이해관계자에게 더 넓은 보안혜택을 제공한다.

그러나 현재 전 세계 보안표준은 국가와 공항에 따라 크게 달라, 보안결과 비교가 어렵고, 이는 글로벌 항공보안 공동체 구축에 걸림돌이 되고 있다. 국가와 공항 간 공통기준 합의는 항공업계에 상당한 보안, 재정, 서비스 혜택을 제공할 수 있다.

4) 원스톱보안의 사회경제적 영향: 무역 촉진과 지속가능성

원스톱보안의 영향은 단순한 보안 효율성 향상을 넘어 광범위한 사회경제적 효과로 확장된다. 특히 글로벌 무역 촉진과 지속가능성 측면에서 원스톱보안의 미래 가치를 살펴볼 필요가 있다.

이러한 관점에서 원스톱보안은 국경 간 화물 이동을 원활하게 함으로써 글로벌 무역을 촉진하는 강력한 수단이 되고 있다. 중소기업의 글로벌 시장 접근성을 향상시키고, 다국적 생산 네트워크의 부품 이동을 원활화하여 글로벌 가치사슬 효율성을 증대시킨다. 또한 신선식품, 의약품 등 시간민감 상품의 국제 거래를 활성화하고, 전자상거래의 국제 배송을 지원하며, 통관 및 보안검색 중복으로 인한 무역 비용을 절감하고 있다.

이와 더불어 원스톱보안은 UN의 지속가능발전목표에도 긍정적으로 이바지한다. 항공기 지연 및 대기 시간 감소로 탄소 배출을 줄이고, 중복 검사 장비 운영 감소로 자원 효율성을 높인다. 신선식품의 운송시간 단축으로 식품 낭비를 감소시키고, 생명 구조 의약품의 신속한 국제 운송을 지원하며, 개발도상국의 글로벌 가치사슬 참여를 확대하여 포용적 경제성장을 촉진한다.

따라서 미래 원스톱보안 발전에서는 이러한 사회경제적 가치를 명시적으로 고려하고, 보안 효율성뿐만 아니라 무역 촉진과 지속가능성 측면의 성과도 체계적으로 측정하고 관리하는 접근이 필요하다.

(3) 글로벌 보안 네트워크: 제3국 인바운드화물 보안관리체계 개선방안

우리나라는 국가항공보안계획에 따라 환적화물에 대해 조건부 보안검색 면제 또는 보안검색을 하고 있다. 주요국들이 위험관리 중심의 공급망보안 체계를 통해 출발화물에 대한 보안검색을 미시행하는 것과 달리, 우리나라는 자국공항 출발화물에 대해 항공보안법에 따라 100% 물리적 보안검색을 시행하고 있다. 이러한 상이한 보안 접근방식을 고려할 때, 환적화물에 대한 조건부 보안검색 면제 정책은 재검토되어야 할 필요성이 제기된다.

현행 규정상 출발지 공항에서의 보안검색 완료 여부를 확신할 수 없는 화물에 대해서도 우리나라 공항에서 환적화물 보안검색이 면제되는 문제가 확인되는 것이다. 이것은 환적화물을 우리나라 공항 출발화물과 동일하게 100% 물리적 보안검색을 적용할 것인지, 아니면 공급망보안에 따라 보안이 확보된 화물로 인정하여 보안검색 면제 여부를 결정할 것인지에 대한 근본적 검토를 요구하는 것이라 할 수 있다. 즉, 자국 출발화물에 대해서는 엄격한 물리적 검색을 시행하면서도 환적화물에 대해서는 출발지 보안검색 여부가 불명확한 상태에서 검색을 면제하는 것은 보안 논리의 일관성을 결여한 것으로 판단된다.

이러한 문제는 제3국 출발공항에 대해 위험관리 기반의 보안 동등성 인정을 통한 화물분야 원스톱보안 도입으로 해결할 수 있으며, 보안검색 면제를 위한 관련국 간 상호검증 절차를 거쳐 항공보안을 담보하는 것이 중요하다. 이를 통해 공급망보안 구축과 원스톱보안 도입으로 항공화물의 보안체계를 강화할 수 있을 것이다.

(4) 실행 로드맵: 원스톱보안 단계적 도입전략 수립

화물분야 원스톱보안 구축을 위해서는 다양한 이해관계자들의 협력을 통한 법적 · 제도적 장치 마련과 실질적 체감이 가능한 목표 설정이 필요하다. 성공적인 도입을 위해 공항의 적극적 노력과 각 공항의 요구사항 충족 필요성 인식이 중요하며, 위험기반 접근법을 채택하여 보안절차를 위협 및 위험수준에 따라 능동적으로 적용해야 한다.

이러한 기반 위에서 단계적 도입은 3단계로 진행된다. 첫 번째 단계에서는 1~2년간 항공보안법 개정과 시행규칙 수립을 통한 법적 · 제도적 체계를 마련하고, 정부 · 항공사 · 공항 · 포워더 · 화주 등이 참여하는 이해관계자

협의체를 구성한다. 국가별 · 노선별 · 화물 유형별 위험도 평가 기준을 개발하고, 보안체계가 우수한 주요 교역국 중 1~2개국을 시범사업 파트너로 선정한다.

두 번째 단계에서는 1년간 선정국가와 상호평가 및 협정을 체결하고, 특정 노선 및 항공사를 대상으로 제한적 원스톱보안을 적용하여 운영 데이터 수집과 성과 측정을 통해 문제점을 식별한다. 세 번째 단계에서는 2~3년간 시범사업 성과를 바탕으로 법규와 절차를 보완하고, 주요 교역국 및 환적 허브 중심으로 대상국가를 확대하여 전면 적용을 위한 인프라와 시스템을 구축한다.

원스톱보안의 효과적 이행을 위해서는 정부, 공항과 이해관계자들이 관련 기준을 명확히 규정해야 한다. 일부 국가가 ICAO 표준보다 강화된 국내법령을 채택하는 경우 Annex 17 기반 동등성 확립이 어려워지므로 기준의 일치가 중요하며, 본국에 가장 큰 수혜를 제공할 상대국을 평가하는 메커니즘 수립과 기존 원스톱보안 이행국 내 공항시설 마련 및 운영절차 개선이라는 두 가지 핵심 영역에 중점을 두어야 한다.

화물분야 적용을 위해서는 화물 접수부터 운송과정의 보안 확보, 항공기 탑재용 화물보안검색, 공인화물보안대행기관 · 상용화주제도 운영 및 법적 · 제도적 뒷받침에 대한 상호인증절차가 필요하다. 이러한 요소들이 충족되면 공항을 통한 화물흐름 증대와 투자 극대화가 가능해지며, 정부와 공항의 적극적 참여를 통한 공항 차원의 포럼 개최와 국가 차원의 협력 강화, 관련 정보 및 모범사례 공유를 통해 원스톱보안 시스템의 효율성과 신뢰성을 높일 수 있다.

(5) 국제표준화: 원스톱보안 운영절차 표준화

항공화물보안 개선 활동이 규칙과 절차 명확화에만 집중하고 책임을 적절히 고려하지 않으면, 협력적이고 표준화된 시스템 구축이 어려워진다. 이 경우 당사자들은 서로 참여를 꺼리고 가능한 책임을 다른 당사자에게 전가하려 하여, 결과적으로 협력적 보안시스템이 아닌 경쟁적 시스템으로 변질될 수 있다. 단기적으로는 전반적인 보안수준 개선이 가능할지 모르나, 장기적으로 높은 수준의 보안을 제공하려면 이해관계자 간의 관계 개선이 필수적이므로 책임 측면을 충분히 고려해야 한다.

이러한 인식을 바탕으로 원스톱보안의 핵심은 신속성, 편의성, 비용절감을 추구하면서도 동등한 수준의 보안을 유지하는 것이며, 최초 출발지 이후 보안이 확보된 영역을 이동하는 화물에 대해 중복 보안검색을 하지 않는 원칙을 따른다. 정부는 향후 모든 공항 개발 시 원스톱보안 관련 제반사항을 갖추도록 공항운영자를 독려해야 하며, 원스톱보안 이행국가 전반에 걸쳐 공항 확장이 진행됨에 따라 시간이 지날수록 그 혜택도 증가할 것이다.

정부는 공항들이 원스톱보안이 선택사항이 아님을 인식하도록 해야 하며, 공항에서 원스톱보안 제반사항 마련이 가능한 경우 장기적 관점에서 시설제약을 극복할 수 있도록 지원해야 한다. 일부 공항에서 이미 성공적으로 해당 절차를 수행하고 있으므로, 다른 공항과의 협력을 통해 모든 환적화물을 대상으로 한 다양한 원스톱보안 이행 방식을 개발할 수 있으며, 이를 통해 원스톱보안이 잠재적 가입 예정국가에 미치는 전반적인 매력도를 높일 수 있다.

(6) 글로벌 표준 접근: 인바운드화물 보안강화를 위한 제도적 접근

제3국에서 출발하는 인바운드 항공기의 항공화물 보안 확보는 현재 세계 항공운송 보안의 핵심 사안으로 간주하고 있다. ICAO가 글로벌 항공보안을 통제하는 기구로 인식되고 있지만, 항공화물에 대한 높은 수준의 보호를 보장할 수 있는 접근법을 제공하지 못하고 있다.

이러한 한계를 극복하기 위해 제3국 출발 항공편의 화물 보호를 위한 미래 제도는 이들 항공편의 보안강화 접근방식과 ICAO를 통한 활동 증대를 장려하는 제도를 결합할 필요가 있다. 위험분석을 통해 보안당국이 통상적으로 부과하는 것 이외의 보안통제 적용 여부를 결정하며, 보안당국이 확인된 위험수준에 상응하는 제도를 제공하지 않을 경우, 항공운송사업자는 검증된 시스템을 통해 인가된 대리인에 의한 추가통제 적용을 보장해야 한다.

위험기반 인바운드 항공화물 보안에 대한 제안은 각 위험수준별 보안절차를 상세히 기술하고, 인바운드 항공기의 위협과 위험을 결정하는 방법론을 수립하는 규정을 포함해야 하며, 장기적으로는 항공화물의 인바운드 항공편 보안확보를 위한 비전을 국제협약으로 추진해야 한다. 이러한 제도의 준수 여부는 ICAO 보안평가 프로그램이나 각국과 체결한 상호협정의 특정조항을 통해 모니터링되어야 한다.

제3국이 시행하는 보안조치는 체결한 상호협정의 구체적 조항에 근거해 평가해야 하며, 이러한 보안조치가 각 수준의 위험을 다루기에 적절할 경우 항공운송사업자의 추가조치는 필요하지 않다.

역량강화 활동과 양자협정을 통해 제3국 항공보안당국과의 소통을 개선해야 하며, 위험기반 접근법은 기존의 "면제" 및 "고위험화물" 목록을 대체해야 한다. 각 위험수준에서 각 국가가 시행 중인 보안조치에 대한 평가는 투명하고 객관적이어야 하며, ICAO 표준과 권고되는 방식(SARPs)에 기초해야 한다.

7. 원스톱보안의 미래와 발전 방향

원스톱보안은 단순한 절차 간소화를 넘어 글로벌 항공보안의 미래를 새롭게 정의하는 중요한 패러다임으로 자리잡고 있다. 현재 블록체인, 인공지능, 사물인터넷(IoT), 빅데이터 분석 등의 첨단기술이 원스톱보안의 효과와 신뢰성을 획기적으로 향상시킬 잠재력을 보여준다.

이러한 기술 혁신에서 블록체인 기술은 화물의 보안상태 및 이력을 불변적으로 기록하여 신뢰성을 보장하고, 인공지능은 위험 패턴 식별을 통해 보안검색의 효율성을 높인다. IoT 센서는 화물의 무결성을 실시간으로 모니터링하며, 빅데이터 분석은 위험 프로파일링의 정확도를 크게 향상시킨다. 이러한 기술 발전은 '신뢰할 수 있는 데이터'를 기반으로 한 원스톱보안의 새로운 단계를 가능하게 하며, 물리적 재검색을 디지털 검증으로 대체하는 '디지털 원스톱보안' 개념으로의 진화를 예고한다.

현재 주로 양자 간 협정을 통해 이루어지고 있는 원스톱보안은 미래에 다자간 협력체계로 발전할 가능성이 높다. ICAO를 중심으로 한 글로벌 원스톱보안 프레임워크 구축이 점차 가시화되고 있으며, 이를 통해 개별 국가 간 협정의 복잡성을 줄이고 일관된 국제표준을 적용할 수 있게 될 것으로 전망된다. 다자간 원스톱보안 협력체계는 공통 위험평가 방법론, 표준화된 보안 프로토콜, 상호검증 메커니즘, 정보공유 플랫폼, 분쟁 해결 체계 등을 핵심 요소로 한다. 특히 이러한 체계는 개발도상국의 항공보안 역량 강화에 중요한 역할을 하며, 글로벌 항공화물 네트워크의 가장 취약한 고리를 강화하는 데 이바지할 것으로 기대된다.

미래의 항공화물 보안환경은 끊임없이 진화하고 있으며, 원스톱보안 체계

역시 이러한 변화에 적응해야 한다. 사이버 위협의 증가, 내부자 위협, 신기술을 활용한 테러, 생화학 및 방사능 위협, 복합적 위협 시나리오 등이 주요 도전과제로 부상하고 있다. 이에 대응하기 위해 미래 원스톱보안은 '정적인 규칙 기반' 접근법에서 '동적인 적응형' 접근법으로 진화할 것으로 예상된다. 이는 실시간으로 위협환경을 평가하고 그에 맞춰 보안조치를 자동으로 조정하는 시스템을 의미하며, 특정 지역의 테러 위협 증가 시 해당 지역 출발화물에 대한 보안 프로토콜이 자동으로 강화되는 방식으로 구현될 것이다.

현장 인사이트

"항공화물 보안의 미래는 '적응형 회복력(adaptive resilience)'에 달려 있습니다. 과거에는 모든 가능한 위협에 대비한 완벽한 방어 시스템을 구축하려 했지만, 이제는 불가능하다는 것을 알게 되었습니다. 대신, 급격히 변화하는 위협환경에 신속하게 적응하고, 보안사고가 발생하더라도 빠르게 복구하는 능력이 중요해졌습니다. 원스톱보안은 이러한 적응형 회복력을 국제적으로 조율하는 프레임워크로 발전해야 합니다. 특히 국가 간 위협 정보공유와 공동 대응 메커니즘이 핵심이 될 것입니다."

\- ICAO 항공보안교관

Chapter

4

국내 항공화물보안 법령체계의 이해와 실무적용

Chapter 4

국내 항공화물보안 법령체계의 이해와 실무적용

Ⅰ. 항공화물보안 국내 법령의 구조와 기본원칙

1. 항공보안법과 국가항공보안계획의 체계적 분석

ICAO 체약국들은 Annex 17 SARPs와 Aviation Security Manual (Doc. 8973)에 따라 자국의 항공보안법을 제정·운영한다. 대부분 국가는 항공보안법을 통해 공항운영 당국, 항공사, 화물업체, 지상조업체 등의 보안 의무를 규정하고 있다.

이러한 국제적 흐름에 따라 우리나라도 ICAO 표준 충족을 위해 항공보안 업무 분담체계를 구축하고 세부운영지침으로 점검·감독을 강화했으며, 특히 항공화물과 관련하여 「상용화주 항공화물 보안기준」을 수립했다.

현장 인사이트

"항공화물보안은 단순히 규정을 따르는 것 이상의 의미가 있습니다. 이는 글로벌 공급망의 안전을 보장하는 동시에 효율적인 국제 무역을 가능케 하는 핵심 요소입니다."

\- 국토교통부 항공보안감독관

항공보안법 제17조의2에 근거한 상용화주제도는 지정기준, 절차, 화물보호, 보안프로그램 등을 규정한다. 국토교통부는 2010년 제도 활성화를 위해 정의, 적용범위, 보안책임, 보안점검 등을 개정했다. 상용화주는 보안등급별 무작위 표본검색을 하며, 항공사 인계 전까지 보안책임을 지고 있다.

상용화주 지정에는 보안검색장비, 전문인력, 적절한 시설 등이 필요하지만, 현행법은 상용화주와 Regulated Agent의 개념을 혼재하여 정의하고 있어 ICAO 표준과 차이를 보인다. 향후 Regulated Agent 제도 도입 시 공급망보안 주체별 역할을 명확히 구분하여 상호감시와 견제 기능을 강화함으로써 항공화물 보안을 더 효과적으로 확보할 수 있을 것이다.

(1) 항공보안법의 기본체계와 주요 규정사항

항공보안법 제15조제2항은 "항공운송사업자는 화물에 대한 보안검색을 하여야 한다"라고 규정한다. 제17조의2제1항에서는 "국토교통부장관은 보안검색장비, 항공보안검색요원 등 국토교통부령으로 정하는 기준을 갖춘 화주 또는 항공화물을 포장하여 보관 및 운송하는 자를 지정하여 항공화물에 대하여 보안검색을 하게 할 수 있다"라고 상용화주를 정의하며, 상용화주 지정기준 및 절차, 항공화물 보호, 보안프로그램 수립 등의 내용을 규정한다.

지정받은 상용화주의 화물은 엑스선 보안검색장비로 보안검색을 하여 보안성 확보(Secured) 화물로 인정되어, 화물터미널에서 별도의 추가 보안검색 없이 탑재할 수 있다. 단, 보안이 확보된 화물은 지상운송과정부터 항공운송사업자 인계 전까지 보안통제를 통한 보안확보가 필수적이다.

그러나 상용화주 취급 항공화물도 승객 휴대물품 및 위탁수하물과 동일하게 항공기 탑재 전 항공보안등급에 따라 무작위 표본보안검색을 하며, 취급화물의 보안통제 책임은 항공운송사업자 인계 전까지 상용화주에게 있다.

(2) 항공보안법 하위법령의 구조 및 적용범위

항공보안법 시행령은 상용화주의 지정 및 지정취소 권한을 지방항공청에 위임하여 책임소재를 명확히 하고 있다.

시행령 제12조에 따르면, 여객기 탑재 화물은 항공기 탑재 전 엑스선 보안검색장비를 통한 전량 검색이 의무화되어 있다. 폭발물이나 위해물품 의심 시에는 폭발물 흔적탐지장비 등 추가 보안검색을 해야 한다. 반면 화물기 탑재 화물은 개봉검색, 엑스선 검색, 폭발물 탐지장비 검색, 폭발물 탐지견 검색, 압력실 검색 등 5가지 방법의 하나만 선택하여 실시하면 된다.

> **토론주제**
> 항공보안법상 여객기에 탑재되는 화물과 화물기에 탑재되는 화물에 대한 보안검색 기준이 다른 이유는 무엇일까? 이러한 차이가 전체 항공보안 시스템에 미치는 영향과 잠재적 취약점은 무엇인가?

이러한 규정 분석 결과, 항공화물의 100% 엑스선 검색은 여객기 탑재 화물에만 적용되고 화물기는 다양한 검색방법 중 선택이 가능하다는 점을 확인할 수 있다. 상용화주의 화물도 여객기 탑재 시에는 엑스선 검색장비를 통한 전량 검색이 필요하다. 그러나 화물기 탑재 시 상용화주가 5가지 검색방법의 하나를 선택할 수 있는지에 대한 명시적 규정이 부재하다. 이는 현장에서 혼선을 일으키는 주요 원인이 되고 있다.

시행령 제11조제2항 및 제3항은 여객기 탑재 화물을 여객 위탁수하물과 동일한 기준으로 적용한다고 규정하고 있으나, 여객기, 화물기, 상용화주에 의해 탑재되는 화물에 대한 보안검색 기준의 모호함은 여러 가지 문제점을 노출하고 있다.

첫째, 상용화주의 보안검색 위탁업체 선정 시 여객 보안검색 기준에 부합하는 업체와 계약해야 하는 부담이 발생한다. 상용화주의 화물도 여객기에 탑재하고 있기 때문이다.

둘째, 현행법 적용 시 상용화주도 여객기 기준에 따라 100% 엑스선 검색을 해야 하므로, 화물기 수준으로 기준을 완화하려면 법령 개정이 선행되어야 한다.

항공보안법 시행규칙은 상용화주 지정기준을 상세히 규정하고 있으나, 보안검색 위탁업체의 기준을 여객기 또는 화물기 중 어느 기준에 맞춰야 하는지에 대한 명확한 정리가 시급하다.

(3) 국가항공보안계획의 구성 및 이행체계

국가항공보안계획은 항공보안법에 근거하여 항공운송사업자의 항공화물 보안검색, 통제, 보호 등에 관한 세부사항을 규정하고 있다.

그러나 ICAO에서는 공급망보안 주체를 "Regulated Agent"와 "Known Consignor"로 구분하여 각각의 개념과 운영방식의 차이를 명확히 제시하고 있는 반면, 우리나라 국가항공보안계획에서는 이러한 정의를 혼용하여 사용하고 있다. 이는 항공화물 보안검색 체계의 일관성 확보와 국제기준 부합성 측면에서 개선이 필요한 부분이다.

따라서 ICAO 표준에 부합하는 명확한 정의 체계를 확립하고, 이를 바탕으로 한 체계적인 운영방안을 마련할 필요가 있다.

2. 상용화주 항공화물 보안기준

(1) 상용화주제도 도입배경 및 발전과정

국제민간항공협약 Annex 17 표준 4.6.2는 "각국은 'Regulated Agent' 또는 'Known Consignor' 제도 등을 포함한 'supply chain security process'를 수립해야 한다"라고 규정하고 있다.

ICAO와 IATA 등이 원활한 물류흐름과 항공화물 보안검색 문제해결을 위해 상용화주제도를 권장함에 따라, 우리나라도 2004년 "상용화주 항공화물보안기준" 고시를 통해 상용화주제도를 도입했다. 도입배경으로는 항공화물 증가에 따른 프로세스 신속성 저하, 전체 화물에 대한 완벽한 보안검색의 어려움, 대형 화물 보안검색시설과 장비 도입 비용부담 등이 있다.

1911년 미국에서 상업용 항공운송사업이 시작된 이후 여객 및 화물 부문에서 비약적인 발전을 이뤄왔다. 특히 화물운송은 전 세계 교역 확대로 급격히 성장했지만, 부피가 크고 종류가 다양한 화물의 특성상 모든 화물에 대한 보안검색 시행은 현실적으로 매우 어렵다. 이에 여러 국가가 화물에 대한 직접 보안검색을 대체할 방법으로 공급망보안을 운영하고 있다.

공급망보안 시스템은 공항에서 화물 직접 보안검색이 쉽지 않음에 따라, 화주 및 화물운송업체가 자신의 화물에 대한 적절한 보안통제를 하여 화물 보안검색을 생략하는 대신 화물 보안성을 확보하는 제도다.

화물기 탑재화물의 경우 항공보안법에서 5가지 보안검색 방법의 하나를 선택하도록 하여 여객기보다 합리적인 법규가 제정되어 있다. 그러나 항공화물 물동량 증가 추세와 신속성을 생명으로 하는 항공화물 특성상 전량 보안검색은 불가능한 것이 현실이다. 현행 항공보안법 및 관련 규정은 제도적으로 잘 갖춰져 있으나, 현실적으로 100% 보안검색이 시행될 수 없어 법의 실효성은 물론 항공테러에 무방비 상태로 놓여 있다는 점을 주지해야 한다.

상용화주의 화물이 공항에 도착하는 동시에 항공기에 탑재되는 것이 아니고 화물을 탑재할 수 있는 항공기의 공간이 확보되어야만 운송할 수 있으며, 비상용화주라 하더라도 화물이 탑재될 항공기의 공간이 확보되고 공항에서 항공운송사업자가 하는 보안검색을 완료하면 상용화주의 화물과 동일하게 화물이 운송될 수 있다. 이러한 이유로 화물운송업체나 화주가 과다한 비용을 투자하여 자발적으로 상용화주가 되기에는 매우 미흡한 제도라고 할 수 있다. 상용화주 지정 시 얻는 혜택이 없으며, 오히려 과다한 비용지출과 불편가중으로 물류흐름을 방해하기 때문이다.

따라서 상용화주로 지정된 업체가 포장 및 운송 전반에 걸친 보안통제를 직접 관장하는 대신 모든 화물에 대해 보안검색을 면제해 주고, 화주가 원하는 시간대에 화물을 운송할 수 있도록 지원하는 등 공항에서 걸리는 시간과 절차를 간소화해야 한다. 이를 통해 화물흐름의 효율성과 보안을 확보하여 화물운송업체의 상용화주 자발적 참여를 유도하는 것이 바람직하다.

(2) 상용화주제도 운영현황 및 성과분석

상용화주제도는 ICAO 및 IATA 권고에 따라 미국, 캐나다, 영국, 프랑스, 일본, 홍콩 등 선진국에서 활발하게 운영되고 있다. 홍콩(2000년), 일본(2006년 8월), 미국(2007년 3월)이 상용화주제도와 Regulated Agent제도를 정식 도입하여 운영 중이다.

〈주요국 및 지역의 Regulated Agent 제도와 상용화주제도 비교〉

구 분	한 국	미 국	E U	일 본	싱가포르	홍 콩
시행 연도	2004년	2007년	2002년	2006년	2008년	2000년
관련 근거	항공 보안법	49 CFR § 1544.205	EU Regulation 300/2008, 2015/1998	국가민간 항공보안 프로그램 (NCASP)	Regulated Air Cargo Agent Regime	Regulated Agent Regime

구 분		한 국	미 국	E U	일 본	싱가포르	홍 콩
인증주체	Regulated Agent		교통보안청 (TSA) IAC SPF CCSP	항공보안 당국 (회원국) Regulated Agent	국토교통성 항공국 特定航空貨 物利用運送 事業者等	경찰 Regulated Air Cargo Agents	홍콩민간 항공국 (CAD) Regulated Air Cargo Screening Facilities
	상용화주	국토교통부 (항공청) 상용화주	교통보안청 (TSA) Known Shipper	항공보안 당국 (회원국) Known Consignor	국토교통성 항공국 特定荷主	경찰 Known Consignor	홍콩민간 항공국 (CAD) Known Consignor
특징		*화물검색 (상용화주) *항공보안 등급별 무작위 표본검색	*상용화주 신청서제출 → TSA의 현장검증 후 인증 *상용화주 인증 용이, 관리 · 감독 기능 불충분	*상용화주에 관한 지침과 상용화주 검증점검표 를 통한 검증 *회원국별 승인절차 상이	*화물보안 신고서 제출 → 인증 *보안 등급별 차등검색	*항공화물보 안프로그램 준수여부 확인 후 인증	*상용화주 화물보안신 고서 제출 → 인증

우리나라 항공화물 보안관련 규정을 살펴보면, 여객기의 경우 일반화주 화물은 보안성 미확보(Unsecured) 화물로 화물터미널에서 X-ray 보안검색 후 탑재하고, 상용화주 화물은 보안성 확보(Secured) 화물로 상용화주 운용 X-ray장비로 보안검색 후 탑재가 가능하다. 화물기의 경우 일반화주 화물은 화물터미널에서 개봉검색, X-ray 검색, ETD검색 등을 하고, 상용화주 화물은 화물터미널에서 보안검색이 면제되며 상용화주가 사전에 X-ray/ETD로 보안검색을 완료한다. 두 경우 모두 항공운송사업자 인계 전까지 상용화주가 화물의 보안통제를 담당한다.

현장 인사이트

"우리나라 상용화주제도의 가장 큰 문제점은 높은 진입장벽에 비해 제공되는 혜택이 미미하다는 점입니다. 선진국의 경우, 상용화주는 화물 우선처리, 세관 절차 간소화 등 다양한 혜택을 받지만, 우리나라는 단순히 터미널에서의 보안검색 면제 외에는 실질적인 인센티브가 부족합니다. 이는 제도 활성화의 주요 장애물로 작용하고 있습니다."

- 국토교통부 항공보안감독관

그러나 우리나라 항공보안법상 상용화주제도는 ICAO 표준이나 미국, 유럽 등의 개념과 비교할 때 Regulated Agent 수준의 엄격한 기준과 진입장벽을 갖고 있다. 이에 따라 현재 기준에 부합하는 상용화주를 찾기 어려운 상황이다. 상용화주가 되기 위한 조건이 까다롭고 유지하기도 어려운 현행 개념을 그대로 두고 새로운 Regulated Agent 제도를 도입하는 것은 효과를 기대하기 어렵다.

따라서 Annex 17 및 Aviation Security Manual에 따른 Regulated Agent 제도와 상용화주제도를 체계적으로 재정비하여 도입할 필요가 있다.

(3) 상용화주 항공화물 보안기준의 법적 근거와 위상

상용화주 항공화물 보안기준 제2조는 "상용화주란 지방항공청장의 지정을 받아 항공화물에 대하여 보안검색을 하는 자를 말한다"라고 규정하고 있다. 보안검색의 의무를 강조한 나머지 상용화주를 단순히 보안검색을 하는 자로만 정의하고 있다.

제3조(적용범위)는 상용화주와 상용화주 화물을 운송하는 항공운송사업자·차량 및 운전자에 적용한다고 규정하고 있다. 그러나 상용화주는 보안검색이 완료된 화물을 공항 화물터미널 도착 후 항공운송사업자에게 인계하기 전까지만 화물운송 및 화물보안을 책임지는 주체임에도 불구하고, 위 조항은 항공운송사업자가 화물을 운송하는 주체 및 책임을 지는 것으로 해석될 수 있다.

제4조는 항공화물에 대한 보안통제 책임이 항공운송사업자가 접수하기 전까지는 상용화주에게, 접수 후에는 항공운송사업자에게 있다고 명시하고 있다. 항공운송사업자가 화물접수를 공항 화물터미널에서 하는 것이 일반적

이므로 공항까지는 상용화주에게 책임이 있다. 따라서 제3조의 적용범위에서 상용화주 화물을 운송하는 책임은 상용화주에게 주는 것이 타당하다.

제9조는 통제화물을 운송하는 운전자가 「화물자동차 운수사업법」에 따른 운전업무종사 자격증 취득자이며 항공보안법에 따른 보안교육을 이수한 자여야 한다고 규정하고 있다. 그러나 국가민간항공보안 교육훈련지침 어디에도 상용화주 항공화물 운송 담당자나 보안통제 업무수행 직원에 대한 보안교육 대상자 포함여부가 명시되어 있지 않다. 즉 상용화주 항공화물 보안기준에 명시된 규정들이 관련 교육훈련지침에는 해당 대상자에 대한 교육훈련 내용이 빠져 실효성이 없는 상황이다.

현장 사례: 교육훈련 불일치로 인한 문제

B 물류기업은 상용화주 지정을 위한 모든 시설과 장비 요건을 갖추었으나, 보안교육 이수 증명에서 어려움을 겪었다. 상용화주 항공화물 보안기준에는 운전자의 보안교육 이수를 요구하고 있으나, 국가민간항공보안 교육훈련지침에는 이들을 교육 대상자로 명확히 규정하지 않아 교육 이수 증명서를 발급받는 데 애로사항이 발생했다. 이는 관련 법규 간 불일치로 인한 혼란을 보여주는 사례이다.

또한 제9조는 통제화물의 운송 책임을 상용화주에게 부여하고 있으므로, 제3조 적용범위를 "상용화주와 상용화주 화물을 운송하는 차량 및 운전자에 적용한다"로 개정할 필요가 있다.

제10조는 항공운송사업자가 상용화주로부터 통제화물을 접수할 때 항공화물보안신고서, 차량 및 신분증, 잠금장치 및 봉인 상태, 보안통제 표지 부착 상태, 화물 파손 및 침입 흔적 여부 등을 확인하도록 규정하고 있다. 이러한 사항들이 제대로 이행되지 않거나 의심이 있는 경우 보안통제가 되지 않은 화물로 처리하며, 통제화물은 보안통제 되지 않은 화물과 분리하여 보안시설에 보관해야 한다.

3. 현행 항공화물보안 법체계의 문제점 및 개선방향

우리나라는 항공화물의 보안 확보와 원활한 물류 흐름을 위해 2004년 항공보안법에 상용화주제도를 도입했다. Regulated Agent 제도와 상용화주 제도 도입의 주된 목적은 항공보안을 유지하면서 물류 효율성을 높이는 것이었으나, 현재는 보안에만 치중하여 형식적인 제도로 전락한 상황이다.

주요국들은 Regulated Agent 제도와 상용화주제도를 함께 운영하고 있지만, 우리나라는 상용화주제도만 법적으로 도입해 운영 중이다. 우리나라가 화물 자체에 초점을 맞춰 100% 보안검색을 하는 반면, 미국이나 유럽 등 주요국은 화물과 함께 화주의 보안 확보에도 주력한다. 이들 국가는 화주에 대한 화물보안프로그램을 도입해 기준을 충족하면 보안검색을 면제하는 등의 제도를 운영하고 있다.

현장 인사이트

"일본의 상용화주제도는 보안과 효율성의 균형을 잘 맞추고 있습니다. 상용화주로 지정받으면 세관 우선 처리, 물류 처리 시간 단축 등 실질적인 혜택을 받을 수 있어 기업들의 참여 동기가 높습니다. 또한 정기적인 평가 시스템을 통해 보안수준도 일정하게 유지하고 있죠. 우리나라도 단순히 규제 중심이 아닌 혜택과 책임이 균형을 이루는 방향으로 제도를 개선할 필요가 있습니다."

\- ○○항공 인천국제공항 화물보안담당자

현재 우리나라의 화물보안 체계는 항공운송사업자가 화물터미널의 출입통제, 보안검색, 화물처리 전 과정을 책임지고 있다. 하지만 실제로는 항공운송사업자와 계약을 맺은 위탁업체가 이러한 업무를 수행하며 항공운송사업자의 관리감독을 받는 구조다. 이에 따라 실무 직원들은 항공운송사업자의 요구사항에 따를 수밖에 없는 상황이며, 때로는 보안에 위협이 되는 행위를 요구받기도 한다.

항공보안감독관의 정기점검과 불시평가를 통해 화물터미널의 항공보안 실태를 관리감독해야 하지만, 국토교통부의 항공보안감독관 인력 부족과 전문성 결여로 상시점검 체계가 제대로 구축되지 못하고 있다. 항공보안감독관 증원과 법 강화를 통한 외부적 해결책도 필요하지만, 더 근본적으로는 화물보안 주체가 스스로 취약점을 찾아 개선해 나갈 수 있는 체계가 필요하다.

현재 항공화물보안의 문제는 제도의 부재가 아닌, 현실과 괴리된 제도의 운영에 있다. 항공보안법은 항공운송사업자를 화물보안의 유일한 주체로 규정하고 있지만, 이는 실제 현장 상황을 제대로 반영하지 못하고 있다. 현 시스템의 주요 문제점은 외부 위협 대응에 편중되어 있고, 화물운송보다 승객

보호에 과도한 초점을 맞추며, 실질적인 보안절차 이행보다는 관련 주체 간의 책임 분배에 치중하고 있다는 점이다.

항공보안 규정의 또 다른 중요한 문제점은 대응의 즉흥성이다. 현재 보안 규정은 최근 발생한 불법 간섭 시도나 새롭게 확인된 보안 위반 사례에 대응하여 단편적으로 조정되는 경향이 있어, 높은 불확실성과 연구개발 및 투자 저해라는 문제를 일으킨다.

따라서 공인화물보안대행기관제도를 법적으로 도입하여 체계적인 화물보안 시스템을 구축하고, 화물보안 주체 간의 상호견제와 보안의식 강화를 통해 자체적으로 보안을 확보하는 시스템을 구축해야 한다. 이와 함께 단기적인 대응과 장기적인 전략과 비전을 고려한 종합적인 접근을 통해 보안 효과성을 높이는 동시에 관련 산업의 안정적인 발전과 혁신을 촉진할 수 있을 것이다.

Ⅱ. 국내 항공화물보안 제도의 운영현황과 개선과제

1. 공급망보안 운영실태 분석

국제민간항공협약(ICAO) 회원국들은 Annex 17의 표준과 권고되는 방식(SARPs) 및 ICAO의 「Aviation Security Manual」을 기반으로 각국의 항공보안법령을 제정하고 시행하여 항공화물산업을 보호하고 감독하며, 공항운영자, 항공운송사업자, 화물운송 관련 업체 등에 항공보안법령 준수를 의무화하고 있다.

우리나라도 국제 기준에 맞춰 「항공보안법」을 제정하여 화물보안 기준을 규정하고 관련 업체들에 대한 점검 및 감독을 수행하고 있다. 특히 2004년 공급망보안 강화를 위해 상용화주제도를 도입하고 「상용화주 항공화물 보안기준」을 마련하여 제도의 효율적 운영과 실효성 확보를 위한 세부내용과 절차를 규정하였다.

이는 국제 항공보안 표준을 국내 실정에 맞게 적용하여 항공화물 보안을 강화하고 효율적인 물류 흐름을 유지하기 위한 것이다.

(1) 상용화주제도의 도입 및 운영현황

「항공보안법」 제17조의2제1항에서는 "국토교통부장관은 검색장비, 항공보안검색요원 등 국토교통부령으로 정하는 기준을 갖춘 화주(貨主) 또는 항공화물을 포장하여 보관 및 운송하는 자를 지정하여 항공화물에 대하여 검색을 실시하게 할 수 있다"라고 '상용화주'를 정의하고 있다.

이러한 상용화주제도의 활성화를 위하여 국토교통부는 2017년 항공보안법 개정으로 상용화주의 화물은 무작위 표본검색을 제외하고는 추가 보안검색 없이 항공기에 탑재하도록 함으로써 화물터미널에서의 화물검색 면제 및 상용화주의 화물에 대한 보안통제 책임이 상용화주에게 있음을 명확히 하였다.

2020년에는 항공보안등급별 무작위 표본검색에 따른 추가 비용부담 및 검색지연 등의 제약사항을 해소하기 위해 「상용화주 항공화물 보안기준」을 개정하여 평시 · 관심단계에서의 무작위 표본검색 기준을 완화하여 상용화주제도의 활성화를 도모하고자 하였다.

주요 용어 정리

- **항공보안등급**: 국가항공보안우발계획에 따라 위협수준에 맞게 5단계(평시, 관심, 주의, 경계, 심각)로 구분한 보안경계 수준

1) 개념적 혼란: Regulated Agent와 상용화주의 기능적 중복

우리나라의 화물보안 관련 법규정은 상용화주(Known Consignor)와 Regulated Agent의 개념과 역할을 혼용하여 규정하고 있다. EU, 일본, 싱가포르, 홍콩 등은 Regulated Agent와 상용화주를 각각 도입하여 운영하고 있으며, ICAO의 「Aviation Security Manual」은 두 개념의 역할과 인증절차를 명확하게 구분하여 규정하고 있다.

우리나라는 항공보안법과 국가항공보안계획에서 상용화주와 Regulated Agent를 합친 개념을 상용화주라고 정의하여 운영하고 있으며, 신청자격도 화주 · 대리인 · 화물운송업자를 모두 포함하여 ICAO 표준과 차이가 있다. 또한 「상용화주 항공화물 보안기준」에서 규정하는 상용화주의 보안검색 및 보안통제 요건은 ICAO의 Regulated Agent와 상용화주의 역할을 포괄적으로 모두 요구하고 있다.

토론주제

ICAO 표준에서는 명확히 구분되는 Regulated Agent와 Known Consignor의 개념이 우리나라에서는 하나로 통합되어 운영되고 있습니다. 이러한 개념적 혼란이 항공화물 보안에 어떤 영향을 미치고 있을까요? 두 개념을 분리하여 운영하는 방식과 통합 운영하는 방식의 장단점은 무엇일까요?

ICAO의 「Aviation Security Manual」은 공급망보안 전 과정에서 Regulated Agent가 상용화주보다 더 엄격하게 보안통제를 수행하는 상위의 화물보안을 확보하는 개념으로 제시하고 있다. 따라서 우리나라도 ICAO 표준에 맞도록 Regulated Agent 제도를 별도로 도입하여 체계적인 공급망보안체계를 구축할 필요가 있다.

2) 보안검색 중심의 상용화주제도 운영상 한계

항공보안법상 상용화주의 '보안검색을 하는 자'라는 개념 정의에 문제가 있다. 「상용화주 항공화물 보안기준」 제2조는 "상용화주란 「항공보안법」 제17조의2제1항 및 「항공보안법 시행규칙」 제9조의2에 따라 지방항공청장의 지정을 받아 항공화물에 대하여 보안검색을 하는 자를 말한다"라고 규정하고 있다.

그러나 ICAO 표준에 따르면 화물검색은 항공보안당국의 인증을 받은 항공운송사업자와 Regulated Agent가 수행하는 것으로 명시되어 있다. 상용화주는 항공화물에 대해 보안검색을 수행하는 자가 아니라, 항공보안당국의 보안성확보 인증을 통해 공항에서 화물검색이 면제되고 보안이 통제된 화물을 항공기에 탑재할 수 있도록 승인받은 화주이다.

FAQ

Q 상용화주의 화물도 항공터미널에서 추가 검색을 받나요?

A 원칙적으로는 면제되지만, 항공보안등급에 따른 무작위 표본검색은 받을 수 있습니다. 다만, 최근 기준 완화로 평시·관심 단계에서는 특정 조건 충족 시 이마저도 면제됩니다.

우리나라의 상용화주제도는 항공보안당국의 인증과 관리·감독, 보안장비 및 보안검색요원 보유 등의 요건을 고려할 때, 명칭은 상용화주로 정의하고 있으나 실제로는 미국의 인증화물검색시설(CCSF, Certified Cargo

Screening Facility)이나 EU의 Regulated Agent 수준의 보안기준을 요구하고 있다.

이처럼 명칭만 상용화주이고 역할은 Regulated Agent 수준을 요구하는 현재 체계를 그대로 두면서 새롭게 Regulated Agent 제도를 도입하게 되면, 현재의 상용화주제도처럼 제도 도입효과가 크게 제한될 수밖에 없을 것이다.

3) 무작위 검색의 양날의 검: 보안과 효율성 사이의 균형점

상용화주가 수행한 검색완료 화물에 대해 「국가항공보안우발계획」 및 「상용화주 항공화물 보안기준」 제12조에 따라 화물터미널에서 항공운송사업자에 의해 실행되는 항공보안등급에 따른 무작위 표본검색에 대해 면밀하게 살펴볼 필요가 있다. 이러한 검토가 필요한 이유는 무작위 표본검색을 위한 보안조치된 화물의 포장해체 및 재포장 작업은 화물의 운송지연은 물론 보안위협에도 취약성을 드러낼 수 있기 때문이다. 이러한 화물보안의 취약성은 모든 화물에 대해 100% 엑스선검색 만이 화물보안을 확보할 수 있다고 보는 시각에서 기인한다고 할 수 있다.

현장 인사이트

"무작위 표본검색은 양날의 검과 같습니다. 보안의 마지막 방어선 역할을 하지만, 이미 상용화주가 보안검색을 마친 화물을 다시 개봉하는 과정에서 오히려 화물 무결성이 훼손될 위험도 있습니다. 또한 포장 해체와 재포장에 드는 시간과 인력 비용은 물류 효율성을 크게 저하시키죠."

– ○○항공 인천국제공항 화물보안담당자

항공보안등급이 상향되면 보안검색을 완료한 상용화주의 항공화물이 공항 화물터미널에 도착할 때 상향된 항공보안등급에 따른 무작위 표본검색 비율 증가 및 개봉검색 등 추가 보안조치를 해야 하는 문제가 발생한다. 이러한 보안조치된 화물의 포장해체 및 재포장 작업은 화물의 운송지연과 보안위협 취약성을 동시에 일으킬 수 있다.

4) 항공화물 개념의 법적 일관성 부재

우리나라 항공화물보안의 가장 근본적인 문제는 항공화물에 대한 명확한

개념이 정립되어 있지 않다는 것이다.

국제민간항공협약 Annex 17 및 ICAO의 「Aviation Security Manual」에서는 항공화물을 '우편물, 저장용품, 동반 수하물, 잘못 취급된 수하물 이외의 항공기로 운송되는 모든 물품'으로 정의하고 있다.

반면 우리나라는 「항공보안법」에 항공화물에 대한 정의를 명확하게 규정하지 않고 있으며, 국가항공보안계획에서는 '우편물, 기내물품, 휴대 수하물, 오처리 수하물 외에 항공기로 운송되는 모든 물품'으로, 「상용화주 항공화물 보안기준」에서는 '항공기에 탑재되어 운송되는 물품 중 기내식, 여객의 휴대물품 및 위탁수하물을 제외한 모든 화물'로 각각 다르게 규정하고 있다.

이처럼 일관성이 결여된 항공화물의 개념을 ICAO 표준으로 일원화하여 표준화된 기준을 제시해야 개념의 혼선으로 인한 화물보안 문제를 예방할 수 있을 것이다.

주요 용어 정리

- **저장용품(Stores)**: 항공기에 탑승한 승객과 승무원이 소비하기 위한 물품, 항공기 운항 및 정비를 위해 항공기 기내에 탑재된 물품
- **동반 수하물(Accompanied Baggage)**: 여객이 탑승한 해당 항공기 화물칸으로 운송되는 수하물
- **잘못 취급된 수하물(Mishandled Baggage)**: 비자발적으로 또는 부주의로 여객이나 승무원으로부터 분리된 수하물

(2) 공급망 보안체계의 구조적 한계

상용화주제도는 화주가 화물의 포장 및 운송 전반에 걸친 보안통제를 직접 관리하는 대신 공항에서의 화물검색을 면제함으로써 걸리는 시간과 절차를 간소화하여 화물운송의 효율성 및 보안을 확보하는 제도이다. 상용화주는 일반적인 화물보안표준을 충족하는 절차가 인증되면 모든 항공기로 화물을 운송할 수 있으며, 공항에서의 화물검색 같은 추가 보안통제는 필요하지 않게 되는 것이다.

즉, 상용화주는 공항 보호구역 밖에 있는 기내식 제조시설처럼 항공보안당국에서 인증하고 관리하며, 보안이 확보된 시설을 갖춰 화물을 항공기로

운송하기에 적합한 절차를 승인받은 화주라고 할 수 있을 것이다.

1) Regulated Agent 제도 부재의 영향

미국은 간접항공운송인(IAC, Indirect Air Carrier)과 인증화물검색시설(CCSF) 시스템을 운영하는 등 공급망보안 주체들이 자신들의 환경에 맞는 제도로 진입할 수 있도록 체계적인 공급망보안시스템을 확립하고 있다. 이와는 달리 우리나라는 상용화주제도 이외의 기타 항공화물 공급망보안 관련 제도가 없으며, 상용화주의 인증 및 보안요구사항도 ICAO 표준과 비교하여 높게 설정되어 있어 대비가 되고 있다. 이처럼 우리의 공급망보안체계는 ICAO가 제시한 공급망보안 주체 중 상용화주를 단독으로 도입하여 운영함으로써 체계적인 공급망보안이 구축되지 않은 것이 근본적인 문제를 유발하고 있다.

ICAO의 「Aviation Security Manual」에서 공급망보안 주체의 개념을 살펴보면, 공인화물보안대행기관(Regulated Agent)과 상용화주의 가장 큰 차이점은 보안통제의 제공여부로 구분할 수 있다. 우리나라의 상용화주는 보안통제를 제공한다는 점에서 ICAO 표준의 상용화주의 요건에 부합하지 않으며, 이로 인해 공급망보안의 주체별 도입 혼선 및 상호감시체계의 결여라는 공급망보안 운영상의 문제점을 유발하고 있는 것으로 보인다.

따라서 항공화물의 공급망보안 및 상용화주제도의 비효율성을 개선하기 위해서는 상용화주제도에 관해서만 규정하고 있는 우리나라의 공급망보안체계를 공급망 전반에 걸쳐 다양한 주체들의 참여를 통해 각자의 상황에 최적화된 화물보안 확보방식을 선택할 수 있도록 제도의 폭을 넓힐 필요가 있다. 즉, 공인화물보안대행기관(Regulated Agent) 제도를 도입하여 체계적인 공급망보안체계를 구축함으로써 이러한 문제점들을 해결할 필요가 있다. 공인화물보안대행기관(Regulated Agent)은 항공화물운송과 관련하여 항공보안당국이 요구하는 보안통제를 제공하며, 보안 미확보화물을 접수하여 보안검색을 수행할 수 있기 때문이다.

2) 복합운송 보안관리의 제도적 공백

우리나라는 공항의 화물터미널에서 100% 엑스선검색을 통해 화물보안을 확보한 후 항공기에 탑재하도록 하는 절차는 확립되어 있다. 그러나 화물의 항공기 탑재를 위하여 출발지로부터 공항까지 운송되는 복합운송구간의 공급망보안확보 측면은 취약한 것으로 보인다. 현행 항공화물 처리프로세스에는 화주나 화물운송관련업체에게 요구하는 복합운송구간의 화물보안 요구기준이 불충분하기 때문이다.

화주는 화물에 대한 정확한 정보와 실물의 일치 여부를 확인하는 수준에 그침으로써 화물이 공항으로 운송되는 전 과정에서의 보안통제 등 화물보안절차 수행에 대해서는 아무런 규정이 없다. 화물운송관련업체의 경우, 화물시설 및 화물 보호를 위하여 출입통제 등의 경비업무는 실시하고 있으나 화물보안을 확보하기 위한 보안검색 및 경비운영 등 보안대책은 빠져있다.

따라서 공항 밖 제조시설이나 화물창고에서 출발한 화물이 공항 화물터미널에 도착할 때까지의 복합운송과정의 보안확보 및 보안통제의 실효성을 확보할 수 있는 보안대책을 마련하는 것이 무엇보다 중요해 보인다. 공급망보안의 주체별로 적합한 화물보안기준을 마련하여 항공화물이 제조시설부터 공급망을 통해 항공기에 탑재될 때까지 운송의 전 과정이 관리될 필요가 있다. 이를 통해 공급망보안 내의 화물접수부터 운송과정에 이르기까지 체계적인 공급망보안시스템 도입으로 화물터미널까지의 복합운송구간의 보안확보를 통해 공항에 보안검색이 집중되는 현상을 방지할 필요가 있다.

화주나 화물운송관련업체가 상용화주와 공인화물보안대행기관(Regulated Agent)가 될 경우의 인센티브 제공과 세관 및 항공화물 관련기관과의 긴밀한 협조체계 구축을 통해 운송중인 화물의 보안정보를 공유함으로써 운송과정의 보안확보 및 원활한 화물흐름 개선효과를 얻을 수 있을 것이다.

여객분야에서 도심공항터미널 운영을 통해 여객들이 더 편리하게 항공기를 이용할 수 있는 시스템을 도입 운영하는 것처럼, 항공화물에 대해서도 공급망 내 주체들이 쉽게 접근하도록 진입장벽을 낮춰줄 필요가 있지만 이것이 항공화물의 보안 완화나 약화를 의미하는 것은 아니다.

3) 공항 전 보안확보의 딜레마: 효율성과 보안 사이

미국과 EU 등에서는 상용화주와 공인화물보안대행기관(Regulated Agent) 제도를 도입해 항공화물이 공항터미널에 도착하기 전에 검색할 수 있도록 하여 공항에서 상용화주의 화물접수 시 보안검색을 면제함으로써 항공운송사업자는 화물검색 면제에 따라 시간 및 인원절감 효과를 얻고 있다. 또한 공항반입 이전에 보안조치된 화물을 접수함으로써 화물의 운송 대기시간을 줄여 신속성을 높이는 한편 늘어나는 항공화물에 대한 보안검색의 실효성을 확보하고 있다.

이와는 다르게 우리나라는 「항공보안법」에 따라 화주 이외에 항공화물을 포장하여 보관 및 운송하는 자도 상용화주로 지정하고 있으며, 2019년부터 한국도심공항 칼트상용화주터미널이 상용화주의 자격을 인증받아 운영되고 있다. 그러나 화물보안만을 강조한 나머지 상용화주제도가 활성화되지 못하고 유명무실하게 운영됨으로써 대부분의 화물이 공항에서의 화물검색으로 화물보안을 확보한 후 항공기에 탑재되고 있다.

항공화물은 항공기 탑재를 위해 공항으로 출발 전에 미리 통합하여 팔레트 처리된다. 이미 통합된 화물은 공항에서 적용되는 엑스선검색을 받기 위해서는 검색장비보다 큰 팔레트 화물의 경우, 팔레트를 해체하지 않고서는 엑스선검색을 할 수 없다는 문제에 직면하게 된다. 항공운송사업자는 엑스선검색을 할 수 없는 화물을 검색하기 위해 화물의 특성과 다양성을 반영하여 다양한 검색방법을 사용할 수 있지만, 보안자원의 부족과 비용부담으로 인해 공항에서 모든 검색방법을 사용할 수 있는 것은 아니다.

공항 내에서 화물탑재를 위한 항공기의 대기시간을 줄여 운영 효율성을 최우선으로 고려해야 하는 항공운송사업자로서는 항공편에 탑재할 화물이 보안성이 확보되어 공항에 도착하게 되면 출발예정시간이 짧아지는 효과가 생긴다. 이와는 반대로 화물이 항공기 출발 전에 공항에 보안이 미확보된 상태로 도착하여 항공운송사업자가 화물검색을 하게 되면 화물탑재 처리속도가 느려지고 항공운송의 경쟁력에 나쁜 영향을 줄 수 있다.

2. 항공화물 보안시스템의 비효율적 요소

국내 항공화물 보안체계의 문제점은 크게 세 가지로 요약할 수 있다.

첫째, 전체 항공화물에 대한 완벽한 보안검색이 어렵다. 화물의 대량화, 대형화 그리고 내용물의 복잡성 때문에 현재의 보안대책으로는 완벽한 검색이 쉽지 않다.

둘째, 항공화물 보안통제가 화물터미널의 물리적 검색에만 의존하고 있다. 이에 따라 공항에서 항공운송사업자의 보안검색을 통과한 위험물이나 화물업무 종사자에 의한 내부자 불법행위를 걸러낼 추가적인 보안장치가 부족하다.

셋째, 항공화물 증가로 인한 화물처리 속도 저하 문제가 있다. 화물터미널에서 항공운송사업자가 하는 100% 엑스선 보안검색은 포장 해체와 재포장 과정이 필요하며, 이는 화물 정체와 물류 흐름 문제를 일으킨다.

항공화물운송에 관한 보안통제는 수준관리와 감독의 대상으로 불필요한 중복 보안검색은 배제되어야 하고, 공급망보안에 의해 보안통제가 확보된 후 반입되거나 금지된 품목을 효과적으로 탐지하기 위한 보안검색을 거쳐 탑재되어야 한다. 추가적인 화물보안조치는 화물이 고위험이라고 간주하는 경우 진행되어야 하며, 보안조치된 화물은 경유지와 환적지를 포함한 전 운송구간에 걸쳐 보안이 유지되어야 한다.

이에 따라 많은 국가가 공항에서의 화물검색을 대체할 방법으로 도입·운영하고 있는 공급망보안 시스템은 공항에서 화물에 대한 100% 보안검색이 쉽지 않음에 따라 공항에서의 화물검색을 생략하는 대신 상용화주 및 공인화물보안대행기관(Regulated Agent)을 통해 화물에 대한 적절한 보안통제를 공항 도착전에 확보함으로써 보안성을 유지하기 위한 제도라고 할 수 있다.

그러나 공급망보안 주체사이의 상호견제기능이 결여된 현재 우리나라의 비효율적인 화물보안시스템으로는 화물터미널에서의 화물검색에 의존하는 경향이 더 심화할 수밖에 없다. 이러한 문제를 개선하기 위해서는 항공화물 보안체계를 개선하여 화물보안을 강화하는 방안도 중요하지만, 화물보안 주체 간의 상호견제와 보안의식을 강화하여 주체들 스스로 효율적인 공급망보안을 확보하는 방안을 확립해 나가는 것이 무엇보다 중요하다고 판단된다.

즉 근본적인 개선방안을 외부에서 찾기보다는 항공화물공급망 내부적으로 화물보안의 주체들이 스스로 해결할 수 있는 법적·제도적 뒷받침을 구축해 주는 것이 필요하다. 이를 통해 화물보안의 주체들이 서로 견제하며 스스로 화물보안을 확보할 수 있도록 하는 방향이 바람직하다고 할 수 있을 것이다.

현장 인사이트

"항공화물 보안에서 가장 어려운 부분은 모든 이해관계자가 보안을 '자신의 책임'으로 인식하게 만드는 것입니다. 현재는 보안비용과 책임이 주로 항공사에 집중되어 있어 다른 주체들의 능동적 참여가 부족합니다. 상호견제와 협력을 할 수 있는 화물보안 시스템을 만들려면 책임과 혜택의 분배가 균형을 이뤄야 합니다."

- 한국항공보안학회 부회장

(1) 화물특성을 고려하지 않은 100% 검색방식의 한계

우리나라는 「항공보안법」에 따라 여객기 탑재화물에 대한 보안 요구기준은 100% 엑스선검색을 하도록 규정하고 있다. 그러나 여객기에 탑재하는 화물의 경우 여객의 수하물운송과 달리 내용품의 복잡성, 크기의 대형화 및 대량으로 운송되는 특성으로 인하여 제한된 크기의 엑스선 검색장비로는 100% 완벽한 검색을 시행하기 어렵다는 문제가 상존한다.

더 큰 문제점은 이러한 문제점을 알고 있으면서도 대다수의 항공운송사업자가 여객기에 이처럼 보안성이 결여된 화물을 탑재하여 운송하고 있다는 것이다. 2019년 기준으로 여객기에 실리는 화물의 규모가 지속적으로 증가하여 화물기 운송규모의 39%에 이르고 있어 여객기에 탑재되는 화물에 대한 엑스선검색의 중요성은 더 강조되고 있다.

대형화물과 중량화물 등 화물형태 및 엑스선 검색장비의 터널규격 제한 등 엑스선 검색장비로 검색할 수 있는 범위를 초과하는 화물은 다른 보안검색 방법을 적용해야 한다. 또한 기계류 등 일부 화물의 경우 운송 중 화물의 파손을 방지하고 운반을 용이하게 하기 위해 매우 튼튼한 나무상자로 포장하여 운송한다. 이런 종류의 화물은 부피의 거대화로 인해 엑스선 검색의 어려움은 물론 포장재 외부를 철재 등으로 단단히 고정된 나무상자를 이용하므로 공항에서 해체하여 개봉검색 등을 할 수 없다는 보안의 취약성이 남아 있게 되는 것이다.

이러면 화물의 외부표면에 대한 폭발물 흔적탐지장비를 통한 검색 및 화물의 서류를 통한 확인작업과 화주의 신원을 파악하는 절차를 거치기는 하지만 엑스선 검색 미비로 인한 보안상 취약점을 갖고 여객기에 탑재되고 있음은 틀림없는 사실이다.

우리나라의 대표적인 수출항공화물 품목인 헬스케어제품의 경우, 온도변

화에 민감한 냉동컨테이너를 이용하여 운송하므로 엑스선 검색 없이 냉동컨테이너에 대한 폭발물 흔적탐지장비 등 대체 검색을 통한 보안통제로는 냉동컨테이너의 내부에 은폐된 위해물품의 확인이 어렵다는 구조적인 문제를 가질 수밖에 없다.

항공기에 화물을 탑재하는 주요수단인 ULD 팔레트 또는 컨테이너의 경우, 엑스선 검색장비 보다 큰 화물을 검색하기 위해서는 탑재된 화물을 하역하고 해체한 후 검색한 다음, 화물을 다시 ULD 형태로 재포장하는 작업이 요구된다. 이러한 절차는 항공화물운송의 운영효율성을 떨어뜨리고, 탑재지연을 초래하며, 화물을 손상과 도난에 노출하는 문제를 일으키는 원인이 되고 있다.

(2) 화물처리 증가에 따른 보안처리 지연문제

상용화주의 화물 이외에 화물터미널에 도착한 화물은 금지된 품목을 효과적으로 탐지하기 위한 보안검색을 거쳐 항공기에 탑재되어야 한다. 그러나 항공화물량의 증가에 따른 대량의 화물에 대한 이러한 보안검색 절차 수행은 화물의 특성 및 내용물의 다양성으로 인하여 화물처리프로세스의 신속성을 저하시켜 결국 화물흐름에 걸림돌이 될 수밖에 없다.

화물검색 절차는 많은 규제를 적용받으며, 안전한 지역에서 상대적으로 위험도가 낮은 상용화주의 화물뿐만 아니라 비상용화주의 화물, 보안검색으로 식별된 고위험화물까지 화물의 특성에 맞는 복잡한 처리프로세스가 필요하다.

항공화물운송의 증가에 따른 화물처리프로세스는 다양한 위험과 위협으로부터 화물을 보호하기 위한 정부 및 민간기업의 보안자원의 투자와 밀접하게 연관되어 있다. 그러나 정부의 한정된 항공보안감독관 인력 등으로 인한 관리감독의 한계, 항공운송사업자의 저렴한 인건비 산정에 따른 항공화물 보안검색요원의 전문성 부족 등에 따른 문제와 연결되어 화물 처리프로세스의 신속성은 느려지고 있다. 또한 항공화물 관련 민간기업의 보안조직은 화물 보안확보 보다는 주로 화물과 화물시설의 보호에 초점을 맞춰 운영하는 문제가 있다.

따라서 화물보안 확보와 공급망보안의 효율성을 모두 효과적으로 극대화하기 위해서는 정부와 민간부문 모두 특화된 교육훈련프로그램의 운영 등 불법방해행위를 예방하는 포괄적이고 통합된 보안접근방식으로의 변화가 강조되고 있다.

(3) 항공운송사업자 중심 보안통제의 구조적 제약

우리나라는 항공운송사업자가 「항공보안법」 제15조에 따라 공항에서 화물보안을 전적으로 책임지고 있다. 항공운송사업자가 화물터미널운영자로서 화물접수, 보안검색, 보관 및 탑재까지 화물터미널에서 모든 과정을 책임지는 현재의 화물보안체계에서는 항공화물을 취급하는 주체별 상호감시체계 결여로 보안의 허점이 발생할 수밖에 없다.

화물검색을 항공운송사업자와 계약한 보안검색위탁업체가 담당하는 점을 고려할 때, 화물검색의 수준관리 측면에서 여객보안과 비교하여 화물보안검색요원의 열악한 근무환경, 신분의 불확실 및 급여의 차이로 인한 사기저하 등 화물보안의 취약성이 증대될 수밖에 없는 것이 현실이다.

현장 인사이트

"화물보안 검색요원들의 처우는 여객 검색요원보다 현저히 낮습니다. 같은 보안교육을 받고 동일한 책임을 지지만, 평균 급여는 약 20% 정도 차이가 나죠. 이것이 높은 이직률로 이어지고, 결국 전문성 축적이 어렵게 됩니다. 이는 단순한 처우 문제를 넘어 항공보안의 근본적인 취약점이 될 수 있습니다."

– 보안검색교육기관 항공보안교육 담당자

여객보안과 달리 화물보안은 「항공보안법」에 따라 항공운송사업자가 자체적으로 화물터미널을 운영하면서 보안검색장비 운용뿐만 아니라 화물검색의 보안책임까지 항공운송사업자가 떠맡아 보안비용 및 화물흐름에 대한 부담이 전적으로 항공운송사업자의 책임이 되고 있다. 항공화물은 크기 및 부피, ULD 등 화물포장의 다양성으로 인한 화물 포장해체의 불가 등의 이유로 화물검색을 위해서는 대형 엑스선 검색장비가 필요하게 된다.

엑스선검색을 위한 대형장비, 첨단장비 등은 고가이며, 관련 법규정에 따라 화물보안에 관한 비용은 항공운송사업자가 전적으로 부담하고 있다. 따라서 항공운송사업자의 보안검색장비 구매·운영의 어려움과 이로 인한 화물경쟁력의 약화는 상대적으로 화물보안이 취약해질 수 있는 문제점을 유발하고 있다.

항공보안법상 화물검색 책임의 주체는 항공운송사업자로 되어 있지만, 앞서 언급한 화물경쟁력의 약화 및 보안 취약성의 문제는 항공운송사업자가 아닌 국가신인도에 큰 영향을 끼치기 때문에 항공보안당국의 적극적인 개입을 통하여 화물보안 확보에 대한 국가적 차원의 해결방안 모색이 필요해 보인다. 항공운송사업자가 화물보안의 단 하나의 독립적인 주체로서 출입통제 및 화물검색의 모든 최종 책임을 유지하고 있는 현행 「항공보안법」의 체계를 합리적으로 개선하지 않고서는 화물보안의 취약성이 확대되어 화물경쟁력은 더 악화될 수밖에 없을 것이다.

항공화물은 공항의 보호구역에 진입하기 이전에 검색 및 보안통제의 대상으로 불법방해행위를 이행하는 데 사용될 수 있는 허가되지 않은 금지물품이 화물에 은폐되어 보호구역에 들어오지 않도록 억제 및 방지하기 위한 대책을 마련하여야 한다. 공항과 항공운송사업자는 이러한 화물보안을 확보하기 위하여 항공화물운송에 필수적이며 둘을 분리할 수 없고 서로 복잡하게 얽혀있다.

항공화물운송계약의 최종 단계에서 항공운송사업자는 화물을 공항에서 공항으로 운송하며, 공항 내에 있는 기간 동안 화물에 이상이 발생할 때 항공운송사업자와 공항 모두 상황에 따른 책임을 지도록 하고 있다. 정부기관은 무작위적이고 예측할 수 없는 감독활동을 통해 공항에서의 화물보안의 실효성을 지속적으로 확보할 필요가 있다.

토론주제

국가 주도 vs 민간 주도 항공화물 보안체계

현재 우리나라의 항공화물 보안은 항공운송사업자 중심으로 이루어지고 있습니다. 이와 달리 일부 국가에서는 공항보안당국이 화물 보안검색을 직접 담당하거나, 국가 인증을 받은 제3의 전문기관이 담당하는 방식을 채택하고 있습니다. 어떤 모델이 보안 효과성과 비용 효율성 측면에서 더 우수하다고 생각하십니까? 각 접근법의 장단점을 토론해 보세요.

1) 화물터미널 보안검색의 의존도 심화 현상

「항공보안법」에 따라 지정을 받은 상용화주의 화물은 상용화주가 운용하는 엑스선검색을 통해 보안성 확보 화물로 인정되어 화물터미널에서 별도의 추가 보안검색 없이 항공기에 탑재가 가능하다. 다만 보안조치된 화물에 대해서는 상용화주가 육상운송 과정부터 항공운송사업자 인계 전까지 보안통제를 통한 보안확보가 필수적이다.

그러나 우리나라는 현재 상용화주의 화물을 제외한 일반화주의 화물은 운송 전 과정에서 별도의 보안통제를 요구하지 않고 있다. 결과적으로 화물에 대한 보안통제가 화물터미널에서의 항공운송사업자에 의한 보안검색에 의존하고 있다. 이는 공항에서 보안검색을 통해서도 탐지되지 않는 물품이나 화물업무종사자에 의한 내부자의 불법행위를 걸러낼 보안장치 미비로 인하여 보안 취약요소가 남아있게 되는 결과를 초래할 수 있다.

항공화물의 접수, 포장 및 운송과정에서부터 보안통제를 통한 보안조치된 화물에 대하여 화물터미널에서의 직접적인 보안검색을 면제하여 화물흐름을 개선하고자 하는 상용화주제도의 도입취지는 상용화주에게 항공운송사업자에서 이행하는 수준의 보안검색을 요구하고 있는 법규정과 상용화주의 검색완료 화물에 대하여 보안성 확보 여부를 일부 항공운송사업자가 신뢰하지 못하고 화물터미널에서 재검색을 하는 문제로 인해 항공화물 운송시장에서 적절하게 반영되지 못하고 있다.

이러한 상용화주제도 비활성화의 요인은 육상운송중 보안 미확보뿐만 아니라 항공화물운송 전 단계에서 보안대책 결함으로 나타날 수 있다. 또한 상용화주제도 운영의 한계와 법규정의 미비로 인한 문제점들은 화물보안을 확보하기 위하여 화물터미널에서의 보안검색에 더 크게 의존할 수밖에 없게 만드는 결과를 초래하고 있다.

2) 내부자 위협의 그림자: 상호견제 체계의 중요성

공항의 화물터미널에서 항공운송사업자를 대신하여 화물보안업무를 수행하는 보안검색위탁업체 및 항공경비위탁업체와 항공운송사업자의 보안의식 부족 및 위법행위신고 누락 등 화물보안 주체 간의 상호견제기능 결여와 상호감시체계 부재는 화물보안의 문제로 연결된다. 그중에서도 특히 항공화물 시스템에 접근할 수 있는 내부자위협은 화물보안에 심각한 위협으로 지적된다.

더 중요한 문제는 항공화물이 공항 밖 외부시설에서 탑재되고 준비되어 공항에 대량으로 도착한다는 사실이다. 이러한 복잡한 항공화물공급망에는 화물을 탑재하기 전에 화물을 취급하고 운송과 추적을 담당하는 많은 개인이 포함되기 때문에 테러조직이 공항, 물류센터, 육상운송에 침투해 항공화물공급망의 취약성에 대한 정보를 수집하고 악용할 수 있는 내부자 위협에 대한 우려가 클 수밖에 없다.

이러한 내부자위협을 개선하기 위해서 공항, 항공운송사업자, 화물운송관련업체에서 고용한 모든 화물업무종사자는 물론, 공인화물보안대행기관(Regulated Agent)과 상용화주에 참여하는 제조업체, 창고, 물류센터 등의 직원에 대한 신원조사에 초점을 맞추고 있다. 따라서 화물업무종사자의 범죄활동 및 테러와의 잠재적 연관성에 대한 더 상세한 조사와 주기적인 검토를 통해 신원조사 능력을 향상해 내부자위협 탐지의 실효성을 확보할 필요가 있어 보인다.

3. 항공화물 공급망보안 체계의 구조적 미비점

(1) 단계적 보안관리의 부재: 일관된 보안수준 확보의 어려움

우리나라의 공급망보안체계는 「항공보안법」 제17조의2에 근거하여 상용화주 지정기준 및 절차, 항공화물보안프로그램 마련 등에 관련된 내용들이 마련되어 있다.

「항공보안법」 제17조의2제1항에 따르면 상용화주로 지정받을 수 있는 대상자는 화주 및 항공화물을 포장하여 보관 및 운송하는 자로 보안검색장비, 보안검색요원 및 보안시설 등을 갖춰야 한다고 규정하고 있다. 또한 상용화주가 취급하는 항공화물에 대해서는 여객 휴대물품 및 위탁수하물과 동일하게 항공운송사업자가 항공보안등급에 따라 무작위 표본검색을 하도록 하고 있으며, 취급화물의 보안통제 책임은 항공운송사업자에게 인계하기 전까지는 상용화주에게 있음을 명확하게 규정하고 있다.

이처럼 우리나라는 화물접수, 보안검색, 보관, 육상운송중 보안통제까지 공급망 전반에 걸쳐 상용화주에게 전적으로 책임을 부여함으로써 공인화물보안대행기관(Regulated Agent)과 상용화주 사이의 상호감시, 수준관리 및 보안수준 차등을 적용한 체계적인 공급망보안체계가 구축되어 있지 못하고 있는 것으로 보인다.

현장 인사이트

"우리나라 항공화물 보안의 가장 큰 문제점은 '단일 책임제'입니다. 상용화주에게 보안검색부터 운송까지 모든 책임을 지우면서, 진입장벽은 높아지고 상호견제는 불가능해졌습니다. 다단계 보안체계가 없으니 한 곳에서 실수나 의도적 위반이 발생하면 그대로 시스템 전체가 위험해집니다."

– 한국항공보안협회 부회장

1) 항공보안법령의 체계적 불완전성

「항공보안법 시행령」은 여객기와 화물기 탑재화물의 검색방법을 다르게 규정하고 있다. 이는 여객기와 화물기를 구분하지 않고 상업용 항공기에 실리는 화물에 대해 동일한 보안통제 기준을 명확하게 제시하고 있는 ICAO 표준과 대비되는 규정이라 할 수 있다.

「항공보안법」 제15조제2항에 따르면 '항공운송사업자는 화물에 대한 보안검색을 하여야 한다'라고 규정하고 있다. 「항공보안법 시행령」 제12조에서는 화물에 대한 보안검색방법을 '여객기에 탑재하는 화물에 대한 항공운송사업자의 보안검색에 대해서는 항공기 탑재 전에 엑스선 검색장비를 사용하여 보안검색을 하여야 하며, 폭발물이나 위해물품이 있다고 의심될 때는 폭발물 흔적탐지장비 등 필요한 검색장비 등을 추가하여 보안검색을 하여야 한다'라고 명시하고 있다.

또한 항공운송사업자는 '화물기에 탑재하는 화물에 대해서는 개봉검색, 엑스선 검색장비에 의한 검색, 폭발물 탐지장비 또는 폭발물 흔적탐지장비에 의한 검색, 폭발물 탐지견에 의한 검색 중 어느 하나에 해당하는 방법으로 보안검색을 하여야 한다'라고 규정하고 있다.

토론주제

현행 법규정에서는 여객기와 화물기 탑재 화물에 대한 보안검색 방법이 차등 적용되고 있습니다. 여객기 화물은 100% 엑스선 검색이 의무화되었지만, 화물기는 5가지 검색방법의 하나를 선택할 수 있습니다. 이러한 차등적용이 합리적인지, 혹은 위험을 내포하고 있는지에 대해 토론해 보세요. 특히 위험 수준과 물류 효율성 측면에서 평가해 보시기 바랍니다.

이는 항공화물량의 증가 추세 및 신속성이 중요한 항공화물의 특성을 고려할 때, 화물기 탑재화물의 경우 전량 엑스선 검색이 불가능함을 감안하여 여객기 탑재화물과는 다르게 5가지의 검색방법 중 한 가지 방법을 선택하여 검색하도록 하고 있다. 이처럼 항공화물의 100% 엑스선 검색의 어려움으로 인해 여객기와 화물기 탑재화물의 검색방법을 다르게 규정하고 있는 현행 항공화물 관련 법규정은 법의 실효성 확보 측면은 물론 이를 악용한 항공화물 테러에 취약성으로 작용할 수 있다고 판단된다.

2) 구체성을 갖추지 못한 항공화물 보안기준

「항공보안법」의 화물검색에 관한 세부내용을 살펴보면, 여객기의 경우, 일반화주의 화물은 보안성 미확보 화물로 화물터미널에서 항공운송사업자에 의한 100% 엑스선 검색 후 항공기 탑재가 가능하다. 또한 상용화주의 화물도 여객기에 탑재하는 경우 상용화주에 의해 100% 엑스선 검색을 해야 한다.

화물기에 탑재할 때는 일반화주 화물의 경우 화물터미널에서 항공운송사업자에 의해서 5가지의 검색방법중 하나의 방법으로 검색하면 된다. 그러나 상용화주는 「항공보안법」 및 관련 규정 어디에도 화물기에 화물을 탑재할 때 5가지 검색방법의 하나로 검색할 수 있다는 규정이 없다.

여객기와 화물기에 탑재하는 항공화물에 대해 「항공보안법 시행령」 제12조에 따라 구분하여 적용하고 있는 규정을 통일하여 상업용 항공기에 실리는 화물에 대한 검색방법을 명확하게 제시할 필요가 있어 보인다. 여객기와 화물기를 구분하지 않고 항공기로 운송하는 화물에 대한 검색방법을 동일하게 적용해야 상용화주의 화물검색에서도 일관성 있게 기준을 적용할 수 있게 될 것이기 때문이다.

따라서 새롭게 공인화물보안대행기관(Regulated Agent)을 도입할 때 검색방법을 단일화하여 공급망보안 주체들이 명확한 기준 아래에서 화물의 보안통제를 일관성 있게 적용하여 실효성을 확보할 할 수 있게 할 필요가 있다.

국가항공보안계획의 8.4.5와 8.4.7은 위탁수하물에 대한 세부검색기준을 규정하고 있는바, 여객기에 실리는 화물이 「항공보안법 시행령」 제12조에 따라 위탁수하물의 검색방법과 절차를 준용하는 현재의 화물보안 절차를 고려할 때, 국가항공보안계획 8.4.5의 20분 초과시 검색기준과 국가항공보안계획 8.4.7의 재검색 시행 기준을 항공운송사업자와 상용화주로 확대할 필요가 있어 보인다.

이를 통해 명확한 세부보안기준을 확립함으로써 상용화주가 검색을 완료한 여객기에 탑재되는 화물에 대해 항공운송사업자가 신뢰할 수 있는 근거를 마련할 필요가 있다고 판단된다.

ICAO의 공급망보안체계 권장에 따라 미국, EU, 일본, 싱가포르, 홍콩 등 주요국과 지역은 공인화물보안대행기관(Regulated Agent)과 상용화주제도를 도입·운영 중이다. 이에 따라 우리나라는 「상용화주 항공화물 보안기준」을 마련하여, 이를 기반으로 항공화물 보안장비 및 시설의 확충, 보안인력 확보 및 출입통제 강화 등을 추진하여 공급망보안 확보를 위한 실효성을 확보할 수 있는 기초를 마련하였다.

하지만 이러한 노력에도 불구하고 항공화물운송의 신속성을 확보하면서 보안성을 동시에 유지할 수 있는 체계적이고 유기적인 공급망보안체계는 미비한 실정이다. 증가하는 대량의 항공화물을 공항에서 검색하기 위해 많은 시간과 비용이 소요되는 현재의 화물보안시스템을 고려할 때 효율적인 공급망보안체계 구축은 무엇보다 중요하다고 판단된다.

3) 명확성과 일관성이 결여된 보안절차

「상용화주 항공화물 보안기준」 제2조 정의에 '상용화주란 「항공보안법」 및 「항공보안법 시행규칙」에 따라 지방항공청장의 지정을 받아 항공화물에 대하여 보안검색을 하는 자를 말한다'라고 정의하고 있다.

그러나 「상용화주 항공화물 보안기준」 제3조는 화물의 육상운송 주체에 항공운송사업자를 포함하여 항공운송사업자가 화물을 공항까지 운송하는 주체 및 보안통제 책임까지 부담하는 것으로 밝히고 있다. 이는 보안검색이 완료된 화물에 대하여 공항 화물터미널까지 보안통제 책임을 상용화주에게 주고 있는 관련 법규정의 기본취지에도 벗어난 것으로 보인다.

「상용화주 항공화물 보안기준」 제4조(항공화물의 보안통제 책임)에 따르면, 항공기에 탑재하기 위해 운송되는 항공화물에 대한 보안통제의 책임은 항공화물을 항공운송사업자가 접수하기 전까지는 상용화주에게 있으며, 접수 후에는 항공운송사업자에게 있다고 명시하고 있기 때문이다.

「상용화주 항공화물 보안기준」 제9조(항공화물의 운송)제2항은 "통제화물을 운송할 수 있는 차량은 항공운송사업자 또는 상용화주 소유차량으로 하되, 다음 각 호의 차량은 항공운송사업자 또는 상용화주와 운송계약을 체결한 경우에 한한다"라고 규정하고 있다. 또한 제5항 "상용화주는 통제화물을 차량에 탑재할 때까지 보안성을 유지하여야 하며, 다음 각 호의 보안통제 조치를 하여야 한다"라고 명시함으로써 통제화물의 운송책임을 상용화주에게 주고 있으므로 제3조의 적용범위를 '상용화주와 상용화주 화물을 운송하는 차량 및 운전자에 적용한다'라고 개정이 필요하다고 판단된다.

이것은 향후 공인화물보안대행기관(Regulated Agent) 제도 도입을 통해 '상용화주 화물을 운송하는 공인화물보안대행기관(Regulated Agent)의 차량 및 운전자에 적용한다'라고 개정하여 공인화물보안대행기관(Regulated Agent)과 상용화주의 상호견제 기능을 통해 육상운송중 화물보안를 강화하는 실효성을 확보할 수 있을 것으로 기대할 수 있다.

「상용화주 항공화물 보안기준」 제10조(항공화물의 접수 및 보관)는 '상용화주로부터 통제화물을 접수한 항공운송사업자는 서류 및 보안통제 상태 등을 확인하여야 한다'라고 규정하고 있다. 제10조에 따라 항공운송사업자는 매일 현장에서 상용화주화물의 보안성을 직접 확인하기 때문에 상용화주에 대한 관리 감독과 함께 화물보안을 확보하기 위한 상호감시체계 구축이 가능하다는 것을 설명해 주고 있다.

이러한 면에서 공인화물보안대행기관(Regulated Agent) 제도 도입을 통해 체계적인 공급망보안체계를 구축하게 되면, 공인화물보안대행기관(Regulated Agent)과 상용화주는 국가에서 인증하고, 상용화주에 대한 관리는 항공운송사업자 또는 공인화물보안대행기관(Regulated Agent)에서 확인하는 체계를 갖출 수 있을 것으로 보인다.

궁극적으로는 항공화물보안기구를 도입하여 공인화물보안대행기관(Regulated Agent)과 상용화주 등에 대한 인증 및 관리 감독하는 방안을 신중하게 검토할 필요가 있다.

(2) 진입장벽의 높은 벽: 신청 자격의 제한과 복잡한 절차

항공보안법상 상용화주로 지정받기 위한 전제요건으로, (1) 엑스선 검색장비, 폭발물 탐지장비 또는 폭발물 흔적탐지장비 등 화물의 보안검색을 위한 보안검색장비를 갖출 것, (2) 항공보안검색요원을 2명 이상 확보할 것,

(3) 항공화물보안을 위한 통제 및 분리된 시설을 갖출 것, (4) 상용화주 지정 신청일 이전 6개월 이내의 기간 중 총 24회 이상 항공화물을 운송의뢰한 실적이 있을 것 등을 규정하고 있다.

또한 「상용화주 항공화물 보안기준」의 조항들을 구체적으로 살펴보면, 항공화물의 보안통제 책임에 대하여 ICAO 표준의 공인화물보안대행기관(Regulated Agent)의 기준에 초점을 맞춰 상용화주의 기준을 규정하고 있다. 이처럼 명칭만 단순히 상용화주로 표기하고 세부내용은 공인화물보안대행기관(Regulated Agent)의 기준을 제시함으로써 그 적용범위가 ICAO 표준에 따른 공인화물보안대행기관(Regulated Agent)인지 상용화주인지 명확하게 다루고 있지 않다는 문제가 있다.

상용화주가 되기 위해서 신청자는 항공화물보안프로그램, 국제물류주선업 등록증, 사업자등록증, 등기부등본, 신청일 기준 6개월 이내 화물운송 거래실적, 항공화물의 보안통제를 담당하는 자의 명단 및 신원조회 의뢰서, 보안통제 취급직원의 교육이수 증명서 등의 서류를 첨부하여 지방항공청장에게 상용화주 지정신청서를 제출하도록 하고 있다. 상용화주 인증을 위해 항공보안감독관 등으로 하여금 현장심사를 한 후, 지방항공청장이 상용화주 지정서를 내주는 단계로 지정절차가 되어 있다.

이처럼 높은 수준의 지정기준 및 복잡한 상용화주 지정절차를 수행해야 하는 화주 측면에서는 상용화주를 신청하게 되면, 오히려 이의 실행에 따른 과도한 비용부담이 가중된다. 따라서 이러한 부담을 감당하면서 상용화주가 되려고 하는 화주 및 화물을 포장 · 운송하는 업체는 드물다고 봐야 할 것이다.

1) 신청자격 요건의 현실적 장벽

상용화주를 신청할 수 있는 자격요건은 「물류정책기본법」에 의해 등록된 국제물류주선업자 또는 화물을 직접 생산하거나 최초 포장을 하는 화주이며, 상용화주 신청일 이전 6개월 이내의 기간 중 총 24회 이상 항공화물을 운송 의뢰한 실적이 있는 자로 제한하고 있다. 이처럼 「항공보안법 시행규칙」에 따른 제한된 신청자격요건으로 인해 공항운영자, 항공운송사업자 및 공항화물터미널 운영자 등은 상용화주의 신청자격에서 제외하는 요인으로 작용하고 있다.

또한 항공운송사업자와 화물운송 거래실적이 있는 화주와 항공화물 취급

대리점의 개념 및 지정기준이 명확하지 아니하고, 상용화주의 역할과 책임이 모호하여 관련 당사자들의 혼란을 초래하고 있다. 미국과 EU의 경우, 공인화물보안대행기관(Regulated Agent)과 상용화주의 보안통제기준을 명확하게 구분하고 체계적으로 관리 · 운영되고 있는 것에 반해 우리나라는 상용화주에 대한 개념과 역할이 모호하며 이에 따라 책임범위 또한 불명확하다는 차이가 있다.

「항공보안법 시행규칙」 제9조의3(상용화주의 지정절차 등)을 살펴보면, 상용화주로 지정받으려는 자는 제1항제1호의 규정에서 「물류정책기본법」 제43조제1항 및 같은 법 시행규칙 제6조제2항에 따른 국제물류주선업등록증(국제물류주선업자만 해당한다)을 보유해야 한다고 규정하고 있다. 이는 ICAO 표준의 공급망보안 주체 중 공인화물보안대행기관(Regulated Agent)에 해당하는 개념으로 「항공보안법」 제17조의2(상용화주)제1항과 제2항의 신청자격에서 「항공보안법」에 포함된 상용화주 개념을 벗어나서 공인화물보안대행기관(Regulated Agent)의 역할을 수행하는 국제물류주선업자를 규정함으로써 상용화주의 지정범위를 모호하게 만들고 있는 것으로 보인다.

또한 「항공보안법 시행규칙」 별지 제4호서식 상용화주 지정서에는 상용화주를 'Known Shipper'로 규정하고 있는 데 비해, 「항공보안법」 및 화물 관련 규정에서는 상용화주를 'Known Consignor'로 명시하고 있어 상용화주에 대한 개념 일원화와 함께 영문 명칭을 명확히 통일할 필요가 있다.

2) 규정 개정 절차의 유연성 부족

우리나라의 상용화주제도는 항공보안법령의 명시적 규정에 따라 공식적인 절차가 확립되어 있기 때문에 긴급한 화물보안강화의 필요성에 따른 탄력적인 적용이 거의 불가능한 것으로 보인다. 화물보안 관련 법규정의 제 · 개정에 소요되는 많은 시간과 의사결정 과정을 고려할 때, 즉각적인 화물보안강화조치가 필요한 때를 대비한 새로운 화물보안절차를 단기간 내에 도입할 수 있는 제도적인 장치가 마련되어 있지 않기 때문이다.

이와는 다르게, 미국의 TSA는 외국적항공운송사업자의 검색비율 및 검색방법 등을 긴급수정(EA)과 모델보안프로그램(MSP)을 통해 상시변경을 할 수 있게 하는 절차가 마련되어 있어 단시간에 변경 · 적용이 가능하도록 명확히 규정하고 있는 것과 대비된다.

(3) 단절된 정보와 협력: 정보공유 및 민관협력 체계의 부재

우리나라는 항공보안당국와 세관 등 화물보안 관련기관 사이의 협력을 위한 화물정보공유체계가 마련되어 있지 않아 항공화물의 보안통제 및 절차의 중복 등의 문제를 유발하고 있다. 미국과 EU 등은 2001년 9·11 테러 이후에 항공보안당국과 세관의 노력만으로는 효과적으로 항공화물테러에 대응할 수 없음을 인식하고 정부기관과 민간부분의 협력프로그램을 구축하여 시행하는 데 중점을 두고 있다.

특히 상용화주제도는 보안성이 확보된 항공화물에 대한 검색을 면제하거나 완화하는 프로그램으로 항공기 탑재 전 화물보안 확보와 화물검색 간소화 혜택에 목표를 두고 있다. 반면에, 세관의 AEO제도는 통관절차의 간소화에 중점을 두고 있는 민관협력프로그램이다.

이들 제도는 기본적으로 공급망보안을 위한 민관협력프로그램으로 항공화물운송에서 고위험화물을 효과적으로 파악하여 위험을 예방한다는 목적은 동일하며, 기본적인 보안기준을 갖추어야 한다는 내용도 유사하므로 미국과 EU 등은 두 제도를 별도로 운영하지 않고 통합하여 운영하고 있다. 민관협력프로그램인 AEO제도와 상용화주제도를 통합 운영함으로써 제도운영과 관리 · 감독의 중복, 절차상의 복잡함 및 비용부담 등의 문제를 최소화하면서 공급망보안의 실효성을 확보하고 있다.

따라서 우리나라도 세관에서 화물흐름의 신뢰성과 안정성을 확보하기 위해 시행하고 있는 AEO제도에서 인증된 업체들은 화물보안 관련 법규정에 따른 필요한 보안요구사항을 충족할 때 공인화물보안대행기관(Regulated Agent) 및 상용화주의 인증절차를 간소화하는 방안 등 관련 기관 간 정보공유를 통한 민관협력프로그램의 도입에 관한 면밀한 검토가 필요해 보인다.

토론주제

효과적인 항공화물 보안을 위해서는 기관 간 정보공유가 필수적입니다. 그러나 이는 기업의 영업비밀이나 개인정보 보호와 충돌할 수 있습니다. 어떻게 하면 보안 효과성과 프라이버시 보호 사이의 적절한 균형을 찾을 수 있을까요? 각국의 접근법 차이와 최적의 방안에 대해 토론해 보세요.

4. 항공화물 공급망보안 운영상의 제약과 실무적 해결과제

(1) 항공화물보안의 비용-편익 불균형과 운영비용 부담

비상용화주 화물은 보안성이 미확보된 상태로 분류되어 화물터미널에서 반드시 항공운송사업자의 보안검색을 받아야 한다. 특히 엑스선 검색장비보다 큰 화물의 경우 100% 검색을 위해 포장 해체-검색-재포장이라는 복잡한 과정을 거쳐야 한다.

반면 상용화주 인증을 받으면 제조 단계부터 보안이 확보된 것으로 간주해 화물터미널에서의 대기시간이 줄어들고 포장 해체 작업도 생략할 수 있다. 이러한 혜택은 자연스럽게 비상용화주를 상용화주로 전환하도록 유도하는 효과를 낸다.

하지만 우리나라 상용화주제도는 「항공보안법」에 따른 항공보안장비 구비, 유지보수, 보안검색요원 배치 등 상당한 비용이 소요됨에도 불구하고 정부나 관련기관의 재정 지원이나 인센티브가 전혀 없어 진입장벽으로 작용하고 있다.

현장 인사이트

"항공화물 보안에서 가장 크게 간과되는 것이 '숨겨진 비용'입니다. 장비 구매와 인력 확보는 시작에 불과하죠. 장비 유지보수, 정기 검사, 소프트웨어 업데이트, 직원 교육과 재교육, 불시 보안점검 대응, 각종 인증 갱신... 이런 비용들이 지속적으로 발생합니다. 특히 중소기업에는 이러한 운영 비용이 매출 대비 상당한 부담이 됩니다. 정부가 초기 장비 구매 지원만 하고 끝내는 것이 아니라, 지속적인 운영 지원책이 필요한 이유입니다."

– 한국항공보안학회 부회장

1) 공적 지원 부족: 항공화물보안 투자의 민간의존성

상용화주는 엑스선 검색장비 등 고가의 항공보안장비 도입과 보안 전문인력 확보 및 교육훈련에 상당한 비용을 투자해야 한다. 여기에 보안책임 부담까지 더해지면서, 정부의 재정 지원 없이는 일반화주의 상용화주 전환이 현실적으로 어려운 상황이다.

더 큰 문제는 상용화주에 대한 정부의 재정 지원이나 인센티브 관련 법규정이 없다는 점이다. 상용화주 보안조치 화물의 공항 검색 면제와 「국가항공보안우발계획」에 따른 무작위 표본검색 시행 등 관련 법규정 간 부조화로 인해 상용화주가 얻을 수 있는 실익이 거의 없어 제도가 유명무실한 실정이다.

주요국들은 공인화물보안대행기관(Regulated Agent) 제도와 상용화주제도를 체계적으로 병행 운영하여 상용화주에게 비용적 혜택을 제공한다. 반면 우리나라는 상용화주로 지정되면 오히려 화물검색을 위한 보안요원 및 시설비용이 더 소요되는 모순적 상황이 발생한다.

현행법상 상용화주는 보안검색을 직접 수행해야 하므로 항공보안장비 구매, 보안인력 운영, 별도 보관시설 확보 등의 비용부담과 시간적 손실이 불가피하다. 이는 항공운송사업자 측면에서도 공급망보안체계 활성화 시 기존 투자 대비 이익 감소라는 우려로 이어지고 있다. 따라서 공인화물보안대행기관 진입을 희망하는 항공운송사업자 등에 대한 정부의 재정적 지원과 인센티브 제공을 통해 제도를 활성화하는 방안을 검토할 필요가 있다.

2) 자격유지 비용의 불균형: 사업자 간 차등부담 구조

상용화주 인증을 위한 점검, 관리, 승인 등의 절차와 데이터베이스 유지에는 상당한 비용이 소요되어 정부와 화물운송업계에 부담으로 작용한다. 따라서 제도 운영을 통해 얻는 혜택 정도에 따라 항공운송사업자, 화주, 정부 간 적절하고 공평한 비용 분담이 이루어지도록 균형적 접근이 필요하다.

상용화주 인증을 통해 화주는 검색면제로 신속한 화물흐름의 혜택을 누리며, 국제항공화물 공급망보안 향상을 통한 불법방해행위 감소 혜택은 전체 국민에게 돌아간다. 이러한 관점에서 각 주체가 받는 혜택에 따라 공평하게 비용을 부담하되, 화주나 최종 소비자에게 모든 비용이 전가되지 않도록 적절한 관리 · 감독 절차를 확립해야 한다.

(2) 활성화의 장애물: 공급망보안 참여 유인체계의 부족

항공화물보안은 여객보안과 달리 항공운송사업자가 자체 화물터미널을 운영하며 보안검색을 집중적으로 수행한다. 우리나라 항공보안법은 화물검색 책임주체를 항공운송사업자로 명시하고 있어, 화물보안 책임이 항공운송사업자만의 것으로 인식되는 경향이 강하다.

이러한 구조는 항공화물량 증가 시 화물터미널 지역에서 보안검색 및 동제로 인한 운송지연과 화물흐름 저하를 초래할 우려가 있다. 또한 항공운송

사업자는 대형 보안검색장비 구매 등 막대한 보안비용 부담을 안게 되어 화물경쟁력 약화와 보안 취약성이라는 이중고를 겪을 수 있다.

이러한 문제 해결을 위해서는 공급망보안체계 구축을 통한 주체별 책임 분산이 필요하다. 화주 단계부터 보안을 확립하여 신속한 화물흐름과 보안 강화의 실효성을 동시에 확보해야 한다. 공급망 전 과정에서 보안성을 확보하는 체계를 구축하여 공항 화물터미널에서의 화물검색 비중을 낮추는 것이 핵심이다.

위험평가 기반 보안프로세스 도입을 통해 항공화물 공급망보안과 보안검색 절차가 조화를 이루도록 하여 실효성을 확보할 필요가 있다. 공급망보안체계 운영에서는 공인화물보안대행기관(Regulated Agent)과 상용화주의 역할을 명확히 구분하고, 상용화주 인증은 정부가, 관리·감독은 항공운송사업자와 공인화물보안대행기관이 담당하는 개선된 역할분담을 통해 공급망보안 주체 간 상호감시체계를 구축해야 한다. 이러한 접근은 자사 항공기에 실리는 화물에 대한 보안통제를 항공운송사업자가 담당한다는 「항공보안법」의 제정 취지와도 부합한다.

그러나 우리나라 항공보안법상 상용화주제도는 ICAO의 공인화물보안대행기관(Regulated Agent) 수준의 엄격한 기준과 높은 진입장벽을 갖고 있다. 상용화주에게 보안검색장비와 보안검색요원 배치를 통한 100% 화물검색만을 요구한다면, 위험분석을 통한 효과적인 보안통제로 화물흐름을 원활하게 하려는 상용화주제도의 도입 취지가 퇴색될 수밖에 없다.

현실적으로 현행 항공보안법령 및 「상용화주 항공화물 보안기준」을 충족하는 상용화주를 찾기는 어렵다. 보안장비 및 보안요원 운영, 보안통제시설 구비조건이 까다로울 뿐만 아니라, 상용화주로 지정되어도 각종 구비조건을 유지하면서 수익성을 확보하기가 현실적으로 어렵기 때문이다. 반면 미국과 EU는 공인화물보안대행기관(Regulated Agent) 및 상용화주제도를 체계적으로 도입하여 승인 주체, 보안검색 요구수준 등에 차이를 두어 개별국가의 현실에 맞는 효율적 운영을 하고 있다. 우리나라도 이러한 국제적 모범사례를 참고하여 현실적이고 실효성 있는 공급망보안체계 구축이 필요하다.

현장 인사이트

"상용화주 제도의 본질은 '누가 화물을 검색하느냐'가 아니라 '화물이 항공기에 탑재되기 전에 보안이 어떻게 확보되느냐'입니다. 이 관점의 차이가 중요합니다. 현재 우리나라는 화주에게 사실상 검색기관의 역할을 맡기고 있는데, 이는 제도의 원래 취지에서 벗어난 접근법입니다. 상용화주가 자체 검색을 하는 것보다, 신뢰할 수 있는 화물 공급망을 구축하고 화주의 보안 프로세스를 인증하는 방향으로 나아가야 합니다."

- 국토교통부 항공보안감독관

(3) 실질적 매력의 부재: 공급망보안 활성화를 위한 인센티브 체계의 미비

항공화물의 원활한 흐름 및 화물보안 강화 등 상용화주제도 도입의 긍정적 효과에도 불구하고 활성화에 어려움을 겪는 근본 원인은 국내 항공화물 취급대리점들의 영세함에 있다. 화물통제시설 구축 및 보안장비 도입·운영에 따른 부담으로 인해 관련 당사자들이 상용화주제도 도입의 필요성을 느끼지 못하는 인식 부족을 초래하고 있다.

상용화주로 지정받으면 화주는 오히려 더 복잡한 화물처리절차를 수행해야 하여 도입 효과가 없다고 판단하는 요인이 되고 있다. 국내 상용화주제도는 화주 관점에서 지정신청 조건이 불명확하고 까다로워 상용화주 지정보다 일반화주로 화물을 접수하는 것이 더 효율적이라는 인식을 갖게 한다.

상용화주에 의해 보안조치된 화물이라 하더라도 공항 도착과 동시에 항공기 탑재가 이뤄지는 것이 아니며, 항공기 공간 확보가 선행되어야만 운송할 수 있다. 비상용화주도 항공기 공간이 확보되고 공항에서 항공운송사업자의 보안검색을 완료하면 상용화주 화물과 동일하게 운송할 수 있다.

이러한 이유로 화주가 과다한 비용을 투자하여 자발적으로 상용화주가 되기를 희망하기에는 현재 우리나라의 상용화주제도가 매우 미흡한 제도라는 것이 분명하다. 화주가 상용화주로 지정될 때 얻게 되는 혜택이 없으며, 오히려 과다한 비용지출과 복잡한 화물처리절차로 인해 화물흐름을 방해하는 문제점이 더 크다는 시사점을 준다.

따라서 상용화주로 지정된 업체의 경우 화주가 포장 및 운송 전반에 걸친 보안통제를 직접 관리하는 대신 모든 화물에 대한 보안검색을 면제해 줄 필요가 있다. 또한 화주가 원하는 시간대에 화물을 운송할 수 있도록 지원하고 공항에서 화물통제에 드는 시간과 절차를 간소화하여 화물흐름의 효율성 및 화물보안을 확보함으로써 화주의 상용화주 자발적 참여를 유도하는 것이 필요하다.

5. 상용화주제도: 운영 효과성과 제도적 한계 분석

우리나라는 2004년부터 상용화주제도를 단독 도입하여 운영 중이지만, 정부와 업계의 이해 부족으로 유명무실한 실정이다. 화물접수부터 보안검색, 보관, 지상 운송 중 보안통제까지 공급망 전반에 걸쳐 전적으로 상용화주에게만 책임이 부여되어 공급망 주체 간 화물에 대한 상호감시 및 상호보완이 부족하다.

단계적 · 체계적 보안수준 차등을 적용하지 못한 공급망보안 운영으로 운송 중 보안통제 절차가 미수립되는 등 공급망보안관리 전반의 보안성이 미확보되고 있다. 공항 화물터미널 지역에서의 100% 엑스선 보안검색은 대량화물 처리 시 보안성이나 물류흐름에 장애요인으로 작용하고 있다.

현실적으로 우리나라는 국제적으로 강화되고 있는 물류보안제도에 대한 이해가 부족하다. 그 결과 상용화주제도가 국내 도입된 지 20년이 지났지만 인식 정도가 매우 낮으며, 정부와 민간 부문의 협력체제도 제대로 구축되지 못해 아직 정착하지 못하고 있다.

물류보안제도 강화를 주도하는 미국이나 물류 선진국들의 세계화 추세에 대한 이해는 물론, 일본 · 홍콩 · 싱가포르 등 자국 물류보안기준을 글로벌 기준에 맞추려는 주변 국가들의 정책적 노력에 대한 파악도 여전히 미흡한 실정이다.

(1) 표본검색의 한계: 보안 효과성과 운영 효율성의 상충

상용화주의 보안검색 및 보안통제를 통해 보안조치된 화물이 공항에서 항공운송사업자로 인계되기 전에 「국가항공보안우발계획」에 따라 추가로 무작위 표본검색을 받게 되면서 발생하는 비효율성 역시 현행 상용화주제도의 문제점이다. 특히 항공화물은 여객과 달리 무작위 표본검색 수행이 어렵다. 화물의 포장상태에 따라 해체 및 재포장 작업 등 복잡한 과정을 거쳐야 하므로 보안검색의 어려움뿐만 아니라 추가비용 부담 등의 문제가 발생한다.

「항공보안법」 제17조의2(상용화주) 제3항에 따르면 상용화주의 화물에 대해서는 공항에서 보안검색을 하지 않을 수 있으나, 무작위 표본검색에 해당하면 항공운송사업자는 보안검색을 해야 한다고 명시하고 있다. 또한 「상용화주 항공화물 보안기준」 제12조에서는 항공운송사업자가 「국가항공보안우발계획」에서 정한 항공보안등급에 따라 일정비율을 무작위 표본검색해야 한다고 규정하여, 상용화주의 보안조치된 화물이라도 공항에서 전량 보안검색을 면제받는 것이 아니라 반드시 일정비율의 무작위 표본검색을 시행해야 함을 명확히 하고 있다.

「항공보안법」에 항공화물의 보안검색 주체를 항공운송사업자로 규정하고 있는 바, 무작위 표본검색의 주체도 항공운송사업자가 담당해야 한다. 상용화주의 화물이 공항 도착 후 일반지역에서 보호구역까지 화물 접수부터 항공기 탑재까지 항공화물에 대한 보안책임 주체는 항공운송사업자의 책임으로 봐야 할 것이다.

1) 획일적 검색방식: 화물 위험도별 차등검색 체계의 부재

항공보안법령에 규정된 보안검색 절차를 준수하기 위해서는 여객기 탑재용 엑스선 검색장비로 검색할 수 없는 대형화물의 경우, 출발지에서 포장 완료된 화물을 공항에서 하역하여 포장을 해체한 후 전량 엑스선검색을 하고 다시 재포장하여 항공기에 탑재하는 등의 복잡한 절차가 필요하다. 이는 화물운송의 신속한 흐름을 저해하는 문제점이다.

항공보안법상 여객기 탑재 화물에 대한 항공운송사업자의 보안검색은 위탁수하물 검색방법과 동일하게 엑스선 검색방법을 원칙적으로 수행해야 한다. 다만 엑스선 검색장비가 설치되지 않았거나 정상 작동하지 않는 경우, 무기류 또는 위해물품이 은닉되어 있다고 의심되는 경우, 엑스선 검색결과 내용물을 판독할 수 없는 경우, 그밖에 항공보안 위협이 증가하는 등 특별한 사유가 발생한 경우에만 개봉검색 및 ETD 검색을 통하여 100% 전량 검색을 하도록 규정하고 있다.

화물기 탑재 화물의 경우 「항공보안법」에 따라 5가지 방법 중 한 가지 방법에 따라 여객기와 마찬가지로 100% 전량검색을 해야 한다. 실무적으로는 개봉검색, 엑스선검색, ETD 검색 3가지 방법에 따라 주로 검색하고 있으나, 전량 엑스선검색의 경우 화물 물동량 증가 시 화물흐름에 막대한 지장

을 초래할 수 있다.

항공화물은 특성상 포장형태가 매우 다양하며, 대형화물과 고중량 화물은 엑스선 검색장비 성능의 미흡 및 장소협소 등의 이유로 모든 화물에 대해 엑스선검색을 수행하기에는 현실적으로 매우 어렵다. 현재 항공화물의 획일적인 검색방법과 검색비율을 개선하여 화물보안 확보는 물론 신속하고 안전한 화물처리를 목표로 보안수준에 따른 적절한 보안검색 방법과 절차를 확립할 필요가 있다.

2) 위탁검색업체 관리 부족: 표본검색 품질의 일관성 문제

항공화물의 보안검색은 「항공보안법 시행규칙」 제8조에 따라 지정된 보안검색위탁업체에 위임하여 시행할 수 있다. 상용화주의 경우에도 화물에 대한 보안검색을 기준에 맞는 보안검색위탁업체에 위임할 수 있도록 규정하고 있다. 「항공보안법 시행규칙」 제8조는 여객·휴대물품과 위탁수하물의 보안검색위탁업체 지정기준과 화물의 보안검색위탁업체 지정기준을 명확히 구분하여 규정하고 있다.

그러나 상용화주 시설에서 화물을 검색하는 보안검색위탁업체의 지정기준을 여객 위탁수하물의 보안검색위탁업체 기준으로 해야 하는지, 화물 보안검색위탁업체 기준에 맞춰야 하는지 명확하게 다루고 있지 않다. 상용화주의 보안검색을 통해 보안조치된 화물 중에는 여객기에 실리는 화물도 있기 때문에 여객기 탑재 화물검색 기준에 맞도록 상용화주의 보안검색위탁업체 지정기준을 명확히 할 필요가 있다.

(2) 화물보안 교육·양성 체계의 구조적 미비

공항 화물터미널에서 화물업무에 종사하는 자에 대한 보안교육 근거 및 교육과정은 마련되어 있으나, 「상용화주 항공화물 보안기준」을 적용받는 화물업무종사자에 대해서는 보안교육 과정이 부재한 것이 문제로 지적된다. 「상용화주 항공화물 보안기준」 제9조 및 제16조는 관련 업무 수행자가 법 제28조에 따른 「국가민간항공보안 교육훈련지침」에 따라 교육을 이수해야 한다고 규정하고 있다.

그러나 「국가민간항공보안 교육훈련지침」 관련 규정 어디에도 상용화주의 화물운송담당자와 화물보안통제 업무수행 직원에 대한 보안교육 대상자

포함 여부가 명확하게 다뤄지지 않고 있다. 상용화주 보안기준에 명시된 규정이 교육훈련지침에는 해당 대상자에 대한 교육훈련 내용이 빠져 있어 실효성이 없는 것이다.

이는 보안교육을 통한 항공화물 보안확보의 중요성을 강조한 ICAO의 공급망보안 핵심에서도 벗어나 있어 시급히 상용화주의 화물업무종사자에 대한 화물보안 교육과정을 개설하여 보안을 강화하고 실효성을 확보할 필요가 있다.

현장 인사이트

"상용화주 시설에서 일하는 보안요원들의 교육 부재는 항공화물 보안의 큰 약점 중 하나입니다. 공항 내 보안요원들은 정기적인 교육과 인증을 받지만, 상용화주 시설에서는 그런 체계가 없어요. 결국 같은 화물을 검색하는데 교육 수준이 전혀 다른 인력이 담당하게 됩니다. 이는 표준화된 보안수준을 유지하기 어렵게 만들고, 위험요소를 놓칠 가능성을 높입니다."

– 보안검색교육기관 항공보안교육 담당자

우리나라는 항공화물 공급망보안 전반을 중점 관리하는 전문가 양성이나 국제협력 분야에서 통합적 접근방식을 채택하지 못하고 있다. 자국의 화물보안표준을 ICAO 표준에 맞춰 환적화물 유치와 항공화물의 국제경쟁력을 높이는 전략을 채택하는 주요국과 비교하여 화물보안 전문인력의 전문성이 빠져 있다.

화물보안 확보를 위해서는 첨단 보안장비 구비와 이를 운영하는 보안인력의 전문성이 매우 중요하다. 하지만 국내 항공화물의 보안검색요원 및 항공경비요원은 직업적 불안정성 등으로 전문성과 직업적 자긍심이 낮게 인식되고 있다. 이에 따라 이직률이 높아 노하우 축적에 의한 전문성 부족이 가중되고, 빈번한 채용과 높은 교육비용을 초래한다.

항공보안당국의 화물보안 담당자 및 항공운송사업자의 화물보안업무 책임자는 순환보직체계로 인해 전문성과 노하우 축적에 어려움이 있어 감독활동의 실효성에 한계가 있다. 따라서 화물보안요원의 전문성을 높이고 화물보안전문가를 양성하기 위한 실효성 있는 대책을 마련하여 항공화물 보안수준을 향상할 필요가 있다.

6. 인바운드·환적화물 보안관리: 국제공급망 연계의 구조적 한계

ICAO의 화물보안표준은 상업용 항공기로 운송하는 모든 국제항공화물은 검색하거나 항공보안당국이 승인한 공급망보안 주체가 시행하는 보안통제를 받아야 한다고 규정하고 있다. 이러한 법리는 출발 화물 뿐만 아니라 인바운드화물과 환적화물에 대하여도 이러한 보안표준이 충족해야 함을 의미한다. 즉, 항공화물은 출발지에서부터 보안을 유지하고 불법방해행위로부터 보호되어야 하며, 출발지의 항공보안당국은 화물에 적절한 보안통제를 적용할 수 있도록 보장해야 한다는 중요한 의미가 있다.

또한 각국은 화물의 보안확보 여부를 공급망 전체에서 확인할 수 있도록 화물보안신고서를 화물과 함께 제공해야 한다. 이와 관련하여 환적공항의 항공보안당국은 출발지에서 화물에 적용된 보안통제가 국가민간항공보안프로그램(NCASP) 요건을 충족하는지 자체적으로 확인하는 절차가 필요하다. 특히 항공보안당국이 환적화물이 안전하다고 만족하지 않는 경우, 국가민간항공보안프로그램 요건에 따라 보안검색을 포함한 적절한 보안통제를 적용하는 공식적인 절차가 확립되어 있어야 한다.

(1) 보안관리 사각지대: 출발지 검증체계의 불완전성

미국과 EU 등은 위험관리 중심의 공급망보안체계 구축과 제3국의 출발공항 및 항공운송사업자의 보안평가를 통해 보안조치된 환적화물에 대해서는 보안검색을 전면 면제하고 있다. 반면 우리나라는 국가항공보안계획에 따라 환적화물에 대해 조건부 보안검색 면제하고 있어 대조를 이룬다.

우리나라 공항에서 출발하는 화물에 대해서는 「항공보안법」에 따라 100% 보안검색을 하고 있는 현실을 고려할 때, 환적화물에 대한 보안검색 조건부 면제 규정은 재검토가 필요해 보인다. 출발지에서 100% 보안검색이 완료되었다고 확신할 수 없는 화물에 대해 일부 조건이 충족되는 환적화물의 보안검색이 면제되고 있기 때문이다.

따라서 환적화물에 대해 우리나라 공항의 출발화물과 같이 100% 보안검색을 적용할 것인지, 아니면 위험기반 접근법에 따라 보안조치된 화물로 인정하여 보안검색을 면제할지를 결정해야 하는 문제가 발생한다.

현장 인사이트

"인천공항의 환적화물량은 매년 증가하고 있지만, 이에 대한 보안 접근법은 여전히 과도기에 있습니다. 모든 환적화물을 재검색하는 것은 물리적으로 불가능하고, 모두 면제하는 것은 위험합니다. 가장 효과적인 방법은 출발국의 보안수준에 따른 차등화된 접근법입니다. 보안 신뢰도가 높은 국가에서 온 화물은 최소한의 검사로, 그렇지 않은 국가의 화물은 더 철저한 검사가 필요합니다."

– ○○국제공항 항공화물 보안검색감독자

이런 문제점 개선을 위해 제3국의 출발공항에 대해 위험관리 기반의 보안 동등성 인정을 통한 국가화물보안프로그램 상호인정프로세스를 도입하는 방안을 신중하게 검토할 필요가 있다. ICAO는 환적공항에서 화물보안신고서를 통해 출발공항에서의 보안통제 이행여부나 보안검색 방법을 확인하여 중복 보안검색을 완화하고 전체 공급망의 보안수준을 일관되게 확보할 수 있도록 하고 있다.

위험기반의 공급망보안 구축과 국가화물보안프로그램의 상호인정프로세스는 화물보안체계의 실효성을 강화하는 계기가 될 것으로 판단된다. 각 국가는 서로 다른 화물보안 전략, 검색기술 및 보안절차를 사용하여 테러로부터 항공화물을 보호할 책임이 있으므로, 서로 다른 국가화물보안프로그램의 보안표준을 공통수준으로 개선하면 효과적이고 지속적인 국가화물보안프로그램을 마련할 수 있는 계기가 될 것이다.

(2) 고위험화물 선별체계: 사전식별 시스템의 운영상 한계

각 체약국은 자국 영토로 들어오는 운송화물이 적절한 보안통제를 받았음을 확인하기 위한 적절한 보안절차를 마련해야 한다. 구체적으로 화물보안확보를 위해 항공보안당국은 사전화물정보 수집, 상호인정체계(양자 및 다자협정 포함) 구축 및 항공운송사업자 보안프로그램 승인과 같은 보안절차를 사용해야 한다고 규정하고 있다.

이에 따라 미국 및 EU에서는 고위험화물에 대한 자국반입을 사전 차단하기 위하여 ICAO 표준보다 더 강화한 화물보안 요구기준을 마련하여 운영하고 있으나, 우리나라는 인바운드화물에 대한 별도의 보안통제 기준이 없다. 이를테면, 미국의 항공화물사전검색(ACAS) 제도 및 EU의 제3국 출발

항공화물운송인(ACC3)처럼 제3국을 출발하여 자국으로 향하는 항공화물의 보안성 여부를 사전정보나 별도의 인증을 통해 통제함으로써 인바운드화물에 대한 보안성을 확보한 것과 대비된다. 따라서 인바운드화물에 대한 사전정보 공유를 통해 의심화물에 대해서는 사전 보안통제 절차를 강화하는 등 별도의 프로세스를 구축할 필요가 있다.

Annex 17의 4.6.9는 "각 체약국은 환적화물이 자국 영토에서 출발하는 상업용 항공운송 항공기에 탑재되기 전에 적절한 보안통제를 받도록 보장하여야 한다"라고 규정하고 있다. 즉, 국가는 자신의 영토에서 출발하는 상업용 항공기로 운송되는 환적화물 및 통과화물에 적용되는 보안조치의 적합성을 고려해야 한다는 의미가 있다.

출발지에서 적절한 보안통제를 받은 환적화물과 통과화물은 보안이 확보된 것으로 인정하고 취급되어야 한다. 이러한 이유로 제3국에서 출발한 환적화물의 경우 자국 공항을 통과하는 동안 세관검사나 화물과 동반하는 서류에 대한 검사는 생략된다.

이에 따라 미신고 위험물이면 식별마저 할 수 없게 되며, 위험물 신고가 있는 경우에도 ICAO 표준에 따라 처리된 것인지를 확인하기가 어려워 이러한 화물은 출발지에서 취한 보안조치를 전적으로 신뢰할 수밖에 없다는 문제점이 있다.

토론주제	항공화물 보안을 강화하기 위해 많은 국가가 사전화물정보(ACI) 제출을 의무화하고 있습니다. 이는 화물이 출발하기 전에 위험평가를 가능하게 하지만, 동시에 기업의 영업비밀이나 개인정보 보호 문제를 일으킬 수 있습니다. 사전화물정보의 보안 효과성과 정보보호 사이에서 적절한 균형점은 어디일까요? 어떤 정보가 필요하고, 어떤 정보는 불필요한 침해가 될 수 있을까요?

(3) 위험기반 접근법의 한계: 통합적 화물보안 체계의 구조적 미비

위험기반 화물보안의 실효성을 확보하기 위해서는 항공화물공급망의 주체들이 더 제도적으로 정보를 상호공유할 수 있는 시스템이 필요하다. 또한 화물보안조치는 위협으로 인해 제기된 위험에 적절히 대응할 수 있어야 하며, 위협환경의 변화로 인해 위험이 증가할수록 추가적인 화물보안조치도 신속한 방법으로 시행되어야 한다. 국제항공화물운송에 있어 테러리스트 공격으로 인한 인명과 재산의 손실과 장기적인 경제적 악영향의 잠재적 비용은 상당하지만 예측하고 정량화하기는 매우 어렵기 때문이다.

따라서 화물보안을 확보하기 위해 수행하는 보안통제와 관련된 비용 문제는 위험기반 검색을 통해 고위험화물을 사전에 식별함으로써 화물보안을 보장할 수 있는 적절한 수단을 제공할 수 있는지와 중요하게 연결된다. 적절한 예방적 화물보안조치를 위해서는 지속적으로 위협수준을 검토하고 위험평가를 수행하여야 하며, 동시에 국제, 국가 및 지역적 상황과 환경을 고려할 필요가 있다. 또한 항공화물 보안조치 및 절차는 유연성이 있어야 하며, 다양한 변화요인에 따라 달라질 수 있는 위험평가에 기초하여야 한다.

이러한 면에서 궁극적으로는 ICAO를 통한 해결책이 선호되고 가장 효율적인 것으로 강조되고 있지만, 항공화물 보안확보를 위한 효과적인 제도를 제공하는 ICAO의 능력에 대한 심각한 우려도 함께 있는 것이 분명하다. 2010년 10월 예멘사건처럼 항공화물을 이용한 테러시도에 대한 보안기관의 반응에서 드러났듯이, 화물보안위협에 적절하게 대응하기 위한 포괄적인 전략이 빠져 있다.

현장 인사이트

"항공화물 보안의 미래는 '스마트 보안(Smart Security)'에 있습니다. 첨단 기술, 위험기반 접근법, 이해관계자 간 긴밀한 협력이 결합한 보안 시스템을 구축해야 합니다. 이는 단순히 위협을 방어하는 차원을 넘어, 전체 항공물류 가치사슬의 경쟁력을 높이는 방향으로 나아가야 합니다. 미래 항공화물 보안은 장벽이 아닌 촉진자(facilitator)의 역할을 해야 합니다."

- ICAO 항공보안교관

이러한 불확실한 화물보안환경은 항공화물 관련 당사자의 잠재적 보안투자를 약화하는 결과를 초래하고 있다. ICAO는 항공화물보안프로그램을 마련하고 회원국에 대한 보안평가 등을 통해 집행을 감독하는 핵심 주체임에도 불구하고 심각한 보안위협을 받는 국가의 우려를 충족시키는 효과적인 규제제도를 만들 수 없다는 한계가 있다.

더 중요한 것은 이러한 규제제도를 전 세계적으로 공통으로 시행할 수 없다는 점에서 위험기반 항공화물 보안정책의 채택이 필수적이라는 것이다.

따라서 항공화물 보안체계를 개선하기 위해서는 제도적 토대뿐만 아니라 관련된 모든 당사자의 책임 문제를 명확하게 확립하고 보다 위험기반 화물보안 접근방식으로의 전환을 통해 불확실성을 줄이고 보안절차의 통일성을 목표로 해야 한다.

항공화물은 공급망보안에 의해 보안통제가 확보된 후 반입되거나 금지된 품목을 효과적으로 탐지하기 위한 보안검색을 거쳐 탑재되어야 한다. 기본 보안검색 이상의 추가적인 보안대책은 화물이 고위험이라고 간주하는 경우 진행되어야 하며, 화물에 대한 보안이 적용되었다면 이는 경유지와 환적지를 포함한 전 운송구간에 걸쳐 보안이 유지되어야 한다. 불필요한 중복 보안검색은 배제되어야 하고 공급망 전반에 걸쳐 보안통제를 충족하는 운영환경에서 항공기에 의해 운송되어야 한다.

결론: 상생과 균형의 항공화물 보안을 위한 미래 과제

항공화물 보안은 단순한 규제 준수의 문제가 아니라 글로벌 공급망의 안전과 효율성을 동시에 확보해야 하는 핵심 과제다. 현재 우리나라의 항공화물 보안체계는 상용화주제도를 중심으로 운영되고 있다. 그러나 높은 진입장벽과 운영상의 어려움 그리고 체계적인 상호견제 구조의 부재로 인해 제도의 본래 취지를 충분히 구현하지 못하고 있는 실정이다.

이러한 한계를 극복하기 위해서는 ICAO가 권고하는 공인화물보안대행기관(Regulated Agent) 제도를 상용화주제도와 병행하여 도입하는 것이 필요하다. 두 제도를 동시에 운영함으로써 체계적인 공급망보안 구조를 확립할 수 있으며, 각 제도의 명확한 구분과 역할 정립을 통해 공급망 참여 주체 간 상호견제와 협력의 적정 수준을 확보할 수 있다. 이는 단일 제도 운영의 한계를 보완하면서 보안체계의 실효성을 높이는 방안이 될 것이다.

제도적 개선과 함께 위험기반 접근법의 도입도 중요한 과제다. 모든 화물을 일률적으로 검색하는 현행 방식에서 벗어나, 위험도 평가에 따른 차별화된 보안조치를 적용한다면 보안의 실효성과 물류 효율성을 동시에 향상시킬 수 있다. 특히 인바운드 및 환적화물에 대해서는 별도의 체계적인 보안관리 체계를 구축하고, 사전화물정보를 활용한 고위험화물 식별 시스템을 조속히 도입해야 한다.

이러한 제도적 · 기술적 개선과 더불어 전문인력 양성을 위한 항공화물 보안 교육체계 강화도 시급하다. 교육 프로그램의 질적 향상과 함께 정부와 민간이 적절히 비용을 분담하는 구조를 마련함으로써 상용화주제도의 활성화를 도모해야 한다. 정부의 재정적 지원 확대, 세관과의 협력체계 구축, 인증 및 평가시스템의 개

결론: 상생과 균형의 항공화물 보안을 위한 미래 과제

선 등 포괄적인 정책 지원이 뒷받침되어야 실질적인 변화를 이끌어낼 수 있다.

항공화물 보안은 국가안보와 경제활동의 교차점에 위치한 전략적 과제다. 보안 강화와 물류 효율성이라는 두 가지 목표를 달성하기 위해서는 규제 중심의 접근에서 벗어나 협력과 상생의 새로운 패러다임으로 전환해야 한다. 모든 공급망 참여자가 공동의 책임의식을 갖고 적극적으로 참여하는 통합적 보안체계를 구축할 때, 비로소 진정한 의미의 항공화물 보안과 항공물류 경쟁력을 확보할 수 있을 것이다.

Ⅲ. 항공화물 공급망 보안체계 구축과 무결성 확보 전략

1. 통합 공급망보안 관리체계: 공인화물보안대행기관 중심의 접근법

항공화물은 제조시설에서 공항에 이르기까지 수많은 손을 거치며 이동한다. 이 과정에서 보안 연속성을 유지하는 것이 항공화물보안의 핵심 과제가 되고 있으며, 화물터미널에서의 검색만으로는 급증하는 화물량과 고도화되는 위협에 효과적으로 대응하기 어려운 상황이다. 더욱이 제한된 항공보안감독관 인력으로 화물터미널의 보안수준을 상시 관리하는 것은 현실적으로 불가능하다.

현장 인사이트

"항공화물 검색을 공항 화물터미널에서만 수행하는 방식은 마치 교통체증이 심한 고속도로에 요금소를 하나만 설치하는 것과 같습니다. 효율성과 보안성 모두 저하될 수밖에 없죠."

– 한국항공보안학회 ○○이사

이런 현실적 한계를 극복하기 위해 공인화물보안대행기관 제도의 법적 도입이 필요하다. 미국의 CCSF(Certified Cargo Screening Facility)와 EU의 Regulated Agent처럼 공항 외부에서 화물검색을 완료하여 보안조치가 마무리된 화물이 공항에 도착하도록 하는 혁신적 접근이 요구되고 있다.

(1) 다자간 상호인증체계 구축과 협력적 보안관리 방안

항공화물 공급망보안은 단순한 검색 프로세스를 넘어 유기적으로 연결된 보안 보안체계다. 이 체계는 법적·제도적 기반 위에서 화물의 전 과정에서 보안 연속성을 확보하고, 이해관계자간 상호감시체계를 구축하는 것을 목표로 하고 있다.

이러한 목표 달성을 위해서는 공급망보안 주체 간의 상호보완관계 구축이 필수적이다. 이는 항공화물공급망 내 다양한 보안조치를 평가하고 최적화할 수 있는 기반이 된다. 다만 항공화물운송의 복잡성과 높은 운송비용으로 인해 출발지에서 목적지까지의 총비용과 총시간을 정확히 평가하기 어려운 것이 현실이다.

실제 정책 수립에서는 ICAO가 100% 화물검색을 목표로 하는지, 아니면 공급망보안 강화에 중점을 두는지를 명확히 파악하는 것이 중요한 지향점이 된다. 주요국들은 화물에 대한 100% 보안검색과 함께 공급망보안시스템을 체계적으로 구축하여 화물보안을 강화하는 방향으로 운영하고 있다.

1) 항공보안법령 체계 정비와 공급망보안 법적 프레임워크 구축

공인화물보안대행기관 제도의 체계적 운영을 위해서는 명확한 법적 기반 구축이 필수적이다. 이를 위한 핵심 개선방안을 살펴보면, 먼저 인증 및 관리체계 구축이 필요하다. 공인화물보안대행기관을 항공보안당국이 인증하고, 「항공보안법」과 공급망보안 관련 규정의 불일치 부분을 개정한 후 「공인화물보안대행기관 보안기준」을 신규 제정해야 한다. 이와 함께 자체보안계획 수립대상에 포함하여 체계적인 관리·감독 체계를 구축할 필요가 있다.

교육 및 감독 측면에서는 공인화물보안대행기관과 상용화주의 화물업무 종사자들을 「국가민간항공보안 교육훈련지침」의 교육대상에 명확히 규정하여 체계적인 화물보안교육을 할 필요가 있다. 아울러 국토교통부의 주기적인 점검 및 감독활동에 대한 구체적인 로드맵도 수립해야 한다.

운영 프로세스 개선도 중요한 과제다. 항공화물의 검색면제 방법 및 절차, 무작위 표본검색 비율 등을 실효성 있게 재검토하고, 화물검색을 위한 항공보안장비 도입·운영·관리에 관한 세부 절차를 마련한다. 화물운송 중의 보안확보를 위한 절차도 보안기준에서 명확하게 제시해야 한다.

이처럼 공인화물보안대행기관에 대한 인증, 운영, 교육, 감독 및 벌칙이 유기적으로 연계된 법적 개정안을 통해 항공화물 공급망보안 관리를 강화할 필요가 있다. 공인화물보안대행기관의 개념과 운영방향이 명확히 규정되어야 상용화주의 단계적 운영이 가능해지며, 이를 통해 체계적인 공급망보안 구축과 화물보안 확보를 달성할 수 있다.

2) 공급망보안 성과관리체계와 운영효율성 최적화

항공화물공급망 전반에 걸친 공통 합의된 화물보안통제는 다층적인 효과를 창출한다.

이는 먼저 효율적인 공급망보안 확보와 함께 관련 당사자 간의 책임 공유 및 표준화된 보안통제 적용을 통해 공항운영 부담을 현저히 줄이고 있다. 또한 화물이 한 주체에서 다른 주체로 이동하는 과정에서 안전한 운송을 보장하며, 공급망의 단계마다 적절한 보안통제를 적용하여 불법방해행위로부터 화물을 효과적으로 보호한다.

이러한 통합적 접근은 항공화물 보안의 일관성과 신뢰성을 높이는 동시에 운영 효율성도 향상하는 핵심 요인으로 작용하고 있다.

FAQ

Q 공인화물보안대행기관 도입으로 예상되는 가장 큰 효과는 무엇인가요?

A 공항의 화물터미널에 집중되는 검색 부담을 분산시켜 화물 흐름을 원활하게 하고, 보안검색의 질을 향상하는 동시에, 공항 외부에서부터 체계적인 보안통제가 이루어져 전체 공급망의 보안수준을 높이는 효과가 있습니다.

(2) 공인화물보안대행기관 제도화와 법령 체계 통합방안

우리나라는 현재 「항공보안법」에 상용화주제도를 단독으로 운영하고 있지만, ICAO 화물보안표준에 부합하도록 공인화물보안대행기관 제도를 도입하여 상용화주제도와 함께 체계적인 공급망보안체계를 구축해야 한다.

이러한 필요성은 공항에서 항공운송사업자에 의한 100% 화물검색만으로는 화물보안확보에 분명한 한계가 있기 때문이다. 따라서 위험기반 접근법을 토대로 보안검색과 공급망보안의 조화를 통한 상호감시체계 구축이 중요하다.

이를 위해서는 화물검색의 면제 및 차등적 화물보안체계와 연계하여 「항공보안법」과 같은 법 시행령 · 시행규칙, 국가항공보안계획, 「국가항공보안우발계획」, 「국가민간항공보안 교육훈련지침」, 「상용화주 항공화물 보안기준」, 항공화물보안프로그램, 자체보안계획 등 유기적으로 연결된 공급망보안 관련 법규정들을 체계적으로 정비하여 실효성을 확보할 필요가 있다.

1) 패러다임의 전환: 항공보안법 개정안 주요내용

국내 화물보안 관련 법규정은 운송방법에 따라 항공(공항), 육상, 해운(항만)으로 구분된다. 항공 분야에서는 「항공보안법」, 「항공안전법」, 「항공사업법」, 「공항시설법」을 비롯해 국가항공보안계획, 「국가항공보안우발계획」, 「국가민간항공보안 교육훈련지침」, 「상용화주 항공화물 보안기준」 등이 관련되고 있다.

이러한 법규정 체계를 바탕으로 「항공보안법」에 공인화물보안대행기관의 정의를 규정하는 조문을 신설하여 근거 조항을 마련하고, 보안검색의 면제 및 시행에 관한 내용을 명시하여 항공화물의 보안통제를 강화할 수 있도록 개정이 필요하다.

더 나아가 공인화물보안대행기관의 보안프로그램은 항공보안당국의 승인을 받아야 하는 ICAO 보안표준을 기반으로 「공인화물보안대행기관 보안기준」의 조항들을 마련해야 한다. 또한 지정취소 요건 및 통보 등에 관한 내용도 명시하여 원활한 운영을 도모해야 한다.

〈공인화물보안대행기관 도입을 위한 법적 개정 핵심〉

항목	현행	개정안	개정 효과
정의 규정	없음	공인화물보안대행기관 정의 신설	법적 근거 확립
보안검색 면제	상용화주의 검색완료 화물	공인화물보안대행기관 검색완료 화물 포함	중복검색 방지
자체보안계획 수립	화물터미널만 해당	공인화물보안대행기관 포함	관리 · 감독 강화
교육훈련	불명확	공인화물보안대행기관 종사자 추가	전문성 향상
보안장비 및 시설 기준	상용화주에 높은 기준 요구	ICAO 표준에 맞게 합리적 기준으로 조정	현실성 확보

가. 상용화주(Known Consignor) 법적 정의 명확화와 지정절차 표준화

상용화주는 ICAO 보안표준에 맞춰 항공화물보안프로그램을 제대로 마련하여 항공보안당국의 인증을 받도록 해야 한다. 지금까지 사용해온 '보안검색을 하는 자'라는 다소 제한적인 개념에서 벗어나서, ICAO 표준에 부합하는 상용화주의 개념을 새롭게 정립할 필요가 있다.

이러한 개념 정립과 함께 상용화주와 공인화물보안대행기관이 항공화물보안프로그램을 통해 체계적인 인증절차를 밟는 것은 ICAO 표준과의 일치성을 확보하는 데 있어 핵심적인 요소가 된다. 특히 공인화물보안대행기관이나 상용화주의 지정이 취소될 때는 공급망보안 관리시스템 목록에서 바로 삭제하는 규정을 추가하여 체계적인 관리를 더 강화해야 한다. 이런 조치는 보안의 무결성을 유지하고 공급망 전반의 신뢰성을 보장하는 중요한 안전장치 역할을 하게 된다.

이러한 개선방안들을 통해 우리나라 항공화물보안체계가 ICAO 표준에 맞으면서도 실질적으로 효과적인 운영이 이루어질 수 있을 것이다.

현장 인사이트

"상용화주의 개념을 '항공화물 보안검색 담당자'가 아닌 '항공보안당국으로부터 승인받은 보안통제된 화물의 발송인'으로 전환하는 것은 ICAO 표준과의 정합성을 높이고, 화주들의 부담을 줄이는 동시에 실질적인 공급망보안 확보에 더 효과적입니다."

- 국토교통부 항공보안감독관

나. 공인화물보안대행기관 설립요건과 운영기준 법제화

「항공보안법」 제17조의2(상용화주) 제3항은 상용화주가 보안검색을 한 항공화물에 대해서는 항공운송사업자가 보안검색을 하지 않도록 규정하고 있다. 그런데 예외 사항으로 8가지나 되는 항목을 나열하고 있어서 문제가 되고 있다. 이들 항목 중 상당 부분이 서로 중복되거나 현실적으로 적용하기 어려운 조항들이어서, 다음과 같이 두 가지 핵심 항목으로 통합하여 정비할 필요가 있다.

첫째는 접수·보안검색·운송 등 취급과정에서 공인화물보안대행기관의 통제를 벗어난 경우이고, 둘째는 「국가항공보안우발계획」의 항공보안등급

에 따른 무작위 표본검색 등에 따른 경우다.

이렇게 조항을 명확하게 정비하면 공인화물보안대행기관이 보안검색을 통해 보안조치를 완료한 화물에 대해서는 공항에서의 추가 보안검색을 단순화하고 축소할 수 있게 된다. 이는 전체적인 화물보안 효율성을 높이면서도 불필요한 중복 검색을 줄이는 효과를 불러올 것이다.

FAQ

Q 공인화물보안대행기관의 화물검색이 항공운송사업자의 검색을 완전히 대체할 수 있나요?

A 원칙적으로는 대체할 수 있습니다. 다만, 화물이 공인화물보안대행기관의 통제를 벗어났거나, 국가 항공보안등급이 상향되어 무작위 표본검색이 필요한 경우에는 예외적으로 항공운송사업자가 추가 검색을 해야 합니다.

Q 기존 상용화주는 공인화물보안대행기관 제도 도입 후 어떻게 되나요?

A 기존 상용화주는 ICAO 표준에 맞는 새로운 개념의 상용화주로 전환될 수 있으며, 이 과정에서 보안 요구사항이 조정될 수 있습니다. 보안검색 역할은 공인화물보안대행기관으로 이관되어, 상용화주는 화물의 보안통제 기능에 집중할 수 있게 됩니다.

2) 항공보안법 시행령 개정을 통한 공인화물보안대행기관 운영 세부기준 마련

국토교통부 장관의 권한을 일부 지방항공청장에게 위임할 수 있는 근거에 따라서, 공인화물보안대행기관의 지정 및 취소 권한을 지방항공청장에게 위임할 수 있는 근거 조항을 명시할 필요가 있다.

이러한 권한 위임을 통해 현장에 더 가까운 곳에서 더 신속하고 효과적인 관리·감독이 이루어질 수 있는 효과를 불러올 수 있다. 지방항공청이 해당 공항 및 지역의 상황을 직접 파악하고 있어서 중앙에서 일괄적으로 관리하는 것보다 훨씬 현실적이고 실용적인 접근이 가능해지기 때문이다.

3) 항공보안법 시행규칙 개정을 통한 공인화물보안대행기관 실무절차 표준화

공인화물보안대행기관을 항공기취급업체등의 자체보안계획 수립대상에 추가해서 보안성 확보를 통한 처벌규정이 명확하게 적용될 수 있도록 해야 한다. 상용화주의 지정기준과 지정절차 등도 개정하여 ICAO 표준에 맞는

상용화주제도가 제대로 도입·운영되도록 규정할 필요가 있다.

이와 함께 상용화주 및 공인화물보안대행기관의 재지정 유효기간을 명확히 하고, 항공화물 공급망보안 관리시스템에 공인화물보안대행기관 및 상용화주 지정 즉시 등록하도록 해서 체계적으로 관리해야 한다.

특히 공인화물보안대행기관이 검색과정에서 엑스선 검색장비로는 보안검색이 어려운 대형 단일화물의 경우, 폭발물 흔적탐지장비 등 필요한 보안검색장비를 추가해서 2차 보안검색을 하도록 명확히 규정해야 한다. 또한 공인화물보안대행기관 지정을 받기 위한 보안검색장비 구비 및 보안검색요원의 수, 화물보관시설의 보안통제기준 등의 세부기준을 명확히 규정하고 공인화물보안대행기관의 세부지정절차, 지정신청서 및 지정서를 새롭게 만들어야 한다.

가. 자체보안계획 승인·평가체계와 이행점검 강화

「항공보안법 시행규칙」 제3조의6(항공기취급업체등의 자체보안계획)에서는 항공기취급업체·항공기정비업체·공항상주업체, 항공여객·화물터미널 운영자 및 도심공항터미널을 경영하는 자가 자체보안계획을 수립하도록 규정하고 있다.

현행 상용화주는 공항 내 보호구역이 아닌 공항 외 구역에 위치해서 자체보안계획 수립 대상에서 제외되어 있다. 그런데 흥미롭게도 공항 밖에 있는 도심공항터미널은 자체보안계획 수립대상에 포함된 상황이다.

이런 현실을 고려할 때, 새롭게 도입하는 공인화물보안대행기관이 도심공항터미널과 유사한 보안표준을 준수한다는 점에서 자체보안계획 수립대상에 포함해야 한다. 이렇게 하면 공인화물보안대행기관이 「항공보안법」의 적용을 받게 되어 벌칙 조항의 제재가 가능해지고, 보다 체계적인 관리가 이루어질 수 있을 것이다.

나. 일관성의 확보: 여객기와 화물기 보안검색 표준화 방안

여객기에 탑재하는 항공화물의 경우 여객의 탑승으로 인해 더 철저한 화물검색이 이루어져야 하지만, 현행 규정은 엑스선 검색장비에 의한 화물검색만을 규정하고 있다. 그런데 화물의 특성상 엑스선검색이 불가능한 화물에 대한 보안확보를 위해서는 화물기의 경우처럼 다양한 검색방법을 적용

할 수 있도록 하면서 철저한 화물검색이 이루어지도록 해야 한다.

현재 화물기에 탑재하는 화물에 대해서는 개봉검색, 엑스선검색, 폭발물 탐지장비에 의한 검색, 폭발물 탐지견에 의한 검색 등의 방법으로 검색하도록 규정하고 있다. 반면 상용화주는 여객기와 화물기를 구분하지 않고 100% 엑스선검색을 요구하고 있어서, 항공보안법상 항공운송사업자가 화물터미널에서 수행하는 화물검색 방법보다 더 엄격한 기준을 적용받고 있다.

토론주제	여객기와 화물기의 보안검색 방법을 표준화하는 것이 효과적일까요? 각각 다른 기준을 적용해야 할 이유가 있을까요? 위험 수준과 운영 효율성 측면에서 논의해 봅시다.

이러한 불일치를 개선하기 위해 「공인화물보안대행기관 보안기준」에서는 여객기와 화물기 구분 없이 4가지 검색방법(개봉검색, 엑스선검색, 폭발물 탐지장비 검색, 폭발물 탐지견 검색)을 모두 허용하여 검색방법을 표준화할 필요가 있다.

2. 공급망보안 행정규칙 체계화와 실무 운영 지침 정비

(1) 공인화물보안대행기관 보안기준 체계화와 인증절차 표준화

국내에서는 항공보안법상 상용화주제도만을 도입해서 운영하고 있으며, 화주와 화물운송관련업체를 모두 상용화주의 대상으로 포함하고 있다. 그런데 ICAO 표준과 주요국의 사례를 참고해보면, 상용화주의 대상은 화주로, Regulated Agent(공인화물보안대행기관)는 화물운송관련업체로 명확하게 구분하는 것이 바람직하다.

이러한 구분에 따라 공인화물보안대행기관은 보안검색과 적절한 보안조치를 통해 화물보안을 확보한 화물운송관련업체, 지상조업체 및 항공운송사업자를 말하고, 상용화주는 보안통제를 통해 화물보안을 확보했다고 국가로부터 인증받은 화주로 개념을 명확하게 구분해야 한다.

〈공인화물보안대행기관과 상용화주의 역할〉

구 분	공인화물보안대행기관	상용화주
주 체	화물운송관련업체, 지상조업체, 항공운송사업자	화주(화물 발송자)
주요 기능	보안검색 및 보안조치 수행	보안통제 및 자체 관리
장비 요건	엑스선 검색장비, 폭발물 흔적 탐지장비 등 구비	최소한의 보안통제 장비만 필요
인력 요건	보안검색요원 등 전문인력 확보	보안담당자 지정
시설 요건	독립적 보안검색시설 구비	보안통제 가능 시설

따라서 상용화주는 기존의 '보안검색을 하는 자'라는 개념에서 벗어나서 현재의 등록 및 지정요건을 완화함으로써 ICAO 표준에 맞는 상용화주제도를 운영할 필요가 있다. 반면 화물운송을 위한 육상이동 중 보안확보 및 보안미확보 화물에 대한 보안검색 후 항공기 탑재는 공인화물보안대행기관의 역할로 명확히 구분해서 운영해야 한다.

(2) 상용화주 보안프로그램 운영기준 정립과 실효성 강화

상용화주의 항공화물보안프로그램을 우리나라의 화물보안 현실에 맞게 관련 당사자들과 충분한 의견수렴을 통해 ICAO 보안표준에 부합하도록 마련하는 것이 필요하다.

이러한 법규 마련에서 중요한 것은 법규가 제정되는 것만으로는 그 효용을 다할 수 없다는 점이다. 법규가 제정목적에 알맞은 기능과 효력을 가지려면 현실을 제대로 반영하는 올바른 해석과 지속적인 개선노력이 뒷받침되어야 한다.

따라서 「항공보안법」에 공인화물보안대행기관을 도입하고 「공인화물보안대행기관 보안기준」을 새로 제정한 후에는 상용화주 관련 항공화물보안프로그램의 세부내용을 수정·보완할 필요가 있다. 또한 상용화주에 대한 적극적인 인센티브 제공 등 화주들이 상용화주로 전환할 수 있도록 유도하는 정책을 도입해서 시행할 필요가 있다.

1) 효율성의 극대화: 사전보안조치를 통한 중복검색 최소화

주요국의 공급망보안체계에서 살펴본 바와 같이 상용화주는 보안검색을 하는 자가 아니라 국가로부터 보안성 확보를 인증받은 화주로서, 공항에서 화물검색을 면제받고 항공기에 탑재한다는 의미다. 그런데 우리나라의 경우처럼 항공운송사업자가 시행하던 화물검색을 상용화주가 하라고 하는 것은 ICAO 보안표준과 주요국의 공급망보안시스템에서 본 상용화주제도의 도입 취지와는 맞지 않는다고 판단된다.

이러한 문제점을 해결하기 위해서는 상용화주의 가장 중요한 존재이유인 공항으로 출발하기 전에 화물보안조치를 통해 공항에서의 화물검색 면제를 확보하는 것에 주목해야 한다. 따라서 「항공보안법 시행령」 제15조(보안검색의 면제) 개정을 통해 상용화주에 의해 보안조치된 화물은 보안검색을 면제해줌으로써 상용화주제도를 활성화할 필요가 있다.

실제로 항공화물의 보안검색방법 및 절차는 위탁수하물을 준용하므로 위탁수하물에 대한 보안검색의 면제조항을 항공화물에도 적용할 수 있다. 기내식의 경우 기내식 제조시설로 지정받으면 공항에서 보안검색 없이 항공기 탑재가 가능한데, 여기에는 기내식 제조시설에 대한 항공보안당국의 사전승인 및 주기적인 점검, 항공운송사업자에 의한 자체점검, 항공운송사업자의 자체보안계획 포함 등 항공보안당국, 항공운송사업자 및 공항운영자 사이 다각도의 보안확보 시스템이 바탕에 있다.

2) 공급망 주체별 차등 보안체계와 위험기반 관리방안

상용화주의 개념을 ICAO 표준에 맞도록 수정하고 상용화주와 공인화물보안대행기관을 명확히 구분하게 되면, 보안주체들이 체계적인 공급망보안 내에서 각자의 상황에 최적화된 보안확보 방식을 선택할 수 있게 된다. 이를 통해 항공화물이 운송되는 과정에서 서로의 보안현황을 확인하고 상호감시하게 되어 자연스럽게 화물보안 수준관리의 실효성을 확보할 수 있을 것이다.

이러한 체계가 효과적으로 작동하려면 주요국의 공급망보안체계에서 본 바와 같이 비상용화주와 상용화주의 보안검색 비용 차이 등 상용화주에게 혜택을 부여해서 화주가 자발적으로 상용화주로 전환하도록 환경을 조성해야 상용화주제도를 활성화할 수 있다.

공인화물보안대행기관 도입과 함께 화주 등 관련 당사자들이 손쉽게 상용화주로 진입할 수 있도록 현재의 「상용화주 항공화물 보안기준」은 폐지하고, ICAO 표준에 맞는 '상용화주 항공화물보안프로그램'의 내용을 세부적으로 수정·보완할 필요가 있다.

이러한 상용화주 항공화물보안프로그램에는 상용화주가 폭발물이나 인화성 물질을 취급하지 않으며, 정부로부터 인증받은 보안프로그램에 따라 화물을 접수·포장하여 항공운송사업자로 운송하고 있음을 증명할 수 있는 내용을 포함해야 한다. 또한 모든 운송과정을 감시·감독하는 보안담당자를 지정하여 더 효율적으로 항공화물에 대한 보안을 확보하고 화물흐름의 효율을 높여야 한다.

현장 인사이트

"우리나라 항공화물 시장의 특성상 소규모 화주가 많은데, 현행 상용화주 제도는 이들에게 너무 큰 부담입니다. 공인화물보안대행기관이 검색 책임을 맡고 상용화주는 기본적인 보안통제만 담당하는 방식으로 전환하면, 훨씬 더 많은 화주가 참여할 수 있을 것입니다."

– 한국항공보안협회 ○○이사

(3) 항공화물보안 전문인력 교육과정 체계화와 자격인증제도 구축

화물보안에서 인적요소는 화물업무종사자의 능력과 한계를 활용해서 화물운영을 지원하는 교육과정, 절차, 기술, 장비와 효과적으로 연계될 때 제대로 효과를 발휘한다. 화물수요의 증가와 테러위협의 확산 등 화물보안환경의 변화에 대비하고 ICAO 보안표준을 구현하려면 화물보안정책 및 제도 등 다양한 화물보안 분야의 보안전문인력 양성이 필요하다.

이러한 맥락에서 위험평가시스템 구축을 통한 효율적인 공급망보안체계 구축이 중요하며, 항공화물 분야의 위험관리를 위해서는 화물업무종사자에 대해 화물보안 환경에 맞는 특화된 보안교육프로그램을 강화할 필요가 있다.

화물보안관련 교육 및 프로그램 운영에서는 「물류정책기본법」 제35조의2 제2항제3호에 따라 재정적 지원을 할 수 있도록 규정하고 있어서, 이를 활용하면 화물운송관련업체의 비용부담을 일정 부분 낮출 수 있다.

무엇보다 여객보안과 화물보안은 명백한 차이점이 존재하며 다루어야 할 교육내용이 다르다. 따라서 이러한 차이점을 분명히 인식하고 여객보안교육에 화물보안 교육을 끼워 맞출 것이 아니라 화물보안의 특성에 맞는 전문 교육프로그램을 마련해서 현실을 반영한 맞춤형 교육을 운영할 필요가 있다.

실무자를 위한 체크포인트: 효과적인 화물보안 교육프로그램의 구성 요소

- 화물 위협요소와 취약점에 대한 이해
- 화물 유형별 적합한 보안검색 방법
- 의심스러운 화물 식별 방법 및 대응 절차
- 위험에 대한 대응 프로토콜
- 화물 정보 시스템 활용 방법
- 화물보안 법적 요구사항 및 규정 준수 방법
- 비상상황 대응 절차 및 보고체계

1) 화물업무종사자 보안교육 의무화 체계와 역할별 필수교육과정 개발

항공화물에 대한 테러공격을 막기 위한 가장 효과적인 전략은 테러리스트가 폭발물을 설치하거나 은폐하기 전에 예방하는 것이다. 적절한 화물보안조치와 잘 훈련된 직원은 화물보안확보에 큰 영향을 미치며, 100% 화물검색 접근법의 필요성을 줄여주는 계기가 되고 있다.

이런 예방적 접근에서 화물업무종사자는 항공화물시설에서 보안절차를 준수하고 의심스러운 활동에 대한 감시절차를 수행함으로써 보안위협으로부터 항공화물을 보호하는 중요한 역할을 담당하고 있다. 따라서 화물업무종사자를 위한 보안교육은 화물의 무결성 보장, 화물시설 보호, 의심스러운 활동 보고 등을 위한 보안절차에 초점을 맞춰야 한다.

이를 실현하기 위해서는 화물업무종사자의 교육대상 자격 및 교육범위의 명확화와 의식 개선이 필요하며, 화물의 보안책임을 항공운송사업자 위치에서 전담하면서 생기는 상호감시기능의 약화 및 보안위해요소의 개선이 필요하다. 또한 공인화물보안대행기관 및 상용화주의 화물업무종사자의 보안교육을 체계화할 필요가 있다.

구체적으로는 「국가민간항공보안 교육훈련지침」에 화물보안 업무요원으로 공인화물보안대행기관과 공인화물보안대행기관의 화물을 운송하는 자, 공인화물보안대행기관의 각 부서의 장 또는 이와 동등한 직급을 가진 자 그

리고 항공화물 보안통제를 담당하는 자를 추가하여 화물보안 교육을 의무화할 필요가 있다.

2) 전문가 육성: 항공화물보안 전문가 양성 프로그램 개발

항공화물의 테러위협이 높아짐에 따라 테러발생 이전에 화물보안전문가를 양성하여 화물보안위협을 예방하는 노력이 필요하다. 화물보안은 보안인력의 효과적인 업무수행 능력과 이에 영향을 미치는 조직적 관행 및 업무환경에 의해 큰 영향을 받기 때문이다.

실제로 보안은 테러와의 연관성으로 인해 다루기 힘든 주제로 인식되어 안전이라는 명목상의 타이틀을 함께 유지하려는 경향이 있다. 하지만 안전과 보안은 엄연한 차이가 존재하기 때문에 화물보안의 특성을 고려한 화물보안전문가의 인력 구축이 중요한 의미가 있다.

이런 맥락에서 화물업무종사자가 화물보안업무를 명확히 수행할 수 있도록 적절한 보안교육을 제공해서 화물보안의 전문성을 강화할 필요가 있다. 화물보안인력의 비효율적인 작업관행으로 인한 실수와 시행착오는 화물검색과정에서 자신감 상실 등에 지대한 영향을 끼칠 수 있기 때문이다.

따라서 항공화물 보안인력에 관한 체계적인 보안교육은 직업적 자긍심과 전문성을 키움으로써 보안전문인력의 능력 향상을 목표로 해야 한다. 이를 통해 항공보안당국, 항공운송사업자 및 화물운송관련업체의 화물전문가와 보안전문가 위주로 항공화물 보안전문가를 양성하고 국제수준에 걸맞은 교육제도를 시행하여 전문성을 확보하는 것이 중요하다.

토론주제

항공화물보안 전문가 양성을 위해 필요한 교육 커리큘럼은 어떻게 구성되어야 할까요? 기술적 지식, 실무 경험, 위기관리 능력 등 다양한 요소의 균형점을 찾아봅시다.

3. 국제 항공화물 보안관리 통합체계: 인바운드·환적화물 중심 접근법

위험기반 접근법을 기반으로 공통화물보안표준을 채택하고, 화물보안절차를 위협 및 위험 수준에 따라 명확히 규정해서 화물운송을 방해하려는 테

러시도나 위협으로부터 인바운드화물 및 환적화물을 보호할 필요가 있다.

이러한 보호 체계 구축을 위해서는 항공화물 관련 내·외부의 보안위협에 적절하게 균형을 맞춰 대응해야 하며, 항공보안당국의 감독활동을 통해 인바운드화물 및 환적화물과 관련된 공급망보안 주체 사이의 협력을 촉진해야 한다. 특히 인바운드화물 및 환적화물의 보안표준을 개선하려면 한정된 보안자원을 최대한 효율적으로 활용할 수 있도록 위험평가 및 위험관리를 기반으로 한 확고한 다자간 노력이 필수적이다.

(1) 국제화물 위험기반 평가체계 구축과 차등보안 적용방안

항공화물의 국제적 공통보안표준은 위험평가를 기반으로 각 국가가 강화된 화물보안 통제절차를 채택할 수 있도록 허용한다. 그런데 이러한 국가별 시행 차이는 보안표준의 조화 문제를 일으키며, 안정된 인바운드화물 및 환적화물 보안체계 구축에 걸림돌이 될 수 있다.

이런 문제를 해결하기 위해 위험기반 접근법은 다양한 화물보안위험을 관리하고 취약점을 개선하기 위해 국가 간 공통보안표준을 조화시켜 표준화된 화물보안절차를 제공하고 있다. 위험평가와 무작위 표본검색은 화물보안절차의 신뢰성을 증가시켜 실효성을 높이는 중요한 수단이 된다.

더 나아가 국제적 공통보안표준 기반의 위험기반 접근법은 사전예방적 대응과 예측관리를 통해 화물보안문제를 확인하고, 모든 당사자의 책임까지 다룰 수 있다는 장점이 있다. 특히 관련 당사자 간의 화물보안책임 전가로 생기는 문제를 개선하려면 인바운드화물 및 환적화물의 보안규정을 보다 구체화할 필요가 있다.

1) 고위험화물 식별체계와 강화된 보안절차 적용방안

위험기반 접근법을 바탕으로 한 항공화물의 공통보안표준은 강화된 화물검색, 공급망보안, 상용화주프로그램 세 가지 방법으로 구축된다. 강화된 화물검색은 비용이 많이 들고 운영 중단을 초래할 수 있어서 특수한 상황에서만 단기간 적용 가능하며, 일반적으로는 고위험 화물에 대한 무작위 표본검색이 효율적이다.

이러한 세 가지 방법 중에서도 위험기반 보안시스템은 공급망 주체별 화물보안 책임 공유와 항공보안당국, 세관, 정보당국 간의 위험평가 정보공유를 포함하는 장기적 계획으로 주목받고 있다. 다만 신뢰부족을 방지하려면 최저위험 계층부터 최고위험 계층까지 단계적으로 도입해야 한다.

이런 현실적 제약을 종합해 보면, 항공화물의 100% 엑스선검색은 현실적으로 불가능하므로 위험기반 접근법이 적용된 보안검색과 공급망보안을 함께 활용하는 것이 화물보안 확보의 가장 효과적인 방법이다.

2) 국제화물 보안정보 통합공유체계와 지능형 분석시스템 구축

항공화물의 정보공유 데이터베이스는 화물보안절차를 위협 및 위험수준에 따라 사전 조정하는 위험기반 접근법을 기반으로 한다. 이는 항공보안당국, 세관, 정보기관 사이의 위험기반 화물정보 공유 시너지 효과를 통해 모든 관련 당사자가 화물보안의 중요성을 인식하도록 하는 것과 직접 연관되고 있다.

실제로 인바운드화물 및 환적화물의 보안체계를 강화하려면 제3국에서 출발하는 항공화물의 보안강화와 ICAO를 통한 화물보안 감독활동 확대를 결합하는 전략이 중요하다. ICAO는 현재의 사후 대응적인 화물보안체계를 대신해서 사전예방적인 보안관리시스템(SeMS, Security Management System) 구축으로 원활한 정보공유를 통해 화물보안분야별 수준관리를 통합 수행 · 관리할 계획이라고 밝혔다.

그러나 위험기반 접근법을 화물보안에 도입하려면 화물정보의 보관기간, 접근대상, 데이터베이스 보호 등 정보공유와 관련된 민감한 문제에 대한 대책이 중요하다. 개인정보 보호 등 민감한 화물보안 문제해결을 위해서는 화물보안정보의 관리 강화가 필수적이며, 차별화된 수준을 통해 접근을 제한하는 데이터베이스 구축이 중요한 의미가 있다.

3) 위험등급별 차등검색 체계와 검색강도 조절 메커니즘 구축

항공화물에 대한 테러위협이 다양해지고 공항의 화물검색 처리용량에 한계가 있어서 위험기반의 보안검색시스템이 중요한 의미가 있다. 화물검색 차별화는 최소한의 보안수준을 유지하면서 현재의 위협과 기밀정보를 바탕으로 위험평가를 시행해서 다양한 화물검색 방법을 적용하는 과정이다. 이를 통해 제한된 보안자원과 화물시설을 효율적으로 사용하여 보안검색요인이 고위험화물에 집중할 수 있도록 하고, 비예측적인 무작위 표본검색을 추

가해서 적정한 보안수준의 검색절차가 적용되도록 한다.

실제 운영에서는 위험도를 기반으로 화물을 분류해서 운영자가 위협수준 평가를 통해 어떤 수준의 화물검색절차를 적용할지 결정하여 더 집중적이고 적절한 수준의 화물검색을 적용할 필요가 있다. 화주 및 화물정보 분석을 통해 효과적으로 화물검색 차별화를 적용할 수 있으며, 위험평가는 출발지 · 도착지 정보 같은 간단한 시스템부터 고위험화물 목록 등 세밀한 화물정보 분석을 토대로 하는 정교한 시스템까지 활용할 수 있다. 따라서 위험평가를 적용할 때는 화물보안수준과 화물운영의 효율성에 영향을 주는 요인들과의 상관관계를 잘 고려해야 한다.

(2) 제3국 출발 인바운드화물 상호인증체계와 출발국 보안협력 강화방안

항공화물보안은 글로벌 공급망을 통해 운송되기 때문에, 화물보안의 관점에서 인바운드화물의 보안위협을 해결하지 않고 출발화물의 보안만을 강화하여 화물보안을 확보한다는 것은 불완전한 접근법이다. 출발화물을 100% 검색하는 이유는 항공운항 중에 발생할 수 있는 최악의 상황을 방지하기 위함이다.

따라서 제3국에서 출발한 인바운드화물이 우리나라로 운송되는 도중 또는 도착한 후에 발생할 수 있는 화물보안문제를 방지하기 위해서는 미국과 EU처럼 제3국에서 항공기에 화물을 탑재하기 전에 화물보안을 확보하는 시스템을 도입할 필요가 있다. 출발화물에 대한 보안확보도 중요하지만, 제3국 출발 인바운드화물의 보안을 확보해야 환적화물의 검색면제 비율을 확대하는 등 원활한 화물흐름의 실효성을 확보할 수 있기 때문이다.

1) 인바운드화물 전 구간 보안절차 체계화와 단계별 검증 프로세스

제3국 출발 인바운드화물의 보안확보 문제는 현재 국제항공화물보안의 핵심 과제로 인식된다. 그러나 ICAO가 글로벌 항공화물보안 관리에서 중요한 역할을 담당하고 있음에도 불구하고, 인바운드화물에 대한 높은 수준의 보안을 보장할 수 있는 접근법을 충분히 제공하지 못하고 있다.

이러한 한계를 극복하기 위해서는 제3국 인바운드화물의 보안확보를 위한 해당 항공편의 보안강화 접근방식과 ICAO를 통한 화물보안절차 표준화를 제도적으로 조화시키는 통합적 방식이 필요하다.

구체적으로 화물보안의 위험평가 및 분석은 항공보안당국이 공통보안표준 외에 확인된 위험수준에 따른 추가보안통제 적용 여부를 결정하는 기준이 된다. 이를 위해 인바운드화물의 위협과 위험수준 결정방법을 마련하고, 각 위험수준별 화물보안절차를 구체적으로 명시하는 규정이 필요하다.

또한 인바운드화물 보안확보를 위한 국가 간 양자협약 확대·추진과 함께, ICAO 보안평가와 국가 간 상호협정 조항에 근거한 화물보안조치 평가의 공식적 절차 확립이 요구된다.

2) 출발국 공항보안 감독체계와 국제보안평가 프로그램 확대

항공화물보안은 출발국가의 화물보안수준이 도착국가에 직접 영향을 미치기 때문에 일부 국가는 자국 취항 항공기의 출발공항을 대상으로 외국공항 보안평가를 한다. 우리나라도 미국·호주·캐나다 등의 공항보안평가를 통해 항공운송사업자의 화물점검 및 외국공항의 화물보안평가를 하고 있다.

그러나 우리나라는 국가화물보안프로그램 상호인정국가 확대와 외국공항 화물보안평가의 중요성을 인식하고 있지만, 관련 법령 부족 등으로 실행력이 부족한 실정이다. 따라서 화물물동량 교류가 많은 외국공항의 화물보안평가 및 항공운송사업자 화물점검을 다양한 국가로 확대·강화할 필요가 있다.

이를 위해서는 「항공보안법」에 외국공항 화물보안평가 및 항공운송사업자 화물점검 근거 조항 마련이 우선되어야 한다. 또한 Annex 17의 SARPs에 따른 점검 세부절차 마련, 점검표 개선, 전문교육을 통한 외국공항 화물보안평가 전문인력 양성이 필요하다.

4. 공인화물보안대행기관 운영 효율화와 제도 효과성 극대화 전략

항공보안법상 공인화물보안대행기관 제도 도입 시 실행력을 확보하지 못한다면 현재 상용화주제도와 같은 운영상 문제점이 반복될 수밖에 없다. 따라서 진입장벽을 낮춰 관련 당사자들의 적극적 참여문화가 활성화될 때까지 제도적 뒷받침이 필요하다.

제도 도입만으로는 충분하지 않으며, 원활한 운영을 위한 환경구축과 제도정착 지원까지 정부가 책임져야 한다. 공인화물보안대행기관 도입 이전에 시행을 위한 제도 및 시설환경을 우선 구축하고 활성화 정책을 추진한다면, 제도 혜택으로 인해 업체들이 자발적으로 참여하는 환경이 조성된다.

이를 통해 화물운송관련업체들의 적극적 참여가 제도 시행을 촉진하고 참여업체 수를 증가시켜 제도정착 효과를 확대할 수 있을 것으로 판단된다.

현장 인사이트

"현행 상용화주 제도처럼 비용과 부담만 늘리는 새로운 제도로는 누구도 참여하지 않을 것입니다. 공인화물보안대행기관 제도가 성공하려면 참여업체에 실질적인 비즈니스 이점을 제공하는 동시에, 관련 인프라와 지원체계가 함께 구축되어야 합니다."

– 한국항공보안학회 부회장

(1) 공인화물보안대행기관 제도 운영 최적화와 참여기관 활성화 촉진방안

공인화물보안대행기관 도입은 공급망보안 주체들이 상용화주와 함께 최적화된 보안확보 방식을 스스로 선택할 수 있게 하며, 항공화물 운송과정에서 상호 보안현황을 확인 · 감시함으로써 자연스럽게 화물보안을 확보하는 결과를 가져온다. 이와 동시에 항공보안당국, 항공운송사업자, 공항운영자 등과의 유기적 협조체계를 구축하여 공급망 전반의 종합적인 화물보안대책 마련이 가능해진다.

이러한 효과적인 운영을 위해서는 「항공보안법」 및 각종 규정 개정을 통해 공인화물보안대행기관의 법적 근거를 명확히 하고 관련 규정과의 통일성을 확보하는 것이 필수적이다. 결국 이는 공인화물보안대행기관과 상용화주의 상호보완적 화물보안체계 도입으로 이어져 공항에서의 화물검색 면제와 상호감시체계 구축의 토대가 될 것이다.

실무 팁: 공인화물보안대행기관 도입 후 기대효과

영역	주요 기대효과
보안 측면	• 공항 외부에서부터 체계적인 보안통제 가능 • 상호감시체계를 통한 보안 취약점 최소화 • 위험기반 접근법 적용으로 효과적인 자원 배분
운영 측면	• 공항 화물터미널 병목현상 해소 • 화물 처리시간 단축 • 화물흐름의 예측 가능성 증가
경제 측면	• 물류비용 절감

영역	주요 기대효과
	• 항공화물 경쟁력 강화 • 화물 보안산업 활성화 및 일자리 창출
국제 측면	• ICAO 표준과의 정합성 확보 • 국가 간 상호인정 확대 가능 • 글로벌 공급망보안 체계 강화에 기여

1) 견제와 균형: 주체 간 상호견제 기능 강화를 통한 보안성 제고

ICAO는 항공화물이 접수되어 항공기에 탑재되기까지의 공급망 전반에서 상용화주와 Regulated Agent를 분리·운영하는 보안절차를 마련하여 화물취급 주체의 입장과 특성에 따른 유연한 제도운영을 가능하게 하고 있다. 이러한 접근방식은 현재 화물터미널에서 항공운송사업자로부터 위임받은 보안검색업체가 담당하는 화물보안통제에서 벗어나 공급망 전반의 주체들이 화물보안에 적극 참여하도록 유도한다.

그러나 현재의 상용화주제도는 까다로운 구비조건과 화물보안시설 요구로 인해 영세 화주들의 참여가 어려워 새로운 공인화물보안대행기관의 도입효과를 기대하기 어려운 상황이다. 더욱이 항공운송사업자가 화물검색 및 출입통제를 전적으로 담당하는 현실이 화물터미널의 전반적인 보안문제 발생 요인이 되고 있다.

이러한 문제 개선을 위해서는 항공운송사업자와 공항운영자도 참여할 수 있는 공인화물보안대행기관 도입을 통한 항공화물 주체 간 상호견제기능이 필수적이다. 실제로 주요국의 항공화물 공급망보안체계가 체계적으로 운영되는 이유도 상용화주와 Regulated Agent 등 화물보안 주체별 상호견제를 통해 보안을 확보하기 때문이다.

실무 팁

공급망보안 주체 간 상호견제시스템을 구축할 때는 각 주체가 상대방의 보안 활동을 검증할 수 있는 명확한 프로토콜을 마련하는 것이 중요합니다. 특히 화물 인수인계 시 보안 확인 체크리스트를 적용하고, 이에 대한 기록을 유지하여 책임소재를 명확히 하는 것이 효과적입니다.

2) 이해관계자 전략적 파트너십 구축과 협력 네트워크 강화방안

항공화물보안체계 개선을 위해서는 화물보안 관련 당사자 간 책임공유와 실제 화물보안조치에 영향을 미치는 사항들에 대한 정밀한 검토가 우선되어야 한다. 현재 관련 당사자 간 모호한 책임소재와 불충분한 화물보안절차로 인해 화물보안 주체들이 항공화물공급망 전체에서 서로 책임을 떠넘기는 문제점을 보이고 있다.

이러한 현실을 개선하기 위해서는 화물보안 책임 명확화와 위험기반 화물보안프로세스 도입이 필요하며, 이를 위해 관련 당사자에 대한 명확한 책임 부여, 철저한 화물정보 교환, 표준화된 화물보안절차가 요구된다. 공급망보안 강화는 단일조직의 역할과 책임만으로는 해결할 수 없으므로 관련 당사자 간 포괄적 협력과 교육을 통해 불필요한 장벽을 제거하고 정부와 민간업체 간 유기적 협조가 이루어져야 한다.

가. 소통의 네트워크: 관련 당사자 간 보안협력 네트워크 형성

화물보안프로세스 개선을 위한 입법과 감독활동 등 정책적 수단은 효과적이지만, 관련 당사자 간 책임소재 명확화를 위한 해결책을 제시하지 못해 실질적인 화물보안 향상에는 한계가 있다. 화물보안 개선대책이 규칙과 절차 명확화에만 초점을 맞추고 주체 간 책임공유를 적절히 고려하지 않으면, 각 주체가 협력하지 않고 자신의 책임을 다른 당사자에게 전가하려 하여 협력적 보안시스템이 아닌 경쟁적 시스템으로 변하게 된다.

이러한 접근방식은 비효율적인 결과를 초래하며, 각 당사자의 개별적 화물보안조치는 단기적으로 보안수준을 향상할 수 있지만 장기적으로 높은 수준의 보안 제공을 위해서는 관련 당사자 간 협력적 관계와 책임 측면을 충분히 고려해야 한다. 결국 효과적인 화물보안확보는 관련 당사자 간 협력적 관계 형성이 필수적이며, 특히 서로 다른 당사자 간 적극적 의사소통과 화물정보교환이 매우 중요한 의미가 있다.

나. 보안의 중심축: 항공보안당국의 전략적 역할 확대

공급망보안은 관련 주체가 화물보안의 중요성을 인식하고 각 단계에서 이행해야 하는 화물보안조치에 대한 깊은 지식을 보유해야 하며, 항공화물 공급망의 모든 주체와 화물정보를 공유하고 상호협력하는 시스템을 기반으로 해야 한다. 그러나 현재 공급망보안시스템은 항공화물공급망을 따라 주체 간 상호협력이 감소하고 항공보안당국의 역할이 확대되는 추세에 있다.

이러한 변화 중에서 공급망보안 주체들의 인증과 승인을 위한 항공보안당국의 역할 확대는 화물보안 측면에서 긍정적이다. 항공화물공급망 주체들에게 당국의 인증을 의무화하고 모든 화물보안조치에 대한 세부적인 내부절차 마련 등 더 많은 보안책임을 부여할 필요가 있다.

하지만 공급망보안시스템 내에서 항공보안당국의 역할은 관련 당사자 간 협력을 대체하는 것이 아니라 보안시스템을 감독하고 규정준수를 강화하며, 주체 간 밀접한 상업관계가 화물보안통제 이행에 부정적 영향을 미치지 않도록 관리하는 것이다. 따라서 항공보안당국은 모든 주체가 항공화물 보호에 필요한 시스템과 능력을 갖추고 모든 직원이 신뢰할 수 있는지 확인하기 위해 점검과 감독활동을 엄격하게 집행해야 한다.

현장 인사이트

"항공보안당국의 역할은 단순히 규제를 만들고 집행하는 것이 아니라, 산업 전체의 역량을 강화하고 협력을 촉진하는 촉매제가 되어야 합니다. 각국의 항공보안평가를 통해 경험한 바로는, 항공보안당국이 민간과 함께 문제를 해결하는 파트너십 접근법을 취할 때 가장 좋은 결과를 얻을 수 있었습니다."

- ICAO 항공보안평가관(Auditor)

(2) 공인화물보안대행기관 제도 정착 기반조성과 다차원 지원인프라 구축방안

공급망보안체계의 원활하고 효과적인 규제를 위해서는 「항공보안법」에 공인화물보안대행기관 도입을 통해 개념을 명확히 할 필요가 있다. 공인화물보안대행기관은 보안검색장비와 검색요원을 확보하여 비상용화주의 화물을 검색·운송하는 주체로, 상용화주는 적절한 보안통제 기준 및 절차를 적용하여 화물을 발송하는 화주로 명확히 구분하여 규정하여야 할 것이다.

이러한 제도 도입에 앞서서는 도입 효과뿐만 아니라 비용부담 주체, 적절한 이행속도 등을 종합적으로 고려해야 한다. 제도 이행에 필요한 안정성과 규정준수 능력 등 여러 요인이 제도도입과 운영의 진행속도와 범위를 결정하기 때문이다. 따라서 공인화물보안대행기관 운영의 실효성 확보를 위해 정부의 재정적 지원과 인센티브 제공을 명확히 규정하여 제도 정착을 위한 환경을 조성할 필요가 있다.

1) 제도적·물리적 기반환경 조성과 운영 최적화 전략

공급망보안 전반의 보안성 미확보와 화물흐름의 장애요인으로 작용하는 공항 100% 화물검색을 개선하기 위한 제도적 해결책으로는 공인화물보안대행기관 도입을 통해 화물검색 비율을 높이고 공항 화물터미널에서의 보안검색 비중을 완화할 필요가 있다.

단기적으로는 공항 화물터미널의 엑스선 검색장비 대형화를 통한 보안검색 강화와 폭발물 흔적탐지장비의 사용기준 강화 등 화물유형별 검색방법을 마련하여 화물검색의 신뢰도를 높여야 한다.

실무자를 위한 체크포인트: 공인화물보안대행기관 시설 요건

- 화물 포장/보관 시설이 일반구역과 분리되어 보안통제 가능
- 보안검색이 완료된 화물과 미완료 화물 분리 시설 구비
- 적절한 보안검색장비(엑스선, 폭발물 탐지/흔적탐지 장비 등) 확보
- 시설 출입통제 시스템 구축
- CCTV 등 감시 시스템 설치
- 보안요원 대기 및 휴게 공간 확보
- 비상상황 대응을 위한 설비 구비

가. 정부 재정지원체계 구축: 공인화물보안대행기관 육성 프로그램 설계

공인화물보안대행기관 운영을 위해서는 고가의 항공보안장비 도입, 보안 전문인력 채용 및 교육훈련 등 고비용 투자가 필요하다. 그러나 「항공보안법」에는 신청업체에 대한 재정 지원 근거가 부재한 실정이다.

이러한 문제를 해결하기 위해 「물류정책기본법」을 활용한 정부의 재정적 지원으로 신청업체의 비용부담을 낮추어 공인화물보안대행기관 제도 활성화를 도모할 필요가 있다. 항공화물을 포장·보관·운송하는 사업자는 해당 법률을 활용하여 화물보안시설 및 항공보안장비에 대한 비용부담을 완화할 수 있으며, 「물류정책기본법 시행령」에서 정하는 물류보안활동에 해당하면 행정적·재정적 지원을 받을 수 있다.

물류정책기본법의 재정지원

- 「물류정책기본법」 제35조의2제2항에서는 국토교통부장관은 관계 중앙 행정기관의 장과 협의하여 물류기업 또는 화주기업이 화물보안 관련 시설·장비의 개발·도입, 활동을 할 때에는 행정적·재정적 지원을 할 수 있도록 명시하고 있어 지원의 법률적 기반을 확보하였다.

더불어 공인화물보안대행기관에 대한 항공보안장비의 정기점검 기준 마련 등 구체적인 장비 관리기준을 마련해야 한다. 특히 고가의 화물검색용 대형 엑스선 검색장비 고장 시 100% 엑스선검색 유지를 위한 대체장비 확보 등 항공보안장비 운영 및 유지 관련 재정지원방안이 필요하다.

공인화물보안대행기관의 화물보안통제 효율성을 높이기 위해서는 화물보안시설, 보안인력, 조직, 항공보안장비, 화물정보 공유 등을 공동 활용하여 보안비용 부담을 완화하는 정책적 유연성이 무엇보다 필요하다. 화물보안 확보와 원활한 화물흐름의 시너지 효과 창출을 위해 중소 화물운송관련업체에 보안검색시설을 제공하고 공동 활용하게 하여 공인화물보안대행기관 진입을 유도하는 구체적 방안을 적극 검토해야 한다.

나. 책임의 분산: 공항운영자의 공인화물보안대행기관 역할 확대

화물터미널의 보안통제 및 화물검색 책임을 항공운송사업자가 단독으로 담당함으로써 화물보안 관련 당사자 간 상호감시기능이 모자라고, 여객 대비 열악한 화물보안요원의 근무환경과 처우로 인해 화물보안 수준이 저하되는 문제가 발생하고 있다.

이러한 문제 개선을 위해 항공보안법을 개정하여 공인화물보안대행기관을 도입하고, 화물은 기본적으로 항공화물공급망을 통해 보안통제 후 운송하며, 상용화주제도는 보안검색이 면제된 화물에 대한 보안성을 확보하여 항공기에 탑재하도록 해야 한다. 현행 항공보안법상 항공운송사업자 책임의 화물보안체계는 보안검색요원의 채용·교육훈련·급여·채용신분 등에서 여객보안 분야와의 차별화로 인해 불균형을 초래한다.

항공화물이 여객기에 30% 이상 탑재되는 현실을 고려할 때, 화물분야의 보안취약성은 전체 항공보안을 약화하는 요인이 된다. 따라서 ICAO의 화물보안로드맵에 따른 구체적 정책반영을 통해 공항운영자가 공인화물보안

대행기관으로 참여하도록 유도하여 여객분야처럼 공항운영자가 화물보안을 관리·감독하는 효율적 체계를 구축해야 한다. 이를 통해 항공운송사업자 단독의 화물보안통제에서 벗어나 공항운영자와 항공운송사업자 간 상호감시체계를 구축하여 화물보안을 확보할 수 있다.

FAQ

Q 공항운영자가 공인화물보안대행기관 역할을 수행할 경우 현 항공운송사업자의 화물검색 인력과 장비는 어떻게 처리되나요?

A 항공운송사업자의 기존 인력과 장비는 공항운영자 주도의 통합 보안시스템으로 흡수될 수 있습니다. 이 과정에서 인력의 고용 안정성을 보장하고 기존 장비의 효율적 활용을 위한 전환 계획이 함께 마련되어야 합니다.

Q 공항운영자가 공인화물보안대행기관으로 참여할 경우 예상되는 장단점은 무엇인가요?

A 장점으로는 ①통합된 보안관리체계 구축, ②여객과 화물보안의 균형 있는 발전, ③객관적인 상호감시체계 확립, ④보안인력의 처우 개선 등이 있습니다. 단점으로는 ①초기 전환비용 발생, ②항공사 고유 화물관리 노하우 활용의 어려움, ③책임 소재 정립의 복잡성 등이 있습니다.

다. 항공화물보안 전담기관 설립의 필요성과 타당성 분석

국제민간항공협약 Annex는 각국의 국가민간항공보안프로그램(NCASP)에 따라 공항운영자가 공항보안프로그램을 마련·이행·유지관리할 것을 요구하고 있다. 이는 공항운영자가 보안서비스 제공자로서 국가민간항공보안프로그램을 상세하게 규정하고 실행해야 함을 의미한다.

최적의 보안효율성을 위해서는 공항운영자와 보안서비스 제공자가 동일해야 하며, 이는 공항운영자가 화물터미널의 보안통제를 책임지는 주체가 되어 화물보안을 확보해야 함을 보여준다. 따라서 화물터미널을 포함한 공항 전 지역의 출입통제를 공항운영자로 일원화하여 화물보안을 확보하고 항공화물 주체별 상호감시체계를 구축해야 한다.

이러한 변화 과정에서 항공운송사업자는 현재 화물터미널 운영에 투자한 화물보안시설 및 보안요원에 대한 처리대책이 필요하므로, 공인화물보안대

행기관으로 참여할 수 있도록 인센티브를 제공하여 시설과 인력을 효율적으로 운영할 수 있는 대책 마련이 필요하다.

토론주제

공기업 형태의 항공화물보안 전담기관 설립은 효율적일까요?
공공성과 전문성 확보 측면에서 장단점을 분석하고, 민간 주도의 대안적 모델과 비교해 봅시다.

라. 화물보안 법제도의 체계화와 실무적용

체계적인 화물보안 정책 마련을 통한 화물산업 활성화를 위해서는 위기 상황에 대한 적절한 대응과 효율적이고 안전한 공급망보안시스템 구축이 필요하다. 공인화물보안대행기관과 상용화주의 활성화는 항공보안당국 인증을 받은 기관과 상용화주가 보안조치한 화물에 대한 공항 보안검색 면제를 통해 항공화물 보안통제 간소화 효과를 실질적으로 얻을 수 있는지에 달려 있어 제도적·운영적 변화가 중요한 의미가 있다.

항공화물은 공항 내보다 먼 거리 제조시설에서 발송하는 물량이 대부분이므로, 화물터미널에서의 전적인 보안검색보다는 제조·포장 단계에서부터 화물보안조치를 하면 공급망보안의 효율성을 더 확보할 수 있다. 이러한 맥락에서 항공화물이 처리되고 항공기 탑재를 위해 보관되는 화물터미널에 대한 보안통제를 공항운영자가 책임지게 되면, 공인화물보안대행기관과 상용화주에 대한 관리·감독 권한을 항공보안당국과 공항운영자가 공유하여 공항에서의 화물검색·보안통제 뿐만 아니라 공항운영자가 공급망보안의 중요한 수체가 되어 화물보안확보의 실효성을 높일 수 있다.

마. 화물시설 보안품질 관리체계: 감독 및 평가시스템 강화

국제민간항공협약 Annex 17은 체약국이 화물보안 기능 및 책임에 관한 규정을 마련하여 공항운영자 등 관련 당사자들의 화물검색 및 화물보안 통제책임을 규정하도록 강조하고 있다. 공항운영자 등의 항공화물시설 점검과 감독강화는 한정된 보안인력과 보안장비를 화물보안조치 및 절차에 지속적으로 활용할 수 있도록 하는 역할을 하며, 이러한 감독 효과는 공항운영자와 화물운송관련업체 간 규정준수 보장을 위한 화물보안조치 관련 보안절

차의 적합성에 따라 크게 좌우된다.

현재 항공운송사업자가 보안검색위탁업체와 개별 위임계약을 체결하여 화물검색을 담당하고 있으나, 공항운영자가 공인화물보안대행기관으로 참여하여 여객분야처럼 보안검색위탁업체와의 계약을 통해 화물검색을 담당하게 함으로써 상호감시체계를 구축할 수 있다. 이를 통해 항공운송사업자의 단독 관리·감독에서 벗어나 항공운송사업자에 의한 불법방해행위 감시기능 확대 등으로 화물보안을 강화할 수 있을 것으로 판단된다.

바. 고위험화물 검색체계 표준화: 심층검색 절차 및 프로토콜 개발

화물검색이 위탁수하물 검색과 동일한 보안규정을 적용하도록 보장하기 위한 구체적 방안은 다음과 같다.

첫째, 화물기 화물검색 과정에서 엑스선 검색장비로 위험물질 여부를 확정할 수 없을 때 여객기 탑재화물과 동일하게 2차 보안검색 방법을 명확하게 규정해야 한다. 특히 엑스선검색이 불가능한 고중량 대형화물의 경우 개봉검색이나 ETD검색은 화물내부 확인의 어려움과 ETD 장비 운용의 한계가 분명하다. 위탁수하물과 유사한 화물검색 접근법을 여객기·화물기에 동일하게 적용하려면 보안검색장비와 보안인력에 대한 상당한 투자를 통한 강화된 검색체계 도입이 우선 필요하며, 개봉검색 절차를 구체적으로 명시하고 항공보안등급 상향 시에는 엑스선검색이 불가능한 화물의 여객기 탑재를 금지하도록 규정을 개정해야 한다.

둘째, 수준관리프로그램 검토 후 화물보안수준을 반영하여 화물검색 및 검사 빈도를 조정해야 한다. 이를 통해 항공화물공급망의 모든 주체가 화물검색의 한계를 인식하고 공급망을 따라 주요 보안정보를 보안검색요원과 공유할 수 있는 규제제도를 확립해야 한다. ICAO 「Aviation Security Manual」은 화물품목에 적합하지 않은 특정 검색방법의 경우 보안검색이 비효율적일 수 있다고 강조하며, 따라서 화물유형에 따른 적합한 검색방법을 사용하고 1차검색으로 충분하지 않을 때 2차 보안검색 방법을 쉽게 사용할 수 있도록 공식적 절차를 확립할 필요가 있다.

사. 화물보안검색 효율화 방안: 포장 전 통합검색절차 표준화

ICAO 「Aviation Security Manual」은 화물의 통합 전 보안검색 수행을

권장하고 있다. 통합 전 화물검색 시에는 아직 컨테이너나 팔레트에 통합·포장되지 않았기 때문에 다양한 보안검색방법을 적용할 수 있으며, 화물에 숨겨진 폭발물 탐지 가능성이 가장 높다.

반면 통합된 대형화물의 보안검색은 검사자가 탑재된 화물을 다시 해체해야 엑스선검색이 가능하므로 운영상 비현실적이다. 폭발물 흔적탐지장비(ETD)로 확인할 수 없는 화물이나 화물 포장상태별 ETD 운영절차에 따라 포장을 개봉해야 하는 문제를 개선하기 위해서는 포장 전 화물검색이 가장 효과적인 해결책이다. 이러한 맥락에서 공인화물보안대행기관 제도는 화물이 통합되어 공항으로 출발하기 전 사전 화물검색을 통해 화물보안을 확보할 수 있는 효과적인 방법이다.

아. 맞춤형 접근법: 화물유형별 맞춤형 보안대응 체계 구축

항공화물은 밀도 차이 및 형태의 다양성으로 인해 엑스선검색을 통한 폭발물 판별이 어려우며, 대형화물로 인해 100% 엑스선검색에 어려움이 있다. 그러나 현행 「항공보안법」은 매우 높은 보안수준의 화물검색을 요구하면서도 보안검색이 불가능한 화물에 대한 구체적 방법과 대체방법을 명확하게 다루지 않고 있다.

이와 관련하여 주요국들은 현실적인 대안을 마련하고 있다. 미국은 검색 불가능한 화물의 항공기 탑재 시 화주증명서를 통한 신원확인과 유선 연락을 통해 시간·담당자 성명 등을 기록하는 대체보안절차를 운영하며, 독일은 5일간 장치, 일본은 24시간 장치 등의 방법으로 대형화물 등 검색 불가능한 화물에 대한 유형별 화물보안절차를 통해 보안을 확보하고 있다.

반면 우리나라는 대형화물과 개봉 불가한 포장화물 등에 대해 엑스선검색을 대체하는 구체적인 보안확보방안을 제시하지 않은 상태에서 무조건 100% 엑스선검색을 명문화하고 있어 현실적으로 불가능한 상황이다. 따라서 항공보안법상 제시된 검색방법을 화물 특성에 따라 구체적으로 차등적용하고, 포장화물 및 대형화물 등 화물상태에 따라 유연하게 적용할 수 있는 화물유형별 대응체제와 같은 제도적 절차 마련이 시급하다. 이러한 차등적용된 유형별 대응체제는 화물검색 효율성을 증진하고 보안수준을 높이면서 동시에 화물의 신속한 흐름을 증가시키는 방안이 될 것이다.

2) 화물정보 통합관리체계: 공유 및 추적시스템 구축방안

항공화물운송에는 화주, 항공운송사업자, 화물운송관련업체들이 대량의 화물정보를 공유함으로써 항공화물공급망 주체 간 상호연결이 지속 확대되고 있다. 무선주파수식별(RFID) 및 화물추적시스템을 활용하여 항공화물공급망 전체에서 화물 가시성을 향상시키고, 상호연결을 통해 보안주체 간 의사결정 문제가 밀접하게 연결되어 화물정보공유시스템이 도입되었다.

우리나라는 공항 화물터미널에서 화물보안통제가 대부분 이루어지기 때문에 화물물동량 증가에 따른 검색시간 증가로 화물지체 현상이 발생할 수 있다. 이를 개선하기 위해 운송중인 항공화물에 RFID 기술을 적용하여 공항도착 이전단계에서부터 보안을 확보함으로써 화물흐름의 신속성과 보안성을 확보할 필요가 있다. RFID 기술은 화물 훼손이나 외부의 무단접근 발생 시 즉각적인 경보신호를 보내 화물운송 보안확보에 이바지한다.

항공기 탑재까지의 무결성 유지를 위한 공급망보안조치에는 훼손방지·탐지 포장, 화물추적 기술, 검색된 화물의 식별표시 등이 포함된다. 통합특송업체는 GPS 및 RFID 같은 화물추적 기술을 사용하여 육상운송중 화물보안프로세스 이상을 감지하고 위험기반 보안검색의 필요성을 향상하는 보안효과를 제공하고 있다.

3) 스마트 화물보안 플랫폼 구축: 디지털 통합체계 개발전략

공인화물보안대행기관제도의 실효성을 담보하기 위해서는 항공화물 전자플랫폼의 도입이 요구된다. 사우디아라비아의 경우 전자 플랫폼을 통하여 송하인 신원의 자동 검증과 미인가 기관 경유 방지 등으로 보안 요구사항 준수를 강화하고 있는 것으로 확인된다.

전자 항공화물 플랫폼은 신뢰성 있는 정보 제공을 통하여 위험분석 프로그램의 보안 효율성을 제고하고, 항공화물 관계자들의 법령 준수를 보장하며, 인가된 업체만을 참여시킴으로써 시장 신뢰성을 확보하는 것을 목적으로 한다. 또한 보안 절차를 저해하지 않으면서도 화물 인수 시 유연성을 제공하는 효과를 가져온다.

이러한 플랫폼은 특수 바코드를 생성하여 항공화물의 전자보안 추적을 가능하게 하며, 공급망 전체에서 단계별 탑재 사실과 담당자 신원을 전자적으로 기록하는 역할을 수행한다. 공인화물보안대행기관과 협업하여 보안절차 이행, 운송 정보, 보안 잠금장치 기록 등을 통합적으로 관리하게 되며, 보안검색 장비 운영자는 필요한 화물정보와 위협수준에 용이하게 접근할 수 있어 필수 보안절차 완료 후 전자보안 승인을 발행받게 되는 것이다. 이에 따라 전자 플랫폼은 화물 이동을 체계화하고 통제함으로써 신속하고 효율적인 항공보안 위험분석을 지원하는 것으로 평가된다. 따라서 우리나라도 디지털 기술을 활용한 스마트 화물보안 플랫폼을 구축하여 공급망보안의 투명성과 추적가능성을 제고하고, ICAO가 권고하는 국제 표준에 부합하는 통합적 화물보안체계를 확립하여야 할 것이다.

4) 민간참여 활성화 방안: 공인화물보안대행기관 인센티브 제도 설계

공인화물보안대행기관 제도 활성화를 위해서는 신청기업이 인증받지 않은 경쟁업체와 차별화된 혜택을 받을 수 있도록 적극적인 인센티브 제공이 중요하다. 복잡한 지정절차를 거쳐야 하는 신청기업들은 진입효과에 대한 확신 없이는 참여에 소극적일 수밖에 없으므로 인증기업이 화물운송 전 구간에서 보안을 향상하고 신속한 화물통과 등 폭넓은 혜택을 받는다는 인식이 무엇보다 중요하다.

이러한 효과적인 제도 운영을 위해서는 ICAO 표준과 주요국의 Regulated Agent 제도를 무조건 도입하기보다는 국내 현실에 맞게 공급망보안체계를 개선해 제도가 활성화될 수 있는 법적 · 시설적 환경을 구축해야 한다. 공급망보안 주체들의 자발적 참여를 유도하려면 도입 초기 정부의 세금감면, 환급 등 강력한 인센티브를 제공해 화물운송관련업체의 적극적 참여를 끌어내는 환경마련이 우선되어야 한다.

결국 공인화물보안대행기관에게 법적 · 제도적 인센티브와 검색비용 · 시간 혜택을 부여해 효율적인 운영환경을 제공하는 것이 중요하며, 상용화주의 신속한 화물통관을 보장하고 비상용화주 화물과 분리해 보안을 확보할 수 있도록 화물터미널 내 상용화주 전용통로를 개설하고 구분된 통과절차를 마련할 필요가 있다.

〈공인화물보안대행기관 인센티브 제도 주요 요소〉

인센티브 유형	세부 내용	기대 효과
재정적 지원	• 보안장비 구매 비용 일부 지원 • 세금 감면 • 초기 시설 투자 보조금	초기 진입장벽 완화
운영 효율성	• 화물터미널 내 전용 통로 • 간소화된 서류 절차 • 우선 처리 권한	처리 시간 단축
정책적 혜택	• 인증 유효기간 연장 • 정기 검사 완화 • 비상시 우선 지원	규제 부담 경감
신뢰 및 마케팅	• 공식 인증 마크 부여 • 정부 공식 명단 등재 • 우수업체 공식 인정	고객 신뢰도 향상
교육 및 지원	• 무료 교육프로그램 제공 • 기술지원 서비스 • 국제 인증 지원	전문성 강화

(3) 국제 화물보안 협력체계 강화: 글로벌 표준 이행 및 실행방안

항공화물보안은 국가마다 화물보안표준과 무역촉진 수단이 다르므로 국제적 접근방식이 필요한 장기적 해결책이다. 끊임없이 변화하는 화물보안위협 환경에서 안전하고 효율적인 화물운송을 위해서는 화물업계 관련 당사자의 참여를 촉진하고 보안문화를 성숙시켜야 한다.

이를 위해 항공화물보안체계는 초기 단계에서 관련 당사자의 자발적 참여를 유도하고, 성숙단계에서는 법적 강제성을 부여하며, 최종 단계에서는 다자간 협약을 통한 국제 규범화가 필수적이다. 미국이 자국의 화물보안제도를 국제협약화해 세계적 시행 효과를 거두고 있는 것이 좋은 예이며, 미국 정보기관이 9·11 테러를 막지 못한 이유로 '상상력의 실패'를 지적했듯이 이러한 테러는 다시 일어날 수밖에 없어 항공화물보안은 보안위협에 대한 대테러 해결책을 찾는 데 가장 창의적인 생각과 노력을 기울여야 한다.

실제로 미국이 2018년 도입한 항공화물보안강화법(Air Cargo Security Improvement Act)은 TSA 내 화물보안전담부서(Air Cargo Security Division)를 신설해 담당자 권한 부여와 상용화주제도의 주기적 법적 검토 근거를 마련한 화물보안 강화의 좋은 사례다. 우리나라도 화물보안의 체계적 감독활동과 수준관리를 담당하는 항공화물보안기구를 도입·운영하기 위해 항공보안기본계획 및 시행계획에 화물보안 내용을 강화해 실행력을 확보하는 방안을 확립할 필요가 있다.

1) 화물보안 정책통합 방안: 항공보안 기본계획과의 전략적 연계

ICAO의 항공화물보안 정책이 지속적으로 강화됨에 따라 처벌규정과 대상범위 등 화물보안조치 요구사항이 계속하여 확대되고 있다. 이에 따라 화주, 화물운송관련업체, 항공운송사업자 등의 부담이 상당히 증가하였으며, 항공보안당국의 역할과 책임 또한 확대되고 있는 상황이다. 따라서 화물보안체계를 ICAO 표준에 부합하도록 완비하고 이를 적절히 활용하는 전략을 마련하여 효율적인 화물보안정책을 추진할 필요가 있다.

항공화물공급망의 규모와 복잡성을 고려할 때 화물보안에 높은 우선순위를 부여하고 정책을 대폭 강화하여야 하나, 화물보안정책은 일시에 완벽한 조치를 추진하기보다는 종합적·장기적으로 보안을 확보하는 데 중점을 두는 것이 중요하다. 항공보안당국과 업계 관련 당사자들이 장기적 관점을 공유하는 것이 바람직하지만, 항공보안당국이 이를 주도하여야 할 것으로 판단된다.

우리나라는 화물운송 전 구간으로 확대되는 최근 화물보안 추세를 제대로 반영하지 못하고 있는 것으로 보인다. 이것은 통합적 관점에서의 체계적 추진이 미흡하고 운송구간별 관련기관 간 업무협조가 단절되어 있는 데 기인한다. 이를 개선하기 위해서는 기관별 화물보안정보 공유를 통한 유기적 협조가 무엇보다 중요하며, 관련기관 간 화물보안업무를 조정하고 실천방안을 담은 '항공화물보안전략'을 마련하여 장기적 화물보안계획과 검색기술, 보안자원에 대한 세부대책을 수립하여야 한다. 이러한 전략적 접근은 국가항공보안계획과의 연계를 통하여 항공화물보안의 일관성과 실효성을 확보하는 데 기여할 것으로 예상되며, 공급망보안 전반에 걸친 협력체계를 강화하는 기반이 될 것이다.

2) 화물보안 전담조직 구축: 전문기구 설치 및 효율적 운영체계

항공화물보안은 항공보안당국, 공항운영자, 정보기관, 항공운송사업자 등 다양한 관련 당사자가 연관되어 있어 정부차원의 항공화물보안 기본계획을

마련하고 조정하는 실무협의체 구성이 무엇보다 중요하다. 항공보안당국과 화물운영 주체 간 이해와 공감대 형성, 상호보완적 관계 구축이 필수적이기 때문이다.

기업은 공급망보안 강화 필요성에는 동의하지만 최소한의 비용으로 향상된 화물보안을 제공하는 것이 목표이므로, 항공보안당국은 보안과 효율성을 모두 향상한다는 목표로 화물보안절차를 지속적으로 검토하고 업데이트해야 한다. 미국은 TSA와 CBP가 각각 항공화물보안 책임을 맡아 일부 중복이 있지만 기관별 고유영역을 가지고 긴밀히 협력하는 체계를 유지하고 있다.

우리나라도 국토교통부와 관세청 간 협력시스템을 구축해 화물보안 및 관리 능력과 위험화물 분석능력이 유기적으로 공유될 수 있는 통일성 있는 체계를 만들 필요가 있다. 이를 위해 국토교통부, 세관, 공항운영자, 항공운송사업자 등 관련 당사자들의 협의체인 항공화물보안기구 도입을 적극 검토해야 한다. 이 기구는 비효율적인 추가 조직이 아니라 화물보안확보라는 공동목표를 위해 관련 당사자 간 유기적 협력을 통해 시너지 효과를 창출하는 것을 목표로 하여 의사소통을 장려하고 연계를 강화해 화물보안의 공통규칙을 명확히 함으로써 불확실성과 시장왜곡을 완화하고 화물보안과 경쟁력을 모두 강화할 수 있다.

현장 인사이트

"화물보안 분야에서 가장 큰 문제점은 법규나 장비의 부족이 아니라 관련 기관 간의 정보 단절이다. 국토교통부, 세관, 항공사, 화물운송업체들이 각자 보유한 정보를 공유할 수 있는 통합 플랫폼만 있어도 위험화물 식별 효율성이 2배 이상 높아질 것이다. 전담기구 설립은 이러한 문제를 해결할 수 있는 가장 효과적인 방법이다."

– 한국교통안전공단 항공보안담당자

가. 화물보안 규제통합 방안: 다원화된 규제체계의 일원화 전략

항공보안당국으로부터 화물보안 집행책임을 위임받은 항공화물보안기구는 화물보안규제의 세부사항 수준을 제고하여 다양한 공급망보안 주체들을 구체적으로 감독하고 감시하는 임무를 수행하게 된다. 다만 기관 간 조화로운 체계의 도입은 복잡한 과정을 수반하므로 신중한 접근과 단계적 전환이

요구되며, 조화 부족으로 화물보안수준이 약화될 수 있는 분야부터 우선적으로 시작하여야 한다.

이를 위하여 공인화물보안대행기관 및 상용화주 관련 세부지침과 승인기준, 항공보안장비의 승인 및 운영, 화물업무종사자 교육훈련 프로그램 등 취약한 공급망보안 프로세스에 대한 분석이 선행되어야 하며, 이러한 분석과 결정 과정에는 철저한 효과 분석과 관련 당사자와의 광범위한 협의 및 의사소통이 포함되어야 할 것이다.

대부분의 공급망보안 주체들은 강화되는 화물보안활동을 새로운 규제조치로 인식하고 소요 비용을 매몰비용으로 간주하여 새로운 프로그램 참가에 소극적일 가능성이 높다. 따라서 항공보안당국은 화물검색과 공급망보안을 동일한 수준으로 증대시키고, 인바운드화물 및 환적화물이 적절히 보안통제될 수 있도록 항공화물보안기구를 통하여 화물보안운영을 보다 완전하게 통합할 필요가 있다. 이러한 통합적 접근은 화물보안 규제의 일관성을 확보하는 동시에, 공급망보안 전반에 걸친 효율성을 향상시킬 수 있을 것으로 예상되며, 궁극적으로는 국제 표준에 부합하는 체계적인 화물보안 관리체계를 확립하는 데 기여할 것으로 판단된다.

나. 공급망보안 운영체계 개선: 실효성 제고를 위한 전략적 접근

상용화주제도가 국내에 정착하지 못한 주요 원인은 제도 시행에 따른 실질적 혜택의 부재와 미가입 화주들이 어떠한 불편도 체감하지 못하는 상황에서 비롯되었다고 볼 수 있다. 즉, 상용화주로 인증받지 않아도 항공화물운송에 지장이 없는 현실은 화주들이 제도의 실효성을 인식하지 못하게 만드는 요인이 되는 것이다. 또한 「항공보안법」 규정에 따라 지방항공청이 상용화주 인증만을 담당하고, 그 이후 상용화주가 항공운송사업자와 개별적으로 계약을 진행하여야 하는 구조는 제도 이행의 어려움을 가중시키고 있다.

화주들은 화물운송을 위하여 다수의 항공운송사업자를 이용하는데, 상용화주 인증 이후 개별 항공운송사업자와 일일이 상호계약을 체결하여야 하는 절차는 매우 비효율적인 것으로 판단된다. 이러한 문제를 개선하기 위해서는 항공화물보안기구를 신설하여 화물보안 전문가집단이 항공보안당국을 대신하여 공인화물보안대행기관 및 상용화주제도의 시행을 감독하는 역할을 수행하도록 할 필요가 있다.

더 나아가 공급망보안 관리체계에 등록만으로 항공운송사업자와의 상호계약 없이 관리체계 확인을 통하여 인증 여부를 확인할 수 있는 통합 시스템의 구축이 요구된다. 이와 함께 공급망보안 주체별 관리체계를 통하여 현장의 법규준수 여부를 확인하고, 이를 위반하는 기관과 화주에 대해서는 행정제재 등 강력한 제도적 조치를 마련함으로써 실효성을 제고하여야 할 것이다. 이러한 제도적 개선은 상용화주제도의 활성화를 촉진하는 동시에, 항공화물 공급망보안 전반의 신뢰성을 향상시키는 데 기여할 것으로 예상된다.

토론주제

공인화물보안대행기관 제도의 실효성을 높이기 위한 법적 강제성과 인센티브 사이의 균형점은 어디에 있을까요? 화물보안 향상과 업계 참여도 제고를 동시에 달성할 수 있는 최적의 정책 조합에 대해 논의해 봅시다.

3) 스마트 공급망보안 체계: 항공화물 통합 관리시스템 구축방안

국제민간항공협약 Annex 17의 4.6.8은 "각 체약국은 적법한 절차를 거친 화물이 전자적 형태 또는 서면으로 공급망 내내 보안성이 확보되었다는 사실을 증명할 수 있도록 보장하여야 한다"라고 규정하고 있다. ICAO 「Aviation Security Manual」에서도 공급망보안시스템상 관련 당사자를 대상으로 최신화된 Regulated Agent 및 상용화주 목록 공유를 규정하고 있다.

이에 따라 ICAO는 회원국이 항공화물 공급망보안체계 내에서 화물을 추적하고 화물이동을 통제하기 위한 관리시스템을 구축하도록 하여 화물보안의 위험분석을 신속하고 효율적으로 구성 · 평가할 수 있게 하고 있다. 실제로 미국, EU 등 주요국은 항공보안당국이 Regulated Agent와 상용화주 인증과 동시에 관리시스템에 올려 관련 기관, 항공운송사업자, 화물운송관련업체 등이 실시간으로 공급망보안 주체들의 변동사항을 확인할 수 있는 공급망보안 관리시스템을 운영하고 있다.

가. 공급망 참여자 신뢰성 확보: 주체 인증 및 관리체계 구축

「항공보안법 시행규칙」 제9조의3은 지방항공청장이 상용화주 지정 시 항공운송사업자에게 통보하도록 규정하고 있다. 그러나 국내 · 국제 · 외국항공운송사업자에게 개별로 공인화물보안대행기관 및 상용화주 지정결과를 통보하는 것은 현실적 제약이 있어 항공운송사업자와 화물 관련 당사자들이 손쉽게 신청, 승인, 등록 현황을 확인할 수 있는 항공화물 공급망보안 관리시스템 구축이 필요하다.

항공보안당국은 Regulated Agent와 상용화주를 ICAO 표준에 맞게 제도적으로 도입해 승인 및 관리체계를 구축해야 한다. 그러나 우리나라는 ICAO 표준과 달리 공인화물보안대행기관과 상용화주의 승인 · 변경 · 취소 관련 관리시스템 구축에 관한 규정이 없어 대비되고 있다. 공인화물보안대행기관 운영의 실효성을 확보하기 위해서는 미국의 상용화주관리시스템(KSMS)처럼 공인화물보안대행기관 및 상용화주 관리시스템 구축을 통해 공급망보안 주체의 승인 및 위험평가 등 체계적인 접근방식을 제공할 수 있어야 한다. 공급망의 주체들이 공급망보안 관리시스템을 통해 공인화물보안대행기관과 상용화주의 지위 및 정보를 언제든 확인할 수 있어야 체계적으로 공급망보안 관리가 가능해진다.

이러한 공급망보안 관리시스템 구축은 세관과의 연계를 통해 공인화물보안대행기관 및 상용화주로 인증받은 업체가 세관의 AEO 제도와의 정합성을 통해 현장검증의 면제 등 상호인정의 혜택을 공유함으로써 화물보안관련 유기적인 협조체계 구축이 가능해진다.

다만 미국의 상용화주프로그램처럼 상용화주가 되기가 쉽고 기준도 높지 않아서 화물보안에 있어서 취약한 부분이 되고 있는 점을 교훈 삼아 정부의 체계적인 항공화물 공급망보안 관리시스템의 관리와 감독활동을 통한 현장점검의 중요성도 간과해서는 안 된다. 항공화물 점검결과 등을 분석하고 보안결함의 근본원인과 취해야 할 화물보안조치에 관한 정보를 구체적으로 분류하여 항공화물 공급망보안 확보에 공급망보안 관리시스템을 적극적으로 활용할 필요가 있다.

나. 보안-효율성 최적화 전략: 화물보안 신뢰성과 운영효율의 통합적 접근

항공화물 공급망보안 관리시스템은 세 가지 목표를 중심으로 구성되어 있다. 첫째, 위험분석 프로그램에 신뢰성 있는 화물정보를 제공함으로써 보안 효율성을 제고하는 것이며, 둘째, 화물업무종사자의 국세 · 국내 법령 준수를 보장하는 것이고, 셋째, 승인된 공인화물보안대행기관과 상용화주만이 항공화물 운송에 관여하도록 함으로써 화물보안의 신뢰성과 유연성을 제공하는 것이다.

이러한 효과적인 위험기반 화물보안을 구축하기 위해서는 화물보안 관련 정보가 화주에서 항공운송사업자에게 효율적으로 전달될 수 있는 정보공유 체계의 마련이 요구된다. 항공화물 위험을 정확히 파악하고 항공기를 대상으로 하는 테러음모를 초기 단계에서 예방하기 위해서는 공급망보안 주체들이 제도적으로 정보공유를 추진하여야 한다. 따라서 화물보안 확보를 위한 공인화물보안대행기관의 도입과 함께 항공화물 공급망보안 관리시스템의 구축은 필수적인 요소라 할 것이다. 이것은 단순히 보안 수준을 향상시키는 것을 넘어, ICAO가 권고하는 국제 표준에 부합하는 통합적 보안체계를 확립하는 것을 의미하며, 공급망 전반에 걸친 관련 주체들의 협력적 참여를 통하여 실효성 있는 화물보안이 담보될 수 있을 것으로 판단된다.

결론: 공인화물보안대행기관을 통한 효율적 공급망 보안체계 구축

1. 항공화물보안의 현황과 구조적 취약점

항공화물은 크기, 밀도, 형태가 다양하여 엑스선검색 등을 통한 폭발물 탐지가 어렵다. 더욱이 화주부터 항공기 탑재까지 다양한 주체들이 참여하는 복잡한 공급망 구조로 인해 여객분야보다 보안 취약성이 높은 특성을 보인다. ICAO의 「Aviation Security Manual」에서도 화물보안의 주요 위협요인으로 탑재화물에 급조폭발물(IED) 은폐와 화물기 납치를 통한 지상목표물 공격 수단으로의 활용 가능성을 명시하고 있다.

이러한 보안위협의 심각성을 인식한 ICAO는 위험기반 접근법을 도입하여 대응하고 있다. 이 접근법의 핵심은 화물검색과 공급망보안을 상호보완적으로 운영하면서, 고위험화물에 제한된 보안자원을 집중 배치하는 데 있다. 이를 통해 보안의 실효성을 높이면서도 물류 흐름의 효율성을 유지하는 것이 항공화물 보안의 기본 원칙이다.

화물보안의 성공적인 구현은 항공화물보안프로그램의 적정성과 효율성을 지속적으로 점검하고, 관련 법규정을 꾸준히 제 · 개정하여 실효성을 높이는 수준관리에 달려 있다. 그러나 우리나라는 항공보안의 가장 큰 위험요소가 화물보안임을 인식하면서도, 구체적인 개선방안과 공급망보안 확보 전략을 체계적으로 수립하지 못하고 있다. 특히 항공화물 공급망보안은 변화하는 보안환경에 대응할 수 있는 정책과 실행방안이 시급히 요구되는 분야다. 그럼에도 불구하고 보안규정 및 절차의 대부분이 비밀로 분류되어, 실질적이고 체계적인 선행연구가 부족했던 것이 현실이다.

2. 항공화물 보안정책의 한계

지금까지의 항공화물 보안정책과 보안프로그램을 살펴보면, 미래의 다양한 보안위협에 대비한 광범위한 화물보안 기반 구축보다는 이전 테러공격에 대한 즉각적이고 단편적인 대응에만 치중해 왔다. 이러한 사후대응 중심의 접근법은 새롭게 변화하는 보안위협에 효과적으로 대처하기 어려운 한계를 보인다. 따라서 화물접수 및 운송단계에서 공급망보안체계를 효율적으로 운영하고, 인바운드화물 및 환적화물에 대해 위험기반의 동등성 상호인정절차를 도입하는 것이 필요하다. 이를 통해 보안성 확보와 신속한 화물흐름을 동시에 보장할 수 있을 것이다.

이러한 개선 필요성은 국제적 차원에서도 확인된다. ICAO 화물보안표준이 지속적으로 강화되면서 주요국의 화물보안조치 요구사항도 계속 강화 · 확대되고 있다. 그러나 각국이 서로 다른 항공화물보안프로그램을 운영함에 따라 대테러에 대한 일관된 지침이 부족한 상황이 발생했다. 이는 화물운송과정을 지연시키는 주요 요인이 되고 있으며, 항공운송사업자뿐 아니라 화주와 화물운송 관련업체의 운영 부담을 가중시키고 있다.

항공보안당국의 책임과 역할도 이러한 국제적 흐름에 따라 변화하고 있다. 과거의 단순한 화물보안 감독활동을 넘어서, 이제는 공급망보안시스템 구축과 첨단 화물보안장비 확보에 인력과 예산을 확대하는 방향으로 전환되고 있다. 그런데 우리나라는 항공화물보안 문제 해결 과정에서 민간부문을 배제해 온 경향이 있다. 공인화물보안대행기관(Regulated Agent) 도입을 통한 체계적인 공급망보안체계를 성공적으로 구축하려면, 보안요구사항의 직접적인 영향을 받는 화물보안 관련 당사자들의 의견을 적극적으로 수렴하는 정부의 유연한 접근이 필수적이다.

3. 우리나라 항공화물 공급망보안체계의 문제점

우리나라의 항공화물 공급망보안체계는 화물터미널에서의 100% 화물검색 위주 정책과 공급망 운송과정의 화물보안 미확보로 인해 보안성과 화물흐름 모두에 장애요인이 되고 있다. 전수검색 방식은 막대한 시간과 비용을 소모하면서도 실질적인 보안 효과는 제한적이며, 운송과정에서의 보안 공백은 여전히 해결되지 않은 과제로 남아 있다.

이러한 구조적 문제는 현행 제도의 한계에서 비롯된다. 현재 도입 · 운영 중인 상용화주제도만으로는 ICAO나 미국, EU 등이 강조하는 공급망보안을 통한 화물보안 확보에 명백한 한계가 있다. 상용화주제도는 특정 화주에게만 적용되는 제한적인 제도로서, 전체 화물공급망을 아우르는 포괄적인 보안체계로 발전하지 못하고 있는 실정이다.

이를 개선하기 위해서는 항공화물공급망 전 과정에서 보안성을 확보할 수 있는 합리적인 공급망보안체계를 구축해야 한다. 이는 화물터미널에서의 화물검색 부담을 실질적으로 낮추면서도 보안 수준은 오히려 향상시킬 수 있는 방안이다. 특히 공인화물보안대행기관과 상용화주 간의 상호감시기능을 통한 공급망보안체계 구축과 위험기반 관리에 의한 화물검색체계 개선은 서로 연계되어 작동해야 한다. 두 체계가 유기적으로 연결될 때 비로소 효과적인 화물보안을 달성할 수 있다.

이러한 통합적 보안체계의 성공적인 구현을 위해서는 항공보안법령 정비가 선행되어야 한다. 법적 기반 없이는 새로운 제도의 도입과 기존 제도의 개선이 불가능하기 때문이다. 공인화물보안대행기관 제도의 법적 근거를 마련하고, 상용화주 제도와의 관계를 명확히 규정하며, 위험기반 화물검색의 기준과 절차를 체계화하는 것이 시급한 과제다. 이러한 제도적 기반이 확립될 때 우리나라 항공화물보안은 새로운 전환점을 맞이할 수 있을 것이다.

4. 공인화물보안대행기관 도입을 위한 개선방안

이러한 문제인식을 바탕으로 항공보안당국, 항공운송사업자, 화주 등 다양한 항공화물운송 관련기관을 유기적으로 연계하고 구체적인 역할분담을 통해 항공화물운송의 보안성 확보 및 유지 기반을 마련해야 한다. 체계적이고 효율적인 공급망보안체계 구축은 더 이상 미룰 수 없는 과제다.

(1) 이원화된 공급망보안체계로의 개선

현행 상용화주제도 단일체계는 주체별 상호감시 구조가 부재하다는 근본적 한계를 지니고 있다. 이를 해결하기 위해 「항공보안법」에 공인화물보안대행기관 도입을 통한 이원화된 공급망보안체계로 전환하는 것이 필요하다. 구체적으로 「항공보안법」과 관련 규정의 표준화를 거쳐 「공인화물보안대행기관 보안기준」을 신규 제정하고, 공인화물보안대행기관을 자체보안계획 수립대상에 포함시켜 관리 · 감독을 강화해야 한다. 아울러 화물업무종사자들을 「국가민간항공보안 교육훈련지침」에 따른 교육대상으로 명시하여 체계적인 교육을 받도록 제도화해야 한다.

상용화주제도는 항공보안당국으로부터 항공화물보안프로그램을 인증받은 후, 대형화물 등 엑스선검색이 어려운 화물에 특화하여 운영하는 것이 바람직하다. 현행 법규정은 높은 보안수준의 화물검색을 요구하면서도 엑스선검색이 불가능한 화물에 대한 구체적인 대체 검색방법을 명확히 제시하지 못하고 있기 때문이다. 따라서 항공보안등급 상향 시에는 엑스선검색을 받지 않은 화물의 여객기 탑재를 제한하는 등 화물보안 기준을 한층 강화할 필요가 있다.

결론: 공인화물보안대행기관을 통한 효율적 공급망 보안체계 구축

(2) 화물운송 전 과정의 공급망보안체계 구축

화물터미널 검색에만 의존하는 현재의 방식에서 벗어나, 화물 제조시설부터 항공기 탑재까지 전 과정에서 보안을 확보하는 포괄적 접근이 필요하다. 이를 위해 항공보안당국은 화물보안 감독활동 등의 역할을 강화하고, 공인화물보안대행기관과 상용화주 간 적절한 역할분담을 통해 보안성을 지속적으로 유지할 수 있는 기반을 마련해야 한다. 이러한 체계적 접근은 보안 수준을 높이면서도 화물 처리의 신속성과 효율성을 동시에 달성할 수 있다.

국제적 차원에서도 화물보안 강화 움직임은 가속화되고 있다. 미국과 EU는 인바운드화물의 보안위험 완화를 위해 자국공항 운항 항공운송사업자에게 ICAO 표준보다 강화된 화물보안통제를 요구한다. 반면 우리나라는 인바운드화물 및 환적화물에 대한 위험기반관리 체계가 미비하여 고위험화물의 국내유입을 사전에 차단할 규정이 없는 상태다. 따라서 위험기반 접근법의 실효성을 제고하고, 제3국 출발 인바운드화물 및 환적화물의 보안확보를 위한 프로세스를 구축하며, 외국공항의 보안평가를 확대하는 것이 시급한 과제다.

(3) 사전화물정보 공유 확대

화물위험을 정확히 파악하고 초기 단계에서부터 불법방해행위를 예방하기 위해서는 위험기반 접근법에 의한 사전화물정보 공유를 확대해야 한다. 화물이 공항에 도착한 후 보안검색으로 위험을 확인하는 현행 절차는 사후대응적 성격이 강하다. 반면 사전화물정보 공유는 보안검색요원에게 유용한 정보를 제공하여 화물의 위험성과 추가 검색 필요성을 합리적으로 판단할 수 있도록 지원한다.

이러한 정보공유체계를 실현하기 위해서는 항공화물 공급망보안 관리시스템 도입이 필수적이다. 이 시스템을 통해 공인화물보안대행기관 및 상용화주를 체계적으로 관리하고, 실시간으로 공급망보안 주체들의 현황을 파악할 수 있다. 또한 공인화물보안대행기관을 통해 운송되는 화물의 추적수단을 활용함으로써 화물보안의 신뢰성과 효율성을 대폭 향상시킬 수 있다.

(4) 상호감시체계 구축을 통한 화물보안 강화

공인화물보안대행기관 제도가 실효성을 갖추려면 현재의 구조적 문제를 해결해야 한다. 항공운송사업자가 화물터미널에서 화물검색 및 보안통제를 전담하는 현 시스템은 책임 집중으로 인한 비효율성을 초래하고 있다. 이를 개선하기 위해 공항운영자의 보안통제를 통한 항공운송사업자와 공항운영자 간 상호감시체계를 구축하여 화물보안을 강화해야 한다.

결론: 공인화물보안대행기관을 통한 효율적 공급망 보안체계 구축

공인화물보안대행기관 제도가 도입되면 화물은 항공화물공급망을 통해 공인화물보안대행기관의 보안검색 및 보안통제를 거쳐 운송된다. 엑스선 검색이 어려운 대형화물이나 특수화물은 상용화주제도를 통해 보안성을 확보한 상태로 항공기에 탑재하게 된다. 이러한 이원화 체계는 화물이 공항 도착 전에 보안을 확보하도록 하며, 공인화물보안대행기관과 상용화주를 통해 접수되지 않는 화물에 대해서는 항공화물 특성과 화주에 따라 검색방법을 차등 적용한다. 이를 통해 화물검색의 효율성과 보안수준을 높이면서도 화물의 신속한 흐름을 보장하는 공급망보안체계를 확립할 수 있을 것이다.

5. 제도 정착을 위한 제언

우리나라는 「항공보안법」에 상용화주제도를 단독으로 도입해 운영하고 있다. 그러나 공급망보안 관련 합리적 이행기준이 부족한 운영환경으로 인해 수년간 상용화주로 등록한 업체가 단 두세 곳에 불과한 실정이다. 이는 제도만 도입하고 실질적인 운영 지원과 관리를 소홀히 한 결과로 평가된다.

이러한 현실을 개선하기 위해서는 먼저 상용화주제도 비활성화의 원인을 구체적으로 분석해야 한다. 제도가 정착되고 관련 당사자들이 적극적으로 참여하는 문화가 형성될 때까지 지속적인 제도적 지원이 필수적이다. 특히 적극적 참여를 유도하는 인센티브 제공 정책을 마련하고, 제도 및 시스템이 원활하게 운영되는 환경을 조성해야 한다. 공인화물보안대행기관 제도가 성공적으로 정착되려면 정부의 적극적인 책임 의식과 실행 의지가 무엇보다 중요하다.

공인화물보안대행기관 및 공급망보안 집행의 효율성을 보장하기 위한 구체적 방안도 마련되어야 한다. 공급망보안 주체 간 상호감시기능을 강화하고, 관련 당사자의 적극적 참여를 통해 유기적인 협조체계를 구축하는 것이 핵심이다. 이를 위해 항공보안 기본계획에 항공화물보안전략을 포함시켜 항공화물보안기구를 설치 · 운영하고, 체계적인 화물보안교육프로그램을 통해 화물보안 전문인력을 양성하는 방안을 구체적으로 수립해야 한다. 이러한 종합적인 접근을 통해서만 항공화물 공급망보안체계의 실효성을 확보할 수 있을 것이다.

6. 새로운 미래를 향한 발걸음

우리 앞에 놓인 과제는 단순한 제도 개선을 넘어서 항공화물보안 패러다임의 근본적 전환이다. 과거의 단편적이고 반응적인 접근에서 벗어나 예방적이고 포괄적인 공급망보안체계를 구축해야 한다. 이를 통해 보안과 효율성이 조화를 이루는 새로운 항공화물 운영체계를 만들어가는 것이 우리가 나아가야 할 방향이다.

결론: 공인화물보안대행기관을 통한 효율적 공급망 보안체계 구축

이 책이 「항공보안법」 개정을 통해 안전하고 효율적인 공급망보안체계를 구축하는 데 기여하기를 기대한다. 공인화물보안대행기관 도입은 국가 간 화물운송을 촉진하면서도 민간항공 보호를 극대화하는 핵심 과제다. 동시에 이러한 제도적 개선이 화물보안을 확보하면서도 항공화물분야 민간부문이 최적화된 항공화물공급망을 유지할 수 있는 유연성을 제공하는 토대가 되기를 진심으로 바란다.

Chapter

5

주요국 항공화물보안 체계 비교분석: 정책과 운영시스템

Chapter 5

주요국 항공화물보안 체계 비교분석: 정책과 운영시스템

항공화물 공급망체계는 항공운송사업자, 화주, 화물운송업체를 연결하는 복잡한 네트워크로 구성되어 있으며, 이러한 복잡성은 다양한 보안위협에 대한 취약성을 내포하고 있다.

주요 위협으로는 화물 내 폭발물 은폐, 위험물질의 불법운송, 밀수 · 절도 등의 범죄행위 그리고 내부자에 의한 불법방해행위 등이 있다. 이에 따라 공급망보안은 이러한 위협으로부터 항공화물의 안전을 확보하는 핵심적 요소가 되는 것이며, 신뢰할 수 있는 화주의 화물이 안전하게 공항까지 운송되고 인증된 보안검색요원에 의하여 적절히 검사되도록 하는 것을 목표로 한다. 즉, 공급망보안은 화물의 출발지에서부터 항공기 탑재에 이르기까지 전 과정에 걸쳐 보안 연속성을 유지함으로써 불법방해행위를 사전에 차단하고 항공운송의 안전성을 담보하는 데 그 의의가 있는 것이다. 따라서 공급망 각 단계에서의 보안 통제와 관련 주체 간 정보공유를 통한 협력체계의 구축이 중요한 의미를 갖는다.

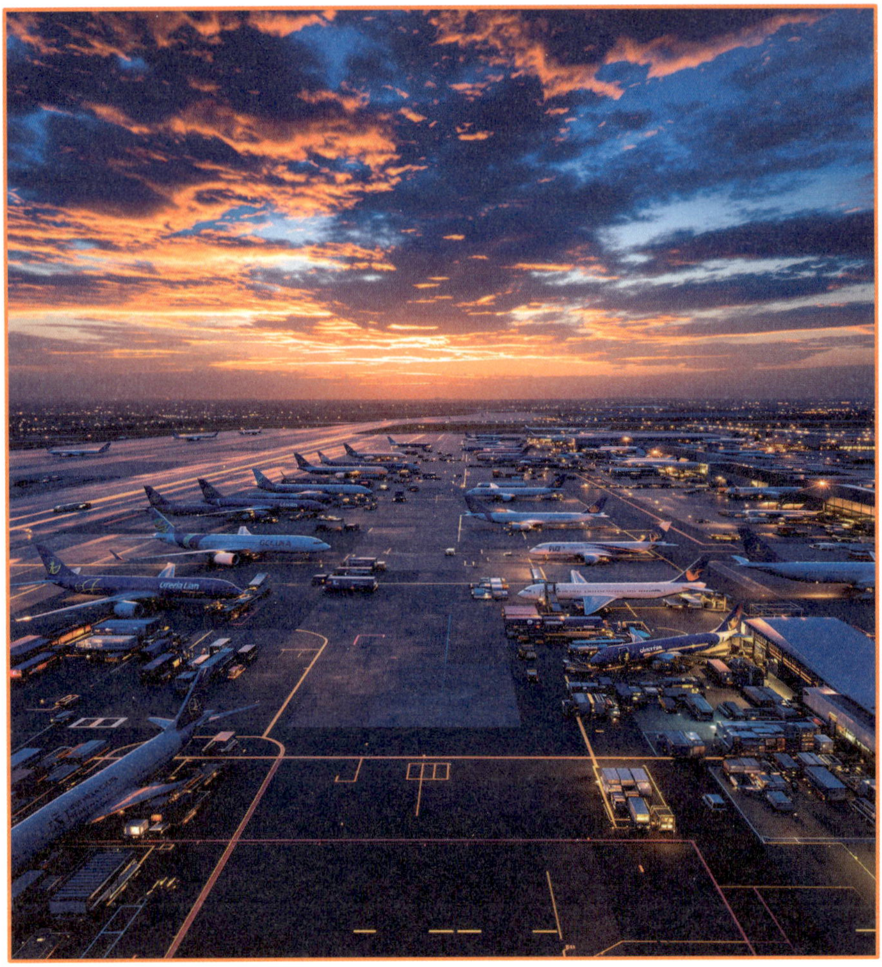

현장 인사이트

"항공화물 보안은 더 이상 단순한 검색절차가 아닌 데이터 기반의 사전 위험관리로 패러다임이 전환되고 있습니다. 9·11 이후 20년이 지난 지금, 일률적인 물리적 검색방식에서 벗어나 화물이 제조 · 포장 단계에서부터 공항 도착 전까지 전 과정에 걸쳐 위험요소를 사전에 식별하고 분석하는 선제적 접근방식이 주류가 되었습니다. 이는 빅데이터, AI 기반 위험분석, 실시간 화물추적 시스템 등 첨단 기술과 결합하여 더욱 정교한 보안체계를 구축하고 있습니다."

- 국토교통부 항공보안감독관

Ⅰ. 미국 항공화물보안 관리체계: 9·11 이후 정책변화와 운영 시스템

1. 미국 항공화물보안 담당기관 체계: TSA, CBP의 역할과 협력

미국 내외 항공화물보안 체계를 살펴보면, 교통보안청(TSA)이 전체적인 관할권을 가지고 운영하고 있다. 특히 주목할 점은 이들이 추구하는 핵심원칙이다. “화물 흐름 방해 없이 보안 확보”라는 이 원칙은 단순해 보이지만, 사실 현대 항공화물보안이 직면한 가장 복잡한 딜레마를 함축하고 있다. 보안을 강화하면 할수록 물류 효율성이 떨어지고, 효율성을 추구하면 보안에 허점이 생기는 상황에서 두 마리 토끼를 모두 잡으려는 시도인 셈이다.

미국의 항공화물 보안전략은 명확한 위협 인식을 바탕으로 구축되고 있다. 첫 번째 핵심 위협은 항공테러다. 여기에는 화물 내부에 급조폭발물을 은폐하여 기내에서 폭발을 일으키거나, 화물기 자체를 납치하여 지상의 주요시설을 공격하는 시나리오가 포함된다. 9·11 테러 이후 미국이 가장 민감하게 반응하는 부분이기도 하다.

두 번째 위협은 위험물질의 밀반입이다. 이는 대량살상용 화학 · 생물 · 방사능 물질이나 폭발물을 국제화물에 은폐하여 반입하려는 시도를 의미한다. 특히 글로벌 공급망이 복잡해지면서 추적이 어려워진 현실을 악용한 새로운 형태의 위협으로 인식되고 있다.

이처럼 다층적인 위협에 대응하기 위해 미국은 기관 간 역할분담을 통한 체계적 접근을 하고 있다. TSA는 화물보안 정책수립과 출발 전 검색을 담당하며, 세관국경보호국(CBP)은 도착화물 검사와 통관업무를 맡는다. 이러한 분업체계는 각 기관의 전문성을 살리면서도 보안의 사각지대를 최소화하려는 전략적 선택이라 할 수 있다.

(1) 미국 항공화물보안 법제 발전과정: 9·11 이후 주요 입법과 개정

9·11 테러는 항공보안 역사에서 명확한 분기점이 되었다. 이전까지 미국의 항공화물보안은 주로 여객기 위탁수하물에서 폭발물을 찾아내는 사후대응적 성격이 강했다. 하지만 테러 이후 「항공 · 교통보안법(ATSA)」과 9·11 위원회법 등 포괄적인 화물보안 법규가 연이어 도입되면서, 미국은

사전예방 중심의 전략으로 근본적인 방향 전환을 하게 된다.

이러한 전환의 첫걸음은 2001년 「항공 · 교통보안법(ATSA)」 제정이었다. 이 법안을 통해 TSA가 새롭게 설립되었고, 무엇보다 중요한 것은 화물보안의 기본원칙이 체계적으로 수립되었다는 점이다. 단순히 기관을 만든 것이 아니라, 앞으로 미국 항공화물보안이 나아갈 철학적 토대를 마련한 셈이다.

이러한 제도적 기반 위에서 2003년에는 항공화물전략계획(ACSP) 수립을 통해 다층적 위험관리접근방식을 도입했다. 이는 한 가지 보안조치에만 의존하지 않고, 여러 단계의 보안망을 구축하여 위험을 분산시키겠다는 전략적 사고의 산물이었다.

하지만 진정한 변곡점은 2007년 9·11 위원회법의 제정이었다. 이 법은 여객기에 탑재되는 모든 화물에 대한 100% 검색을 의무화했다. 물류업계의 강한 반발에도 불구하고 "보안에는 타협이 없다"는 원칙을 관철한 것이다.

그리고 2010년 예멘에서 발생한 화물기 폭발물 사건을 계기로 미국은 여객기뿐만 아니라 화물기에 탑재되는 모든 항공화물까지 100% 검색 대상으로 확대했다.

주요 용어 정리

- **항공 · 교통보안법(ATSA)**: 2001년 9·11 테러 이후 제정된 법으로, TSA를 설치하고 국가의 민간항공시스템을 포함한 모든 교통수단의 보안을 확보할 책임을 TSA에 부여함
- **항공화물전략계획(ACSP)**: 화물보안위험을 효과적으로 관리하기 위해 TSA가 2003년 수립한 계획으로, 전체 공급망에 걸쳐 화물보안을 강화하기 위한 다층적 위험관리접근방식을 제시함

(2) TSA의 위험관리 기반 화물보안 규제체계

앞서 살펴본 제도적 기반 위에서 TSA의 항공화물전략계획(ACSP)은 네 가지 주요 전략에 기반하여 운영되고 있다.

먼저 공급망보안 강화에 주력한다. 상용화주프로그램 향상을 통해 신뢰할 수 있는 화주들과의 파트너십을 구축하고, 이를 바탕으로 전체 공급망의 보안수준을 끌어올리고 있다.

두 번째로는 정보기반 보안시스템 구축이다. 화물정보공유를 적극 활용해

서 고위험화물을 사전에 식별하는 시스템을 만들어가고 있다. 이는 단순한 물리적 검색을 넘어서 데이터와 정보분석에 기반한 스마트한 보안접근법이라고 할 수 있다.

세 번째 전략은 기술혁신을 통한 보안역량 강화다. 항공화물보안 연구프로그램 개발을 통해 지속적인 기술 발전을 추진하며, 새로운 위협에 대응할 수 있는 첨단 보안기술을 확보해 나가고 있다.

마지막으로 인적·시설 보안의 완성을 목표로 한다. 화물에 접근하는 모든 관련자에 대한 철저한 신원조사와 함께 적절한 시설보안을 확보함으로써 보안의 마지막 퍼즐을 완성하고 있다.

이러한 다층적 접근을 통해 TSA는 항공화물 테러 시도 가능성을 근본적으로 줄이는 것을 궁극적 목표로 삼고 있다. 결국 네 개의 축이 유기적으로 연결되어 하나의 견고한 보안망을 형성하는 구조인 셈이다.

(3) 항공화물 검색체계: 검색기준과 절차 표준화

2007년 9·11 위원회법은 여객기 탑재 화물 100% 검색을 여객·위탁수화물과 동일한 프로세스로 요구했으나, 이를 충족하는 데는 여러 문제점이 존재한다.

우선 검증시스템의 한계가 가장 큰 문제였다. TSA가 화물검색 실행여부를 확인할 수 있는 신뢰할 수 있는 검증시스템이 부재한 상황이다. 아무리 좋은 규정을 만들어도 제대로 이행되고 있는지 확인할 방법이 없다면 의미가 빈감될 수밖에 없다.

두 번째로는 인력 부족 문제다. 감독에 필요한 충분한 화물보안검사관을 확보하는 것 자체가 어려운 과제가 되고 있다. 모든 공항과 화물터미널에 적절한 인력을 배치하는 것은 예산과 인력 모두에서 상당한 부담이 되고 있다.

기술적 한계도 무시할 수 없는 요소다. 특히 대형 화물, 그중에서도 팔레트나 컨테이너에 탑재된 화물을 효과적으로 검색할 수 있는 기술이 아직 부족한 실정이다. 기존의 소형 수하물 검색기술을 그대로 적용하기에는 현실적 한계가 분명하다.

마지막으로 운영효율성과의 상충 문제가 있다. 모든 화물의 물리적 검색에 드는 시간이 화물흐름을 심각하게 방해하여 항공운송의 핵심가치인 신속성을 저하할 우려가 크다.

이러한 현실적 도전에 직면해서 TSA는 더욱 실용적인 접근을 취하고 있다. 무작위 표본검색을 하고, 2차 보안검색이 필요한 고위험화물을 사전에 식별하며, 보안규정 준수여부를 지속적으로 평가하는 등의 절충적 방안을 활용하고 있다. 결국 완벽한 100% 검색보다는 위험기반 접근법을 통해 실효성 있는 보안을 추구하는 방향으로 나아가고 있는 셈이다.

(4) 화물 접수 · 검색 운영절차: 세부 요구사항과 준수 기준

미국의 항공화물보안프로그램은 공항, 항공운송사업자, 상용화주 등 총 9개 운영주체로 구분되며, 각자의 역할과 책임이 명확하게 정의되어 있다. 특히 49 CFR § 1544.205에서는 항공운송사업자가 화물 검색 및 점검의 핵심 책임을 갖도록 명시하고 있다.

핵심 보안 요구사항들을 살펴보면 승인되지 않은 사람, 폭발물, 발화물질 등의 항공기 탑재를 방지하고 모든 화물에 대한 보안검색 및 점검을 해야 한다.

가장 주목할 점은 여객기 탑재 화물에 대한 100% 검색 원칙이다. 앞서 언급한 9·11 위원회법의 요구사항이 실제 운영규정에 반영된 것이다. 동시에 화물에 대한 엄격한 접근통제를 유지하며, 화물검색에 동의하지 않는 화주의 화물 운송을 거부한다.

또한 신뢰성 기반의 화물 접수시스템을 운영한다. 인증된 주체인 화주, 항공운송사업자, IAC(Indirect Air Carrier), CCSF(Certified Cargo Screening Facility)로부터만 화물을 접수하는 것이다. 이는 공급망의 첫 단계부터 보안성을 확보하겠다는 전략적 접근이라고 할 수 있다.

해외 출발화물에 대해서도 동일한 화물보안프로그램 요구사항을 적용함으로써, 글로벌 항공화물 네트워크 전반에 걸쳐 통일된 보안기준을 유지하고 있다. 결국 미국 내부뿐만 아니라 미국으로 향하는 모든 화물이 동일한 수준의 보안검증을 거치도록 하는 포괄적 시스템인 셈이다.

2. 항공화물 공급망 이해관계자: 민간부문과 정부기관의 역할분담

(1) 항공화물 다층보안체계: 다자간 협력과 통합적 접근

여객기 화물 100% 보안검색 요구사항을 충족하기 위해 TSA는 공급망보안체계 확립을 위한 다층적 접근방식을 체계적으로 구축했다. 이는 단일한 보안조치에 의존하지 않고 여러 단계의 보안망을 통해 위험을 분산시키는 전략이다.

핵심 프로그램들을 살펴보면, 우선 인증화물검색시설(CCSF)프로그램이 있다. 이는 공항 외부에서 화물검색을 할 수 있도록 함으로써 공항 내 검색 부담을 분산시키면서도 보안수준은 유지하고 있다.

이와 함께 간접항공운송인(IAC)프로그램도 중요한 역할을 하고 있다. TSA 인증을 받은 화물운송 중개업체들이 참여하는 이 프로그램은 IAC 관리시스템을 통해 체계적인 인증 및 감독을 받고 있다.

또 다른 핵심 축은 상용화주(Known Shipper)프로그램이다. 신뢰할 수 있는 화주들을 사전에 인증함으로써 공급망의 출발점부터 보안을 확보한다. 이는 단순한 검색을 넘어서 신뢰관계에 기반한 예방적 보안접근법이라고 할 수 있다.

미국 국내외 운항 모든 항공운송사업자는 TSA 승인 항공화물보안프로그램과 보안지침에 따라 화물보안조치를 유지해야 하며, TSA 외에도 CBP와 외국정부가 인바운드화물 보호 역할을 담당하고 있다.

(2) 국경을 넘는 보안: 미국의 해외 항공화물 보안 접근법

TSA의 규제능력은 미국 내 집행에는 충분하지만, 미국 영토 경계를 넘어서 항공화물 보안검색 요구사항을 직접 강제할 수는 없는 구조적 제약이 존재한다. 주권국가 간의 관할권 문제가 얽혀있는 만큼, 아무리 강력한 국내법이라도 해외에서는 그 효력이 제한될 수밖에 없는 것이다.

이러한 문제를 해결하기 위해 TSA는 항공화물사전검색(ACAS, Air Cargo Advance Screening)프로그램을 개발하여 탑재화물목록과 화주정보를 미리 확보해서 분석함으로써 위험 화물을 사전에 식별하고, 이를 통해 실질적인 화물보안을 확보하고 있다. 동시에, 이 프로그램은 국제항공화물 보안검색 프로세스의 간소화라는 실용적 목표도 추구하고 있다.

결국 ACAS는 TSA가 물리적 관할권의 한계를 정보력과 분석역량으로 보완하려는 전략적 시도라고 할 수 있다. 국경을 넘나드는 화물의 특성상 완벽한 통제는 불가능하지만, 사전정보 분석을 통해 위험을 최소화하는 현실적 대안을 제시하고 있다.

3. 정보기반 공급망보안 평가체계

TSA는 항공화물 테러위협 완화를 위해 화물정보를 활용한 다층적 정보수집 프로세스를 체계적으로 구축하여 화물운송 관련 당사자들을 면밀하게 평가하고 있다.

이 시스템에서 기업들의 역할은 매우 중요하다. 각 기업은 자체 데이터베이스를 통해 기업과 직원정보를 TSA에 투명하게 제공해야 한다. 단순한 형식적 정보 제공이 아니라, 보안에 필요한 실질적 데이터를 공유하는 것이다.

이렇게 수집된 정보는 예방적 보안조치의 핵심 도구가 되고 있다. 잠재적 위험을 가진 신청자들을 사전에 차단하는 데 활용되어, 문제가 발생한 후 대응하는 기존의 사후적 접근에서 벗어나 선제적 위험관리를 가능하게 하고 있다.

이러한 복잡한 정보의 흐름을 총괄하는 것이 바로 TSA 정보국(TSA-OI)이다. 이 기관은 다양한 소스로부터 정보를 체계적으로 수집하고, 이를 화물운송 관련 당사자들에게 적절하게 배포하는 핵심적 책임을 담당하고 있다. 이는 정보를 단순히 수집하는 것을 넘어서, 수집된 정보를 효과적으로 분석하고 활용할 수 있는 통합적 시스템을 구축한 것이라고 할 수 있다.

4. 위험기반 정보공유 중심의 보안시스템

항공화물공급망의 보안격차를 줄이는 데 있어 실질적인 문제점은 출발지, 화물 및 항공기 유형별 위험수준을 체계적으로 평가할 수 있는 방법론이 부족하다는 점이다.

현재 운영되고 있는 모든 항공화물에 대한 100% 보안검색 체계는 분명 안전성 측면에서는 이상적이다. 하지만 현실적으로는 화물운송 지연과 높은 비용이라는 부작용을 피할 수 없다. 위험도가 낮은 화물까지 동일한 수준의 검색을 받아야 하다 보니, 전체적인 물류 효율성이 떨어지고 비용부담이 가중되고 있다.

이를 개선하기 위한 핵심은 위험기반 정보공유 접근방식에 있다. 모든 화물을 획일적으로 취급하는 대신, 실제 위험도에 따라 차별화된 보안조치를 적용하는 것이다. 이는 한정된 보안자원을 더 효율적으로 활용하면서도 실질적인 보안효과는 높일 수 있는 스마트한 전략이라고 할 수 있다.

특히 주목할 만한 것은 TSA와 CBP의 위험기반 정보공유 중심 항공화물 보안체계를 유기적으로 결합한다면, 현재의 중복적인 화물보안통제 문제를 상당히 개선할 수 있을 것으로 보인다.

결국 미래의 항공화물 보안은 더 많은 검색이 아니라 더 똑똑한 검색, 즉 데이터와 위험분석에 기반한 선택적 집중을 통해 보안과 효율성을 동시에 달성하는 방향으로 나아가야 할 것이다.

5. 항공화물 보안프로세스: 화주부터 항공기까지 주체별 역할

미국의 항공화물 운송과정은 항공운송사업자, IAC, CCSF, 상용화주를 포함하는 복잡한 네트워크로 구성되어 있으며, 각 주체는 TSA의 화물보안 표준에 따라 고유한 책임을 맡고 있다.

공급망의 출발점에서 상용화주의 역할은 특히 중요하다. 이들은 원산지에서부터 생산, 포장, 보관, 운송에 이르는 전 과정에서 화물을 보호해야 한다. 결국 보안의 첫 번째 방어선을 구축하는 셈이다.

화물이 공급망을 따라 이동하면서 화물운송관련업체가 그다음 책임을 이어받는다. 이들은 화물접수 후 TSA가 요구하는 화물보안조치를 빠짐없이 적용하며, 보안의 연결고리가 끊어지지 않도록 하고 있다.

항공운송사업자는 이 복잡한 네트워크의 최종 관문 역할을 한다. 화물이 도착했을 때 상용화주, IAC, CCSF의 자격을 철저히 확인하고 화물보안조치가 제대로 확보되었는지 검증하고 있다.

이 모든 과정을 총괄하는 것은 바로 TSA의 감독기능이다. TSA는 화물 공급망의 모든 주체가 TSA 화물보안표준을 충족하고 있는지 지속적으로 확인하며, 승인된 보안검색 방법 및 기술이 올바르게 사용되고 있는지 검증하고 있다.

특히 주목할 점은 TSA가 무작위 및 위험기반 접근법을 병행하고 있다는 것이다. 이를 통해 고위험화물을 효과적으로 식별하며, 보안규정 준수여부를 지속적으로 평가하여 주요 보안위협을 사전에 방지하고 있다.

Ⅱ. 미국의 주체별 항공화물 보안통제 메커니즘

미국의 항공화물보안은 TSA와 민간기업 간의 긴밀한 파트너십이 특징이다. 이는 정부가 모든 것을 직접 통제·관리하지도, 민간에 완전히 맡기지도 않는 절묘한 균형점을 찾은 모델이라고 할 수 있다.

구체적인 역할분담을 살펴보면, 항공운송사업자는 화물보안 확보를 위해 민간기업과 계약을 체결하여 실제 화물검색 업무를 처리하고 있다. 직접 모든 검색인력을 보유하기보다는 전문업체의 역량을 활용하는 방식이다. 공항운영자는 공항 안팎에서 법 집행 및 일반보안을 담당하며, TSA의 화물보안 정책이 현장에서 원활하게 실행될 수 있는 기반을 제공하고 있다.

한편, TSA는 화물운송업계에 보안정책, 규정, 검색기술 및 위협정보를 제공하며 다양한 보안프로그램을 시행하고 있다. 민간이 실행하되 TSA가 방향을 제시하는 구조인 셈이다.

9·11 이후 미국 화물보안시스템의 가장 큰 변화는 화물보안의 실제 이행과 비용에 대해 TSA가 직접적인 책임을 진다는 점이다. 과거처럼 민간에 맡겨두고 결과만 확인하는 것이 아니라, 정부가 적극적으로 개입하여 책임지는 방식으로 전환된 것이다. 이러한 TSA 주도의 접근법은 EU의 민관파트너십 중심 화물보안표준과는 상당한 차이를 보이고 있다. EU가 민간의 자율성을 더 존중하는 방향이라면, 미국은 정부가 더욱 강력한 주도권을 갖는 모델을 택한 것이다.

1. 간접항공운송인(IAC) 보안체계

간접항공운송인(IAC)은 미국 연방항공청의 항공운송사업자운영증명서를 소지하지 않고 항공운송에 간접적으로 관여하여 항공화물을 취급하는 미국 내 개인 또는 단체로, TSA로부터 간접항공운송인관리시스템(IACMS)을 통해 인증받은 업체를 말한다.

IAC가 되고자 하는 기업은 운영시작 90일 전까지 간접항공운송인표준보안프로그램(IACSSP) 인증을 신청해야 하며, TSA의 보안요구사항을 충족하고 매년 갱신되는 보안프로그램을 마련하고 수행해야 한다. IAC는 TSA의 보안평가와 보안위협평가(STA) 보안요구사항 충족에 대한 TSA 서면승인을 받은 후 보안프로그램에 따라 운영을 시작할 수 있으며, 인증은 발급일로부터 12개월 동안 유효하다. TSA의 화물보안검사관(TSI-C)이 IAC 보안프로그램의 인증 승인, 철회 및 현장검증을 담당한다.

IAC 제도는 민간의 전문성을 활용하면서도 정부의 엄격한 관리·감독을 통해 보안수준을 보장하는 균형 잡힌 시스템이라고 할 수 있다.

주요 용어 정리

- **간접항공운송인(IAC):** 항공운송사업자의 서비스에 간접적으로 관여하고 항공화물을 취급하는 TSA 인증 업체
- **간접항공운송인관리시스템(IACMS):** TSA가 IAC를 검증하고 승인하는 시스템
- **보안위협평가(STA):** IAC 직원의 보안 적합성을 평가하는 TSA 프로세스

(1) 보안포장시설(SPF) 프로그램: IAC의 확장된 역할

TSA는 2021년 6월 30일 발효된 ICAO의 새로운 국제항공화물 보안요구사항에 대응하기 위해 보안포장시설(SPF, Secured Packing Facility) 프로그램을 도입했다. 이 프로그램은 항공화물공급망에 폭발물이 은폐되어 유입되는 것을 차단하기 위해 TSA가 승인한 엄격한 보안통제절차를 기반으로 운영되고 있다.

SPF 지정을 받기 위해서는 우선 간접항공운송인(IAC) 인증을 취득해야 하며, 이후 SPF 인증신청서와 함께 TSA 화물보안표준의 이행 및 충족에 대한 구체적인 서면계획을 제출해야 한다.

이러한 절차를 통해 확보되는 SPF의 이점으로는 화물기운항자가 SPF에서 처리된 화물에 대해 추가검색을 생략할 수 있어 운송지연을 효과적으로 방지하고 보안비용 절감과 공급망 전반의 보안수준 향상이라는 두 가지 목표를 동시에 달성할 수 있다는 점이다.

(2) SPF 인증체계 및 운영효과

IAC는 SPF 검증프로세스를 통해 TSA에서 요구하는 필수 정보를 체계적으로 제공하며, TSA의 화물보안검사관은 이 정보를 바탕으로 SPF 자격 취득을 위한 IAC의 역량과 현장시설을 종합적으로 평가한다. 이 과정에서

TSA는 화물보안직원과 권한 있는 대리인에 대한 범죄기록확인을 포함한 엄격한 신원조사를 실시하고 있으며, 보안교육 이수여부를 자세히 검토한 후 화물보안요구사항 충족 여부를 최종 판단하여 SPF 인증서를 발급한다.

인증이 완료된 후에도 SPF는 지속적으로 TSA의 화물보안표준 요구사항을 준수해야 하며, 정기적인 TSA 감독을 받게 된다. 이러한 체계를 통해 SPF에서 화물보안조치를 완료한 화물은 추가검색 절차 없이 직접 탑재·운송이 가능해지며, 결과적으로 운송업체의 비용부담 경감과 화물처리 지연 방지라는 실질적인 효과를 창출하고 있다.

2. 공항 밖의 보안: 인증화물검색프로그램(CCSP)

TSA는 100% 화물검색을 항공운송사업자에만 의존할 때 발생할 수 있는 화물탑재 지연과 이로 인한 항공기 운항 차질을 우려하여 인증화물검색프로그램(CCSP, Certified Cargo Screening Program)을 마련했다. 이 프로그램은 공항 내 화물처리 부담을 분산시키고 전체적인 화물보안 효율성을 향상하기 위한 전략적 접근방식으로 작용하고 있다.

CCSP 체계에서 공급망의 다양한 주체가 공항 외부시설에서 화물보안검색을 수행할 수 있게 되었으며, 이는 기존의 중앙집중식 검색체계에서 분산형 보안모델로의 전환을 의미한다. 화주와 화물운송관련업체는 인증화물검색시설(CCSF, Certified Cargo Screening Facility) 자격을 취득하여 항공운송사업자에게 화물을 인도하기 전 단계에서 직접 화물보안검색과 재포장 업무를 담당할 수 있다.

(1) SAFETY Act의 보호 효과: 법적 안전망

미국 국토안보부(DHS)는 2002년 제정된 테러방지지원법(SAFETY Act, Support Antiterrorism by Fostering Effective Technologies Act)에 따라 CCSF의 보안검색조치를 적격테러방지기술(QATT, Qualified Anti-Terrorism Technologies)로 지정했다. 이 지정을 통해 테러 발생 시 CCSF 운영업체의 법적 책임을 제한하는 포괄적인 보호체계를 구축하고 있으며, 이는 민간부문의 화물보안 참여를 촉진하는 핵심적인 인센티브로 작용한다.

다만 이러한 법적 보호에는 명확한 조건과 한계가 존재한다. 지정된

QATT의 이행에 소홀하거나 규정된 절차를 준수하지 않은 CCSF는 법적 책임보호 대상에서 제외될 수 있다. 특히 인적오류나 과실로 인해 화물에서 폭발물을 감지하지 못한 경우의 구체적인 책임 범위와 손해배상 문제는 개별 사안에 따라 법원이 최종 판단하게 된다.

(2) CCSP의 운영과 자격요건

CCSP는 2007년 9·11 위원회법의 이행권고에 따라 공항에서 발생하는 화물검색 지연 문제를 근본적으로 개선하고 100% 보안검색 요건을 효과적으로 충족하기 위해 도입되었다. 이 프로그램은 공항 중심의 집중화된 화물검색 체계가 갖는 구조적 한계를 인식하고, 공급망 전반에 걸친 분산형 보안검색 모델을 구축하려는 전략적 시도로 평가된다.

CCSF 자격을 취득할 수 있는 주체는 상당히 다양하다. 제조업자, 창고보관업체, 유통업체, 제3자물류제공업체를 비롯하여 간접항공운송인, 공항화물취급업체, 독립화물검색시설까지 화물 공급망에 관여하는 거의 모든 업체가 포함된다. CCSF 신청자는 TSA의 엄격한 보안위협평가를 통과해야 하며, 동시에 시설보안평가를 받아 물리적 보안요건을 충족해야 한다.

CCSP 참여는 기본적으로 자발적 성격을 갖지만, 일단 참여하게 되면 상당한 책임과 의무를 수반한다. 참여업체는 TSA의 화물보안표준 규정을 철저히 준수해야 하며, 공급망보안에 대한 책임을 공유하는 동시에 TSA의 현장검증을 수용해야 하는 의무를 갖게 된다.

(3) CCSP의 효과: 분산된 책임, 강화된 보안

CCSP는 기존의 중앙집중식 화물보안 체계를 근본적으로 변화시키는 핵심적인 효과를 창출하고 있다. 가장 주목할 만한 성과는 100% 화물검색이라는 막대한 책임을 항공화물공급망 전체에 효과적으로 분산시킴으로써 공항의 제한된 보안자원을 고위험화물과 CCSP 미참여자의 화물검색에 집중할 수 있도록 한 점이다. 이러한 자원 재배치는 전체적인 보안효율성을 크게 향상하는 결과를 가져왔다.

또한 CCSP는 화물검색에 대한 유연성과 선택권을 대폭 확대했다. 다양한 지점에서 화물검색이 가능해짐에 따라 화주들은 자체 화물검색 또는 계약검색 방식 중에서 자신의 상황에 가장 적합한 옵션을 선택할 수 있게 되었다. 특히 팔레트 선적 전 단계에서 검색을 완료함으로써 공항에서의 화물 해체 및 재포장 필요성을 현저히 감소시키는 실질적인 운영효과를 제공하고 있다.

3. 신뢰의 가치: 상용화주(Known Shipper) 제도

미국의 항공보안개선법(Aviation Security Improvement Act)은 모든 화물에 대한 보안검색을 의무화하고 있지만, 동시에 상용화주(Known Shipper) 제도를 도입하여 화물보안과 운영효율성 간의 균형점을 찾고 있다. 이 제도는 엄격한 보안요구사항과 현실적인 물류 운영 필요성 사이의 갈등을 해결하기 위한 실용적 접근방식으로 평가된다.

상용화주 제도의 핵심은 신뢰를 기반으로 한 차별화된 보안체계 구축에 있다. 엄격한 심사과정을 거쳐 상용화주로 인증된 업체의 화물은 이미 보안조치가 완료된 화물로 인정받게 되며, 이에 따라 공항에서의 추가적인 보안검색이 면제되는 상당한 혜택을 받는다. 이러한 접근방식은 보안수준을 유지하면서도 보안검색으로 인한 시간적·비용적 비효율성을 효과적으로 해결하는 결과를 창출하고 있다.

(1) 신뢰할 수 있는 파트너: 상용화주 제도의 개념과 특성

상용화주제도는 과거 거래관계를 기반으로 한 신뢰도 평가를 통해 화물보안통제에 차별화를 두는 핵심적인 보안프로그램이다. 이 제도는 항공운송사업자 또는 화물운송관련업체와 이전 거래관계를 통해 충분한 정보를 확보한 상용화주와 과거 거래관계가 없거나 제한적으로 거래했던 비상용화주를 명확히 구분한다. 상용화주프로그램을 활용하면 항공운송사업자, IAC, CCSF가 추가보안검색 절차 없이 상용화주 화물을 직접 운송할 수 있지만, 비상용화주 화물은 항공기 탑재 전 반드시 엑스선 검색장비를 이용한 엄격한 보안검색을 거쳐야 한다.

상용화주가 되기 위한 요건은 먼저 항공화물보안프로그램을 자체적으로 마련하여 TSA로부터 화물 보안성 확보에 대한 공식적인 인정을 받아야 하며, 보안통제시설 운영과 모든 직원에 대한 TSA의 보안위협평가(STA) 등 관련 규정을 철저히 준수해야 한다. 상용화주 인증에는 별도의 보안검색시설이 요구되지 않지만, TSA로부터 예고 없는 불시점검을 받을 수 있어 지속적인 보안수준 유지가 필수다. 화물시설의 출입통제, 출입인원 및 트럭운전사 검사와 같은 상용화주프로그램의 다층적 화물보안조치와 위험평가 기반 화물검색을 통해 항공운송사업자는 시설과 화물의 종합적인 보안을 확보하고 있다.

(2) 누가 상용화주가 될 수 있나: 인증기준과 절차

상용화주는 항공기를 통한 화물운송을 위해 TSA의 엄격한 보안요구사항에 따라 검증을 완료한 법인 또는 개인을 의미한다. 이러한 정의는 단순한 운송업체가 아닌, 보안 신뢰성이 확보된 특별한 지위의 화주임을 강조하는 것이다. 항공운송사업자와 IAC는 반드시 TSA가 승인한 상용화주프로그램을 갖춰야 하며, 이를 바탕으로 화주의 적정성과 화물의 무결성을 체계적으로 확인하는 책임을 갖고 있다.

상용화주 자격을 얻기 위해서는 TSA에 상용화주신청서를 제출하고, 제출된 정보를 바탕으로 TSA의 현장검증을 받은 후 화물보안표준에 따른 평가를 거쳐 상용화주로 인증받는다. 항공운송사업자는 화물보안을 확실히 확보하기 위해 상용화주의 기본정보 및 과거 화물운송기록을 엄격하게 검증하며, 이러한 이중 검증체계가 전체적인 보안수준을 한층 더 강화하고 있다.

Ⅲ. 미국의 인바운드 및 환적화물 보안 프로그램

1. 국경을 넘는 위협: 인바운드 및 환적화물 보안의 중요성

항공화물 공급망의 안전은 출발화물에 대한 보안통제만으로는 결코 완성될 수 없으며, 특히 외국에서 미국으로 들어오는 인바운드화물과 환적화물의 보안 확보야말로 글로벌 항공화물 안전망의 핵심 요소라 할 수 있다. 하지만 TSA는 외국공항에서 ICAO 표준에 따른 화물보안절차가 실제로 제대로 수행되고 있는지 확인하기 어려운 근본적인 도전에 직면하고 있다. 이는 국경을 넘나드는 화물보안의 복잡성과 한계를 보여주는 대표적인 사례다.

현장 인사이트

"미국은 외국 정부에 직접 규제를 가하기보다 항공운송사업자를 규제하는 방식을 택했습니다. 이는 국가 간 외교적 마찰을 최소화하면서도 화물보안을 효과적으로 관리할 수 있는 전략적 접근법입니다."

- ICAO 항공보안교관

이 문제를 개선하기 위해 미국은 외국공항에서 미국으로 운항하는 항공운송사업자가 화물보안표준을 준수하도록 강제하는 법적체계를 도입했으며, 이 접근법은 외국정부에 직접 규칙을 부과함으로써 발생할 수 있는 외교문제를 피할 수 있는 장점이 있다. 미국의 인바운드화물 및 환적화물 보안규제는 9·11 위원회법을 법적 근거로 삼고 있으며, TSA는 이를 바탕으로 두 가지 핵심 전략을 구사하고 있다. 첫째는 한정된 보안자원을 식별된 고위험화물의 보안검색에 집중하는 위험기반 접근법이고, 둘째는 화물보안 요구사항 준수 확인을 위한 국가별 TSA 감독활동의 빈도와 정확성을 지속적으로 향상하는 것이다.

2. TSA의 공급망보안 관할권: 권한과 한계

TSA는 미국행 항공편으로 운송되는 모든 화물에 대해 폭발물, 발화물질 또는 기타 폭발장치의 은폐를 방지하기 위한 보안검색 또는 보안통제를 의무화하고 있다. 하지만 화물을 받아들이는 출처에 따라 보안규정에는 명확한 차별화가 적용된다. 상용화주 또는 Regulated Agent로부터 접수한 화물은 특정 중량 이하일 경우 추가 보안검색을 면제받지만, 비상용화주 또는 Non-Regulated Agent로부터 접수한 화물에 대해서는 항공운송사업자가 모든 화물에 대한 보안검색을 필수적으로 해야 한다.

미국과 국제노선 간 항공화물 운송 패턴의 차이는 보안 관점에서 매우 중요한 함의를 갖는다. 미국 내 항공화물의 경우 단 5.5% 정도만이 여객기 벨리카고에 적재되는 반면, 미국 국제노선 항공화물은 약 38.5%가 여객기를 통해 운송되고 있다. 이러한 현상은 미국을 향하는 국제선 여객기의 화물운송 과정에서 폭발물 은폐 가능성이 상대적으로 높을 수 있음을 시사하며, 국제선 화물보안의 중요성을 더 부각시킨다.

그러나 TSA의 권한에는 구조적인 제약이 존재한다. 외국 정부나 항공운송사업자를 전면적으로 규제할 수 있는 권한이 제한되어 있으며, 미국으로 운항 중인 외국항공운송사업자에게는 화물보안 요구사항 준수를 요구할 수 있지만 외국정부에게 특정 화물보안표준 시행을 강요하거나 특정 비율의 항공화물 검색을 직접 요구할 권한은 없다. 결국 TSA의 실질적 권한은 미국으로의 화물운송을 규제하는 데 한정되며, 이는 글로벌 화물보안체계 구축에서 중요한 제약요인으로 작용하고 있다.

(1) 보안의 청사진: TSA 승인 항공화물보안프로그램 체계

미국행 항공운송사업자들은 TSA의 승인을 받은 항공화물보안프로그램을 마련하여 보안 요구사항을 준수하고 이행할 책임이 있다. 이 프로그램은 화물의 접수 및 취급 절차, 화물검색과 관련된 다층적 보안조치, 보안검색직원의 체계적 교육훈련 및 평가, 화물지역 및 항공기에 대한 접근통제 등의 핵심 요소들을 포함하고 있다.

구체적인 보안검색방법은 기술적 다양성과 상호 보완성을 기반으로 구성되어 있다. 엑스선검색, 폭발물 탐지시스템(EDS), 폭발물 흔적탐지장비(ETD) 등의 첨단 기술적 수단부터 TSA 인증 폭발물 탐지견팀, 명시적 검증과 함께 수행되는 물리적 검색에 이르기까지 다면적 접근방식을 채택하고 있다. 또한 TSA 관리자가 승인한 추가적인 검색방법도 포함되어 지속적인 보안기술 발전에 대응할 수 있는 유연성을 확보하고 있다.

특히 주목할 점은 TSA가 보유한 신속대응 권한이다. 추가적인 화물보안조치가 즉각적으로 필요한 상황에서는 보안지침 또는 긴급수정의 형태로 새로운 보안요구사항을 발행할 수 있으며, 항공운송사업자는 이를 반드시 이행해야 하는 의무를 갖는다. 이러한 체계는 변화하는 보안위협에 대한 신속한 대응능력을 제도적으로 보장하는 핵심 장치로 작용하고 있다.

(2) 사전 위험탐지: ACAS 제도의 운영메커니즘과 한계

항공화물사전검색(ACAS) 제도는 2010년 예멘발 미국행 화물기에서 폭발물 발견 이후 화물보안 강화를 목적으로 TSA와 CBP가 도입했으며, 화물이 외국공항에서 미국으로 출발하기 전에 사전정보 분석을 통해 고위험화물을 식별하여 항공기 탑재를 사전에 차단하는 것이 핵심이다.

ACAS 운영 프로세스는 항공운송사업자가 미국행 항공화물에 대해 지정된 사전화물정보를 전자적으로 전송하면, TSA와 CBP가 외국 출발공항의 마지막 출발지점에서 미국으로 출발하기 전 제출된 화물정보를 분석한다. 고위험화물 식별 시에는 미국행 항공편에 화물을 탑재하기 전에 추가 보안 조치를 요구하며, TSA는 화물정보 검토 후 항공운송사업자에게 추가정보 요청, 화물 탑재 전 강화된 보안검색 요구, 화물의 미국 운송 차단 명령 등의 조치를 할 수 있다.

하지만 현재 ACAS 운영에는 중요한 구조적 한계가 존재한다. 특히 TSA와 CBP 사이의 정보공유 체계에서 발견되는 문제점이 심각하다. 두 기관 사이에 관련 위험정보의 완전한 교환을 보장하는 문서로 만들어진 프로세스가 부재한 상황이며, 이에 따라 TSA는 CBP의 ACAS 관련 일부 중요정보를 공유받지 못하고 있다. 이러한 정보 단절은 미국행 항공화물의 사전정보 분석을 통한 위협평가의 실효성 확보에 상당한 어려움을 일으키고 있어 개선이 시급한 과제로 남아있다.

(3) 데이터로 위험을 예측하다: 사전화물정보 분석시스템 활용전략

항공화물사전검색(ACAS)과 적하목록자동신고시스템(AMS, Automated Manifest System)은 모두 항공화물 보안강화를 위한 핵심 제도로서, 미국행 항공화물의 사전정보분석을 통해 의심화물을 정확히 식별하고 미국으로의 운송을 사전에 차단하는 공통된 목표를 가지고 있다. 이러한 시스템들의 법적 기반을 바탕으로 TSA와 CBP는 모든 상업용 운송수단을 통해 화물이 도착하거나 출발하기 전에 사전화물정보를 전자적으로 수집할 포괄적인 권한을 보유하고 있다.

사전화물정보 시스템의 성공적 운영을 위해서는 세 가지 핵심 요소가 균형을 이루어야 한다. 먼저 화물보안을 보장하는 데 합리적으로 필요한 모든 화물정보를 포함하는 정보의 적절성이 확보되어야 하며, 동시에 수집된 정보에 쉽게 접근하고 분석할 수 있는 정보 구조의 사용 용이성이 뒷받침되어야 한다. 마지막으로 보안확보라는 공익적 목표와 무역업계가 감수해야 하는 부담 사이의 적절한 균형성이 유지되어야 한다.

이러한 시스템이 성공을 거두고 있는 가장 중요한 이유는 실질적인 상호이익 구조에 있다. 빨라진 통관절차와 도착 후 신속한 화물의 반출 등 거래자들에게 제공되는 구체적인 혜택이 사전화물정보 제공에 드는 비용이나 불편함을 충분히 상쇄하고 있으며, 이는 보안과 효율성을 동시에 추구하는 이상적인 모델로 평가받고 있다.

FAQ

Q 사전화물정보는 정확히 언제 제출해야 하나요?

A 미국행 항공화물의 경우, 항공기 출발 전에 제출해야 합니다. ACAS는 출발 전, AMS는 미국 본토 도착 4시간 전까지 정보를 요구합니다.

Q 사전화물정보 제출 시 필수 포함사항은 무엇인가요?

A 화물 발송인/수취인 정보, 화물 종류와 수량, 원산지, 위험물 여부, 화물 가치, 포장 방식 등의 정보가 포함되어야 합니다.

Q 사전화물정보 제출 누락 시 어떤 불이익이 있나요?

A 화물의 미국 입국 지연 또는 거부, 추가 검사 대상 선정, 벌금 부과 등의 조치가 취해질 수 있습니다.

3. 국경을 넘는 보안감시: 항공운송사업자 화물점검 및 외국공항 보안평가

인바운드화물의 안전을 확보하기 위해 TSA는 두 가지 핵심적인 감시활동을 수행하고 있다. 첫째는 미국으로 운항하는 항공운송사업자에 대한 직접적인 화물점검이며, 둘째는 국제민간항공협약 Annex 17의 표준과 권고되는 방식(SARPs)을 기준으로 한 미국행 화물을 운송하는 외국공항의 화물보안절차 평가다. 이러한 이중 접근방식은 외국의 국가화물보안프로그램(NCSP, National Cargo Security Program)을 종합적으로 평가하고 인정함으로써 미국행 항공화물의 안전성을 체계적으로 보장하려는 전략적 조치라 할 수 있다.

TSA는 2011년부터 보안평가 체계의 효율성과 정확성을 높이기 위한 혁신적인 개선조치를 지속적으로 도입해 왔다. 특히 위험정보에 기반하여 항공운송사업자 화물점검프로세스를 조정하고 외국공항의 접근 제약문제를 해결하여 보안평가의 운영효율성을 크게 향상했다. 가장 주목할 만한 성과는 맞춤형 평가 접근법의 도입이다. 외국공항 관계자가 작성한 사전정보를 자세히 분석하여 각 공항의 현장평가를 개별적으로 맞춤화하고, 위험이 큰 특정 관심영역에 집중적인 보안평가를 시행하는 정교한 시스템을 구축한 것이다.

하지만 이러한 감시체계에는 여전히 복잡하고 구조적인 제약들이 존재한다. 가장 근본적인 문제는 외국정부가 TSA의 항공운송사업자 화물점검 및 외국공항 보안평가를 허용할지가 불확실하다는 점이다. TSA가 평가 용이화를 위해 외국과 양자 간 협정을 체결하고 있지만, 이러한 협정조차 화물점검이나 보안평가를 위한 무조건적 접근을 보장하지는 않는 한계를 보인다. 더불어 평가 대상 공항을 단순히 경유하는 제3국 출발 화물에 대한 평가가 어려운 환적/통과화물 평가의 어려움도 미국행 항공운송사업자의 화물보안조치 점검과 외국공항 선택 시 중요한 고려사항으로 작용하고 있다.

(1) 눈에 보이지 않는 위험을 찾아내는 과정: 항공운송사업자 화물점검 프로토콜

TSA의 항공운송사업자 화물점검은 보안요구사항 이행여부를 종합적으로 검증하는 핵심적인 감독체계다. 이 점검은 TSA 승인 항공화물보안프로그램과 관련 수정사항, 대체절차, 보안지침 또는 긴급수정사항을 포함하여 여객기와 화물기 항공운송사업자의 보안요구사항 이행상황을 철저히 확인하는 과정으로 구성되어 있다. 점검의 포괄성과 체계성은 미국행 항공화물 보안체계의 신뢰성을 뒷받침하는 핵심 요소로 작용하고 있다.

화물점검의 주요 구성요소는 다면적이고 상호 보완적인 특성이 있다. 보안검색 기록에 대한 문서적 검토에서 시작하여 항공운송사업자 직원과의 직접적인 인터뷰, 화물운송프로세스 이행여부에 대한 현장확인 그리고 보안관련 문서의 정밀한 검토까지 포함하는 포괄적 접근방식을 채택하고 있다. 실무적으로 항공운송사업자들은 TSA 검사관으로부터 항공화물 공급망보안의 6가지 핵심요소 이행여부를 구체적으로 점검받게 된다.

실무자를 위한 체크포인트: TSA 화물점검 대비 6가지 핵심요소

- 물리적 시설 보안: 무단출입 방지 시스템, CCTV, 화물구역 접근통제
- 인적 보안: 직원 신원조사, 보안교육, 출입증 발급 및 관리
- 문서 보안: 화물서류 관리, 전자시스템 접근통제, 문서보관
- 화물 취급: 화물 접수, 보관, 이동 과정의 보안절차 준수
- 보안 교육: 직원 교육 프로그램, 보안인식 훈련, 인증 갱신
- 비상 대응: 보안위반 보고체계, 비상상황 대응계획, 복구계획

점검 운영의 효율성과 실효성을 높이기 위해 각 공항의 항공운송사업자 화물점검 빈도는 위험평가에 기반한 공항 위험수준에 따라 차별화되어 결정된다. 모든 미국행 항공편을 운항하는 항공운송사업자를 대상으로 연간 또는 반기 단위의 정기점검을 하고 있으며, 이는 지속적인 보안수준 유지를 위한 필수적 조치다.

특히 주목할 점은 TSA가 외국공항 보안평가와 연계하여 화물보안절차를 통합적으로 점검하고 있으며, 해외공항에서 미국으로 향하는 화물을 운송하는 여객 및 화물항공운송사업자의 화물점검 계획을 별도로 마련할 수 있다는 것이다. 또한 항공운송사업자의 화물보안요구사항 준수여부를 보다 자세히 점검하기 위해 상용화주와 Regulated Agent까지 평가 대상에 포함할 수 있어 공급망 전체에 대한 포괄적 감독이 가능하다.

(2) 국경을 초월한 보안 협력: 외국공항 보안평가 방법론 및 적용체계

TSA는 미국으로 국제항공화물운송서비스를 제공하는 외국공항에 대한 보안평가를 통해 효과적인 화물보안조치 유지 여부를 자세히 평가하고 적절한 보안절차 구축을 지원하며, 국제민간항공협약 Annex 17의 SARPs를 활용하여 외국공항의 보안평가를 계획하고 이행한다. 보안평가에서는 국가민간항공보안프로그램 이행 여부, 보안통제 이행 담당 보안요원의 신원조사 여부, 국가민간항공보안 교육프로그램에 따른 화물업무종사자 훈련 및 인증 여부를 주요 확인사항으로 한다.

실제 평가 수행방식은 효율성과 전문성을 동시에 추구하는 통합적 접근을 채택하고 있다. 일반적으로 외국공항에 대한 보안평가와 항공운송사업자 점검은 특정 장소 현장방문 중에 동일한 점검팀이 수행하며, 팀 구성과 소

요 시간은 공항의 규모, 평가 대상국의 민간항공에 대한 위협수준, 기타 현지 상황적 요인에 따라 유연하게 조정된다.

평가 주기는 위험기반 접근법에 따라 차별화되어 운영되고 있다. TSA는 공항별 위험정보를 종합적으로 분석하여 1단계 공항(위험도 낮음)은 3년에 1회, 2단계 공항(중간 위험)은 2년마다, 3단계 공항(위험도 큼)은 매년 평가를 하는 체계적인 스케줄을 유지하고 있다. 평가 과정은 점검팀이 방문 전 외국정부가 제공한 자료를 사전에 자세히 검토하고, 입수한 정보를 기반으로 현장에서 공항 관계자 인터뷰와 실제 보안절차 및 시설에 대한 직접적인 점검을 수행하는 단계로 구성된다.

하지만 TSA의 외국공항 보안평가에는 명확한 주권적 제약이 존재한다. 미국 법에 근거한 평가 권한을 보유하고 있지만, 평가국 정부의 허가 없이는 외국공항에서 화물보안조치를 평가할 수 없으며 외국공항에 보안요구사항을 직접 부과하거나 시행할 권한은 없다. 이러한 제한에도 불구하고 TSA는 외국정부의 민간항공 관계자들과 긴밀한 협력관계를 구축하여 항공운송사업자 점검을 포함한 외국공항 보안평가를 상호 협의하고, 평가결과 확인된 결함에 대한 기존 보안요구사항 개선을 적극적으로 지원하고 있다.

실무 팁: TSA 외국공항 보안평가 수검 준비를 위한 체크리스트

1. 사전 자료 준비: 최신 보안계획, 절차 매뉴얼, 교육 기록 등을 정리
2. 담당자 지정: 평가 과정에서 TSA 팀과 직접 소통할 주요 담당자 지정
3. 시설 준비: 주요 화물시설의 보안시스템 점검 및 결함 사전 수정
4. 직원 브리핑: 모든 관련 직원에게 평가 목적과 절차에 대해 사전 교육
5. 비상 계획 검토: 화물 관련 보안 비상대응절차 최신화 확인
6. 과거 평가결과 검토: 이전 평가에서 지적된 사항의 개선 여부 확인

(3) 결함을 개선하는 체계: 보안점검 결과에 따른 시정조치 프로세스

TSA 검사관이 항공운송사업자의 보안요구사항 미준수를 확인하게 되면, 해당 위반사항을 체계적으로 시정하고 기록하기 위한 추가조치를 즉시 취하도록 설계되어 있다. 이러한 시정조치 체계의 핵심은 객관적이고 일관성 있는 평가기준에 기반한 단계적 대응에 있다.

TSA는 각 ICAO 표준에 취약성 점수를 부여하고 체계적인 등급 시스템을 사용하여 국제민간항공협약 Annex 17의 SARPs 준수 수준을 정확히 평가하고 있다. 이 등급체계는 5단계로 구성되어 있으며, 범주 1은 SARPs를 완전히 준수하는 최상 등급이고, 범주 2-4는 중간 수준의 위반을 나타내며, 범주 5는 가장 심각한 문제를 수반하는 최악 등급으로 분류된다.

실제 적용사례를 통해 이 체계의 작동방식을 살펴보면, 보안조치된 화물에 직접 접근할 수 있는 화물시설의 경계 장벽 결함을 확인했을 때는 Annex 17의 4.6.3 위반으로 보고하여 범주 '3'으로 기록했으며, 공항의 출입자 확인절차 수행 없이 보안제한구역에서 두 명의 무단출입자를 확인하면 범주 '5'로 평가하는 등 위반의 심각성에 따른 명확한 차별화가 이루어지고 있다.

위반 심각도에 따른 TSA의 대응 조치는 단계적이고 비례적으로 적용된다. 직원이 신분증을 휴대하지 않는 가벼운 위반에는 현장시정을 요구하는 수준에서 시작하여, 화물보안지역의 부적절한 인솔자 같은 중대한 위반에는 경고통지서 발행과 정밀조사 개시, 항공운송사업자의 개선조치를 TSA에 통보하도록 요구한다. 화물검색 실패 같은 심각한 위반에는 민사금전벌조치를 통고하며, 매우 심각한 보안문제에는 항공운송사업자의 보안프로그램 승인 철회와 미국 운항 중단이라는 강력한 조치까지 취할 수 있다.

정밀조사가 종료되면 TSA는 경고 통지, 시정서 발행, 민사금전벌조치 통고 중 하나의 최종 결정을 내리게 된다. 외국공항의 보안평가가 완료되면 TSA 검사관들은 외국공항과 정부 관계자들에게 그 결과를 상세히 브리핑하고, 확인된 보안결함을 효과적으로 완화하기 위해 외국공항 관계자 교육, 현장 보안상담, 기술지원, 보안장비 지원 등의 포괄적인 지원을 제공하고 있다.

지속적인 개선 모니터링을 위해 TSA 지역대표들은 외국정부가 보안결함 개선을 위해 수행한 진행상황을 체계적으로 감시하는 역할을 담당하며, 보안문제에 관한 미국정부와 외국정부 사이의 주요 연락기관으로 기능하고 있다. 더 나아가 TSA는 외국공항과의 협력 외에도 외국공항 보안평가 중 확인된 심각한 화물보안 취약성을 보완하기 위해 보안지침이나 긴급수정을 통해 보안절차를 수정하도록 요구할 수도 있어 다층적인 대응체계를 구축하고 있다.

(4) 보안의 선순환 구축: 화물점검 및 보안평가의 효과성 분석

TSA는 항공운송사업자 점검 및 공항 보안평가 후 확인된 보안결함을 개선하기 위해 외국공항을 적극적으로 지원하고 있으며, 이러한 지원 활동은 단순한 규제적 접근을 넘어선 협력적 파트너십을 중요시하는 TSA의 철학적 변화를 명확히 보여주고 있다. 이는 전통적인 규제기관의 역할에서 한 걸음 더 나아가 글로벌 보안환경의 발전을 도모하는 선진적 접근방식이라 할 수 있다.

TSA의 주요 보안개선 지원 활동은 다면적이고 실용적인 특성이 있다. 첫째, 확인된 공항 보안결함을 완화하는 방법에 대한 전문 지식 공유와 모범사례 전파를 통한 체계적인 지식 전달이 이루어지고 있다. 둘째, 덜 심각한 기술적 특성의 결함 발견 시에는 현장시정 지원과 즉각적인 위험 감소를 위한 실시간 가이드를 제공하여 신속한 문제해결을 도모한다. 셋째, 변화하는 화물보안 위협환경에 효과적으로 대응하기 위해 전통적인 강의과정부터 대화형 워크숍에 이르기까지 다양한 형태의 직원교육을 제공하고 있다.

TSA의 외국공항 보안평가프로그램이 창출하는 주요 목표와 효과는 상당히 포괄적이다. 우선 미국으로 화물운송서비스를 제공하는 외국공항의 중대한 보안결함과 약점을 정확히 확인하고 이를 완화하는 데 필요한 맞춤형 지원을 제공한다. 또한 개별 외국공항의 보안취약성 개선을 위한 명확한 기준과 지침을 제공하여 시간이 지남에 따라 공항 전반에서 화물보안의 일관성 향상을 지원하고 있다. 더 나아가 외국공항의 전반적인 화물보안수준 향상을 통해 글로벌 항공화물 공급망 전체의 안전성을 높이는 거시적 효과까지 달성하고 있다.

이러한 통합적 접근법을 통해 TSA는 더 구체적이고 효과적인 보안평가를 수행할 수 있게 되었으며, 이는 외국공항 보안평가프로그램의 효율성과 가치를 현저히 높이는 동시에 ICAO 표준을 충족하고 보안문제를 개선하는 데 있어 외국공항을 더 효과적으로 지원할 수 있게 하고 있다. 특히 주목할 점은 이 과정에서 확인된 우수 보안사례와 혁신적 기술들이 미국 공항의 화물보안 강화에도 적극 활용되어 진정한 의미의 양방향 학습 효과를 창출하고 있다는 것이다. 이는 글로벌 보안 네트워크의 선순환 구조를 구축하는 핵심 동력으로 작용하고 있다.

Ⅳ. 세관의 감시망: 미국의 CBP 기반 항공화물 보안체계

1. 위험 관리의 과학: 세관 기반 항공화물 보안의 기본 원리

미국의 화물보안 체계는 두 가지 핵심 프로그램을 기반으로 구축되어 있다. 첫째는 공급망 보안 강화를 위한 민관 협력 프로그램인 대테러 세관무역파트너십(C-TPAT, Customs-Trade Partnership Against Terrorism)이며, 둘째는 외국 항구에서 미국행 화물을 사전 검색하여 위험 화물의 미국 도착 전 차단을 목표로 하는 컨테이너 보안대책(CSI, Container Security Initiative)이다. 이 두 프로그램은 상호 보완적으로 작용하여 다층적 보안 방어체계를 형성하고 있다.

이러한 프로그램들의 실질적 운영은 미국 세관국경보호국(CBP)이 핵심 도구로 활용하는 자동표적시스템(ATS, Automated Targeting System)이라는 첨단 데이터베이스를 통해 이루어진다. ATS는 다양한 정부 데이터를 체계적으로 수집하고 정교한 표적화 규칙을 적용해 고위험화물을 효과적으로 식별하는 기능을 담당하고 있다. 특히 주목할 점은 사전에 제출되는 전자 화물목록을 실시간으로 분석하여 화물이 미국에 도착하기 전에 위험을 사전 평가할 수 있다는 것이다.

이러한 첨단 위험관리 기술을 통해 세관은 저위험화물을 신속히 통관시키는 동시에 고위험화물에 집중적으로 자원을 투입함으로써 제한된 인력과 장비를 최적화하여 운용하면서도 전체적인 화물보안 수준을 현저히 강화하는 성과를 거두고 있다.

주요 용어 정리

- **ATS(Automated Targeting System)**: CBP가 사용하는 첨단 데이터베이스로 화물 위험을 자동으로 평가
- **CSI(Container Security Initiative)**: 외국 항구에서 미국행 화물을 사전 검색하는 프로그램. 미국은 자국으로 대량살상무기 등이 밀반입되는 것을 차단하기 위해 2002년 1월부터 컨테이너 보안 협정제도를 마련하여 시행하고 있다. 우리나라 관세청에서는 컨테이너 안전대책으로 지칭하고 있다.

2. 9·11 이후의 패러다임 변화: CBP 보안체계의 혁신

2001년 9월 11일 테러 사건은 국제무역 환경과 화물보안에 대한 근본적인 패러다임 변화를 불러왔으며, 세계관세기구(WCO)와 미국을 비롯한 주요 국가들은 보안과 무역촉진이라는 두 가지 목표를 동시에 달성하기 위한 새로운 접근법을 개발해야 했다.

WCO의 주요 대응 조치로는 '관세 절차의 단순화 및 조화에 관한 교토협약' 개정안을 도입하여 변화된 국제 무역 환경에 부합하는 새로운 규범을 확립했으며, 더 나아가 새로운 국제 화물보안 표준인 SAFE Framework를 마련하여 글로벌 공급망 보안과 무역 촉진 간의 균형을 추구하는 체계를 구축했다.

한편, 미국은 9·11 이후 두 가지 핵심 보안 프로그램을 통해 선도적인 역할을 담당하고 있다. 대테러 세관무역파트너십(C-TPAT)은 민간 부문의 자발적 참여를 통한 공급망보안 강화와 보안 인증기업에 대한 통관혜택 제공을 결합한 혁신적 모델이며, 컨테이너보안대책(CSI)은 미국행 화물의 사전 검색 및 위험평가를 위해 외국 항구에 CBP 직원을 파견하고 현지 협력을 강화하는 전진 배치 전략을 구현하고 있다.

9·11 이후 화물보안프로그램의 변화는 세 가지 특징적 방향으로 다변화하였다. 첫째는 테러리스트의 대량살상무기(WMD) 국경 간 이동 방지에 최우선 순위를 부여하고 핵, 생화학 무기 관련 물질의 탐지 기술을 발전시키는 WMD 차단에 대한 집중이다. 둘째는 정부-기업 간 협력모델 확대와 공급망 전반의 보안강화를 위한 민간 주도 이니셔티브 장려를 통한 민간부문 참여 강화다. 셋째는 과도한 보안조치로 인한 무역 지연 최소화 노력과 저위험화물의 신속한 통관을 통한 경제적 효율성 확보를 통해 보안과 무역촉진 간의 균형을 추구하는 것이다.

현재의 화물보안 프로그램들은 테러위협 방지에 주력하면서도 무역촉진을 위한 다양한 조치를 포함하는 성과를 거두고 있다. 하지만 여전히 해결해야 할 중요한 도전과제들이 남아있다. 참여 기업들의 실질적 이익보장 문제, 다양한 국가 간 보안기준의 조화 및 상호인정 과제 그리고 신기술 도입에 따른 비용과 실행 가능성 문제 등이 지속적인 개선이 필요한 영역으로 남아있어 향후 더 정교한 접근이 요구되고 있다.

3. 민관 협력의 모델: 대테러 세관무역파트너십(C-TPAT) 제도

미국 세관국경보호청(CBP)의 핵심 공급망보안 프로그램인 대테러 세관무역파트너십(C-TPAT)은 글로벌 보안 프레임워크와 구별되는 독특한 특성이 있다. C-TPAT는 미국 중심의 화물보안에 초점을 두고 테러 방지를 주요 목적으로 삼지만, WCO SAFE Framework는 글로벌 차원의 보안 및 무역 원활화를 동시에 추구하며 모든 운송수단을 통합 관리한다는 근본적인 차이점을 보인다.

C-TPAT는 2001년 9·11 테러라는 충격적 사건 이후 2002년 4월에 신속히 도입되었으며, 항공운송사업자를 위한 안전 기준을 포함해 항공 화물 보안에 특별한 중점을 두고 있다. 이러한 프로그램의 법적 기반은 2002년 제정된 Trade Act를 통해 더 공고해졌는데, 이 법은 항공화물에 대한 사전 정보 전송을 의무화하여 고위험화물을 신속히 식별하고 차단함으로써 국토안보 강화에 실질적으로 이바지하고 있다.

C-TPAT 프로그램이 추구하는 핵심 목표는 네 가지 축으로 구성되어 있다. 첫째는 정부와 기업 간 협력을 통한 보안 강화를 위한 공공-민간 파트너십 구축이며, 둘째는 외국 제조업체부터 항만까지 포괄하는 공급망 전반의 보안 취약점 개선이다. 셋째는 저위험 화물의 통관절차 간소화를 통한 합법적 화물의 신속한 국경 처리 지원이고, 넷째는 국제무역 공급망 참여자의 보안표준 향상을 위한 보안 모범사례의 지속적 개신이다.

이러한 목표 달성을 위해 참여 기업에는 포괄적인 보안 요구사항이 부과된다. 주요 요구사항으로는 공급망 전반의 보안강화 계획 수립 및 실행, 위험물질의 공급망 유입을 방지하는 체계적 절차 마련, 모든 시설과 보관구역의 물리적 보안 확보가 있다. 또한 직원 채용 시 보안검사와 면접을 하고 정기적 신원조사를 시행하는 등 인적 보안 관리도 철저히 요구되고 있다.

(1) C-TPAT의 진화와 글로벌 물류보안 인증제도의 발전

C-TPAT는 2002년 4월 공식 출범 이후 지속적인 발전과 진화를 거듭해 왔다. 초기 단계에서는 제한적 참여와 기본적인 보안 요구사항을 중심으로 수입업체와 운송회사를 핵심 대상으로 한 파트너십을 구축하는 데 주력했다. 이는 9·11 테러 직후라는 시급한 상황에서 신속한 보안체계 구축이 우선시되었기 때문이다.

2006~2010년 확장기에 들어서면서 C-TPAT는 보다 체계적이고 포괄적인 프로그램으로 발전했다. SAFE Port Act를 통한 법적 지위 강화를 바탕으로 다양한 공급망 참여자로 대상을 대폭 확대하고, 참여 수준에 따른 계층화된 혜택 시스템을 도입하여 보다 정교한 인센티브 구조를 마련했다. 이러한 변화는 프로그램의 실효성과 참여 동기를 동시에 높이는 결과를 가져왔다.

2011년 이후 통합 및 국제화 단계에서는 C-TPAT의 글로벌 역량 확장에 중점을 두었다. 국제 파트너와의 상호인정협정을 확대하고 위험기반 접근법을 더 정교화했으며, 데이터 분석 및 첨단 기술 활용을 강화하여 현대적인 보안 프로그램의 면모를 갖추게 되었다.

C-TPAT 참여를 통해 기업이 얻을 수 있는 잠재적 이점은 상당히 다양하다. 공급망보안 강화, 세관 검사 감소, 기업 평판 향상, 재고 관리 개선 등의 실질적 혜택을 기대할 수 있다. 하지만 회원 자격 유지에는 상당한 비용이 소요되어, 특히 중소기업에는 부담이 될 수 있으며, 많은 참여자가 아직 프로그램의 혜택을 충분히 실감하지 못하고 있다는 평가도 있어 지속적인 개선이 필요한 상황이다.

물류보안 인증제도는 공급망 전체의 보안을 강화하기 위해 일정 기준을 충족한 기업에 자격을 부여하는 국제적 추세로 자리잡고 있다. 주요 국제 물류보안 인증제도로는 미국의 C-TPAT(2002년 4월), 유럽연합의 AEO(2008년 1월), 세계관세기구의 SAFE Framework(2006년 8월)가 대표적이며, 각각 고유한 특성과 장점이 있다.

이러한 인증제도들은 일반적으로 각국의 세관 당국이 인증 업무를 담당하며, 참여 기업에 검사 횟수 감소나 통관절차 간소화 등의 실질적인 혜택을 제공하여 민간기업의 자발적 참여를 유도하고 있다. 특히 항공 분야에서는 인증 기업이 비인증 기업과 차별화된 화물통과 절차를 경험할 수 있어 시간과 비용절감 효과를 얻는다는 점이 기업 참여도를 높이는 핵심 요소로 작용한다.

(2) C-TPAT 운영체계와 참여 확대의 과제

C-TPAT는 참여 기업의 보안 수준과 투자 정도에 따라 차별화된 혜택을 제공하는 세 단계의 정교한 계층 시스템을 운영하고 있다. 계층 1은 가장

기본적인 단계로, 서면 보안 프로필 제출 및 예비 검토를 통과하면 기본적인 C-TPAT 혜택을 제공받을 수 있다. 계층 2는 CBP의 엄격한 현장 검증을 통과하여 테러 무기 위협으로부터 보안절차의 실질적 효과성을 확인받은 기업에 추가적인 통관 혜택을 제공한다. 최고 단계인 계층 3은 C-TPAT 기준을 초과하는 우수한 보안절차를 수립한 기업에 통관 우선권과 검사 횟수 최소화 등 최고 수준의 혜택을 제공하는 시스템이다.

이러한 계층 시스템을 바탕으로 한 C-TPAT의 주요 운영 메커니즘은 세 가지 핵심 축으로 구성되어 있다. 첫째는 저위험 화물 식별을 통한 CBP 자원의 효율적 배분을 위한 위험 선별 최적화다. 둘째는 자발적 보안문화 조성을 통한 공급망 보호를 위한 민간부문 책임 강화이며, 셋째는 보안기준 달성도에 따른 차별화된 혜택 제공을 위한 계층화된 혜택 시스템 운영이다.

하지만 이러한 운영체계에는 여전히 해결해야 할 중요한 과제들이 존재한다. 특히 중소기업의 경우 보안기준 충족을 위한 초기 투자비용이 상당한 부담이 될 수 있어 프로그램 참여에 대한 장벽이 높아질 수 있다. 이러한 현실은 C-TPAT가 의도와 달리 대형기업에 편향된 혜택을 제공할 수 있다는 비판으로 이어지기도 하며, 민관 협력 모델의 포용성 확대라는 과제를 남기고 있다. 따라서 중소기업의 참여를 활성화하기 위한 별도의 지원방안 마련이 향후 중요한 개선 방향으로 대두되고 있다.

4. 거대한 감시망의 글로벌 확장: 컨테이너보안대책(CSI) 운영체계

컨테이너보안대책(CSI)의 운영은 네 가지 핵심 요소를 바탕으로, 체계적으로 구성되어 있다. 첫째는 사전 정보 활용 및 자동화된 표적 도구를 사용한 고위험화물의 정확한 식별이며, 둘째는 의심화물을 목적지 도착 전에 검색하는 사전 검색 체계다. 셋째는 엑스선 검색장비와 방사선 탐지기를 사용한 검사를 통한 첨단기술의 적극적 활용이고, 넷째는 보안이 강화된 컨테이너 개발과 변조 방지 기술을 적용한 스마트 컨테이너의 전략적 활용이다. 이러한 다층적 접근방식은 컨테이너 보안의 효과성을 극대화하는 핵심 동력으로 작용하고 있다.

사전 보안검색 과정은 단계적이고 체계적인 절차를 통해 이루어진다. 먼저 세관 서류 검토 및 다양한 정보 출처를 활용한 정보 수집 및 분석 단계에서 시작되며, 이어서 자동화된 시스템과 전문가 분석을 통한 고위험화물 식별을 위한 정밀한 위험평가가 수행된다. 다음으로 엑스선 검색장비나 방사선 탐지기를 이용한 내용물 검사가 실시되고, 필요한 경우 물리적 검사 시행 또는 선적 보류를 결정하는 추가 검사 단계로 진행된다. 이러한 단계별 접근방식은 보안의 정확성과 효율성을 동시에 확보하는 데 이바지하고 있다.

CSI 참여를 통해 얻을 수 있는 무역 촉진 효과는 상당히 실질적이다. 미국 도착 항구에서의 세관 절차 간소화, 해외 항구에서 사전 검색된 컨테이너의 신속 통관, 공급망 예측 가능성 향상 등의 직접적인 혜택을 제공하고 있으며, 이는 보안 강화와 무역 효율성이라는 두 가지 목표를 성공적으로 조화시키는 결과를 창출하고 있다.

현재 CSI는 세계 주요 항구에서 광범위하게 운영되고 있으며, 미국으로 향하는 컨테이너 화물의 상당 부분을 출발하기 전에 검색하여 위험을 원천지에서 차단하는 대표적 사례로 평가받고 있다. 이러한 성과는 글로벌 화물 보안 패러다임의 선도적 모델로 인정받고 있다.

9·11 테러 이후 미국 외 국가들도 새로운 화물보안 프로그램을 적극적으로 도입하거나 기존 제도를 대폭 개선하는 추세를 보인다. 특히 주목할 점은 이 중 일부 프로그램들이 미국의 C-TPAT와 호환되는 조항을 포함하여 국제적인 보안표준의 조화를 추구하고 있다는 것이다. 이러한 움직임은 글로벌 화물보안 시스템의 통합과 상호 연동성 강화에 중요한 이바지를 하고 있으며, CSI가 촉발한 보안 혁신의 확산 효과를 보여주는 사례라 할 수 있다.

V. EU 항공화물 보안체계: 정책 프레임워크와 실무 적용

유럽연합(EU)은 불법방해행위로부터 민간항공을 효과적으로 보호하기 위해 공통보안표준을 수립하고 이를 뒷받침하는 구체적인 화물보안조치를 체계적으로 채택하고 있다. 이 공통보안표준은 EU의 통합적 접근방식을 반영하여 모든 회원국에 직접 적용되는 구속력을 가지며, 회원국이 자국 영토를 출발하는 항공편의 화물보안을 확실히 보장할 수 있도록 설계되어 있다. 특히 변화하는 위험과 위협에 신속하게 대처할 수 있도록 정기적인 업데이트를 통해 보안기준의 시의성과 실효성을 지속적으로 유지하고 있다.

하지만 EU의 공통보안표준 이행 과정에는 여전히 해결해야 할 중요한 도전과제들이 존재한다. 가장 근본적인 문제는 회원국별로 다양한 해석이 이루어짐으로써 발생하는 혼란이다. 또한 일부 국가에서 더 엄격한 화물보안조치와 추가 보안요구사항을 시행하는 경우 회원국 간 불일치가 발생하여 통합적 보안체계 구축에 걸림돌이 되고 있다. 더불어 검색방법과 기술이 각 회원국의 항공보안당국의 개별 승인을 받아야 하는 복잡한 절차로 인해 운영상 비효율성이 초래되는 상황이다.

이러한 구조적 문제들을 효과적으로 개선하기 위해서는 다각적인 접근이 필요하다. 우선 EU 공통보안표준의 일관성 및 통일성을 근본적으로 강화하여 회원국 간 해석의 차이를 최소화해야 한다. 동시에 회원국 간 긴밀한 협력을 적극적으로 장려하여 보안 정보공유와 모범사례 전파를 활성화할 필요가 있다. 마지막으로 EU의 화물보안 요구사항에 부합하는 표준화된 검색방법 및 기술기준을 채택하여 절차의 통일성과 효율성을 동시에 확보하는 것이다.

1. EU 항공화물 보안 적용 주체별 표준체계

EU Regulation 300/2008은 국제민간항공협약 Annex 17의 표준과 권고되는 방식(SARPs)에 따라 화물보안 외에도 공항, 항공기, 여객, 휴대수하물, 위탁수하물, 기내물품, 공항물품, 기내보인조치, 직원채용 및 교육훈련, 보안장비 등 항공보안의 모든 적용대상에 대한 포괄적인 공통보안표준을 체계적으로 제시하고 있다. 이는 EU 차원에서 통합적이고 일관된 항공보안기준을 확립하려는 전략적 접근방식을 반영한 것이다.

특히 주목할 점은 EU가 공통보안표준에서 벗어나 변화하는 위험평가를 효과적으로 충족하고 새로운 보안기술이 신속히 도입될 수 있도록 화물보안조치 및 절차를 더 유연하게 채택하고 있다는 것이다. 이러한 유연성은 급변하는 보안환경에 대한 적응력을 높이는 중요한 요소로 작용한다. 이에 따라 각 회원국은 위험평가에 기초하여 EU의 공통보안표준에 명시된 조치보다 더 엄격한 화물보안조치를 적용할 수 있는 재량권을 보유하고 있다.

하지만 이러한 유연성에는 구조적인 한계도 존재한다. 회원국의 강화된 화물보안조치는 기밀정보로 간주하기 때문에 비밀성으로 인해 완전한 위험평가를 보장할 수 없다는 근본적인 문제에 직면하고 있다. 이는 투명성과 보안성 사이의 균형점을 찾아야 하는 딜레마를 보여준다.

실제 이행체계를 살펴보면, 회원국은 화물보안에 관한 공통보안표준의 이행에 대한 책임과 공항운영자 및 기타 기관에 요구되는 보안조치를 포함한 국가민간항공보안프로그램(NCASP)을 반드시 마련해야 한다. 더 나아가 공통보안표준을 실제로 이행하는 공항운영자, 항공운송사업자 및 관련 기관들은 국가민간항공보안프로그램을 효과적으로 준수하기 위해 각자의 운영환경에 맞는 개별적인 보안프로그램을 작성, 적용 및 유지해야 하는 의무가 있다.

(1) EU 항공화물 보안 규제당국: 조직체계와 권한

EU는 화물보안절차 형성에 중요한 역할을 담당하는 세 개의 핵심 규제기관을 중심으로 체계적인 조직구조를 운영하고 있다. 먼저 전 세계 항공보안표준을 수립하는 국제민간항공기구(ICAO)가 국제적 기준을 제시하며, EU 집행위원회(European Commission)가 구체적인 규제 제안 및 정책을 수립하는 역할을 담당한다. 마지막으로 EU 이사회(Council of the EU)가 최종 규제를 승인하는 권한을 보유하여 삼각형 구조의 거버넌스 체계를 형성하고 있다.

이러한 상위 조직체계를 바탕으로 EU 회원국은 실질적인 보안 운영에 대한 구체적인 책임을 지고 있다. 회원국은 항공보안당국에 필요한 보안자원 및 운영지침을 제공할 의무가 있으며, 정보기관이 제공하는 위협지침에 따라 보안자원을 효과적으로 운용해야 한다. 반대로 EU는 회원국의 규정준수를 확실히 보장하기 위해 회원국을 감시 및 감독할 포괄적인 책임을 갖고 있으며, 회원국은 공통보안표준 요건을 준수하고 항공보안검사관이 보안평가를 원활히 수행할 수 있도록 보장해야 하는 상호 의무관계를 형성하고 있다.

하지만 EU의 규제 권한에는 중요한 지리적 한계가 존재한다. 항공화물의 규정준수가 EU 회원국으로 제한되기 때문에 EU는 비회원국에 이러한 규제 요건을 직접 강제할 수 없으며, EU 밖의 제3국의 화물보안조치를 직접 규제하거나 집행할 권한이 없다는 근본적인 제약을 안고 있다.

이러한 구조적 문제를 효과적으로 개선하기 위해 EU는 협력적 접근방식을 채택하고 있다. 제3국의 화물보안표준의 동등성을 인정함으로써 항공화물운송을 적극적으로 촉진하고, 원스톱보안(one stop security)에 부합하는 보안관행 및 표준을 수용함으로써 제3국과의 협력을 지속적으로 강화하고 있다.

향후 보안체계의 효율성과 실효성을 더 높이기 위해 EU는 회원국의 항공보안당국이 현재 규제체계에서 역할을 수행하는 데 필요한 충분한 능력을 보유하고 있는지를 자세히 평가해야 한다. 또한 모든 회원국의 기대치를 충족하고 일부 국가의 공급망에 대한 이중규제를 제거할 수 있도록 EU의 공통보안표준이 ICAO의 표준에 맞게 적절하게 마련되었는지를 종합적으로 검토하여, 제3국에서 EU로 운송되는 항공화물운송체계에 대한 보안 우려사항을 완화할 수 있는 실효적인 보안대책을 마련할 필요가 있다.

(2) EU 항공화물 보안조치 이행: 분권적 책임체계와 감독시스템

항공과 관련된 EU Regulation을 이행하고 집행하는 것은 회원국의 항공보안당국이 담당하는 핵심적인 책임이다. 이러한 분권적 접근방식은 EU의 연방제적 특성을 반영하는 동시에 각 회원국의 고유한 보안환경과 위협수준을 고려한 유연한 대응을 가능하게 한다. 각 회원국은 자국 영토에서 출발하는 항공화물보안에 대한 전면적인 책임을 지고 있으며, 이는 보안의 일차적 책임이 해당 지역의 주권국가에 있다는 원칙을 명확히 보여준다.

특히 주목할 점은 각 회원국이 필요하다고 판단될 때 EU의 공통보안표준보다 더 엄격한 보안조치를 적용할 수 있는 재량권을 보유하고 있다는 것이다. 이러한 권리는 공통표준의 최소 기준적 성격을 반영하는 것으로, 회원국들이 자국의 위험평가에 기반하여 보다 강화된 보안체계를 구축할 수 있는 여지를 제공하고 있다. 이는 보안수준의 상향 평준화를 유도하는 긍정적 효과를 창출한다.

한편, EU 차원에서는 전체적인 보안체계의 일관성과 효과성을 보장하기 위한 감독체계를 운영하고 있다. EU는 모든 회원국의 항공보안당국, 항공운송사업자, 지상조업체, 화물운송관련업체와 관련된 종합적인 보안평가와 검사를 수행하며, 구체적인 화물보안조치 이행상황을 자세히 평가하고 필요시 집행할 수 있는 실질적인 수단을 보유하고 있다. 이러한 이중적 책임체계는 지역적 자율성과 전체적 통합성을 균형있게 조화시키는 EU만의 독특한 거버넌스 모델을 구현하고 있다.

1) EU Regulation 300/2008: 항공화물 보안 핵심조항과 적용원칙

EU Regulation 300/2008은 항공화물의 공통보안표준에 대한 포괄적인 일반규정을 체계적으로 정하고 있으며, 이는 EU 항공화물 보안체계의 법적 기반이 되는 핵심 문서다. 이 규정이 다루는 주요 내용들은 EU 항공화물 보안의 전 영역을 아우르고 있다. 구체적으로는 항공화물의 다양한 검색방법, EU에서 출발하는 화물의 엄격한 보안통제, 탑재 및 운송이 금지되는 화물의 명확한 범주, 제3국 화물보안표준의 동등성인정을 위한 구체적 기준 그리고 Regulated Agent와 상용화주의 승인 또는 지정을 위한 세부절차 등이 포함되어 있다.

이 규정의 적용범위와 원칙은 매우 포괄적이고 강제적인 특성이 있다. EU Regulation 300/2008은 EU 회원국에 있는 모든 공항에 예외 없이 공통으로 적용되며, 이는 EU 전역에서 일관된 보안수준을 확보하려는 통합적 접근방식을 반영한다.

특히 중요한 것은 여객기 또는 화물기로 운송될 모든 화물이 항공기에 탑재되기 전 반드시 보안검색을 받아야 한다는 의무조항이다. 더불어 화물취급 및 보관 중에도 지속적인 보안조치가 적용되어야 하며, 이러한 모든 과정은 화물보안을 다루는 세부규칙에 따라 수행되는 체계적인 보안통제를 받아야 한다고 명시하고 있다.

2) EU Regulation 2015/1998: 세부기준과 운영절차

EU Regulation 2015/1998는 항공화물보안의 공통보안표준을 실질적으로 보완하여 실제 이행을 위한 구체적인 세부조치로서 마련된 중요한 실행 규정이다. 이 규정은 앞서 살펴본 EU Regulation 300/2008의 기본 원칙들을 현실적으로 적용할 수 있도록 하는 세부적인 지침을 제공하고 있다. 특히 제6장에서는 Regulated Agent와 상용화주의 검색 및 승인조건을 포함한 화물에 대한 포괄적인 보안조치를 규정하고 있으며, 제11장에서는 직원채용 및 교육훈련과 관련된 내용들을 구체적으로 명시하고 있어 실무적 적용성을 크게 높이고 있다.

이 규정의 핵심적인 운영원칙은 효율성과 보안성의 균형을 추구하는 데 있다. 모든 화물은 Regulated Agent나 상용화주에 의해 보안통제가 적용되지 않는 한 항공기에 탑재되기 전에 반드시 Regulated Agent에 의해 검

색되어야 한다는 기본 원칙을 확립하고 있다. 더 나아가 보안통제를 받기 시작하는 시점부터 항공기에 탑재할 때까지 불법방해행위로부터 지속적으로 보호되는 한, 항공화물 공급망을 따라 한 번만 검색하는 '원스톱보안(One-Stop Security)' 개념을 적용하여 보안의 연속성과 효율성을 동시에 확보하고 있다.

실제 운영절차에서 주체별 요구사항은 차별화되어 설정되어 있다. Regulated Agent의 경우 항공보안당국에 항공화물보안프로그램을 제출해야 하며, 이는 항공보안당국 또는 독립적인 화물보안검사관에 의해 엄격한 검증을 받게 된다. 반면 상용화주는 별도의 보안프로그램 대신 '상용화주에 관한 항공보안지침'을 충실히 준수해야 하며, 화물보안검사관에 의한 현장 검증을 받아야 하는 간소화된 절차를 따르고 있다.

인적 보안 관리 측면에서도 엄격한 기준이 적용되고 있다. 화물보안조치의 이행에 책임이 있는 모든 직원은 신원조사를 성공적으로 완료해야 하는 의무를 지며, 화물보안조치 이행을 승인받기 전에 모든 직원은 담당업무에 따라 차별화된 보안교육을 성공적으로 이수해야 한다. 특히 교육과정의 내용은 항공보안당국의 사전 승인을 받아야 하여 교육의 질과 표준화를 보장하는 체계를 구축하고 있다.

(3) 제3국 적용 항공화물 보안협력: 상호인정체계와 운영방안

EU 이외의 제3국에 있는 공항에서 EU로 항공화물을 운송하는 항공운송사업자들은 2012년 2월 이후 새로운 보안체계에 편입되어야 하는 의무를 갖게 되었다. 이들은 회원국의 항공보안당국에 의해 '제3국 출발 항공화물 운송인(ACC3, Air Cargo Carrier from Third Country)'으로 지정을 받아야 하며, 이는 EU의 보안 영역을 제3국까지 확장하는 중요한 상호인정체계의 핵심 요소다.

이러한 지정을 받기 위한 절차는 상당히 체계적이고 엄격하게 설계되어 있다. 항공운송사업자는 자신의 보안프로그램이 EU Regulation 2015/1998에 규정된 EU의 보안통제 기준이 항공화물에 실질적으로 적용되도록 하는 내용을 포함하고 있는지 확인받아야 한다. 이를 위해 관련 제3국 공항의 화물운송에 관한 현장검증을 화물보안검사관에 의해 받아야 하며, 이 과정은 EU와 제3국 간 보안표준의 동등성을 실질적으로 검증하는 핵심 단계로 작용한다.

특히 주목할 점은 항공운송사업자뿐만 아니라 제3국의 Regulated Agent와 상용화주도 유사한 절차에 따라 검증을 받아야 한다는 것이다. 이는 화물보안이 단일 주체의 노력만으로는 달성될 수 없으며, 공급망 전체의 참여와 협력이 필수적임을 보여주는 사례다. 이러한 포괄적 접근방식을 통해 EU는 자국 영토 밖에서도 일관된 보안수준을 확보하려는 전략적 목표를 실현하고 있으며, 제3국과의 상호인정체계를 통해 글로벌 항공화물 보안의 표준화에 이바지하고 있다.

(4) EU 항공화물 위험기반 보안체계: 평가방법론과 적용모델

EU는 높은 위험이나 위협수준에 효과적으로 대처하기 위해 항공화물의 공급망보안시스템에 위험기반 접근법을 체계적으로 적용하고 있다. 이러한 접근방식의 핵심은 모든 화물을 획일적으로 동일한 수준에서 처리하는 것이 아니라, 위험도에 따라 차별화된 보안조치를 적용하는 것이다. 대표적인 예로 화물을 상용화주로부터 접수하는 경우, 해당 화주가 신뢰할 수 있고 그 화물이 낮은 보안위험을 나타낸다는 인식을 기반으로 화물검색을 면제하는 조치를 들 수 있다.

위험기반 접근법의 핵심 요소들은 상호 연관되어 작동하는 다층적 구조를 이루고 있다. 첫째는 위험수준에 따른 보안자원의 차등 배분으로, 제한된 자원을 더욱 효율적으로 활용할 수 있게 한다. 둘째는 고위험화물에 대한 강화된 보안통제 적용으로, 위험도가 높은 화물일수록 더 엄격한 검색과 통제를 받도록 하는 것이다. 셋째는 송하인과 수하인 정보 및 운송비용 지급방식 등 다양한 위험지표에 기반한 종합적 평가로, 이를 통해 위험도를 보다 정확하게 판단할 수 있다.

하지만 EU의 위험기반 보안체계에는 중요한 구조적 한계가 존재한다. 가장 핵심적인 문제는 화물보안의 위험평가 책임을 누가 질 것인가 하는 거버넌스 문제다. EU에는 미국의 TSA와 같이 공통보안표준을 일관되게 적용하여 평가하는 독립적인 전담기관이 없어, 위험평가를 수행하는 각 회원국의 능력 차이에 대한 우려가 지속적으로 제기되고 있다. 이러한 평가역량의 편차는 EU 전체의 보안체계 일관성을 저해할 수 있는 잠재적 위험요소로 작용하고 있어, 향후 통합적 평가체계 구축이 중요한 과제로 대두되고 있다.

2. 보이지 않는 그물망, 정보공유 기반 공급망보안체계

EU와 회원국들은 화물보안통제의 효과성을 높이기 위해 광범위한 정보공유 네트워크를 구축하고 있다. 이 네트워크는 마치 보이지 않는 그물망처럼 국경을 넘나들며 작동하며, 항공보안당국과 화물업계 간의 강화된 협력 및 정보공유를 통해 제3국으로부터 운송되는 화물에 관한 보안통제절차를 체계적으로 결정하는 핵심 메커니즘으로 작용하고 있다.

이러한 정보공유 기반 보안체계가 주목받는 이유는 다층적이고 상호연결된 협력구조에 있다. EU는 ICAO의 화물보안표준이라는 국제적 프레임워크 하에서 제3국과의 효과적인 상호작용을 추진하고 있으며, 이는 단순한 양자 간 협력을 넘어선 다자간 정보공유 접근방식을 구현하고 있다.

이러한 접근방식은 실시간 정보공유를 통해 위험요소를 사전에 식별하고, 국경을 넘나드는 화물의 이동경로 전반에 걸쳐 연속적인 보안감시를 가능하게 함으로써, 전통적인 물리적 보안 조치만으로는 달성하기 어려운 포괄적이고 예방적인 보안체계를 구축할 수 있도록 하고 있다.

(1) 이중 보안체계: 공급망보안과 화물검색의 선택적 적용

EU의 항공화물 보안체제는 공급망보안절차와 화물검색이라는 두 가지 핵심 원칙을 기반으로 한다. 보안통제가 완료된 화물만이 항공기에 탑재될 수 있도록 규정하며, EU 회원국의 보안운영자들은 이 두 절차 중 적합한 방식을 선택할 수 있다.

첫 번째인 공급망보안절차는 상용화주 화물에 대한 체계적 관리를 제공한다. Regulated Agent가 보안통제를 한 후 화물을 접수하고, 화물보안신고서를 통해 모든 절차 이행을 확인한다. 또한 항공운송사업자 인계까지 화물을 보호하며, 육상운송 시에는 교육받은 지정 직원이 보안을 담당한다.

반면 화물검색절차는 비상용화주 화물을 대상으로 한다. Regulated Agent나 화물터미널의 지상조업체가 직접 검색을 하는데, 기술기반 보안검색이 효과적이긴 하지만 모든 보안위협을 완전히 해결할 수는 없다. 따라서 화물 특성에 맞는 효과적인 검색방법과 절차를 적용하는 것이 중요하다.

(2) 신뢰의 인증: 항공보안당국의 상용화주 인증체계

EU의 공급망보안시스템은 항공화물공급망을 따라 다양한 주체 간의 효율적인 조정에 의존하며, 각 주체의 화물보안절차에 대한 적절한 수준의 무작위적 보안통제로 보완된다. 그러나 공급망보안에 관련된 많은 주체는 서로 강한 사업적 연계를 품고 있어, 이것이 합의된 화물보안절차의 준수를 이행하는 능력을 훼손할 가능성이 크다는 문제가 있다.

이를 개선하기 위해 ICAO는 항공보안당국이 상용화주를 인증하도록 의무화했다. 이러한 변화는 이전에 인증을 담당하는 Regulated Agent와 인증을 신청한 상용화주 사이의 강력한 사업적 연계를 통해 화물보안절차의 약화로 이어질 수 있었던 부분을 개선하는 것을 목적으로 한다.

토론주제

상용화주 인증의 권한을 민간 Regulated Agent에서 정부 항공보안당국으로 이전한 변화는 실질적으로 보안수준을 향상했을까? 이러한 변화가 가져온 장단점은 무엇일까?

하지만 새로운 체제 도입과 함께 실질적인 집행 문제들이 대두되고 있다. 항공보안당국이 Regulated Agent의 역할을 적절히 대체할 수 있는지에 대한 우려와 함께, Regulated Agent가 보유한 화물업무 이력과 전문 지식을 공급망보안 효과 개선에 어떻게 활용할지가 주요 과제로 남아있다. 특히 Regulated Agent는 화물 이력을 가장 잘 알고 있는 핵심 주체로서, 이들의 화물정보는 위험기반 접근법에서 특히 가치가 있으며 공급망 전반의 화물정보 공유에서 중요한 역할을 담당하고 있다.

(3) EU 항공화물 공급망 보안운영절차: 기본 프로세스와 회원국별 운영방식

공급망보안 절차의 핵심 단계는 다음과 같이 진행된다. 항공보안당국으로부터 인증받은 상용화주가 불법방해행위 방지를 위한 특정 보안조치를 하고, 화물을 Regulated Agent나 항공운송사업자에게 인계한다. 이어서 Regulated Agent는 교육받은 직원을 통해 운송 중 화물을 보호하며, 화물은 지상조업체에 전달될 때까지 안전한 창고에 보관된다. 최종적으로 지상조업체가 모든 보안절차 이행을 확인한 후 항공운송사업자에 인계하는 과정으로 완료된다.

그런데 실제 운영에서는 복잡한 문제들이 나타나고 있다. EU는 보안통제를 수행하는 회원국에 검색방법 결정을 전적으로 일임하고 있어, 모든 회원국이 동일한 방식의 보안절차를 적용할 필요는 없다. 하지만 이에 따라 특정 검색방법이 일부 회원국에서만 허용되는 상황이 발생하여 EU 내 보안장비 분야의 공통 접근방식이 부족한 실정이다. 특히 미국행 항공편에 대해서는 공급망보안 통제 적용 여부와 관계없이 모든 화물을 검색해야 하는 더 엄격한 기준이 적용된다.

(4) EU 항공화물 공급망보안 이행전략: 보안인증 절차개선

상용화주의 인증을 Regulated Agent에서 회원국의 항공보안당국으로 변경하는 것은 이해관계자들 사이의 잠재적인 이해 상충에서 발생하는 문제를 해결하는 것을 목표로 한다. 그러나 이 변화는 두 가지 중요한 실행과제를 안고 있다.

첫째, 항공보안당국이 공급망보안에서 화물운송업체의 촉진자 역할을 적절히 대체할 수 있는지에 대한 의문이다. 대부분의 이해관계자는 공급망보안의 원활한 기능을 보장할 수 있는 항공보안당국의 능력에 우려를 표시하고 있다. 더욱이 상용화주는 일반적으로 항공운송분야 기관이 아니며 화물운송 보안규정에 대한 경험이 거의 없어, 규제 변경에 따른 인증 획득과 유지 방법에 대한 인식 제고가 필요하다.

둘째, 화물운송업체가 보유한 화물업무 이력과 전문 지식을 공급망보안 효과개선에 어떻게 활용할지가 과제로 남아있다. 화물운송업체들은 화물 이력을 가장 잘 알고 있는 핵심 주체들로, 이들의 정보와 지식은 특히 위험기반 항공화물보안으로 전환되는 상황에서 매우 중요하다. 한편, 기술기반 보안검색의 효과성에 대한 인식이 확산하고 있지만, 기존 검색기술이 화물 내 금지물품의 완벽한 탐지를 보장할 수 있는지에 대한 한계도 여전히 존재한다.

(5) EU 역외 항공화물보안 관리체계: 글로벌 표준화의 도전

전 세계적으로 보안절차 이행에는 큰 차이가 존재한다. 미국과 이스라엘 등 일부 국가는 매우 높은 보안기준을 적용하지만, 다른 국가들은 그러한 통제권을 이행하거나 적절한 제도를 구축할 능력이 부족한 상황이다. 그러나 정치적 불안이나 재정 부족이 있는 국가라고 해서 반드시 보안절차 이행에 문제가 있다고 단정할 수는 없으며, 때로는 공항당국이 국가 항공보안당

국보다 더 많은 역량을 보유하는 때도 있다.

이러한 글로벌 보안격차를 해소하기 위해서는 효과적인 정보교환이 필수적이다. 현재 정보교환은 공식적 채널과 비공식적 네트워크를 통해 이루어지고 있으며, 보다 체계적인 공식 정보교환 시스템이 인바운드 화물보안 확보에 중요한 역할을 담당하고 있다.

(6) 통합특송업체의 공급망보안 운영모델: 특성과 장점 분석

통합특송업체들은 항공화물 분야의 중요한 행위자로서 지난 수십 년 동안 그 역할과 영향력이 지속적으로 강화됐다. 이들의 가장 큰 특징은 화물운송업체와 항공운송 서비스를 완전히 통합하여 '도어-투-도어(Door-to-Door)' 운송 솔루션을 제공한다는 점이다. 이러한 통합적 서비스 모델은 고객에게는 편의성을, 보안 관리 측면에서는 일관된 통제를 할 수 있게 하는 독특한 장점을 창출하고 있다.

보안통제 측면에서 통합특송업체들이 채택하고 있는 접근방식은 매우 체계적이고 다층적인 특성이 있다. 일반적으로 이들은 고객으로부터 화물을 접수할 때 육안으로 금지된 항목 포함 여부를 일차적으로 확인하고, 주요 고객들에 대해서는 무작위 추가 검증을 하여 신뢰성을 더 강화한다. 마지막으로 공항에서 항공기 탑재 전에 모든 화물에 대한 최종 검색을 하는 이중 계층 접근법을 적용하고 있다.

이러한 운영모델의 핵심은 공급망보안 이행과 검색절차 이행의 효과적인 조합에 있다. 보안통제가 공급망 전체를 따라 지속적으로 적용되면서도, 동시에 화물이 기내탑재 전에 최종 검색을 받도록 하는 체계를 구축하고 있다. 이는 단순히 법적 요구사항을 충족하는 것을 넘어서 추가적인 보안계층을 제공한다.

3. 거미줄처럼 촘촘한 다층적 공급망보안 수준관리시스템

EU는 화물보안통제와 화물정보 공유를 기반으로 한 공급망보안 관리에서 균형적인 접근방식을 취하고 있다. 이러한 전략의 핵심은 제3국과의 협력강화를 통해 화물보안을 확보하는 다양한 수단을 확보하는 것이며, 특히 인바운드화물의 보안을 위한 화물보안 검증강화가 중요한 요소로 작용한다.

이같은 검증강화 체계를 뒷받침하기 위해 EU 항공화물검사관들은 EU 공항의 화물보안 이행상황을 지속적으로 관리·감독하는 역할을 수행하고 있다. 동시에 각 회원국은 Regulated Agent와 상용화주에 대한 정기점검을 포함하여 자체수준관리시스템을 이행할 의무를 갖는다. 이를 통해 EU는 공통보안표준의 준수여부를 강력하게 통제하는 수준관리시스템을 구축하였으며, 기술지원 및 교육을 포함한 회원국의 공급망보안 이행을 적극 지원하고 있다.

그런데 여기서 주목할 점은 EU가 회원국에게 화물보안통제의 구체적인 이행방법에 관한 결정권을 전적으로 위임한다는 것이다. 따라서 화물검색방법 등을 모든 회원국이 동일한 방식으로 운영할 필요는 없으며, 이는 어느 정도의 운영상 유연성을 제공한다. 하지만 이러한 접근방식은 양날의 검과 같은 특성을 보인다. 국가별로 허용여부가 달라질 수 있는 개별국가의 특정 보안검색절차가 EU의 공통보안표준을 훼손하는 잠재적 위험요소가 될 수 있기 때문이다.

이런 맥락에서 볼 때, 공급망보안은 화물검색과 비교하여 절차적 부담이 적으면서도 대량의 화물을 운송하는 조직에 보안통제를 적용하는 더 효율적인 방법으로 평가된다. 실제로 EU는 비상용화주에게서 오는 화물에 대하여 직접적인 보안검색을 시행하는 것보다는 공급망보안절차를 통해 항공화물을 보호하는 것을 더 효과적인 접근방법으로 인식하고 있다.

4. 복합적 보안 공백: EU 항공화물보안 체계의 한계분석과 개선과제

EU Regulation 2015/1998의 도입은 EU Regulation이 회원국에 화물보안을 충분히 제공하는지에 대한 책임문제에 직면하게 되었다. 이는 제3국 출발 항공화물운송인(ACC3) 인증절차 도입으로 화물에 대한 보안통제 책임을 항공운송사업자에 전가하더라도 실질적인 보안 공백이 여전히 해결되지 않고 있음을 의미한다.

이런 한계는 특히 복잡한 경유 경로를 통해 이동하는 화물에서 두드러지게 나타난다. 예를 들어, 고위험국가 목록에 있는 국가에서 최초로 출발한 화물이 EU로 운항하는 제3국 출발 항공화물운송인(ACC3) 인증이 면제된 제3국의 공항을 거쳐 EU에 도착하는 경우, EU의 화물보안시스템이 적절한 보안통제의 적용여부를 확인하는 방법에 대한 불확실성이 존재하고 있다.

더 우려스러운 것은 이러한 구조적 한계가 운영 차원의 문제들과 결합되면서 보안 공백을 더 확대하고 있다는 점이다. 화물보안관련 직원의 교육시간, 인증주체 등에 대한 EU의 공통보안표준이 불충분하며, 보안검색절차 승인과정의 확인 체계가 빠져 있는 상황이다. 이는 결국 전체 시스템의 불확실성을 높이는 악순환 구조를 만들어내고 있다.

(1) 여객보안 중심의 성벽: 화물보안 특성을 고려한 차별화 표준의 필요성

EU의 항공보안 체계에서 가장 근본적인 문제 중 하나는 여객보안과 화물보안에 대한 접근방식의 불균형이다. EU Regulation 300/2008을 살펴보면, '검색'을 '금지된 물품을 식별 또는 탐지하기 위한 기술 또는 기타 수단의 적용'으로 정의하는 반면, '보안통제'는 명백히 덜 엄격한 방식으로 '금지된 물품의 도입을 방지할 수 있는 수단의 적용'으로 정의하고 있다. 이러한 정의의 차이는 결국 여객보안에는 '보안검색'이라는 보다 강화된 개념을, 화물보안에는 상대적으로 완화된 '보안통제' 개념을 적용하는 구조적 불균형을 만들어내고 있다.

FAQ

Q '보안검색'과 '보안통제'의 실질적 차이는 무엇인가요?

A '보안검색'은 X-ray, 폭발물 탐지 시스템 등 기술적 장비를 사용하여 금지된 물품을 직접적으로 탐지하는 과정을 의미합니다. 반면 '보안통제'는 더 넓은 개념으로, 보안 검색뿐만 아니라 공급망보안, 문서 확인, 신원 검증 등 금지된 물품 반입을 방지하기 위한 다양한 조치를 포함합니다. 보안검색은 보안통제의 한 요소라고 볼 수 있으며, 일반적으로 보안검색이 더 직접적이고 철저한 접근법으로 간주됩니다.

이런 불균형은 실제 보안감사와 점검체계에서도 그대로 드러난다. EU Regulation 18/2010에 따르면, 연간 1,000만 명 이상의 여객을 처리하는 공항은 최소한 4년마다 종합적인 보안감사를 받아야 하며, 연간 200만 명 이상의 여객을 처리하는 공항에서는 최소한 12개월마다 공항, 항공기, 여객, 수하물 및 항공화물과 관련된 보안조치를 점검받도록 규정하고 있다.

그런데 여기서 주목할 점은 EU가 보안감사와 점검기준을 오로지 여객운송량으로만 설정하고 있다는 것이다. 이는 화물운송량은 많지만, 여객운송이 상대적으로 적은 전용 화물공항이나 화물 허브공항들이 적절한 보안감사와 점검에서 제외될 가능성을 높인다. 결국 이러한 기준은 화물보안확보의 실효성에 심각한 문제를 일으킬 수 있으며, 화물보안의 특성과 중요성을 제대로 반영하지 못하는 한계를 보여주고 있다.

(2) 내부의 적: EU 항공화물 시설 내부자위협 관리의 한계와 개선 필요성

EU의 공통보안표준은 불법방해행위로부터 화물을 보호하기 위해 공항의 특정 구역으로의 접근을 제한하는 체계를 구축하고 있다. 이 규정에 따르면 보안제한구역에 접근할 수 있는 자는 보안교육을 받고 신원조사를 거쳐야 하며, 해당 구역에 접근할 때에는 보안통제를 받도록 하고 있다. 특히 화물검색이나 보안통제 이행에 책임이 있는 자를 채용하고 훈련하는 경우, 그러한 업무를 수행할 수 있는 역량을 갖출 수 있도록 인증을 실시하는 것이 필수적으로 요구된다.

그런데 여기서 주목할 점은 직원채용 및 교육훈련에 있어서 EU Regulation 300/2008의 공통보안표준과 ICAO의 표준 사이에 상당한 차이가 존재한다는 것이다. 예를 들어, Annex 17의 3.1.6에서는 항공보안당국이 국가민간항공보안프로그램의 이행에 참여하거나 책임을 지는 개인과 기관에 대하여 국가훈련프로그램에 따라 교육훈련을 의무화함으로써 내부자위협의 사전방지를 강조하고 있다.

이와는 달리 EU는 화물보안업무를 담당하는 직원에 대한 교육기관과 교육시간에 관한 공통보안표준이 부족한 상황이며, 전반적으로 외부위협에 더 많은 주의를 기울이는 것으로 보인다. 보다 구체적으로 살펴보면, EU는 공항의 보안제한구역에 진입하는 '여객, 수하물 및 화물'은 금지물품의 반입을 방지하는 보안통제 대상으로 인식하여 100% 보안검색을 통해 출입을 통제한다. 반면, 화물구역에 진입하는 '여객 이외의 사람'은 무작위 기준으로만 출입을 통제하고 있다.

이러한 EU의 접근방식은 승무원이나 보안제한구역에 접근할 수 있는 모든 직원은 신원조사를 통해 어느 정도 보안이 확보되었다고 보는 시각으로 해석될 여지가 있다. 하지만 이는 가장 관련성이 있는 위협이 외부위협이라고 가정하는 사고방식을 반영한 것으로, 현실적 위험평가의 관점에서 볼 때 상당한 한계를 드러낸다.

실제로 공항의 보안제한구역에 접근하거나 항공화물의 공급망보안 확보에 참여하는 다양한 관련 당사자들의 현황을 고려할 때, 외부위협보다 내부자위협이 더 중요한 위험요소가 될 수 있다는 점을 간과하고 있다. 따라서 이러한 내부자위협의 보안 취약성을 체계적으로 개선할 방안을 신중하게 검토하고 구체적인 대응체계를 마련할 필요가 있다.

(3) 분열된 보안망: EU 회원국 간 항공화물 보안절차의 불균형

EU 회원국의 항공보안당국은 화물보안에서 매우 중요한 역할을 담당하고 있지만, 회원국 사이의 조화 결여로 인해 항공화물 보안제도가 최적의 방식으로 작동하지 못하는 구조적 문제에 직면해 있다.

이러한 문제의 근본 원인을 살펴보면, 회원국마다 EU 공통보안표준에 대한 해석과 적용 수준이 현저히 다르다는 점을 들 수 있다. 일부 회원국은 EU의 공통보안표준을 기준으로 하여 항공화물보안프로그램을 능동적으로 마련할 수 있는 역량을 보유하고 있지만, 다른 일부 국가들은 EU Regulation에 명시된 최소한의 화물보안 요구사항을 준수하는 수준으로 항공보안당국의 역할을 제한하고 있다.

이런 접근방식의 차이는 실무 차원에서 심각한 정보 격차를 만들어내고 있다. 일부 국가는 화물보안에 관련된 다양한 관련 당사자에게 그들의 특정 상황에 맞는 상세한 화물보안정보를 제공하지만, 다른 회원국들은 단지 EU Regulation을 그들의 국가화물보안프로그램으로 그대로 적용함으로써 회원국 사이에 상당한 화물보안정보의 격차가 발생하고 있다.

특히 회원국 사이의 항공보안장비기준의 기술적 부조화 문제는 더 심각한 현실적 장애요소로 작용한다. 항공보안장비업체들은 이러한 높은 수준의 불확실성으로 인해 최신위협에 대응하는 보안검색 신기술을 지속적으로 적용하는 데 상당한 어려움에 직면하고 있다. 결국 회원국 간의 화물보안절차 및 보안장비기준의 규제 차이는 이러한 불확실성을 더욱 가중하며, 보안장비업체가 EU의 내부시장을 완전히 활용할 수 있는 능력을 제한하는 중요한 걸림돌이 되고 있다.

(4) 책임 경계의 모호함: EU 항공화물 공급망 주체별 책임분담 재정립 과제

공급망보안 주체 간의 책임회피와 조화 결여로 인한 화물보안 문제는 크게 세 가지 유형으로 분류할 수 있다.

첫째는 공급망보안의 모든 주체가 화물보안에 대한 책임이 있다는 주장이다. 이러한 접근방식은 표면적으로는 포괄적 책임체계를 구축하는 것처럼 보이지만, 실제로는 공급망보안문제의 악순환을 반복시키는 결과를 낳는다. 모든 주체가 책임을 진다는 것은 역설적으로 구체적 책임 소재가 불분명해지는 것을 의미하며, 이에 따라 한 주체에서 다른 주체로의 책임회피가 지속적으로 진행되는 특징을 보인다.

둘째는 항공운송사업자에게 책임이 있다는 견해다. 이 관점에서 항공운송사업자는 여객, 승무원 및 항공기 보호는 물론 화물사고로 인한 이미지 손실 가능성에 대해 우려를 하게 된다. 그 결과 일부 항공운송사업자는 위험부담을 회피하기 위해 아예 화물접수를 거부하는 극단적 대응을 보이기도 한다.

셋째는 화물보안에 대한 책임이 항공보안당국에 있다는 주장이다. 이는 항공보안당국이 보안직원을 교육하고 Regulated Agent와 상용화주를 인증 및 감독할 법적 책임이 있다는 점에 근거한다. 그러나 현실적으로 EU 회원국의 항공보안당국은 회원국 간의 교육시간 차이, 다양한 보안검색 방법, 그리고 항공보안당국의 역할을 다양한 기관에서 분산 집행하는 문제에 대한 뚜렷한 해결책을 제시하지 못하고 있다.

이러한 구조적 문제점을 근본적으로 개선하기 위해서는 무엇보다 항공보안당국의 역할 및 책임분담에 대한 실효성이 확보될 수 있도록 명확한 기준을 제시할 필요가 있다. 또한 공급망보안 주체 간의 보안확보화물과 보안미확보화물을 구분하는 원칙을 수립하고, 일관성 있고 정기적인 감독활동을 통해 체계적인 보안통제를 수행함으로써 화물보안의 책임회피와 부조화라는 근본적인 문제를 해결해야 한다.

Ⅵ. 주체별 역할과 책임, EU의 항공화물보안 운영체계

항공화물 보안과 관련된 EU Regulation은 화물에 대한 보안위협을 최소화하면서 동시에 공급망보안 수준을 효과적으로 보장하기 위한 포괄적 접근방식을 취하고 있다. 이를 위해 EU는 보안이 확보된 Regulated Agent와 상용화주를 핵심 축으로 하는 운영체계를 도입하였으며, 이를 통해 항공화물운송에 적용되는 보안절차를 체계적으로 조화시키는 것을 주요 목적으로 한다.

이러한 EU의 공급망보안 운영체계에서 각 주체는 명확한 역할분담 하에 적절한 보안통제를 수행할 책임을 갖는다. 특히 이들은 항공화물운송 전반에 걸쳐 불법방해행위로부터 화물을 보호하는 핵심적인 기능을 담당하고 있으며, 이는 전체 보안망의 신뢰성을 좌우하는 중요한 요소로 작용한다.

EU의 공급망보안체계가 갖는 큰 특징 중 하나는 EU 전체에 통일적으로 적용된다는 점이다. 일단 특정 지점에서 화물보안이 확보된 것이 확인되면, 해당 화물은 다른 회원국으로 추가적인 보안통제 절차 없이 자유롭게 운송할 수 있는 체계를 구축하고 있다. 이는 EU 내부시장의 효율성을 높이면서도 보안수준을 일정하게 유지하려는 EU의 전략적 접근을 잘 보여주는 사례라 할 수 있다.

1. 신뢰의 첫 관문: Regulated Agent 제도

EU의 Regulated Agent는 항공보안당국에 의하여 인증 및 지정받은 항공운송사업자, 지상조업체, 화물운송관련업체를 포괄하는 개념으로, 화물을 운송하고 보안통제를 적용하는 모든 업체를 대상으로 한다. 이는 EU 공급망보안체계에서 가장 기본이 되는 신뢰할 수 있는 주체들을 선별하고 관리하는 핵심 제도라 할 수 있다.

EU 회원국이 특정 업체를 Regulated Agent로 인정하기 위해서는 엄격한 심사 과정을 거쳐야 한다. 여기에는 교육훈련, 직원에 대한 신원조사 및 기타 법적의무를 포함하여 까다로운 화물보안표준을 충족하는 것이 필수조건으로 요구된다. 이러한 엄격한 기준은 단순히 형식적 요구사항이 아니라 실질적인 보안역량을 검증하는 중요한 과정으로 작용하고 있다.

특히 주목할 점은 항공운송사업자의 경우 별도의 특별한 지위를 갖는다는 것이다. EU Regulation 300/2008의 보안요구사항을 준수하기 위해 항공운송사업자가 따라야 할 방법과 절차를 규정한 항공운송사업자의 항공화물보안프로그램은 그 자체로 Regulated Agent의 화물보안표준을 충족하는 것으로 간주한다. 이는 항공운송사업자가 공급망보안에서 갖는 핵심적 역할과 책임을 반영한 것으로, 전체 보안체계의 신뢰성을 확보하는 중요한 장치로 작용하고 있다.

(1) Regulated Agent가 되기 위한 조건: 승인 절차와 보안 기준

EU Regulation 300/2008에 따라 회원국들은 국가민간항공보안프로그램(NCASP) 내에서 Regulated Agent 승인절차를 의무적으로 마련하고 있다. 이러한 체계적 접근을 통해 항공운송사업자는 보안조치가 확보된 화물만을 접수해야 하는 의무를 갖게 되며, Regulated Agent는 화주의 신원 및 주소확인 등 엄격한 절차를 철저히 준수해야 한다.

Regulated Agent가 반드시 이행해야 하는 핵심 보안기준들을 구체적으로 살펴보면 다음과 같다. 먼저 화주 및 소속직원의 신원을 반드시 확인하고, 무작위검사를 통해 화물품목과 운송장의 일치성을 정밀하게 점검한다. 또한 금지품목 포함여부를 자세히 확인하며, 접수 후에는 불법방해행위 방지를 위한 포괄적인 화물보안조치를 하고 있다.

항공보안당국의 관리 · 감독 체계도 체계적으로 운영되고 있다. Regulated Agent 지정 또는 인증갱신 기간은 최대 5년으로 설정되어 있으며, 당국은 화물보안 준수여부를 정확히 평가하기 위한 현장검증을 포함한 정기 보안점검을 지속적으로 한다.

한편, Regulated Agent가 화물 접수를 거부해야 하는 경우들도 명확히 규정되어 있다. 상용화주가 아닌 제3자가 접수를 의뢰하는 경우, 화물로 운송되는 비동반수하물, 화물 내용물과 운송장 품목이 일치하지 않는 경우, 비상용화주로부터의 화물, 그리고 상용화주 화물이라도 금지품목 미포함을 확인할 수 없는 경우에는 접수할 수 없다. 이러한 엄격한 기준은 공급망보안의 신뢰성을 확보하는 중요한 안전장치로 작용하고 있다.

(2) 글로벌 보안 네트워크 구축: 제3국 RA 인증과 검증 절차

EU의 Regulated Agent 제도는 역내에 국한되지 않고 글로벌 차원으로 확장되어 운영되고 있다. 제3국의 화물운송관련업체 역시 Regulated Agent 지정을 받을 수 있으며, 이를 통해 EU의 보안네트워크에 편입될 수 있는 체계가 구축되어 있다. 특히 화주의 경우 EU의 화물보안 검증프로세스를 통해 보안요구사항을 충족하고 EU 인증 화물보안검사관의 검증을 거쳐 제3국 상용화주로 승인받는 과정을 거친다. 이러한 승인을 통해 제3국 출발 항공화물운송인(ACC3) 프로그램에 참여할 수 있는 자격을 얻게 된다.

제3국 상용화주는 보안통제 적용 시점부터 제3국 출발 항공화물운송인(ACC3) 또는 제3국 Regulated Agent에 화물을 인도할 때까지 불법방해행위로부터 화물을 보호할 의무가 있다.

제3국 Regulated Agent 지정을 희망하는 화물운송관련업체나 지상조업체는 더 엄격한 검증절차를 거쳐야 한다. 이들은 EU 화물보안검사관에게 점검표 기반의 체계적인 현장검증을 받아야 하며, 보안요구사항 충족이 확인되면 점검결과 보고서가 작성된다. 성공적으로 검증을 통과한 업체는 5년간 제3국 Regulated Agent 지위를 유지할 수 있다.

이 점검결과 보고서는 단순한 문서를 넘어서 실질적인 보안 증빙자료로 활용되고 있다. 해당 업체가 EU 항공화물공급망에 진입할 시 보안요구사항 충족 근거로 제3국 출발 항공화물운송인(ACC3)에게 제출하는 핵심 증빙자료로 작용하며, 이를 통해 글로벌 보안네트워크의 신뢰성과 연속성이 확보되고 있다.

(3) 화물 여정의 안전한 연결고리: 공급망 보안 관리와 통제 체계

EU는 ICAO 표준에 근거한 공급망보안을 체계적으로 유지하고 있으며, 이 과정에서 화주의 유형에 따른 차별화된 접근방식을 취하고 있다. 상용화주 화물은 Regulated Agent에 의해 보안조치된 화물로 인정되는 반면, 비상용화주 화물은 전량 검색이 필요한 구조로 운영된다. 이러한 시스템하에서 항공화물은 적절한 채용과정과 보안교육을 받은 직원에 의해 항공기 탑재 이전에 체계적인 보안통제가 수행되고 있다.

화물보안조치가 인정되는 범위는 상당히 포괄적으로 설정되어 있다. 상용화주로부터 접수한 화물, 환적화물, 발송단계나 처리과정에서 보안성이 확보된 화물, 그리고 일정 수준의 보안성 확보를 위해 통제받은 화물에 대해서 화물보안조치가 인정된다. 이는 공급망 전체에서 보안의 연속성을 확보하려는 EU의 전략적 접근을 보여주는 대목이다.

하지만 무엇보다 중요한 것은 금지물품 포함 여부에 관한 확인이다. 금지물품이 포함되지 않았음을 반드시 확인해야 하며, 그렇지 않으면 보안미확보 화물로 처리하여 별도의 보안대책을 적용하게 된다. 화물 특성상 보안조치를 적용할 수 없는 경우에는 항공보안당국이 보안확인을 위해 보관기간을 지정하기도 한다. 또한 화물보안조치 이후에는 항공기 탑재까지 지속적으로 보안성을 유지해야 하는 의무가 따른다.

이러한 화물보안조치의 가장 큰 특징은 유연성과 포괄성이다. 조건만 충족되면 항공화물공급망의 어느 지점에서나 적용할 수 있으며, 화물 훼손 시에는 즉시 고위험화물로 처리되는 체계를 갖추고 있다. 실제 운영에서는 항공운송사업자, Regulated Agent, 상용화주가 출발화물에 대한 보안통제조치를 적용해야 하며, 환적화물에는 원스톱보안이 적용되어 보안 공백을 최소화하고 있다.

2. 신뢰의 근원: 상용화주 제도

EU 상용화주는 EU Regulation 300/2008의 화물보안표준을 준수하고 항공보안당국으로부터 화물을 항공기로 운송하기에 적합한 절차를 갖춘 것으로 인증된 화주를 의미한다. 이는 앞서 살펴본 Regulated Agent와 함께 EU 공급망보안의 핵심축을 이루는 중요한 제도라 할 수 있다.

상용화주 인증을 받고자 하는 화주는 상당히 엄격한 기준을 충족해야 한다. 우선 운송준비 중이거나 보관중인 화물을 불법방해행위로부터 충분히 보호할 수 있는 화물시설을 갖추어야 하며, 화물 탑재 및 직원 교육훈련에 대한 철저한 점검이 포함된 평가과정을 반드시 거쳐야 한다. 이러한 까다로운 인증 과정은 상용화주에 대한 신뢰의 기반을 제공하는 핵심 요소로 작용하고 있다.

이런 엄격한 인증 과정을 통과한 상용화주는 상당한 혜택을 얻게 된다. 화물이 항공기 탑재까지 완전히 보호되는 경우, 상용화주 화물은 보안검색과 같은 추가보안통제 없이 Regulated Agent가 접수할 수 있다. 하지만 이러한 특혜에는 그에 상응하는 책임도 따른다. 화주는 화물에 금지품목이 없으며 필요시 화물검색에 동의한다는 사항을 서면으로 명시하여 제출해야 하는 의무를 갖는다.

실제 운영 차원에서 보면, 항공운송사업자는 상용화주 화물만 보안검색 조치 없이 접수할 수 있으며, 보안조치된 항공화물만 항공기에 탑재할 의무가 있다. 이러한 체계를 통해 상용화주 제도는 단순한 보안강화를 넘어서 실질적인 운영효율성까지 제공하고 있다. 특히 상용화주 도입을 통해 공항에서의 화물검색 집중현상을 완화하여 화물흐름프로세스의 가속화 및 최적화를 이룰 수 있는 것은 이 제도가 갖는 큰 장점 중 하나다.

(1) 믿을 만한 화주의 조건: 상용화주 승인기준과 평가체계

상용화주가 되기 위해서는 네 가지 핵심 요건을 반드시 충족해야 한다. 먼저 모든 현장에 대한 화물보안조치를 철저히 이행해야 하며, 항공화물보안프로그램을 마련하여 제출하는 것이 필요하다. 또한 항공화물 접근 직원을 위한 체계적인 교육훈련을 해야 하고, 보안업무 수행 직원에 대한 신원조사 확인을 완료해야 한다.

상용화주 승인절차는 현장별로, 개별적으로 이루어지는 특징을 갖는다. 신청인은 소재 회원국의 항공보안당국에 승인을 신청하게 되며, 이 과정에서 신청자에게는 상용화주에 관한 지침과 상용화주 검증점검표가 제공된다. 이는 신청자가 요구사항을 명확히 이해하고 적절히 준비할 수 있도록 돕는 중요한 지원체계다.

실제 평가는 현장검증을 통해 이루어진다. 항공보안당국 또는 이를 대리하는 화물보안검사관은 EU Regulation 300/2008의 화물보안 요구사항 준수여부를 정확히 평가하기 위해 상용화주 검증점검표를 활용한 체계적인 현장검증을 한다. 특히 이 점검표에는 신청인의 법률대리인 또는 현장 보안책임자가 서명해야 하는 화물보안신고서가 포함되어 있어, 책임소재를 명확히 하고 있다.

현장검증 결과에 따른 후속 처리도 신속하게 이루어진다. 보안요구사항 준수에 만족하는 경우, 항공보안당국은 신청인의 세부정보를 다음 영업일 이내에 공급망보안에 관한 EU 데이터베이스에 입력하여 상용화주 승인을 완료한다. 반대로 제공된 정보에 만족하지 않을 때 해당 사유를 신청업체에 즉시 통지하는 의무를 갖는다.

승인 이후의 관리체계도 엄격하게 운영되고 있다. 항공보안당국은 상용화주가 더 이상 EU Regulation 300/2008의 화물보안 요구사항을 준수하지 않는다고 판단하는 경우 지위를 철회하며, 변경된 지위가 EU 데이터베이스에 즉시 표시되도록 보장한다. 한편, EU Regulation 300/2008 제6조에 따라 보다 엄격한 조치를 적용하는 회원국의 권리를 침해하지 않으면서도, 승인된 상용화주는 모든 회원국에서 인정되는 상호인정 체계를 구축하고 있다.

(2) 신뢰받는 화주의 의무: 화물보안 관리 요건과 실행 방법

EU 회원국의 항공보안당국은 모든 상용화주에 대한 점검 및 평가, 자격 인증 및 취소, 규정준수 확인을 위한 불시평가와 5년을 초과하지 않는 기간 내 재검증을 체계적으로 시행하고 있다.

상용화주의 화물보안통제 요구사항을 구체적으로 살펴보면, 상용화주로 승인된 화물시설이나 사업장은 불법방해행위로부터 항공화물을 보호하기에 충분한 보안수준을 지속적으로 유지해야 한다. 또한 화물보안통제를 이행하는 모든 직원과 보안조치가 적용된 항공화물에 접근할 수 있는 직원들은 EU Regulation 2015/1998 제11장의 요구사항에 따라 적절히 채용되고 훈련되어야 하는 의무를 갖는다.

항공화물은 생산, 포장, 보관, 발송 및 운송 중 불법방해행위 또는 훼손으로부터 보호되어야 한다. 보안조치가 적용되지 않았거나 상용화주에 의해 발송되지 않은 경우, Regulated Agent에 이를 명확하게 전달해야 하며 보안통제가 적용되지 않은 화물은 반드시 검색을 받아야 한다는 원칙을 엄격히 준수해야 한다.

상용화주는 각 시설에 화물보안통제 이행과 감독에 책임이 있는 담당자를 최소한 한 명 지정해야 하며, 이 담당자에 대한 신원조사를 성공적으로 완료해야 한다. 이러한 요구사항들은 상용화주가 단순히 혜택만 누리는 것이 아니라, 그에 상응하는 무거운 책임을 다해야 함을 분명히 보여주고 있다.

3. 제3국 출발 화물의 안전한 도착: ACC3 인증과 보안 검증

EU Regulation 300/2008은 항공화물의 불법방해행위를 사전에 방지하기 위하여 EU에서 출발하는 화물에 필요한 보안조치 등 공급망보안을 확보

하는 데 필요한 화물보안표준을 명확히 규정하고 있다. 하지만 이러한 체계적인 규제에도 불구하고 예상치 못한 사건이 EU의 화물보안정책에 근본적인 전환점을 가져다주었다.

2010년 예멘에서 EU를 거쳐 미국으로 운송 중 발각된 폭발물 사건은 당시 EU 규제체계의 중대한 사각지대를 드러내는 충격적인 사건이었다. 이 사건은 인바운드화물의 보안에 관한 EU 규제체계의 적절성에 근본적인 의문을 품게 만드는 계기가 되었다. 특히 이 사건이 더 충격적이었던 이유는 EU가 그동안 화물보안보다는 여객 중심의 보안정책에 집중해 왔다는 구조적 한계를 여실히 보여주었기 때문이다.

실제로 예멘사건, 이전까지 공통보안표준의 핵심 우선순위는 항공화물에 거의 관심을 기울이지 않고 여객분야에 집중되어 있었다. 이러한 편중된 접근방식은 결국 화물보안의 취약점을 만들어내는 결과를 초래했다. 하지만 예멘사건은 이러한 정책 방향에 급격한 변화를 불러왔다. 사건 이후 EU는 제3국에서 EU로 운송되는 인바운드화물에 대해 즉각적인 화물보안조치 강화를 위한 포괄적인 규제제도를 발표하게 되었다.

이런 정책 전환의 핵심은 제3국 출발 항공화물운송인(ACC3) 인증제도의 도입이었다. 제3국 공항에서 EU로 운항하는 항공운송사업자는 ACC3 인증을 받도록 함으로써 EU로 출발하는 항공화물의 보안통제를 강화할 직접적인 책임을 지도록 하였다. 더 나아가 2014년 7월 1일부터는 EU로 들어오는 모든 항공화물이 EU 인증 공급망을 통해 운송하도록 의무화하는 획기적인 조치가 시행되었다.

이러한 새로운 체계에서 EU 인증 공급망보안은 EU 화물보안검사관에 의해 엄격한 보안성 검증이 이뤄진 후에만 시행되며, EU행 항공화물은 제3국 출발 항공화물운송인(ACC3) 제도에 따른 항공운송사업자 보안통제와 EU 인증 공급망을 통한 화물처리 여부가 가장 중요한 기준이 되고 있다.

(1) 제3국 항공사의 신뢰 구축: ACC3 인증 원리와 승인 과정

제3국에 있는 공항에서 EU Regulation 300/2008에 명시된 EU 공항으로 화물을 운송하는 모든 항공운송사업자는 항공보안당국으로부터 제3국 출발 항공화물운송인(ACC3) 자격을 인증받아야 하는 의무를 갖는다. 이 인증은 단순한 형식적 요구사항이 아니라 EU 공항에서 환적, 통과 또는 하역을 위한 화물을 운송하는 모든 항공편에 필수적으로 요구되는 핵심 자격요건이다.

제3국 출발 항공화물운송인(ACC3) 자격이 없는 항공운송사업자는 경유를 포함하여 EU 국가로 화물운송이 불가능하며, 인증은 항공보안당국이 공급망보안에 관한 EU 데이터베이스에 ACC3의 세부정보를 등록한 날로부터 최대 5년간 유효하다.

인증 획득을 위해 항공운송사업자는 자신의 항공화물보안프로그램이 EU Regulation 2015/1998에 명시된 보안요구사항을 완전히 포함하고 있는지 자세히 확인해야 한다. 또한 EU의 보안통제조치가 운송하는 화물에 적절히 적용되도록 보장하는 체계를 구축해야 하는 의무를 갖는다.

실제 승인 과정에서 가장 중요한 단계는 현장검증이다. 항공운송사업자는 관련 제3국 공항에서 화물운영에 대한 현장검증을 화물보안검사관에 의해 확인받아야 하며, 제3국의 Regulated Agent 및 상용화주도 독립적으로 검증받아야 하는 요구사항이 있어, 전체 공급망의 신뢰성을 종합적으로 평가하는 체계를 구축하고 있다.

(2) 신뢰를 확인하는 과정: ACC3 검증 방법과 평가 절차

제3국에서 EU로의 화물을 운송하는 항공운송사업자를 제3국 출발 항공화물운송인(ACC3)으로 인증하는 절차는 매우 체계적이고 엄격한 과정을 거친다. 이 과정의 핵심은 화물운영과 관련한 전반적인 보안통제 실행 책임자 지정과 화물보안조치 이행을 확인하는 EU 항공보안검증보고서를 기초로 하고 있다. 이는 단순한 서류 심사를 넘어서 실질적인 보안역량을 종합적으로 평가하는 중요한 토대가 된다.

항공운송사업자의 화물운영과 관련된 EU 항공보안 검증은 두 가지 핵심요소를 중심으로 이뤄진다. 먼저 보안프로그램에 대한 철저한 점검이 진행되며, 동시에 EU Regulation 2015/1998 부록 6-C3의 제3국 출발 항공화물운송인(ACC3)에 대한 검증점검표에 명시된 화물보안조치 이행확인이 수행된다. 이러한 이행에 대한 EU 항공보안 검증은 반드시 화물보안검사관에 의한 현장검증을 거쳐야 하며, 이는 검증의 객관성과 전문성을 보장하는 핵심 장치로 작용하고 있다.

검증 과정에서 가장 중요한 원칙은 완전성이다. EU 항공보안 검증이 검증점검표에 명시된 항목 중 하나 이상을 이행하지 않는 경우, 항공보안당국은 확인된 결함을 시정하는 항공운송사업자의 조치이행 확인 없이는 절대 ACC3로 인증해서는 안 된다. 이는 부분적 합격이나 조건부 승인을 허용하지 않는 엄격한 기준을 의미하며, ACC3 인증의 신뢰성을 담보하는 핵심 원칙이다.

EU Regulation에 따라 화물이 EU 공급망보안에서 적절하게 통제되고 불법방해행위로부터 보호되는 경우 추가통제 없이 EU 내 다른 항공편으로 자유롭게 운송할 수 있다. 하지만 이러한 특혜에는 지속적인 의무도 따른다. 보안통제가 적용된 항공화물에 접근할 수 있는 모든 직원은 채용 전 신원조사 및 적절한 보안교육을 이수하도록 하는 등 지속적인 보안관리 체계를 유지해야 한다.

(3) 국경 없는 신뢰 네트워크: 글로벌 보안 표준의 조화

EU는 항공화물보안절차 이행 조건에 대한 평가와 정보기관의 위협 및 위험분석 결과를 종합하여 화물보안통제의 면제국가 목록과 고위험국가 목록으로 구분하는 체계를 운영하고 있다.

그러나 제3국 출발 항공화물운송인(ACC3) 제도가 진정한 국제수준에서 화물보안 협력 강화를 위한 표준이 되기 위해서는 보안규정의 특정 측면이 갖는 구조적 문제점들에 대한 근본적인 보완이 필요한 상황이다.

첫째, 투명성 부족 문제가 심각하다. 면제국가들의 목록 작성 과정이 투명하지 않아 각국의 화물보안 수준 향상을 동기 부여할 수 있는 능력을 현저히 약화할 수 있다. 더욱이 ACC3 인증 취득기준과 국제민간항공협약 Annex 17의 SARPs 사이의 상호관계에 관한 정보가 거의 제공되지 않고 있어, 국제적 정합성에 대한 의문이 제기되고 있다.

둘째, 현실적 효과성에 대한 회의적 시각이 존재한다. 대부분의 항공보안당국은 ACC3 제도의 화물보안표준이 추가적인 화물보안조치가 필요하지 않은 수준으로 화물보안을 완벽하게 개선할 것으로 생각하지 않는다. 오히려 강화된 화물보안표준이 제3국과의 외교관계에 부정적인 영향을 미칠 수 있다는 현실적 우려가 상당히 크다.

셋째, 정책 연계성의 부재도 중요한 문제점이다. ACC3 인증과 관련된 제3국의 면제국가 목록과 고위험국가 목록을 구분하는 기준이 국제항공운송

협정과 역량강화 활동을 조정하기 위한 EU 프로세스와 명확한 연관성이 없어 보인다는 점도 심각한 한계로 지적되고 있다.

이러한 현실을 고려할 때, 국가 간 화물보안정책의 일관성을 높이기 위한 화물보안조치 도입 과정이 절대 쉽지 않다는 점을 솔직히 인식할 필요가 있다. 하지만 동시에 이를 개선하기 위한 적극적 노력도 필요하다. 국가 간 화물보안통제절차를 체계적으로 조화시키는 것은 공급망보안표준의 국제적인 일관성 확보와 효율적인 방식으로 화물보안통제를 개선할 수 있는 가장 현실적이면서도 효과적인 방법을 제공할 수 있다.

(4) 신뢰의 딜레마: 보안 강화와 효율성 사이의 균형점 찾기

예멘사건 이후 EU가 제3국에서 들어오는 화물에 대해 추가 보안통제를 도입한 것은 충분히 합리적인 판단이었다. EU 화물보안시스템의 여러 문제점 중에서도 특히 인바운드화물, 즉 EU에 도착하기 전 제3국에서 탑재한 화물이 더 큰 위험요인을 가지고 있다는 점을 명확히 인식했기 때문이다. 이런 위험성은 EU 내부에서 이동하는 화물보다 훨씬 높은데, 제3국들이 현재 EU에서 시행하고 있는 것과 같은 수준의 항공화물보안프로그램을 운영할 능력이나 의지가 부족할 수 있다는 현실적인 한계가 존재하기 때문이다.

인바운드항공편의 화물보안을 강화하기 위한 EU의 조치는 등록국가와 관계없이 EU로 화물운송서비스를 제공하는 모든 항공운송사업자에게 의무를 부과한다. 하지만 제3국 출발 항공화물운송인(ACC3) 제도의 도입이 항상 긍정적인 결과만을 가져오는 것은 아니다. 항공운송사업자들에게는 상당한 보안책임과 의무가 추가로 부여되면서 복잡성이 증가하고, 이에 따라 비용 부담과 중복통제 문제가 발생하여 국가 간 외교적 마찰의 원인이 되기도 한다.

더 우려스러운 것은 책임 전가에 대한 비판이다. 일부에서는 항공보안당국이 항공화물보안 개선을 위한 적극적인 노력 대신 자신들의 책임을 항공운송사업자에게 떠넘기고 있다는 신랄한 비판도 제기되고 있다. 특히 항공운송사업자들에게 독립적 추가검증을 의무화하면서 수요가 적은 특정노선의 경우 보안비용이 급격히 증가하게 되는데, 이는 작은 규모의 항공운송사업자들이 특정노선을 포기하고 더 큰 항공운송사업자나 통합특송업체들과 함께 특정장소에 화물을 집중시키는 결과를 낳을 수 있어 시장경쟁에도 부

정적인 영향을 미칠 가능성이 크다.

제3국 출발 항공화물에 대한 '면제국가'와 '고위험국가' 목록을 기반으로 한 접근법도 여러 한계점을 드러내고 있다. 특정국가를 ACC3 인증에서 면제하거나 일부 고위험국가의 화물에 대해 강화된 보안절차를 부과하는 방식이 현실적으로 효과적인지에 대한 의문이 제기되고 있다. 이러한 목록들은 항공화물이 다른 운송수단을 통해 쉽게 다른 국가나 지역으로 이동할 수 있다는 점을 간과하고 있으며, 전 세계 화물흐름을 지나치게 단순화하는 접근법이라는 비판을 받고 있다.

특히 문제가 되는 것은 고위험국가 목록에 있는 국가에서 출발한 화물이 EU에 도착하기 전에 ACC3 인증을 면제받은 국가에서 환적되는 경우다. 이런 상황에서 화물보안시스템이 어떻게 적절한 보안통제를 적용하여 화물보안을 보장할 수 있는지에 대한 정보가 제한되어 있다는 점은 여전히 해결해야 할 과제로 남아있다.

4. 맞춤형 보안 협력: ACC3 제도 운영 결과와 미래 방향

EU는 제3국과의 적극적인 협력을 통해 인바운드화물 보안 향상에 집중하고 있으며, 이러한 노력은 상당한 성과를 거두고 있다. 특히 ACC3 제도의 보안조치는 각 제3국의 고유한 상황과 조건을 세밀하게 반영하여 맞춤형으로 설계되기 때문에, 실제 검증 과정은 공항마다 다르게 운영되는 유연성을 보여주고 있다.

검증 대상 또한 매우 체계적으로 세분화되어 운영되고 있다. 항공운송사업자는 물론 해당 제3국의 Regulated Agent와 상용화주 모두 각각 다른 기준으로 검증을 받는 차별화된 체계를 구축하고 있다. 이러한 세밀한 차별화된 접근은 EU의 화물보안 위험평가와 긴밀하게 연동되어 운영되며, 이를 통해 보안의 실효성과 효율성을 동시에 추구하는 결과를 낳고 있다.

흥미로운 점은 성과 기반의 차등 적용 원칙이다. 화물보안표준이 높은 것으로 확인된 국가의 경우 ACC3 인증 절차에서 면제되며, 해당국 항공운송사업자는 별도 인증을 요청할 필요가 없다는 것이다. 반면 모든 화물이 고위험으로 분류되어 추가 보안통제를 받는 국가 목록도 별도로 관리하여 위험 관리의 엄격성을 유지하고 있다.

이러한 국가별 분류는 단순한 주관적 판단이 아니라 위협 및 취약성 정보를 포함한 종합적 위험평가에 기반하고 있다. 앞으로의 발전 방향을 고려할 때, ICAO 화물보안표준 준수여부를 핵심 판단 기준으로 활용하여 더 합리적이고 객관적인 국가목록 관리가 필요하다. 이를 통해 ACC3 제도가 단순한 규제수단을 넘어서 글로벌 화물보안 향상을 위한 협력적 파트너십의 기반이 될 수 있을 것이다.

(1) 신뢰 기반의 탄력성: 화물보안 절차의 효율적 조정 방안

EU는 제3국 출발 항공화물의 보안확보를 위해 포괄적 전략을 시행하고 있다. 주요 조치로는 EU 화물운송 항공운송사업자에 대한 화물보안표준 마련, 보안위협 분석 그리고 국제협력 강화가 있다.

이에 따라 항공운송사업자는 ACC3 인증을 위해 회원국 항공보안당국에 제출한 화물보안계획과 절차를 완전히 이행해야 한다. 특히 EU 공항으로 운송될 화물이 적절한 검색을 받았거나 신뢰할 수 있는 공급망보안에서 나왔는지 반드시 확인하는 것은 핵심적인 책임이라 할 수 있다.

그런데 여기서 주목할 점은 제3국 화물보안이 갖는 복잡성이다. 위험평가에 영향을 미치는 다양한 요소들과 연결되어 있어 매우 복잡한 양상을 보인다. 따라서 화물보안 향상 프로그램은 서로 다른 상황에 적응할 수 있는 유연성을 반드시 갖춰야 하며, 현장 전문성을 보유한 항공운송사업자와의 긴밀한 협의가 필수적이다.

이러한 협력적 접근의 핵심은 정보공유와 소통에 있다. 항공운송사업자와 항공보안당국은 보안기관과의 정보교환절차를 체계적으로 구축하여 잠재적 테러공격을 예방하고 신속하게 대응하는 체계를 마련하고 있다. 특히 EU의 국제협력 강화는 새로운 위험 및 위협평가와 직결되어 제3국 항공화물보안의 핵심 축으로 작용하고 있다.

(2) 협력을 통한 신뢰 구축: ACC3 제도의 국제적 확산과 역량강화 효과

항공화물의 보안위협과 보안관행에 기반한 효과적인 위험평가는 EU의 '면제국가 목록'과 '고위험국가 목록'의 실효성을 높이는 핵심 요소로 작용하고 있다. 특히 면제국가 목록 확대를 통한 국제협력 강화는 화물보안 준수비용 절감에 직결되어 있어 경제적 효율성과 보안 강화를 동시에 추구할 수 있는 중요한 수단이 되고 있다.

이런 맥락에서 EU는 ICAO와의 협력을 특별히 강조하고 있다. ICAO가 화물보안 위험과 위협 대응에 필요한 권한과 조직을 광범위하게 보유하고 있기 때문이다. 하지만 현실적으로는 상당한 한계도 존재한다. 많은 관련 당사자는 ICAO가 새로운 화물보안 위협에 효과적으로 대응하지 못하고 있으며, 보안평가 결과의 국가 간 공유가 불완전하다고 지적하고 있다. 이러한 문제를 해결하기 위해 ICAO 보안평가의 투명성 제고가 필요하다는 목소리가 국제적으로 높아지고 있다.

현장 인사이트

"항공화물 보안에서 정보공유는 가장 큰 도전과제 중 하나입니다. 각국은 자국의 보안 취약점을 노출하고 싶지 않아 하므로 완전한 투명성을 기대하기 어렵습니다. ICAO가 더 강력한 역할을 하려면 정보공유의 인센티브와 안전장치를 마련해야 합니다."

- ICAO 항공보안교관

한편 EU가 제3국과 체결한 양자항공서비스협정은 이러한 한계를 극복할 수 있는 현실적 대안을 제공하고 있다. 이러한 협정들은 강화된 보안통제 추진과 화물보안 정보교환 촉진의 중요한 기회를 제공하며, 더 직접적이고 효과적인 협력 채널을 구축하는 데 이바지하고 있다. 또한 EU는 교육훈련부터 안전·보안에 이르는 다양한 항공화물 문제 해결을 위한 포괄적인 역량강화프로그램을 체계적으로 운영하고 있다.

이러한 프로그램은 회원국이 제3국 항공보안당국과의 관계를 개선하고, 화물보안관행에 대한 상세정보에 접근하며, 화물보안절차 강화를 위해 협력할 수 있는 근거를 마련해주고 있다. 이를 통해 EU는 보안성이 확보된 국가를 지속적으로 확대하여 화물보안의 전반적 수준관리를 강화하는 선순환 구조를 만들어가고 있다.

5. 보안 패러다임의 확장: 세관보안 AEO 제도와 항공보안의 연계

2005년 EU는 내부 시장 보호, 국제 공급망보안 강화, 합법적 국경 간 무역 촉진이라는 포괄적 목표를 달성하기 위해 획기적인 조치를 도입했다. 이러한 조치는 단순히 개별 영역의 개선을 넘어서 항공보안과 세관보안을 아우르는 통합적 접근방식의 출발점이 되었으며, EU 관세법인 커뮤니티 세관 코드에 세 가지 핵심 변경사항을 반영하는 형태로 구현되었다.

첫째, 정보의 사전공유 체계가 도입되었다. 거래자는 EU로의 상품 수입이나 EU에서의 수출 이전에 세관 당국에 전자정보를 사전 제출해야 하는 의무를 갖게 되었다. 이는 도착 전 및 출발 전 신고서 제도로 구체화했으며, 이러한 정보공유는 항공화물보안에서도 핵심적인 요소로 작용하여 두 영역 간의 정보 연계성을 강화하는 기반이 되었다.

둘째, 통합된 위험관리 접근방식이 수립되었다. EU 회원국 간 공통 위험 선택 기준에 기반한 일관된 위험관리 접근방식을 도입함으로써 항공보안과 세관보안 모두에서 활용할 수 있는 표준화된 위험평가 체계를 구축했다. 이는 두 영역의 보안 절차가 서로 상충하지 않고 상호 보완적으로 작동할 수 있는 토대를 마련했다.

셋째, 신뢰 기반의 우대 제도가 확립되었다. 신뢰할 수 있고 관세를 준수하는 거래자에게 단순화된 통관 절차를 제공하는 공인경제운영자(AEO) 프로그램을 시행했다. 이는 앞서 살펴본 ACC3 제도의 신뢰 기반 접근방식과 맥을 같이 하는 것으로, 항공화물 분야의 Regulated Agent나 상용화주 제도와 유사한 철학을 세관 영역에 적용한 사례라 할 수 있다.

이러한 변화는 보안 강화와 무역 촉진의 균형을 추구하는 EU의 전략적 접근을 보여주는 동시에, 항공보안과 세관보안이 더 이상 분리된 영역이 아니라 통합적으로 관리되어야 할 연관된 체계임을 명확히 인식하고 있음을 보여준다. 결국 이는 신뢰라는 공통분모를 중심으로 두 영역의 보안 체계가 확장되고 통합되어 가는 과정이라 할 수 있다.

FAQ

Q 항공보안과 세관보안은 어떤 차이가 있나요?

A 항공보안은 주로 테러와 같은 불법행위로부터 항공운송을 보호하는 것에 중점을 두며, 화물 내 위험물이나 무기 등을 탐지하는 데 초점을 맞춥니다. 반면 세관보안은 주로 밀수품, 불법 거래, 관세 회피 등 경제적 범죄를 방지하는 데 중점을 둡니다. 두 영역은 상호보완적이지만, 다른 법적 틀과 책임 기관을 갖고 있으며, AEO와 같은 제도를 통해 통합적 접근이 이루어지고 있습니다.

(1) 신뢰받는 무역업체: AEO 제도의 핵심 원리와 운영 체계

AEO 프로그램은 2008년 1월 1일에 발효되었으며, 거래자의 사전정보 제출 의무는 2009년 1월부터 본격적으로 시행되었다. AEO 인증을 받은 기업은 세관절차 간소화, 물리적 검색 및 문서 요구사항 감소, 탑재 우선 처리와 같은 혜택을 누릴 수 있다.

EU 회원국은 관세 요건, 기록보관 표준, 재정적 안정성, 보안·안전 기준 준수 이력을 입증하는 경제 운영자에게 AEO 지위를 부여할 수 있다. 인증 대상은 제조업체, 수출입업체, 화물운송업체, 창고회사, 세관 대리점, 운송회사 등 공급망의 핵심 참여자들이 모두 포함된다. 실제 인증과정은 보안 자체평가와 세관 당국의 공식 위험평가라는 두 단계로 구성되어 있어, 주관적 판단보다는 객관적이고 체계적인 검증을 추구하고 있다.

AEO 제도는 국제 공급망의 주요 당사자인 민간기업들의 보안강화와 무역 원활화를 동시에 지원하도록 정교하게 설계된 시스템이다. 이를 통해 국제 공급망의 위험을 줄이고 효율성을 높이는 데 상당한 이바지를 하고 있다.

(2) 신뢰의 단계별 구축: AEO 인증 유형과 보안 목표

EU 관세법의 핵심 구성 요소인 공인경제운영자(AEO) 제도는 위험이 적고 신뢰할 수 있는 경제 운영자에게 세관당국의 신뢰를 부여하는 것을 목적으로 한다.

AEO 인증은 신청 기업의 특성과 필요에 따라 세 가지 유형으로 세분화되어 운영되고 있다. AEO-C(세관 절차 간소화)는 세관 규정 준수와 효율적 무역 업무에 중점을 두어 운영되며, AEO-S(보안 및 안전)는 국제 공급망 보안에 특화하여 집중하고 있다. 그리고 AEO-F(통합형)는 세관 절차 간소화와 보안을 모두 포함하는 통합적 접근을 제공한다. 이러한 다양한 선택지는 기업들이 자신의 상황에 맞는 최적의 인증을 받을 수 있도록 하는 유연성을 제공하고 있다.

EU 회원국 중 한 곳에서 인증을 받으면 다른 회원국에서도 자동 인정되며, 이 제도는 세계관세기구(WCO)의 SAFE Framework를 기반으로 국제적 상호인정을 보장한다.

법적 측면에서 보면, 공인경제운영자는 "관세법이 적용되는 활동에 관여하는 사람"으로 포괄적으로 정의되어 있어 모든 경제 운영자가 신청할 수 있는 개방성을 갖추고 있다. 흥미로운 점은 AEO-S 인증의 경우 상품을 직접 취급하지 않고 데이터만 다룰 때도 취득이 가능하다는 것이다. 궁극적으로 EU의 AEO 프로그램은 공급망의 모든 구성원 참여를 통해 안전한 공급망 관리를 촉진하려는 포괄적 목표를 가지고 있다.

(3) 통합을 향한 여정: 항공화물보안과 AEO 제도의 조화 모색

AEO 제도와 항공화물보안 제도(Regulated Agent, 상용화주, ACC3 등)는 모두 공급망보안 강화라는 동일한 목적을 추구하고 있지만, 현실적으로는 관할 기관과 법적 기반이 다른 별개 체계로 운영되고 있다. AEO는 세관당국이, 항공화물보안 제도는 항공보안당국이 각각 당당하는 구조로 되어 있어, 동일한 목표를 향해 나아가면서도 서로 다른 경로를 걷고 있다.

이러한 분리 운영 체계는 실무 현장에서 여러 가지 심각한 도전과제를 야기하고 있다. 항공화물 운영자들은 AEO와 항공화물보안 인증 모두를 위해 유사한 보안 요구사항을 충족해야 하지만, 각각 다른 기관에 별도로 증명해야 하는 이중 부담을 지고 있다. 기업들은 두 개의 서로 다른 인증절차와 평가를 처리해야 하며, 이는 상당한 시간과 자원 낭비를 초래하여 운영 효율성을 현저히 떨어뜨리고 있다.

더 문제가 되는 것은 접근방식의 불일치다. 동일한 위험에 대해 세관과 항공보안 당국이 서로 다른 접근법을 취할 수 있어 현장에서 혼란이 발생하기도 한다. 또한 두 당국 간의 제한된 정보공유는 보안위험에 대한 포괄적이고 통합적인 평가를 어렵게 만들어, 결과적으로 보안 공백이 발생할 가능성을 높이고 있다.

다행히 EU는 이러한 구조적 문제를 인식하고 두 제도 간 조화와 상호인정을 개선하기 위해 적극적으로 노력하고 있다. 예를 들어 AEO 인증을 보유한 기업에 대해 Regulated Agent나 상용화주 인증절차 간소화를 도입하여 운영하는 것이 대표적인 사례다. 이러한 노력은 비록 완전한 통합은 아니지만, 실질적인 업무 부담을 줄이고 효율성을 높이는 데 이바지하고 있다.

하지만 법적·제도적 장벽으로 인해 두 제도의 완전한 동합은 아직 실현되지 않고 있으며, 이는 앞으로도 지속적인 정책적 노력과 제도적 개선이 필요함을 의미한다. 진정한 의미에서 "경계를 허무는 협력"을 실현하기 위해서는 단순한 절차 간소화를 넘어서 근본적인 시스템 통합에 대한 더 과감한 접근이 요구되는 상황이다.

Ⅶ. 아시아 주요국 항공화물 보안 체계

1. 일본의 항공화물 보안 혁신: Regulated Agent 모델의 성공요인

(1) 안전한 하늘길을 만드는 Regulated Agent 협력 네트워크

일본의 항공화물 보안은 ICAO 표준을 기반으로 한 'Regulated Agent(특정항공화물이용운송사업자등)' 제도를 중심축으로, 체계적으로 운영되고 있다. 이 제도는 단순한 규제 준수를 넘어서 화물의 접수부터 운송까지 전 과정에 걸친 포괄적인 보안확보에 중점을 두어, 일본 항공화물 보안의 견고한 기반을 제공하고 있다.

Regulated Agent 인증을 받기 위한 절차는 상당히 엄격하고 체계적이다. 화물운송주선업자나 항공운송대리점은 상세한 항공화물보안계획을 국토교통성에 제출해야 하며, 국토교통성은 해당 계획이 국가민간항공보안프로그램(NCASP) 기준에 부합하는지 철저히 심사한다. 이 과정에서 화물 처리 전 과정의 안전성 확보 조치가 종합적으로 평가되어, 단순한 서류 심사를 넘어선 실질적 보안역량 검증이 이루어진다.

일본 제도의 핵심 특징은 불시평가 시스템이다. 국토교통성은 정기검사와 별도로 예고 없이 Regulated Agent의 시설과 운영을 점검하여 보안 표준의 지속적 유지를 확인한다. 이러한 접근법은 보안절차의 철저한 준수를 유도하는 효과적인 관리체계로 평가받고 있다.

이러한 체계적 관리의 성과는 숫자로도 명확히 드러난다. 실제로 일본 수출 항공화물의 92.3%가 Regulated Agent를 통해 처리되고 있어, 이 제도가 일본 항공화물 보안의 핵심 인프라로 확고히 자리 잡았음을 보여준다.

(2) 신뢰의 파트너십: 상용화주 제도와 화물검색 면제의 메커니즘

일본은 2015년 10월부터 ICAO 표준에 따라 '특정하주(特定荷主)', 즉 상용화주(Known Shipper) 제도를 도입하였다. 이 제도는 거래실적이 우수한 화주에게 특별 지위를 부여하여 보안 강화와 물류 효율성을 동시에 추구한다.

상용화주 인증을 받으려면 화물시설 보안조치, 항공화물 보안통제, 직원 교육훈련, 화물보안 수준관리 등의 엄격한 요건을 충족해야 한다. 인증받은 상용화주의 화물은 보안 위협수준이 낮은 1단계에서 검색이 면제되며, 여객기와 화물기 모두에 자유롭게 탑재할 수 있다.

반면 비상용화주의 화물은 항공기 탑재 전 100% 보안검색을 거쳐야 한다. 이러한 차별화된 접근은 항공운송사업자에게 검색 면제로 인한 시간과 인원 절감이라는 실질적 혜택을 제공한다.

(3) 위험 수준별 맞춤형 보안: 3단계 보안 위협 관리 프레임워크

일본의 항공화물 보안 시스템은 위험 수준에 따른 차등 검색 비율을 적용하여 보안의 효과성과 효율성을 동시에 추구하는 체계를 구축했다. 보안 위협수준은 Level I, II, III의 3단계로 명확히 구분되며, 단계별로 서로 다른 검색비율이 적용되어 상황에 맞는 맞춤형 대응이 가능하다.

Level I(일상적 위협) 단계에서는 상용화주와 Regulated Agent의 화물에 대해 보안 검색이 면제되어 평상시 물류 효율성을 최대한 보장한다. 하지만 위험도가 높아지면 상황이 달라진다. Level II(경계 강화)로 상승하면 이들 화물의 약 10%가, Level III(심각한 위협)에서는 약 20%가 에스선 검색 등 강화된 보안절차를 거쳐야 한다. 이러한 단계적 접근은 신뢰받는 주체들에게도 상황에 따른 적절한 보안조치를 적용하는 균형 잡힌 시스템이라 할 수 있다.

이 3단계 프레임워크가 갖는 가장 큰 장점은 유연성이다. 테러 위협이나 국제 정세 변화에 따라 보안 수준을 신속하고 체계적으로 조정할 수 있게 하여, 고정된 보안절차로는 대응하기 어려운 다양한 위협 상황에 효과적으로 대처할 수 있다.

더 주목할 점은 예방적 관리체계다. 일본 당국은 상용화주와 Regulated Agent에 보안수준 변화 대응계획을 사전에 수립하도록 요구하고 있어, 급작스러운 보안 강화로 인한 물류 혼란을 최소화하는 선제적 접근을 취하고 있다. 이는 보안강화가 경제적 효율성을 크게 해치지 않으면서도 필요한 보안수준을 확보할 수 있는 현실적 해법을 제시하고 있다.

2. 싱가포르의 혁신적 항공화물 보안 전략

(1) 아시아 허브의 보안 혁신: 싱가포르 Regulated Air Cargo Agent 제도

싱가포르는 작은 도시국가임에도 불구하고 항공화물 보안 분야에서 놀라운 글로벌 리더십을 발휘하고 있다. 이는 단순히 지리적 이점을 활용한 것을 넘어서, 체계적이고 혁신적인 보안시스템 구축을 통해 달성한 성과라 할 수 있다. 2008년 4월부터 ICAO 보안 요구사항에 따라 Regulated Air Cargo Agent 제도를 시행하여 항공화물 공급망 전체의 보안통제를 실현하고 있으며, 이는 아시아 지역에서 선구적인 모델로 평가받고 있다.

싱가포르 제도가 갖는 가장 주목할 만한 특징은 경찰이 직접 보안프로그램의 현장 평가를 담당한다는 점이다. 이는 일반적으로 민간 항공당국이나 교통부 소관 기관이 담당하는 다른 국가들과는 확연히 다른 접근방식이다. 이러한 독특한 체계는 보안에 대한 정부의 강력한 의지를 보여주는 동시에, 테러와 불법행위 대응 전문성을 화물보안에 직접 접목하는 효과를 가져온다.

2021년 12월 기준 203개 업체가 Regulated Air Cargo Agent로 등록되어 싱가포르 항공화물 공급망의 핵심 구성원으로서 엄격한 보안표준을 준수하고 있다. 이는 싱가포르가 아시아 태평양 지역의 항공화물 허브로서 갖는 지위를 더 공고히 하는 동시에, 다른 국가들이 벤치마킹하고자 하는 모범사례로 자리 잡게 만드는 중요한 기반이 되고 있다.

(2) Regulated Air Cargo Agent의 인증과 운영: 3년 주기 자격 갱신의 효과

싱가포르에서 Regulated Air Cargo Agent 인증을 받으려면 싱가포르 등록 법인이어야 하며, 화물의 보관 · 포장 · 운송 전 과정에 걸친 상세한 항공화물보안프로그램을 마련해야 한다.

이 보안프로그램은 경찰의 현장 보안평가를 거쳐 승인받아야 하며, 특히 주목할 점은 3년마다 공인 검사관의 재평가를 통과해야 한다는 엄격한 갱신 제도에 있다. 이는 일회성 인증으로 끝나는 것이 아니라 지속적인 자격 유지를 요구하는 시스템이며, 재평가에 실패하면 Regulated Air Cargo Agent 목록에서 제외되어 화물 처리에 제한을 받게 된다.

이러한 3년 주기 갱신제도는 지속적인 보안표준 유지와 개선을 유도하는 효과가 있다. 또한 싱가포르 항공보안 당국은 갱신 과정에서 최신 보안위협과 기술발전을 반영한 새로운 요구사항을 도입하여 항공화물 보안시스템을

지속적으로 발전시키고 있다. 이는 정적인 규제가 아닌 동적이고 진화하는 보안체계를 구축할 수 있게 하는 핵심 메커니즘이라 할 수 있다.

(3) 신뢰 기반 화물 관리: 상용화주와 무작위 표본검색의 균형점

싱가포르는 ICAO 화물보안표준에 따라 상용화주제도(KCR, Known Consignor Regime)를 체계적으로 도입했다. 이 제도는 신뢰할 수 있는 화주에게 보안강화와 효율적 화물처리를 동시에 실현하는 접근방식으로, 앞서 살펴본 EU나 일본의 상용화주 제도와 유사한 철학을 바탕으로 하면서도 싱가포르만의 실용적 특성을 반영한 모델이라 할 수 있다.

상용화주의 화물은 Regulated Air Cargo Agent를 통해 운송될 때 무작위 표본검색만 거쳐 항공기에 탑재된다. 반면 비상용화주의 화물은 화물터미널에서 100% 보안검색을 받아야 한다. 이러한 차별화된 접근법은 제한된 보안자원을 효율적으로 활용하면서도 전체 항공화물의 보안을 확보하는 데 이바지한다.

상용화주 인증을 받으려면 싱가포르 등록 법인이어야 하며, 항공화물 공급망 전체의 보안조치와 절차를 상세히 설명하는 보안프로그램을 마련해야 한다. 자격은 5년마다 갱신되어 지속적인 보안수준 유지를 보장하며, 2021년 12월 기준 282개 업체가 등록되어 있다.

3. 홍콩의 항공화물 보안 허브 전략

(1) 1%의 물량, 23%의 가치: 홍콩 항공화물의 경제적 중요성

홍콩의 항공화물이 갖는 경제적 중요성은 놀라운 수치로 확인된다. 양적으로는 홍콩이 수출입하는 모든 화물의 단 1%에 불과하지만, 그 가치는 전체의 23%에 달한다는 것이다. 이는 항공화물이 주로 고부가가치 상품의 운송에 이용된다는 점을 명확히 보여주는 동시에, 항공화물 보안이 단순한 안전 문제를 넘어서 홍콩 경제에 미치는 파급효과가 얼마나 큰지를 입증하는 중요한 지표다. 이러한 경제적 중요성 때문에 홍콩은 항공화물 보안에 특별한 관심을 기울이고 있으며, 효율적이면서도 강력한 보안시스템을 구축하는 데 상당한 자원을 투입하고 있다.

홍콩은 EU와 유사한 Regulated Agent, 상용화주 중심의 항공화물보안 체계를 운영하고 있다. 특히 미국행 항공화물에 대해서는 여객기 탑재 시

100% 엑스선검색을 하는 등 목적지에 따라 차별화된 보안조치를 적용하고 있다.

Regulated Agent가 처리한 화물은 보안조치된 화물로 인정되어 여객기와 화물기 모두에 탑재할 수 있다. Regulated Agent 승인을 받으려면 항공화물보안프로그램 마련, 출입통제시스템 구축, 보안책임자 24시간 근무, 직원 보안교육 및 신원조사 등의 매우 엄격한 요건을 모두 충족해야 한다. 이러한 까다로운 조건들은 결국 고부가가치 화물의 안전한 운송을 보장하기 위한 필수적 투자라 할 수 있다.

(2) 공항 외부 보안검색의 혁신: 항공화물 전용검색시설(RACSF)의 운영 원리

홍콩은 2000년 3월 Regulated Agent 제도를 도입한 이후, 급증하는 항공화물 처리 수요에 능동적으로 대응하기 위해 지속적인 혁신을 추진해왔다. 그 결과 2018년 10월에는 항공화물 검색 수요의 증가에 대비하여 항공화물전용검색시설(RACSF, Regulated Air Cargo Screening Facilities) 제도를 추가로 도입했다. 이는 공항의 화물터미널과 동등한 수준의 강화된 보안검색을 공항 외부의 화물검색시설에서도 수행할 수 있게 하는 매우 혁신적인 접근법이다.

이러한 혁신적 접근의 배경에는 홍콩 항공화물 산업의 급성장과 그에 따른 현실적 제약이 있었다. 기존의 공항 내 화물터미널만으로는 증가하는 화물량을 효율적으로 처리하기 어려웠고, 보안검색 병목현상이 전체 물류 흐름에 악영향을 미치고 있었다. RACSF는 이러한 구조적 문제를 해결하기 위한 창의적 해법이라 할 수 있다.

2022년 4월 기준 152개 업체가 RACSF로 등록되어 홍콩민간항공국(CAD)이 할당한 고유코드로, 체계적으로 관리되고 있다. 이들은 Regulated Agent 화물만을 전문적으로 검색하며, 검색 완료 후 항공운송사업자에게 안전하게 인도할 책임을 지는 명확한 역할분담 체계를 갖추고 있다.

RACSF의 가장 주목할 만한 장점은 24시간 운영이 가능하다는 점이다. 공항 화물터미널이 항공기 운항 일정에 맞춰 특정 시간대에 집중되는 것과는 달리, RACSF는 물류흐름에 맞춰 유연하게 운영할 수 있어 화물처리 시간을 효과적으로 분산시킨다. 이는 결과적으로 전체 공급망의 효율성을 현저히 높이는 동시에, 보안검색으로 인한 지연을 최소화하여 홍콩의 국제 항

공화물 허브로서의 경쟁력을 더 강화하는 핵심 요소로 작용하고 있다.

실무 팁

항공화물전용검색시설을 활용할 때는 화물의 특성과 목적지에 따라 최적의 검색시설을 선택하는 것이 중요하다. 일부 시설은 특정 종류의 화물(예: 전자제품, 의약품, 신선식품 등)에 특화되어 있으며, 검색 장비와 처리 프로세스가 이에 맞게 최적화되어 있다. 또한 미국, EU 등 특정 목적지별로 요구되는 추가 보안 요건을 충족하는 검색시설을 선택하면 통관 지연을 최소화할 수 있다.

FAQ

Q 항공화물전용검색시설에서 검색된 화물이 공항으로 운송되는 동안 보안은 어떻게 유지되나요?

A 항공화물전용검색시설에서 검색이 완료된 화물은 특수 보안 씰(Seal)로 봉인되며, 추적이 가능한 RFID 태그가 부착됩니다. 또한 보안 카메라가 설치된 차량으로 운송되며, GPS를 통해 실시간으로 위치가 추적됩니다. 공항 도착 시에는 보안 씰의 무결성을 확인하여 운송 중 무단 개봉 여부를 검증합니다.

(3) 보안 전문성의 체계적 구축: 홍콩 Regulated Agent 교육 체계

홍콩의 Regulated Agent 교육 시스템은 항공화물 보안 전문가를 체계적으로 양성하는 정교한 구조를 갖추고 있다. 가장 기본적인 요구사항부터 살펴보면, 홍콩의 Regulated Agent는 홍콩민간항공국 보안교육프로그램을 이수한 최소 2명의 직원을 반드시 배치해야 한다. 이는 단순한 형식적 요구사항이 아니라 실질적인 보안 전문성을 확보하기 위한 핵심 기준이다.

교육의 지속성과 신뢰성을 보장하기 위한 장치도 치밀하게 설계되어 있다. 교육 완료 즉시 발급되는 Regulated Agent 교육증명서의 유효기간은 3년으로 설정되어 있어, 정기적인 재교육을 통해 최신 보안 동향과 기술을 지속적으로 업데이트할 수 있는 체계를 구축하고 있다.

특히 주목할 점은 인력관리의 연속성을 보장하는 시스템이다. 보안교육을 받은 직원이 퇴사할 경우, 3개월 이내에 대체인력이 보안교육을 이수하도록 하는 엄격한 규정을 두어 보안 공백을 최소화하고 있다. 이는 조직의 보안 역량이 특정 개인에게 의존하지 않고 지속적으로 유지될 수 있도록 하는 중요한 안전장치다.

더 흥미로운 것은 교육의 확산 효과를 극대화하는 메커니즘이다. 교육을 이수한 직원은 항공화물 및 관련 탑재서류에 접근하는 다른 직원들에게 내부 자체교육을 해야 하는 의무를 갖는다. 이는 공식 교육을 받은 전문가가 조직 내에서 지식과 경험을 전파하는 역할을 하도록 하여, 조직 전체의 보안역량을 상향 평준화하는 효과적인 방식이다.

마지막으로 장기적 관점에서의 지속성도 확보하고 있다. Regulated Agent는 정기교육 훈련프로그램을 지속적으로 운영하고 이러한 교육훈련 기록을 체계적으로 유지·관리해야 한다. 이는 단발성 교육에 그치지 않고 조직의 보안문화를 지속적으로 발전시키며, 필요시 교육 이력을 추적하고 검증할 수 있는 투명한 관리체계를 의미한다.

(4) 신뢰 기반 화물 처리: 홍콩 상용화주 인증 체계와 혜택

홍콩의 상용화주 제도는 신뢰할 수 있는 화주들을 체계적으로 관리하는 효율적인 시스템으로 운영되고 있다. 화주가 상용화주 지위를 획득하는 과정은 비교적 명확하고 합리적으로 설계되어 있다. 화주는 홍콩민간항공국에 '상용화주 화물보안신고서'를 제출하여 상용화주 인증을 받을 수 있으며, 이는 단순한 서류제출을 넘어서 실질적인 신뢰관계 구축의 출발점이라 할 수 있다.

인증받은 상용화주의 화물은 보안성확보 화물로 인정되어 보안검색 없이 여객기와 화물기 모두에 탑재할 수 있다. 이는 시간과 비용 절약은 물론 물류 프로세스의 간소화라는 직접적 혜택을 제공하여, 상용화주들이 홍콩을 통한 항공화물 운송을 지속적으로 선택할 강력한 동기를 부여하고 있다.

반면 비상용화주의 화물은 공항 화물터미널이나 항공화물전용검색시설(RACSF)에서 보안검색을 거쳐 보안성확보 화물로 처리된 후에야 탑재할 수 있다. 이러한 명확한 구분은 상용화주 지위의 가치를 더 부각하는 동시에, 전체 항공화물 보안 시스템의 효율성을 높이는 핵심 메커니즘으로 작용하고 있다.

(5) 무선주파수식별(RFID) 기술을 활용한 화물추적: 투명성과 보안의 완벽한 조화

홍콩은 항공화물 취급과 추적을 위해 첨단 무선주파수식별(RFID) 기술을 적극적으로 도입하고 있으며, 이는 홍콩이 글로벌 항공화물 허브로서 경쟁력을 유지하기 위한 핵심 전략 중 하나다. RFID가 내장된 항공화물운송장은 화물 취급과 추적을 획기적으로 쉽게 하며, 관련 업체들의 보안 효율성 향상과 물류 관리 최적화에 혁신적인 변화를 가져다주고 있다.

홍콩이 개발한 하이브리드 RFID 아키텍처는 태그 데이터와 네트워크 데이터 접근방식을 지능적으로 결합하여 단순한 기술적 진보를 넘어서 실질적인 운영 혁신을 가능하게 한다. 화물이동 감지기능을 갖춘 통합 RFID 체크인·체크아웃 게이트웨이를 통해 항공화물 운송업체는 운영 효율성과 보안수준을 동시에 크게 향상할 수 있게 되었다.

홍콩이 구현한 주요 RFID 응용 기술들을 구체적으로 살펴보면 그 혁신성이 더 명확해진다. 첫째, 움직임 감지 RFID 게이트웨이는 화물의 방향과 이동을 자동으로 감지하여 위치추적 정확도를 현저히 높이고 있다. 둘째, 저비용 고효율 태그 설계를 통해 제한된 메모리 환경에서도 효율적인 데이터 인코딩이 가능하다. 셋째, 통합 보안 시스템과의 연계를 통해 화물의 위치 정보와 보안 상태를 통합 관리하는 실시간 모니터링을 성공적으로 구현하고 있다.

이러한 RFID 기술은 단순한 물류 효율성 향상을 넘어 공급망 전체의 투명성과 보안성을 근본적으로 개선하는 강력한 도구로 작용하고 있다. 특히 고가치 화물이 많은 홍콩 항공화물의 특성상 실시간 위치 추적과 무결성 검증은 화물보안의 핵심 요소로 자리 잡고 있다.

Ⅷ. 주요국 항공화물보안 비교분석 및 시사점

글로벌 항공화물보안 분야에서 가장 흥미로운 대조를 보여주는 것은 미국과 EU의 근본적으로 다른 접근방식이다. 이 두 지역은 동일한 보안목표를 추구하면서도 완전히 상반된 철학과 운영모델을 채택하고 있어, 항공보안 전문가들에게 중요한 시사점을 제공하고 있다.

1. 미국과 EU의 대립되는 철학: 중앙집중형 vs. 분산형 모델의 장단점

미국의 중앙집중형 모델은 교통보안청(TSA)이 주도하는 강력한 중앙 통제를 특징으로 한다. 정부가 화물보안 비용을 지급하고 전체적인 책임을 지며, 공항운영자, 항공운송사업자, IAC, CCSP 등 각 운영 주체별로 법규정이 세분화되어 있다. 특히 최근 2024년 8월부터는 ACAS 프로그램을 대폭 강화하여 운송업체가 화주와 수하인에 대한 추가정보를 제공하도록 요구하고 있어, 중앙통제의 강화 추세를 더 뚜렷하게 보여주고 있다.

반면, EU의 분산형 모델은 회원국 항공보안당국의 감독하에 공항운영자, 항공운송사업자, 승객 등 다양한 이해관계자가 화물보안 활동을 분담하는 협력적 시스템이다. 적용대상별(항공화물, 공항, 항공기, 여객, 수하물 등)로 법규정이 구성되어 있으며, 공항별 위험평가에 따라 회원국이 EU의 공통보안표준보다 더 강화된 화물보안조치를 도입할 수 있는 유연성을 제공한다.

두 모델의 장단점을 비교해 보면 각각의 특성이 명확해진다. 중앙집중형은 통일된 표준과 신속한 정책 변경이 가능하다는 장점이 있지만, 급작스러운 변화 시 업계에 상당한 혼란을 일으킬 수 있다는 단점도 있다. 분산형은 국가별 맞춤형 보안이 가능하고 지역 특성을 반영할 수 있다는 장점이 있지만, 일부 회원국에서 이행상의 어려움이 지속되고 있어 전체적인 보안수준의 균질성 확보에 한계가 있다.

따라서 두 모델의 선택은 해당 국가나 지역의 보안운영 정교함 수준과 성숙도에 따라 신중하게 결정될 필요가 있다. 특히 우리나라처럼 지리적으로 제한된 환경에서 높은 보안수준을 요구받는 상황에서는 두 모델의 장점을 선택적으로 적용하는 하이브리드 접근법이 가장 효과적인 대안이 될 것으로 판단된다.

(1) 운영 주체 중심 vs 적용 대상 중심: 미국과 EU의 접근방식 차이

미국과 EU의 항공화물 공급망보안은 몇 가지 중요한 공통점이 있다. 규정준수 감독권한이 각각 미국과 EU 회원국으로 제한되며, 화물보안 강화조치가 물류업계에 상당한 비효율성과 비용증가를 초래하고 있다는 현실적 문제에 직면해 있다. 특히 미국의 100% 화물검색 정책은 보안검색 검증체계 미비, 화물보안검사관 부족, 검색기술의 한계 등으로 실효성 확보에 어려움을 겪고 있다.

두 지역의 접근방식에는 중요한 차이점도 있다. 미국은 운영 주체별로 법규정을 세분화하는 접근방식을 취하고 있어, 공항운영자, 항공운송사업자, 화물운송업체 등 각 주체의 역할과 책임을 명확히 구분한다. 반면 EU는 적용대상별로 법규정을 구성하여 항공화물, 공항, 항공기, 여객, 수하물 등 보안 대상에 따라 규정을 체계화하고 있다. 우리나라는 EU와 유사하게 적용대상별 접근법을 채택하고 있다.

또 다른 주요 차이점은 EU가 공항별 위험평가에 따라 회원국별로 EU 공통보안표준보다 더 강화된 화물보안조치를 도입할 수 있도록 허용한다는 점이다. 이 접근법은 지역 특성에 맞는 유연성을 제공하지만, 회원국별로 다른 보안검색방법과 기술인증이 추가되어 새로운 비효율을 초래한다는 문제가 있다.

(2) 비교 분석을 통한 현실 인식: 정책적 시사점과 개선 방향

표준화된 화물보안절차와 공통보안표준은 화물보안확보와 공급망보안시스템의 효율성을 동시에 제공하는 중요한 장치다. 하지만 현실은 2010년 10월 예멘사건에서 극명하게 드러났듯이, 테러조직이 화물보안의 허점이 발견된 공급망보안시스템의 특정 영역을 손쉽게 공격할 수 있다는 심각한 문제에 직면하게 된다.

따라서 현재의 화물보안위험이 이전과 동일할 것이라고 안이하게 가정해서는 안 되며, 화물보안을 여객보안 수준으로 대폭 강화할 필요가 있다는 것이 전문가들의 일치된 견해다. 위험평가를 통해 화물보안조치와 공통보안표준을 마련할 때는 화물과 여객 모두의 보안을 종합적으로 강화할 수 있는 통합적 제도가 필요하다.

흥미로운 점은 화물보안과 여객보안 간의 접근방식 차이다. 여객 프로파일링은 사생활 침해 문제로 인해 진행이 더디지만, 화물보안의 경우 위험기반 접근법을 적용하면 항공화물공급망을 따라 정보공유를 향상시켜 훨씬 효과적인 위험평가 결과를 제공할 가능성이 높다는 것이다.

하지만 현실적 한계도 분명히 존재한다. 화물보안조치 강화에도 불구하고 항공화물의 보안위험은 여전히 남아 있으며, 이를 위해 관련 법규정과 첨단 검색장비가 지속적으로 도입되고 있다. 그런데 문제는 화물보안 취약성을

개선하기 위한 각종 대책이 반복적으로 시행되면서 근본적 해결보다는 임시방편적 대응에 그치는 경우가 많다는 것이다. 과거의 실수를 반복하지 않으려면 새로운 규정을 설계할 때부터 관련 당사자를 적극 참여시키고 어느 정도 동의를 구하는 포용적 과정이 필요하다.

가장 중요한 구조적 차이점은 감시체계에 있다. EU가 미국과 달리 회원국 전체의 공급망보안 절차를 종합적으로 검토하고 화물보안 관련 정부지출을 효과적으로 집행하는 독립적인 감시조직이 없다는 것이다. 미국은 TSA 주도의 중앙집중식 모델로 일관된 감시가 가능하지만, EU는 회원국 항공보안당국 감독하에 다양한 이해관계자가 결합한 분산형 모델을 보여주어 통합적 관리에 한계가 있다.

이러한 분석결과를 바탕으로 우리나라의 경우 미국의 정부책임처(GAO)에 상응하는 화물보안수준 관리조직 신설을 적극 검토할 필요가 있다. 이를 통해 공급망보안시스템에 대한 정기적이고 체계적인 검토를 수행하여 공급망수준관리를 근본적으로 강화하는 것이 바람직한 방향으로 판단된다.

2. 국경을 넘는 보안: 인바운드 및 환적화물 관리 전략

(1) 상충하는 보안 요구사항: 미국과 EU 인바운드 화물 시스템의 한계

미국과 EU의 인바운드화물 관리에서 가장 첨예한 갈등을 보여주는 사례는 TSA의 추가 보안요구사항이다. 미국 TSA는 미국으로 수입되는 항공화물에 대해 TSA 항공화물보안프로그램에 규정된 보안통제를 따르도록 요구한다. 미국은 이러한 보안요구사항을 추가로 요구하는 유일한 EU 무역 관련 당사자로, 이에 따라 EU에서 출발하는 항공화물이 원스톱보안과 공급망보안을 활용하지 못하는 결과를 초래하고 있다.

예를 들어, 미국행 화물이 부다페스트공항에서 보안검색을 완료했지만, 프랑크푸르트공항에서 환적되는 경우, 마지막 출발지점인 프랑크푸르트공항에서 다시 화물검색을 해야 한다. 이는 이미 EU 공항에서 적용된 화물보안통제를 고려하지 않고 미국행 항공화물에 대해 별도의 추가보안통제를 중복으로 시행해야 함을 의미한다.

이러한 중복 보안통제는 상당한 비용부담을 일으키며 항공화물운송의 효율성에 큰 영향을 미친다. 항공운송사업자는 다양한 보안요구사항 준수에 어려움을 겪어 특정 유형의 화물운송을 중단하기도 한다. 가장 중요한 점은 이러한 보안통제의 중복이 실질적으로 추가적인 화물보안효과를 전혀 제공하지 않는다는 것이다. 이미 검증된 보안절차를 반복하는 것일 뿐이어서, 보안 향상 없이 비용과 시간만 낭비하는 비효율적 구조를 만들어내고 있다.

항공화물 운송프로세스에는 직원교육부터 보안검색시설 구비까지 다양한 화물보안조치가 포함되어 보안조치 비용을 정확히 추정하기 어렵지만, 항공운송사업자의 추가보안조치 비용 중 최대 20%는 미국과 EU 간 보안조치 중복에서 기인한다는 점을 간과해서는 안 된다.

(2) 시스템 비교분석: 장단점 평가를 통한 정책 개선 방향

글로벌 항공화물보안 시스템을 분석해 보면 각국의 접근방식에는 분명한 차이점과 함께 공통된 과제들이 존재한다. EU는 제3국 출발 항공화물운송인(ACC3) 제도를 통해 인바운드화물 보안을 체계적으로 확보하고 있지만, '면제국가 목록'과 '고위험국가 목록'의 구분 기준이 명확하지 않다는 투명성 문제를 안고 있다. 특히 고위험국가에서 출발한 화물이 면제국가를 거쳐 EU로 들어오는 인바운드화물에 대한 보안통제대책이 부족하다는 구조적 한계가 드러나고 있다.

위험평가에 따라 신속하고 유연하게 대응할 수 있는 절차가 마련된 미국과 비교해 우리나라는 단기간 내 적용할 수 있는 절차가 명확하게 규정되어 있지 못하다. 또한 환적화물에 대해 조건부 보안검색 면제를 규정하고 있는 우리나라와 달리, 미국과 EU는 출발지에서 보안조치된 환적화물에 대해 보안검색을 면제하고 있어 상당한 대조를 이루고 있다.

하지만 이러한 차이점들 속에서도 중요한 공통분모를 발견할 수 있다. 미국과 EU 모두 외국정부나 기관을 직접 규제할 권한은 없어서 미국이나 EU로 운항하는 항공운송사업자나 공항 규제에 국한되는 한계를 갖고 있다. 그러나 두 지역 모두 단순히 외국공항 보안평가나 항공운송사업자 화물점검에만 그치지 않고, 한 걸음 더 나아가 화물보안 취약성이 드러난 국가를 위한 현장지원과 교육기회 제공 등을 통해 인바운드화물 및 환적화물의 보안 향상을 궁극적 목표로 시스템을 운영하고 있다는 점에서 의미가 크다.

이러한 분석을 통해 도출할 수 있는 정책적 시사점은 명확하다. 한국 역시 규제 중심의 접근에서 벗어나 협력과 지원을 통한 글로벌 보안역량 강화에 적극 참여해야 하며, 동시에 위기대응 절차의 체계화와 환적화물 처리

방식의 개선을 통해 국제적 수준의 보안 시스템을 구축해야 할 것이다.

3. 신뢰할 수 있는 파트너십: Regulated Agent와 상용화주 제도

(1) 글로벌 표준의 지역적 변주: 미국, EU, 아시아 주요국의 운영모델 비교

항공화물보안 분야에서 흥미로운 현상 중 하나는 동일한 ICAO 표준을 기반으로 하면서도 각 지역과 국가가 자신만의 독특한 운영모델을 발전시켜 왔다는 점이다. 미국은 IAC와 CCSF 등을 통해 화주가 공항 외부에서 다양한 검색방법을 선택할 수 있는 다층적 보안체계를 구축하고 있다. 반면 EU, 일본, 싱가포르, 홍콩은 ICAO 표준에 기반한 Regulated Agent와 상용화주 제도를 공통으로 채택하고 있지만, 각국이 자신의 실정에 맞게 세밀하게 조정하여 운영하고 있다.

특히 주목할 점은 아시아 주요국들의 운영 성과다. 일본, 싱가포르, 홍콩의 경우 상용화주 및 Regulated Agent를 통한 화물처리 비율이 90% 이상에 달한다는 것이다. 이는 단순한 수치를 넘어서 이들 국가의 정책적 성공을 보여주는 중요한 지표다. 화주가 자신의 운영환경에 최적화된 검색방법을 선택할 수 있게 함으로써 공항 내 화물검색 집중으로 인한 물류지연을 효과적으로 예방하는 결과를 달성하고 있다.

이와 대조적으로 우리나라의 상황은 상당한 개선이 필요한 실정이다. ICAO 공급망보안 체계 중 상용화주만 부분적으로 도입하여 공급망 주체간 상호감시체계가 미흡하고, 전체적인 보안성 확보에 구조적 한계를 보인다. 더 문제가 되는 것은 상용화주 지정 후에도 항공보안등급별 무작위 표본검색과 일부 항공사의 추가 보안검색 요구로 인해 실질적 혜택이 현저히 제한적이어서 기업 참여도가 저조한 악순환에 빠져 있다는 점이다.

(2) 현황 분석과 정책 과제: 주요국 비교를 통한 국내 시사점

글로벌 항공화물보안 시스템의 실제 운영현황을 분석해보면 명확한 패턴이 드러난다. EU, 일본, 싱가포르, 홍콩은 공통으로 항공보안당국 승인을 받은 Regulated Agent를 중심으로 화물보안통제를 하고 있다. 이들 Regulated Agent는 미검색 화물을 접수하여 검색·운송할 수 있는 핵심적 자격을 보유하며, 인증된 화물보안검색요원이 전문적으로 검색업무를 담당하는 체계를 구축하고 있다. 특히 상용화주와 달리 Regulated Agent는 훨씬 더 높은 보안요구사항을 충족해야 하는 엄격한 기준이 적용된다.

하지만 실제 운영 과정에서는 여러 취약점이 발견되고 있다. 각국 상용화주프로그램의 주요 취약점을 구체적으로 살펴보면 다음과 같다. 첫째, Regulated Agent 대비 상대적으로 쉬운 지위 획득이 가능하여 진입장벽이 낮다는 문제가 있다. 둘째, 탑재서류 복제나 허위작성을 방지하는 대책이 현저히 미흡한 상황이다. 셋째, 화물보안신고서 제출만으로도 승인이 가능한 구조여서 실질적 검증이 부족하며, 현장검증을 위한 화물보안검사관 인력이 절대적으로 부족하다. 넷째, 위험물품 규정준수율이 현저히 낮고 이에 대한 감독기능이 거의 빠져 있는 상태다.

현장 인사이트

"상용화주 제도의 가장 큰 문제는 인증 후 지속적인 모니터링과 감독의 부재입니다. 초기 인증은 엄격하게 이루어지지만, 이후 정기적인 점검이 미흡해 시간이 지남에 따라 보안수준이 저하되는 경우가 많습니다."

\- 국토교통부 항공보안감독관

이러한 문제를 개선하기 위해 미국은 상용화주관리시스템(KSMS, Known Shipper Management System)을 통해 화주 적법성 확인 후 위험평가를 거쳐 여객기 탑재 여부를 결정하는 체계적 접근을 실현했다.

이러한 국제적 경험과 교훈을 바탕으로 우리나라도 근본적인 시스템 개선이 시급하다. 무엇보다 '공급망보안 관리시스템' 구축을 통해 Regulated Agent와 상용화수에 대한 인증·관리·감독을 대폭 강화해야 한다. 특히 누 제도를 체계적으로 도입하여 공급망 전체의 효과적인 보안통제를 보장하는 감독체계와 수준관리활동 확립이 무엇보다 필요한 시점이다.

4. 미래를 위한 청사진: 국내 항공화물보안 발전방안

(1) 명확한 기준 확립: 인증절차 및 보안검색면제 기준의 재정립

상용화주제도는 항공운송사업자와의 과거거래를 통해 확인된 화물보안기준 적합 화주를 인정하여 보안조치된 화물의 공항 검색을 면제함으로써 신속한 화물흐름과 고위험화물 보안통제 집중이라는 두 가지 목표를 동시에 달성하는 효율적 화물보안확보 시스템이다. 이는 신뢰 기반 보안의 핵심 원리를 구현한 제도로서, 글로벌 항공화물 보안에서 중요한 역할을 하고 있다.

미국, EU, 우리나라의 상용화주제도 비교분석을 통해 다음과 같은 중요한 시사점들을 도출할 수 있다. 첫째, 세 국가 모두 항공보안당국 인증이라는 공통점을 갖고 있어 정부의 공식적 승인과 감독이라는 기본 틀을 공유하고 있다. 둘째, 미국은 EU 및 우리나라 대비 상당히 낮은 인증기준을 적용하여 상대적으로 쉬운 지위 획득이 가능하다는 특징을 보인다. 셋째, 인증대상의 범위에서 흥미로운 차이를 보인다. 미국과 EU는 화주만 인증대상으로 하지만, 우리나라는 화주뿐만 아니라 항공화물 포장·보관·운송업체까지 대상을 확대하여 보다 포괄적인 접근을 취하고 있다.

하지만 가장 중요한 차이점은 넷째 항목에서 드러난다. 우리나라는 상용화주 보안검색 화물에 대해서도 공항에서 「국가항공보안우발계획」에 따른 무작위 표본검색을 하고 있어, 상용화주 제도의 본래 취지인 검색 면제 혜택이 상당히 제한되고 있다.

이는 미국과 EU의 접근방식과 극명한 대조를 이룬다. 이들 지역은 상용화주 보안조치 화물의 공항 검색면제와 함께 Regulated Agent 제도를 별도로 운영하여 비상용화주 화물을 체계적으로 검색하는 이원화된 시스템을 구축하고 있다. 미국 상용화주는 TSA 인증을 통해 보안확보 화주로 인정받아 별도 검색절차 없이 항공기 탑재가 가능하며, 비상용화주 화물은 CCSF 또는 공항 내 항공운송사업자 검색을 거쳐 탑재되는 명확한 체계를 갖추고 있다.

반면 국내는 상용화주제도 외에 항공화물 보안통제를 담당하는 별도 제도가 없다는 근본적 문제를 안고 있다. 이는 결국 상용화주에게도 추가 검색 부담을 지우는 결과를 낳아, 제도의 실효성을 크게 떨어뜨리는 구조적 한계로 작용하고 있다.

(2) 위험 인식의 균형: 여객-화물 통합 보안체계와 수준관리 개선

현재 글로벌 항공보안 체계에는 근본적인 인식의 편향이 존재한다. 항공화물 보안위험이 주로 외부위협에서 비롯된다는 관념적 인식과 화물보안보다 여객보안절차가 보안강화 이미지 전달에 더 효과적이라는 정치적 접근방식이 미국과 EU의 공급망보안시스템에 그대로 반영되어 있다. 이러한 편향된 인식은 궁극적으로 여객보안절차와 화물보안절차에서 보안통제 중복을 증가시키는 비효율적 문제로 연결되고 있다.

이러한 구조적 문제를 해결하기 위해서는 보다 통합적이고 협력적인 접근이 필요하다. 항공화물에 적용되는 보안통제 개념과 국가수준관리프로그램의 세부사항이 포함된 화물보안절차를 여객운송 보안절차와 일치하도록 규정을 체계적으로 개선할 필요가 있다. 이는 분산된 보안 노력을 통합하여 전체적인 보안 효율성을 높이는 협력적 관리 체계의 핵심이다.

더 중요한 것은 위험에 대한 올바른 인식이다. 심각한 테러공격 시도가 여객운송과 관련이 깊은 것은 분명한 사실이지만, 화물보안처럼 취약한 분야가 전체 보안수준을 결정한다는 보안의 기본 원리를 간과해서는 안 된다. 화물을 통한 불법방해행위가 여객운송 대비 제도적으로 발생 가능성이 작거나 덜 위협적이라고 뒷받침할 과학적 증거는 전혀 없다는 점을 분명히 인식할 필요가 있다.

특히 항공보안분야에서 화물보안이 가장 취약한 부분으로, 지속적으로 인식되고 있는 현재의 글로벌 경향을 고려할 때, 우리나라 항공화물 공급망보안시스템의 엄격한 수준관리를 통한 화물보안확보는 무엇보다 중요한 의미가 있다. 이는 단순한 규제 강화가 아니라 공급망 전체를 아우르는 체계적이고 과학적인 관리 체계의 구축을 의미한다. 결국 엄격한 기준 적용과 이해관계자 간의 긴밀한 협력을 통해서만 진정한 의미의 공급망보안 수준관리가 가능할 것이다.

(3) 함께 만드는 화물보안: 협력적 공급망보안시스템의 설계전략

미국과 EU의 경험에서 확인되는 중요한 교훈 중 하나는 공급망보안 주체 간 화물정보공유를 통한 협력강화가 단순한 효율성 개선을 넘어 근본적인 보안 패러다임의 전환을 가져온다는 점이다. 이러한 협력체계는 공급망보안의 일관성을 제고하고 항공보안당국의 일반적 화물보안절차 관여를 최소화함으로써 주체 간의 상호견제기능을 자연스럽게 강화하는 계기가 되고 있다. 더 나아가 공급망보안시스템의 세부적 위험평가를 통해 위험수준을 과학적으로 결정함으로써 화물별 특정 위험요인에 대한 상세하고 정밀한 분석을 할 수 있게 하는 효과를 창출하고 있다.

이러한 협력적 접근에서 핵심은 차별화된 관리 전략이다. 덜 엄격한 조항과 항공보안당국 개입이 적은 상용화주프로그램은 위험수준이 낮은 때에만 선별적으로 적용되어야 하며, 이는 저위험화물의 원활한 운송 기회를 제공하면서도 보안의 실효성을 확보하는 균형점을 찾는 핵심 원리다.

따라서 진정한 의미의 협력적 공급망보안시스템을 구축하기 위해서는 각 주체의 역할을 명확히 분담하는 전략적 설계가 필요하다. 항공보안당국이 Regulated Agent 및 상용화주의 인증과 공급망보안 시행을 효과적으로 촉진하기 위해서는 차별화된 접근이 핵심이다. Regulated Agent에는 정부의 강한 통제와 엄격한 보안검색을 적용하고, 상용화주에는 저위험 보안통제를 담당하게 하는 이원화된 체계가 필요하다.

이러한 체계적 접근을 통해 보안주체간 상호협력적 공급망보안시스템 구축과 위험기반 화물보안시스템을 통한 주체 간 협력강화를 동시에 실현할 수 있다. 결국 "함께 만드는 화물보안"은 각자의 역할과 책임을 명확히 하면서도 전체적으로는 하나의 통합된 보안망으로 작동하는 협력적 시스템을 의미한다. 이는 단순한 규제 준수를 넘어서 모든 참여자가 능동적으로 보안가치 창출에 이바지하는 성숙한 보안 문화의 구현이라 할 수 있다.

(4) 최적의 모델 찾기: 이원화된 공급망보안체계 도입의 필요성

세계 주요국과 지역에서는 Regulated Agent와 상용화주가 각각 명확한 역할 분담을 통해 운영되고 있다. 이들 국가의 시스템을 살펴보면, 정부 항공보안당국의 엄격한 사전 점검과 승인을 거친 Regulated Agent가 공급망 전반의 보안통제를 담당하고 있으며, 지속적인 당국 감독하에서 보안조치된 화물에 대한 검색 면제 혜택을 제공하는 명확한 이원화 구조를 유지하고 있다. 이러한 체계는 국제민간항공협약 Annex 17과 각국의 국가민간항공보안프로그램(NCASP)에 근거하여 체계적으로 구축된 것이다.

그런데 이와 대조적으로, 우리나라의 상용화주제도는 국제적 표준과는 상당히 다른 독특한 운영방식을 보인다. 가장 주목할 만한 특징은 항공보안당국의 승인을 받은 상용화주가 ICAO 표준의 Regulated Agent 역할을 동시에 수행하면서 화물을 100% 보안검색한다는 점이다. 이러한 현상은 국가별로 다른 화물터미널 보호구역 지정 방식, 항공화물 운송량의 차이 그리고 각국의 항공화물보안프로그램(NCSP) 특성 등 다양한 요인들이 복합적으로 작용한 결과로 분석된다. 하지만 이런 구조는 결과적으로 상용화주 제도 본래의 취지인 효율성 제고와는 거리가 먼 모습을 만들어내고 있는 것이 현실이다.

실제 현장에서는 현재의 상용화주제도만으로도 항공화물 처리 업무에 특별한 문제가 발생하지 않는다는 의견들이 제기되고 있다. 이는 어느 정도 일리가 있는 관점이기도 하다. 그러나 이러한 현상 유지적 접근방식은 상당한 위험성을 내포하고 있다는 점을 간과해서는 안 된다. 항공화물 보안에 대한 의식 부재와 체계적이지 못한 공급망보안체계는 표면적으로는 아무런 문제 없이 운영되는 것처럼 보일 수 있지만, 실제로는 심각한 잠재적 위험을 안고 있기 때문이다.

더욱이 글로벌 항공화물 교역량이 지속적으로 증가하고 있고, 테러리즘을 비롯한 각종 보안 위협이 다양화되고 있는 현재 상황에서는 더 그렇다. 단일 체계에만 의존하는 현재의 접근방식은 변화하는 보안환경에 대응하기에 명백한 한계를 드러내고 있다. 따라서 우리나라의 화물보안환경 특성에 적합하면서도 동시에 국제적 표준에 부합하는 이원화된 공급망보안체계 개선방안을 마련하는 것은 더 이상 미룰 수 없는 시급한 과제가 되었다. 이는 단순히 제도 개선의 차원을 넘어서 국가 항공보안 역량 강화를 위한 전략적 접근이 필요한 시점임을 의미한다.

결국 Regulated Agent와 상용화주라는 두 축을 중심으로 한 역할분담과 상호 보완 시스템을 구축하는 이원화된 체계야말로, 보안성과 효율성을 동시에 확보할 수 있는 최적의 모델이 될 것이다. 이러한 통합적 접근방식을 통해 우리나라 항공화물보안 시스템이 국제표준에 맞으면서도 실무 현장의 효율성을 극대화할 수 있는 발전 방향을 모색해야 할 때이다.

Chapter 6

항공화물보안 미래 발전방향 및 전략적 과제

Chapter 6

항공화물보안 미래 발전방향 및 전략적 과제

Ⅰ. 첨단기술이 바꾸는 항공화물보안의 미래

1. 혁신적 보안기술의 등장

항공화물 보안검색 기술은 급속한 발전을 거듭하고 있다. 과거 주로 의존했던 육안검사와 단순한 X-ray 방식만으로는 점점 정교해지는 보안 위협에 효과적으로 대응하기 어려운 상황이다. 따라서 화물의 특성별로 차별화된 맞춤형 검색기술의 도입이 시급한 과제로 대두되고 있다.

이러한 기술적 요구에 부응하여 등장한 CT(Computed Tomography) 스캐너는 기존 검색 방식의 한계를 크게 뛰어넘고 있다. 이 장비는 액체, 금속, 유기물질 등 다양한 물질을 정밀하게 구분할 수 있으며, 화물 내부의 상세한 3D 이미지를 생성하여 은폐된 위험물품까지도 효과적으로 탐지한다. 그 결과 기존 방식과 비교해 검색 정확도가 획기적으로 향상되는 성과를 보여주고 있다.

한편, 최근 보안 분야에서 큰 주목을 받는 IoT(사물인터넷) 기술은 화물 보안의 패러다임 자체를 근본적으로 변화시키고 있다. 온도, 충격, 위치정보 등을 실시간으로 모니터링하는 지능형 스마트 센서를 화물에 직접 부착함으로써, 전체 운송과정에서 발생할 수 있는 다양한 보안위협을 즉각적으로 감지하는 것이 가능해졌다.

예를 들어 화물운송 트럭의 문이 비정상적으로 열리거나 사전에 승인되지 않은 지역에서 화물이 감지될 때, 관제센터로 즉시 경보가 전송되어 신속한 대응이 이루어지는 통합 보안시스템이 현실화하고 있다. 이는 단순히 특정 시점의 검색을 넘어서 전 과정에 걸친 연속적 보안을 가능하게 하는 혁신이라고 할 수 있다.

2. 인공지능과 빅데이터의 활용

인공지능 기술은 항공화물 보안 분야의 진정한 게임체인저로 부상하고 있다. 특히 딥러닝 알고리즘의 발전은 보안검색의 패러다임을 근본적으로 바꾸고 있다. 이 기술은 수백만 개의 X-ray 이미지를 학습하여 위험물품을 자동으로 감지할 수 있다.

더 주목할 만한 점은 기존 검색과정에서 발생하던 보안검색요원의 피로도와 주관적 판단 오류를 현저히 줄이면서 동시에 탐지 정확도를 획기적으로 향상하고 있다는 것이다. 인간의 한계를 기술로 보완하면서도 전체적인 성능을 끌어올리는, 이상적인 형태의 기술 도입이라고 평가할 수 있다.

이러한 AI 기반 탐지시스템과 함께, 빅데이터 분석 기술은 사전위험평가의 핵심 도구로 자리 잡았다. 발송인의 과거 이력, 화물의 운송경로 패턴, 지급방식, 포장 특성 등 수천 가지에 달하는 다양한 데이터 요소들을 종합적으로 분석하여 개별 화물의 위험도를 실시간으로, 그것도 초 단위로 평가하는 것이 가능해졌다.

실제로 미국 교통보안청(TSA)은 이러한 다차원적 위험지표를 활용하여 고위험화물을 사전에 선별하고 차별화된 보안검색을 하는 지능형 시스템을 성공적으로 운영하고 있으며, 이는 전 세계 항공보안 업계의 새로운 표준 모델로 주목받고 있다. 결국 AI와 빅데이터 기술이 단순히 기존 방식을 개선하는 수준을 넘어서 완전히 새로운 차원의 보안체계를 가능하게 하고 있다고 볼 수 있다.

3. 블록체인 기술의 공급망보안 적용

블록체인 기술은 항공화물 공급망의 보안 체계를 근본적으로 변화시키고 있다. 블록체인이 갖는 가장 핵심적인 특성 중 하나인 데이터 불변성은 항공보안 분야에서 특히 중요한 의미가 있다. 한번 네트워크에 기록된 정보는 사실상 수정이 불가능하므로, 화물서류의 위변조를 원천적으로 차단하는 효과를 보여주고 있다.

이런 특성은 기존 보안체계의 근본적 취약점을 해결하는 데 매우 중요하다. 전통적인 중앙집중식 시스템에서는 단일 지점에서의 해킹이나 조작이 전체 시스템을 위험에 빠뜨릴 수 있었다. 하지만 블록체인의 분산된 구조는 이런 위험을 현저히 줄여주고 있다.

이와 더불어 스마트 계약은 복잡하고 다단계로 이루어진 보안절차를 자동화할 수 있게 하고 있다. 예를 들어 화주가 미리 지정한 보안요건이 충족되었을 때는 시스템이 자동으로 해당 화물의 보안상태를 인증한다. 반대로 요건이 미충족되면 즉시 추가 보안검색을 실행하는 지능형 시스템 구축이 현실화하고 있다.

이러한 자동화된 프로세스는 인적 오류를 최소화하면서도 보안수준을 한층 향상하는 효과를 나타내고 있다. 특히 24시간 운영되는 항공화물 터미널에서 인간 감독자의 피로나 실수로 인한 보안 공백을 방지할 수 있다는 점이 큰 장점이다.

4. 생체인식 기술의 확산

생체인식 기술은 항공화물 취급 종사자의 신원확인과 접근통제를 혁신적으로 변화시키고 있다. 지문, 홍채, 안면인식 등의 기술은 이제 화물터미널과 보호구역 출입통제에서 필수적인 보안 요소로 자리 잡았으며, 전통적인 ID 카드나 패스워드 방식의 한계를 크게 보완하고 있다.

현장 인사이트

"내부자 위협(Insider Threat)은 항공보안의 큰 도전 중 하나입니다. 생체인식 기술은 '아는 것'(비밀번호)이나 '가진 것'(출입카드)이 아닌 '존재 자체'를 인증함으로써 보안수준을 한 단계 높입니다."

- ○○공항공사 테러대응부장

기존 방식의 문제점을 살펴보면, ID 카드는 분실이나 도난의 위험이 있고, 패스워드는 유출되거나 잊어버릴 수 있다는 근본적 취약점이 있었다.

하지만 생체정보는 개인 고유의 특성이므로 이런 문제들을 상당 부분 해결할 수 있다.

이러한 기본적인 생체인식 기술에서 한 걸음 더 나아가, 최근에는 다층적 신원인증체계가 주목받고 있다. 이 시스템은 단일 생체정보가 갖는 본질적 한계를 효과적으로 극복한다는 장점을 보여준다.

특히 홍채와 지문을 동시에 인식하는 멀티모달 시스템의 경우, 생체정보 위조나 변조 가능성을 대폭 낮추는 효과를 나타내고 있다. 하나의 생체정보만 사용할 때보다 보안성이 기하급수적으로 향상되는 것이다.

더 나아가 고위험화물 취급구역에서는 개인의 행동패턴 분석과 함께 다중 생체인식을 결합한 통합 보안시스템이 새로운 표준으로 자리 잡아 가는 추세다. 이는 단순히 '누구인가?'를 확인하는 수준을 넘어서 '정상적으로 행동하고 있는가?'까지 종합적으로 판단하는 지능형 접근이라고 할 수 있다.

이런 발전을 통해 생체인식 기술은 항공화물 보안분야에 없어서는 안 될 핵심 기술로 자리매김하고 있다. 앞으로 이 기술의 확산은 더 가속화될 것으로 전망된다.

Ⅱ. 사이버보안과 항공화물 정보보호

글로벌 항공시스템은 급속히 증가하는 보안 위협에 직면하고 있다. 특히 주목할 점은 현대 항공시스템이 사이버 공간과 복잡하게 통합된 정보통신 기술(ICT) 인프라로 구성되어 있다는 사실이다. 이러한 특성으로 인해 글로벌 항공시스템은 대규모 사이버공격의 주요 표적으로 부상하고 있으며, 그 위험도는 지속적으로 높아지고 있다.

이러한 위협 환경의 변화는 항공산업의 지속적인 기술 통합과 확장 정책과 밀접한 관련이 있다. 최근 수년간 항공업계에서 추진하고 있는 디지털 전환과 기술혁신은 시스템 간 연결성을 기하급수적으로 증가시키고 있다. 그 결과 사이버위협의 공격 범위도 함께 확대되는 양상을 보이고 있다.

더 우려스러운 것은 디지털 혁신 가속화로 인해 항공시스템의 상호의존성이 심화되고 있다는 점이다. 단일 취약점이 전체 네트워크에 미치는 파급효과가 과거와는 비교할 수 없을 정도로 커지고 있다. 이는 전체 시스템의 안정성을 위협하는 새로운 차원의 위험요소라고 할 수 있다.

따라서 현재 상황에서 적절한 사이버보안 조치 없이는 항공업계 전체가 돌이킬 수 없는 심각한 위험에 노출될 수 있다. 이에 대응하기 위해서는 무엇보다 전통적 테러리즘과 본질적으로 다른 항공 사이버위협의 고유한 특성을 명확히 파악하는 것이 선결 과제다. 또한 실제 발생한 항공 사이버위협 사례들을 체계적으로 분석하여 위협 패턴과 시스템 취약점을 정확히 식별하고, 이를 토대로 민간항공 분야에서 요구되는 최고 수준의 사이버보안 체계를 구축하고 지속적으로 발전시켜 나가는 노력이 절실히 필요한 시점이다.

1. 화물정보 사이버보안 관리전략

운항 중인 항공기는 지상과의 다양한 통신 채널을 통해 연결되어 있다. 지상 웹사이트, 무선주파수서비스, GPS, 전자비행정보장치(EFB), 운항정보교신시스템(ACARS, Aircraft Communications Addressing and Reporting System) 등이 핵심적인 연결 수단이며, 여기에 승객용 와이파이와 셀룰러 연결 서비스도 지속적으로 확대되는 추세다.

그런데 이러한 다양한 네트워크 서비스의 확산은 예상치 못한 부작용을 낳고 있다. 운항 중 항공기가 사이버 취약성에 더 광범위하게 노출되고 있으며, 기내 설치장비의 보안 허점이나 외부 연결 인터페이스 자체의 취약성으로 인해 인터넷 연결망이 사이버공격의 주요 표적이 될 위험이 증가하고 있다.

주요 용어 정리

- **운항정보교신시스템(ACARS)**: 항공기와 지상국 간 단문 메시지의 디지털 데이터링크 무선전송시스템을 말하며, 기체의 중량에 관한 정보나 비행계획, 연료, 기상정보 등 운항에 필수적인 정보를 주고받기 위해 이용하고 있다.

현장 인사이트

"항공화물 보안은 더 이상 물리적 검색만의 문제가 아닙니다. 통합보안 관점에서 물리적 보안과 사이버보안이 하나의 프레임워크 안에서 관리되어야 합니다."

– 한국항공보안학회 ○○이사

이에 따라 효과적인 사이버보안 관리를 위해서는 무엇보다 명확하고 체계적인 거버넌스 구조의 확립이 필수적이다. 최고 경영진의 적극적인 참여와 명확한 책임 분담, 보안팀의 독립성 보장 그리고 신속하고 정확한 사고 대응 프로토콜의 구축이 기본 요소로 자리 잡아야 한다. 특히 위협정보 공유는 선제적 방어 전략의 핵심이라 할 수 있다. 국제항공운송협회(IATA)는 Aviation Cyber Security Sharing Platform을 구축하여 항공사 간 실시간 위협정보와 검증된 대응책을 공유하고 있으며, 이러한 협력적 접근방식이 유사 공격의 확산을 사전에 차단하고 업계 전체의 보안태세를 한층 강화하는 효과를 보여주고 있다.

한편, ICAO는 국제민간항공협약 Annex 17과 Aviation Security Manual 제18장을 통해 사이버위협에 대한 포괄적인 보안원칙과 대응방향을 제시하고 있다. 특히 Aviation Security Manual에서는 항공시스템의 모든 이해관계자가 중요 항공정보 시스템을 정확히 식별하고, 체계적인 위험평가 방법론을 활용하여 적절한 보호조치를 구현해야 한다고 강조한다. 더 나아가 사이버보안 취약성을 지속적으로 완화하고 사고 발생 시 신속하고 적절하게 대응하기 위한 필수 조치를 반드시 수행해야 함을 명시하고 있다.

(1) 항공 사이버위협 대응체계

민간항공 분야에서 사이버공격이 기밀성, 무결성, 가용성에 미치는 영향은 단순한 시스템 장애를 넘어서는 심각한 문제다. 이러한 공격은 항공안전과 보안에 직접적인 피해를 초래하여 항공운송 시스템 전반에 중대한 지장과 손상을 일으킬 수 있다.

더 우려스러운 것은 설령 항공안전과 보안에 즉각적인 영향을 미치지 않는다 하더라도, 사이버공격 자체가 승객들의 신뢰를 근본적으로 상실시킨다는 점이다. 이는 항공업계 전체에 장기적이고 부정적인 파급효과를 가져오는 심각한 결과를 초래하고 있다.

이러한 다층적 위험에 효과적으로 대응하기 위해서는 국가 차원에서 항공운송의 안전한 운영과 지속적인 가용성을 보장하기 위한 중요 항공시스템 기준을 체계적으로 마련해야 한다. 동시에 공항, 항공사, 항공교통관제서비스 제공자, 항공통신서비스 제공자, 유지보수 및 정비 서비스 제공자 등 모든 이해관계자는 강력한 사이버보안 체계를 확보해야 한다.

구체적으로는 공항운영에 사용되는 중요 데이터와 항공시스템의 소프트웨어, 하드웨어에 대한 포괄적인 보안관리가 필요하다.

이를 보다 구체적으로 살펴보면, 보호대상을 세 가지 관점으로 분류할 수 있다.

항공안전 관점에서는항공교통관리(ATM) 시스템, 출발관제 시스템, 항공기의 통신 · 항법 및 기타 안전 중요 시스템, 항공기 명령 · 관제 · 분리 시스템이 핵심적인 보호 대상이다.

항공보안 측면에서는공인화물보안대행기관과 상용화주 데이터베이스, 접근통제 및 경보 모니터링 시스템, CCTV 감시 시스템, 승객 및 수하물 일치 시스템, 보안검색 시스템과 폭발물 탐지시스템이 중요한 보안 자산으로 관리되고 있다.

항공 원활화 관점에서는항공사 예약 및 승객 탑승수속 시스템, 비행정보표시시스템, 수하물 처리 및 모니터링 시스템, 국경 통과 및 세관 시스템이 필수적인 인프라로 자리 잡고 있다.

이처럼 영역별로 체계적인 보호대상을 식별하고 맞춤형 보안 대책을 수립하는 것이 효과적인 사이버위협 대응체계 구축의 핵심이라고 할 수 있다.

(2) ICAO 항공 사이버보안 전략

전 세계적으로 모든 산업 부문에 대한 사이버공격이 지속적으로 증가하고 있는 가운데, 항공업계 역시 이러한 사이버위협으로부터 결코 자유로울 수 없는 상황이다. 특히 항공산업은 광범위한 상호연결성과 시스템의 복잡성, 높은 미디어 노출도 그리고 국가 사회경제적 발전에서 차지하는 중요한 역할로 인해 사이버공격의 매력적인 표적이 되고 있다.

이러한 위협 환경에서 효과적으로 대응하기 위해서는 여러 가지 핵심 요소들이 체계적으로 구축되어야 한다. 지속적인 위협정보 공유체계 구축, 정기적이고 체계적인 취약성 평가 시행 그리고 업계 전반에 걸친 협력 강화가 무엇보다 중요하다. 특히 AI 기반 공격 기법의 급속한 고도화와 글로벌 공급망 복잡성의 증가에 효과적으로 대응할 수 있는 새로운 보안 패러다임 구축이 시급한 과제로 대두되고 있다.

실제로 항공화물 부문의 사이버보안은 단순한 기술적 문제의 차원을 넘어서 국가 안보와 경제 안정성에 직결되는 전략적 과제로 인식되고 있다. 항공사, 공항운영자, 항공교통관제(ATC) 시스템을 표적으로 하는 정교한 사이버공격은 항공화물 컴퓨터 네트워크 전반에 치명적인 장애를 초래할 수 있으며, 나아가 화물 일정과 배치 물류 시스템에 광범위하고 연쇄적인 혼란을 발생시킬 위험성을 내포하고 있다.

더 주목할 점은 현대 민간항공 분야가 데이터의 무결성과 기밀성뿐만 아니라 정보통신기술 시스템의 가용성에 갈수록 깊이 의존하고 있다는 사실이다. 이러한 현실을 바탕으로 ICAO는 사이버보안의 복합적이고 다면적인 특성을 명확히 인식하고 있으며, 사이버공격이 민간항공 분야의 광범위한 영역에 동시에 영향을 미치고 예상보다 빠르게 확산할 수 있다는 점에 특별한 주의를 기울이고 있다. 이에 따라 ICAO는 전 세계적으로 안전하고 탄력적인 대응체계 구축의 중요성을 지속적으로 강조하고 있다.

이러한 인식을 바탕으로 ICAO는 민간항공의 안전, 보안, 연속성을 종합적으로 보장하기 위해 노력하고 있다. 회원국 간 항공 사이버보안 조치의 효과적인 조정과 민간항공 이해관계자 간의 긴밀한 협력 및 정보공유를 적극적으로 추진하고 있다.

특히 ICAO의 항공 사이버보안 전략은 포괄적이고 통합적인 전략 프레임워크를 제시하고 있다는 점에서 주목할 만하다. 국제협력, 거버넌스, 효과적 법률 및 규정, 사이버보안 정책, 정보공유, 사고관리 및 비상계획, 역량강화, 교육 및 사이버보안 문화 등 7개 핵심요소를 포함하는 종합적 접근을 취하고 있다.

(3) 항공 사이버보안 관련 국제표준 도입

글로벌 항공시스템의 사이버보안을 효과적으로 확보하기 위해서는 국가, 정부, 항공업계 및 관련 기관이 모든 항공시스템의 기밀성, 무결성, 가용성을 보장하는 데 긴밀하게 협력해야 한다. 특히 민간항공 이해관계자들이 다양한 사이버위협 문제를 체계적으로 해결하고 글로벌 항공시스템의 복원력을 근본적으로 높일 수 있는 효과적이고 조율된 글로벌 프레임워크 개발이 시급한 과제로 대두되고 있다.

이러한 목표를 달성하기 위해서는 국가와 모든 이해관계자가 사이버위협으로부터 민간항공을 포괄적으로 보호할 수 있는 사이버보안 국제표준을 체계적으로 마련해야 한다. 동시에 사이버 사고 발생 시 적시에 대응하고 신속하게 복구하여 항공운송에 중대한 중단 없이 새로운 사이버위협을 효과적으로 견딜 수 있는 탄력적인 방어 체계를 구축하는 것이 필수적이다.

실제로 사이버공격에 대한 민간항공 보호는 여러 가지 핵심 요소들의 통합적 접근을 통해 실현할 수 있다. ICAO 사이버보안 표준과 권고되는 방식(SARPs)의 철저한 준수, 강력한 위험관리 체계의 이행, 중요 인프라의 정확한 식별 그리고 사이버보안 다층 접근법의 체계적 이행이 그 핵심이다. 특히 사이버보안 다층 접근법은 한 계층에 대한 성공적인 사이버공격이 시스템의 다른 계층을 연쇄적으로 손상하지 않도록 보호하는 전략적 방어 개념을 의미한다.

한편, 중요 항공정보, 통신기술 시스템 및 데이터의 효과적인 보호는 운영자 수준에서 확립된 체계적인 위험평가 프로세스에 포함해 실효성을 확보해야 한다. 이러한 효율적인 위험평가는 사이버공격자의 의도와 동기, 구체적인 공격 방법 및 성공 가능성, 현재 알려진 시스템 취약성 그리고 중요 항공시스템에 미칠 수 있는 영향의 심각도를 종합적으로 검토함으로써 달성할 수 있다.

또한 국가 차원에서는 항공 사이버보안에 대한 전반적인 권한과 명확한 책임을 진 전담 항공 사이버보안당국을 지정하는 것이 중요하다. 이 당국은 구체적으로 이행할 역할과 책임을 명확히 결정하고 실효성 있는 항공 사이버보안 규정을 마련하며, 민간항공 사이버보안 문화의 핵심 요소들을 정의하고 그 이행 과정을 지속적으로 모니터링하는 역할을 수행해야 한다.

마지막으로 각국은 사이버공격과 악의적 간섭으로부터 중요한 정보통신기술 시스템과 데이터를 체계적으로 보호하기 위한 적절하고 구체적인 조항들을 관련 국가항공보안프로그램에 필수적으로 포함해야 한다.

이러한 중요 시스템에 대한 접근제한 조치로는 중요 항공정보에 대한 원격 접속의 엄격한 제한, 권한을 부여받은 전문 직원만의 시스템 유지보수 허용 그리고 모든 중요 인프라 시스템에 대한 정기적이고 체계적인 검사·테스트·감사 실시 등이 핵심요소로 자리 잡고 있다. 이런 종합적 접근을 통해 진정한 의미의 국제표준 기반 사이버보안 체계가 완성될 수 있다.

2. 디지털 화물서류 보안체계 구축

종이 문서에서 디지털 서류로의 급속한 전환은 항공화물 프로세스를 혁신적으로 변화시키고 있다. 하지만 동시에 예상치 못한 새로운 보안 도전과제들을 가져오고 있는 것도 사실이다. 특히 전자항공화물보안신고서(e-CSD)와 전자항공화물운송장(e-AWB) 등 핵심 디지털 문서에서는 정교한 위변조 방지 기술과 데이터 무결성 보장이 가장 중요한 과제로 대두되고 있다.

이런 상황에서 더 중요해지는 것이 바로 전자서명 및 인증체계의 국제적 표준화다. 국경을 자유롭게 넘나드는 항공화물의 고유한 특성상, 이는 해결해야 할 필수적 요소라고 할 수 있다.

이에 대응하여 ICAO와 IATA는 적극적인 움직임을 보인다. PKI(공개키 인프라) 기반의 강력한 전자서명 표준을 체계적으로 개발하고 있으며, 이를 통해 전 세계 어디서나 호환할 수 있는 통합 보안시스템 구축을 추진하고 있다.

주목할 점은 이러한 국제적 협력 노력이 단순히 기술적 표준화에 그치지 않는다는 것이다. 글로벌 항공화물 운송의 신뢰성과 효율성을 동시에 확보하는 핵심 전략으로 평가받고 있다. 디지털 전환의 혜택을 누리면서도 보안성을 강화하는 일거양득의 효과를 기대할 수 있는 접근이라는 의미다.

Ⅲ. 항공화물보안 패러다임 변화

1. 비대면 시대의 화물처리와 보안도전

COVID-19 팬데믹은 항공화물 처리 과정의 비대면화를 급격히 가속하는 결정적 계기가 되었다. 자동화된 로봇, 드론, 자율주행차량 등 첨단 기술들이 화물 분류, 이동, 보관 과정에 광범위하게 도입되면서, 기존의 보안 패러다임에도 근본적인 변화가 요구되고 있다.

이러한 급속한 변화 속에서 가장 중요한 과제로 부상한 것이 바로 자동화 시스템의 효율성과 보안성 간의 최적 균형점을 찾는 일이다. 효율성 추구가 자칫 보안수준을 약화하는 부작용을 초래하지 않도록 주의해야 한다. 이에 따라 자동화 시스템 설계 단계부터 보안 요소를 본질적으로 내재화하는 'Security by Design' 접근법이 업계 전반에서 핵심 설계원칙으로 강조되고 있다.

한편, 이러한 비대면 운영환경은 전통적인 보안 통제적인 개념과 방식도 획기적으로 변화시키고 있다. 기존에 의존해 왔던 대면 확인과 인적 감독이 현저히 줄어들면서, 이를 효과적으로 대체할 수 있는 혁신적 보안조치의 필요성이 그 어느 때보다 커지고 있다.

이에 대응하여 현재 지능형 CCTV와 고도화된 행동분석 AI 기술이 인간 감독자의 역할을 체계적으로 보완하고 있으며, 동시에 IoT 센서 네트워크가 화물의 무결성을 실시간으로 모니터링하는 통합 보안체계가 점진적으로 구축되어 가고 있다. 이러한 기술적 혁신은 팬데믹 시대의 새로운 보안환경에 효과적으로 적응하면서도 기존 보안수준을 유지하거나 오히려 향상하는 성과를 보여주고 있다.

2. 위기 대응형 탄력적 공급망 구축 전략

COVID-19 팬데믹은 글로벌 공급망이 갖고 있던 구조적 취약성을 극명하게 드러내는 계기가 되었다. 갑작스러운 국경폐쇄, 심각한 인력부족 그리고 급격한 수요 변화가 항공화물 운송시스템에 전례 없는 복합적 도전을 가져왔으며, 이러한 위기 경험은 미래의 다양한 위기 상황에 효과적으로 대응할 수 있는 탄력적이고 지속 가능한 공급망 구축의 중요성을 더 부각했다.

이러한 교훈을 바탕으로 팬데믹과 각종 재난 상황에서의 보안연속성 계획 수립은 이제 선택이 아닌 필수 요소로 자리 잡았다. 핵심적인 보안기능을 효과적으로 유지하면서도 동시에 운영의 지속성을 보장하는 균형 잡힌 전략이 절실히 요구되고 있다.

구체적인 예를 살펴보면, 보안인력이 부족한 상황에서는 원격 모니터링 시스템과 위험기반 검색 방식을 효과적으로 조합하여 대응할 수 있다. 또한 기존 운송경로가 차단될 경우를 대비해 대체경로의 보안수준을 신속하고 정확하게 평가하는 표준화된 프로토콜을 사전에 마련해두는 것이 핵심이다. 이런 사전 준비가 위기 상황에서 혼란을 최소화하고 신속한 대응을 가능하게 한다.

결국 이러한 세계경제 위기 대응에서는 무엇보다 국제적 차원의 협력과 조율이 가장 중요한 성공 요인이다. ICAO의 항공화물 비상대응 네트워크는 이런 맥락에서 위기 상황 발생 시 회원국 간 실시간 정보공유와 체계적으로 조율된 대응을 할 수 있게 하는 핵심 플랫폼 역할을 하는 것이다.

이러한 다자간 협력체계를 통해 개별 국가의 일방적이고 비조율적인 조치로 인한 연쇄적 혼란을 최소화할 수 있다. 더 나아가 글로벌 공급망의 연속성과 안정성을 종합적으로 보장할 수 있는 기반을 마련하고 있다. 이는 향후 유사한 세계경제위기 상황에서도 항공화물 보안체계가 지속적으로 작동할 수 있는 중요한 제도적 안전장치로 평가받고 있다.

Ⅳ. 글로벌 협력의 새로운 지평

1. 항공화물보안 글로벌 거버넌스의 발전

항공화물은 본질적으로 국경을 자유롭게 넘나드는 글로벌 활동이기 때문에, 효과적인 보안체계 구축은 국제적 차원의 긴밀한 협력이 필요하다. ICAO, WCO, IATA는 전통적으로 각자의 고유한 영역에서 항공화물 관련 규제와 표준을 독립적으로 개발해 왔다.

하지만 최근에는 흥미로운 변화가 일어나고 있다. 이들 기관이 상호 보완적인 공동 실무그룹을 구성하여 항공화물보안과 무역원활화 간의 최적 균형점을 찾기 위한 통합적이고 체계적인 접근을 적극적으로 모색하고 있다.

이러한 국제적 협력과 함께 지역 간 보안표준의 조화 역시 현재 항공화물 보안 분야에서 중요한 과제로 대두되고 있다. 특히 원스톱보안(One-Stop Security) 제도의 성공적 확산을 위해서는 이러한 표준 조화가 필수적인 전제 조건이다.

현재 EU-미국을 비롯한 주요 무역 파트너 간 보안표준 조화를 위한 노력이 여러모로 활발히 진행되고 있다. 특히 상호인정평가(Mutual Recognition Assessment) 방법론의 국제적 표준화가 지역 간 보안조치 상호인정의 핵심 기반으로 자리 잡아 가고 있다는 점이 주목할 만하다.

한편, 이러한 다양한 국제합의들이 실제 현장에서 얼마나 충실히 이행되고 있는지를 객관적으로 확인하는 모니터링 체계도 지속적으로 강화되는 추세다. 대표적으로 ICAO의 항공보안평가프로그램(USAP)은 회원국의 보안표준 이행 수준을 정기적이고 체계적으로 평가하고 있다. 동시에 기술지원 프로그램을 통해 개발도상국의 역량 강화를 적극적으로 지원하고 있다.

이러한 종합적인 접근방식은 글로벌 항공화물 보안수준의 전반적 향상과 균질화를 도모하는 중요한 제도적 장치로 평가받고 있다. 결국 개별 국가의 노력만으로는 한계가 있는 항공화물 보안 분야에서, 이런 글로벌 거버넌스 체계의 발전이 실질적인 성과를 만들어내고 있다고 볼 수 있다.

2. 공급망보안 상호인정의 확산

항공화물은 글로벌 물류의 특성상 여러 국가를 경유하는 복잡한 운송경로를 거치게 된다. 각 경유지에서 동일한 보안 검색을 중복적으로 하는 것은 시간과 비용 측면에서 매우 비효율적이다. 따라서 국가 간 보안조치의 상호인정 제도는 이러한 불필요한 중복을 효과적으로 제거하면서도 보안수준과 운영 효율성을 동시에 향상하는 핵심적인 전략으로 자리 잡고 있다.

이러한 목표를 달성하기 위한 상호인정협정(MRA) 체결 프로세스는 체계적인 3단계로 구성되어 있다. 먼저 서류 평가 단계에서 관련 법규와 절차를 검토하고, 이어서 현장 검증 단계에서 실제 운영 환경을 직접 확인한다. 마지막으로 정기 모니터링 단계를 통해 지속적인 품질 관리를 수행하는 것이다.

특히 현장 검증 단계는 가장 중요한 과정으로 여겨진다. 문서상의 보안 프로토콜이 실제 현장에서 얼마나 충실하고 정확하게 이행되고 있는지를 객관적으로 확인하는 핵심 절차이기 때문이다. 아무리 완벽한 규정이 있어도 현장에서 제대로 실행되지 않으면 의미가 없다는 점에서, 이 단계의 중요성은 아무리 강조해도 지나치지 않다.

실제로 이러한 상호인정 제도가 성공적으로 작동하려면 무엇보다 국가별 보안수준 평가체계의 국제적 표준화가 필수적인 전제 조건이다. 이를 위해 현재 정량적 평가지표와 표준화된 평가 방법론이 지속적으로 개발되고 있다. 이는 국가 간 보안수준 비교의 객관성과 공정성을 현저히 높이는 효과를 보여주고 있다.

이러한 체계적인 노력의 결과로 EU와 캐나다를 비롯한 주요 무역 파트너 간 상호인정 협정이 점진적으로 확대되고 있다. 이는 글로벌 항공화물 공급망의 보안성과 효율성을 획기적으로 향상하는 성과를 창출하고 있다고 평가된다. 향후 이러한 상호인정 체계의 확산은 국제 항공화물 운송의 새로운 표준 모델로 발전할 것으로 전망된다.

3. 화물보안 정보공유 플랫폼 구축

화물정보는 항공화물 보안체계에서 가장 강력하고 핵심적인 자산으로 인식되고 있다. 사전화물정보(ACI), 위험분석 결과, 보안사고 데이터 등을 국가 간, 기관 간 체계적으로 공유함으로써 전체적인 보안 효과성을 극대화할 수 있다. 이는 이미 글로벌 항공화물 보안의 핵심 전략으로 자리 잡은 상황이다.

현장 인사이트

"과거의 보안은 '알 필요성'에 기반한 정보 제한이 특징이었다면, 미래의 보안은 '공유 필요성'에 기반한 통제된 정보공유가 핵심입니다. 물론 민감 정보보호와 공유 범위 설정이 중요한 과제로 남아있지만, 정보공유의 가치는 이런 도전을 크게 웃돕니다."

– ICAO 항공보안평가관(Auditor)

이러한 정보공유의 중요성을 바탕으로 글로벌 정보공유 아키텍처는 중앙 집중형과 분산형의 장점을 결합한 하이브리드 모델로 진화하고 있다. 핵심적인 위협정보는 ICAO와 같은 국제기구가 중앙에서 통합 관리하면서, 동시에 지역별, 국가별 전문 네트워크를 통해 보다 구체적이고 실무적인 운영정보가 효과적으로 공유되는 다층적 구조를 갖추고 있다.

한편, 이러한 복합적 정보공유 체계가 원활히 작동하기 위해서는 명확하고 표준화된 정보공유 협약 및 프로토콜 개발이 효과적인 정보교환의 필수적 기반이다. 어떤 정보를, 누구와, 어떤 조건에서 공유할 것인지를 구체적이고 명확하게 정의함으로써 정보의 오용이나 과도한 제한으로 인한 부작용을 사전에 방지할 수 있다. 특히 상업적 민감정보와 국가안보 관련 정보 간의 균형 있는 관리는 이 분야에서 가장 중요한 과제 중 하나로 여겨지고 있다.

궁극적으로 위협정보의 실시간 공유 및 즉각적 대응체계는 항공화물 보안의 미래를 결정짓는 핵심 요소라 할 수 있다. 실제로 미국의 ACAS(Air Cargo Advance Screening)와 같은 선진적 사전위험평가 시스템은 항공기 출발 전 화물정보를 종합적으로 분석하여 고위험화물을 정확히 식별하는 성과를 보여주고 있다. 이러한 국가별 고도화된 시스템들이 국제적으로 상호 연계되고 통합될 때, 진정한 의미의 글로벌 항공화물 보안 네트워크가 완성되며, 이는 전 세계 항공화물 운송의 안전성을 한층 더 향상하는 혁신적 전환점이 될 것으로 전망된다.

V. 내일의 항공화물보안을 위한 통합적 접근

1. 위험기반 통합 보안관리 모델

현재 항공화물 보안 분야에서는 전통적인 일률적 보안관리 방식에서 위험기반의 차별화된 접근 방식으로의 패러다임 전환이 급속히 진행되고 있다. 제한된 보안자원을 최대한 효율적으로 활용하고 동시에 무역원활화를 도모하기 위해서는 화물의 위험도에 따른 관리 강도의 과학적 조절이 필요한 상황이다.

이러한 위험기반 접근법의 핵심은 바로 전과정 위험관리 프레임워크의 구축에 있다. 이 통합적 시스템은 화물의 발송 준비 단계부터 최종 목적지 도착까지 전체 운송 과정에 걸쳐 연속적이고 체계적인 위험평가와 관리를 수행하고 있다.

구체적으로 살펴보면, 발송인에 대한 신뢰성 평가부터 시작해서 운송경로의 종합적 분석, 실시간 화물상태 모니터링 등 다양한 정보원을 통합한다. 이를 통해 개별 화물의 고유한 위험 프로파일을 생성하고 지속적으로 업데이트하는 동적 관리체계를 구현하는 것이다.

더불어 이러한 위험관리와 함께 고려해야 할 중요한 요소는 다층적 보안통제의 체계적 최적화다. 이는 보안 분야에서 널리 인정받는 '방어 심층화' 원칙에 기반을 두고 있다. 하나의 보안조치가 실패하더라도 전체 보안체계가 붕괴하지 않도록 상호 보완적인 다중 보안계층을 전략적으로 구축하는 것이 핵심이다. 물리적 검색, 발송인 인증, 공급망보안, 정보기반 선별 등이 유기적으로 연동되어 강력한 다층적 방어체계를 형성하고 있다.

결국 이 모든 요소가 체계적으로 통합되어 위험정보 기반의 과학적 의사결정 체계를 완성한다. 이 고도화된 체계는 정성적 평가와 정량적 평가를 효과적으로 결합하여 최적의 보안자원 배분을 객관적으로 결정할 수 있게 한다. 이를 통해 평상시 일상적 보안 운영은 물론, 새로운 형태의 위협 출현 시에도 신속하고 정확한 대응 전략을 수립할 수 있는 탄력적 보안 역량을 확보하게 되며, 이러한 통합적 접근은 현대 항공화물 보안의 새로운 표준 모델로 자리 잡아 가고 있다.

2. 항공보안과 세관의 융합

항공화물은 운송 과정에서 보안 검색과 세관 통관이라는 두 가지 핵심 정부 통제 절차를 모두 거쳐야 하는 복합적 구조로 되어 있다. 전통적으로 이 두 프로세스는 독립적으로 운영됐으나, 최근 효율성과 효과성을 동시에 추구하는 통합적 접근 방식이 국제적으로 확산하고 있다.

이러한 통합 접근법의 핵심은 체계적인 정보공유 및 합동검사 메커니즘 구축에 있다. 세관의 사전화물정보(ACI)와 항공보안의 화물보안정보를 통합 분석함으로써 위험화물을 기존보다 정확하고 신속하게 식별할 수 있게 되었으며, 중복 검사로 인한 시간 지연과 자원 낭비를 현저히 줄이고 있다.

더불어 중복규제의 최소화 및 통합인증 제도가 화물처리 속도를 획기적으로 향상하는 핵심 요소로 작용하고 있다. 세관의 AEO(공인경제운영자) 인증과 항공보안의 상용화주 인증을 상호인정하거나 통합 운영함으로써 기업의 규제 준수 부담을 낮추고 글로벌 공급망의 효율성을 높일 수 있다.

이와 같은 보안-통관 연계 프로세스의 성공적 구현은 물리적, 제도적, 기술적 차원의 종합적 통합을 요구한다. 검사 시설의 공동 활용, 명확한 법적 근거와 표준화된 정보공유 프로토콜, 상호 호환 가능한 데이터 시스템과 통합 검색장비 도입이 필수적이다.

궁극적으로 공급망 보안프로그램의 성공적 연계는 항공보안 당국과 세관 당국 간의 긴밀한 조정과 모든 이해관계자와의 지속적 협력을 통해서만 가능하다. 특히 세관에서 잠재적 위협을 식별했을 때 보안 담당자에게 즉시 전달할 수 있는 실시간 연계 체계가 구축되어야 하며, 이러한 통합적 접근 없이는 치명적인 보안 공백이 발생할 수 있어 체계적이고 통합적인 접근이 절실히 요구되고 있다.

3. 민관협력의 새로운 지평

항공화물보안은 더 이상 정부만의 단독 책임이 아닌 민관이 공동으로 해결해야 하는 전략적 과제로 인식되고 있다. 복잡해지는 글로벌 공급망과 급변하는 기술 환경에서는 민간 부문이 보유한 전문성과 혁신역량이 보안체계의 핵심요소로 주목받고 있다.

이러한 인식 변화에 따라 정부-산업계 파트너십 모델이 다양하고 실용적인 형태로 발전하고 있다. 공동 연구개발 프로그램을 통한 기술혁신 추진, 규제 유예를 활용한 혁신적 아이디어의 실험적 구현, 실시간 보안정보 공유 플랫폼 운영 등이 대표적인 협력모델이다. 특히 미국의 CCSP(Certified Cargo Screening Program)는 민관협력을 통해 화물보안 검색 역량을 효과적으로 확대한 국제적 성공사례로 평가받고 있다.

한편, 민간 주도 보안혁신의 활성화는 항공화물보안의 미래 경쟁력을 결정하는 핵심 요인이 되고 있다. 최근 정부가 최소한의 성과 기준과 안전 요구사항만 설정하고, 구체적인 이행 방법은 민간의 창의성에 맡기는 방식이 확산하고 있다. 이는 기술혁신을 촉진하면서도 보안 목표 달성을 보장하는 최적의 균형점을 제공한다.

더불어 다자간 보안협력 네트워크의 구축도 중요한 역할을 담당하고 있다. 항공사, 화주, 운송주선인, 지상조업체, 공항운영자 등 모든 이해관계자가 참여하는 포괄적 협력 플랫폼을 통해 현장 경험과 도전과제들이 정책 결정 과정에 체계적으로 반영되고 있다. 이러한 다층적 협력체계는 상호 이해를 증진하고 실질적 협력 기반을 강화하여 전체 항공화물 보안시스템의 지속적 발전에 이바지하고 있다.

현장 인사이트

"민관협력의 성공 요소는 상호신뢰와 지속적 소통입니다. 단발성 협의가 아닌, 화물보안 문제 정의부터 보안평가까지 전 과정에 민간 이해관계자가 적극적으로 참여할 때 진정한 파트너십이 형성됩니다. 특히 중소기업의 참여를 확대하는 것이 공급망보안 체계 구축의 핵심입니다."

- ○○국제공항 항공사운영협의회(AOC) 보안분과 위원장

4. 지속 가능한 항공화물보안을 위한 제언

항공화물보안은 안전성 확보와 운영 효율성 향상이라는 두 가지 핵심 목표 사이에서 지속적으로 최적 균형점을 찾아가는 역동적인 여정이라 할 수 있다. 특히 미래 지향적 보안체계는 보안 효과성을 철저히 유지하면서도 동시에 글로벌 무역과 공급망의 원활하고 신속한 흐름을 적극적으로 지원할 수 있는 통합적 기능을 갖추어야 한다.

이러한 균형점을 달성하기 위해서는 위험기반 접근법의 지속적 고도화, 국제표준의 체계적 조화 그리고 첨단기술의 전략적이고 단계적 도입이 핵심이 되고 있다. 더불어 개발도상국과 선진국 간 보안역량 격차를 줄이기 위한 체계적인 국제협력과 지속적인 기술지원이 글로벌 항공화물 보안수준 평준화의 중요한 과제로 부상하고 있다.

이와 같은 미래지향적 보안체계의 성공적 구축에는 현실적이고 단계적인 접근방식이 가장 효과적이라 할 수 있다. 단기적 관점에서는 기존 보안 프로세스의 체계적 최적화와 전면적 디지털화에 집중하고, 중기적으로는 AI, IoT, 블록체인 등 첨단기술의 본격적 도입과 빅데이터 활용 범위의 획기적 확대를 추진하며, 장기적으로는 보안문화를 중심으로 하는 자율적 보안시스템과 완전히 통합된 글로벌 보안 네트워크를 구축하는 방향으로 발전시켜야 한다. 이러한 단계적 발전 전략은 급변하는 보안환경에 유연하게 적응하면서도 항공화물 운송의 안전성과 효율성을 동시에 극대화하는 지속가능한 발전 모델을 제시하고 있다.

FINAL REMARKS

항공화물 보안은 글로벌 무역과 공급망의 핵심 요소로, 그 중요성은 전자상거래의 급성장, 지정학적 긴장의 고조, 신기술의 등장으로 더 주목받고 있다. 지금까지 살펴본 바와 같이, 항공화물 보안은 단순한 규제 준수나 검색기술의 범위를 넘어서는 복합적이고 다면적인 도전과제이다. 효과적인 항공화물 보안은 철학적 접근, 전략적 사고, 협력적 노력, 기술적 혁신, 인적 역량이 통합적으로 결합되어야 달성될 수 있다.

미래 항공화물 보안의 핵심 성공 요인으로는 다음과 같은 요소들이 중요하게 작용할 것으로 전망된다.

첫째, 적응성(Adaptability)이 필수적이다. 끊임없이 진화하는 위협 환경, 변화하는 비즈니스 모델, 새롭게 등장하는 기술에 유연하게 적응할 수 있는 보안체계가 요구된다. 정적인 규칙 기반 접근법에서 벗어나, 동적이고 상황 인지적인 보안 패러다임으로의 전환이 필요한 시점이다.

둘째, 통합성(Integration)도 빼놓을 수 없다. 보안은 별도의 기능이 아니라 항공화물 처리 프로세스와 비즈니스 운영에 자연스럽게 내재화되어야 한다. '보안을 위한 보안'이 아닌, 안전하고 효율적인 항공화물 운송이라는 전체 목표의 일부로 보안이 통합되는 것이 핵심이다.

셋째, 균형(Balance)의 중요성이 커지고 있다. 완벽한 보안과 운영 효율성, 고도의 기술과 인적요소, 규제 준수와 비즈니스 혁신, 국가 주권과 국제협력 등 다양한 측면에서 균형점을 찾는 것이 핵심 과제가 될 것이다. 어느 한 요소에만 지나치게 치중하는 접근법은 장기적으로 지속 가능하지 않다는 것이 분명해지고 있다.

넷째, 협력(Collaboration)이 더 중요해진다. 항공화물 보안은 단일 주체의 노력만으로 달성될 수 없으며, 정부, 산업계, 국제기구, 기술 제공업체, 학계 등 다양한 이해관계자 간의 긴밀한 협력이 필요하다. 특히 정보공유, 공동 연구개발, 표준화 노력 등에 있어 협력의 중요성이 더 주목받고 있다.

마지막으로, 혁신(Innovation)이 미래 보안의 핵심 동력이 될 것이다. 인공지능, 블록체인, 사물인터넷, 생체인식, 양자 컴퓨팅 등 첨단기술은 항공화물 보안에 혁명적 변화를 불러올 잠재력을 가지고 있다. 이러한 기술을 효과적으로 활용하는 동시에, 새로운 기술이 일으킬 수 있는 보안 취약점에도 대비해야 한다.

항공화물 보안 분야의 향후 전망과 도전과제를 살펴보면, 몇 가지 주목할 만한 추세가 나타나고 있다. 전자상거래의 지속적 성장은 소형 패키지의 대량 처리에 특화된 새로운 보안 접근법을 요구하고 있다. 지정학적 긴장의 고조는 테러리즘, 불법 밀수, 사이버 공격 등의 위협을 증가시킬 가능성이 높다.

또한 기후변화와 환경 문제는 항공물류 패턴에 영향을 미치고 있으며, 이에 따른 보안 영향도 고려해야 하는 상황이다. 디지털화와 자동화의 가속화는 보안 프로세스의 근본적 변화를 불러오고 있으며, 동시에 새로운 사이버 위협에 대한 취약성도 증가시키고 있다.

이러한 도전과제에 효과적으로 대응하기 위해서는 선제적이고 혁신적인 접근이 필요하다. 보안과 효율성을 동시에 향상하는 기술 개발, 공급망 가시성과 투명성 강화, 데이터 기반 위험관리 고도화, 인적 역량과 보안문화 강화, 국제적 협력과 표준화 등이 핵심 전략으로 부상하고 있다.

항공화물보안의 미래는 기술의 진보, 국제협력의 확대, 보안과 효율의 균형 속에서 형성될 것이다. 오늘날 우리가 마주한 도전은 복잡하고 복합적이지만, 이는 동시에 혁신과 발전의 기회이기도 하다.

이러한 맥락에서 미래 항공화물보안의 핵심은 '스마트 보안'에 있다고 할 수 있다. 이는 단순히 첨단기술의 도입을 넘어, 정보와 지식을 기반으로 위험을 예측하고 보안자원을 최적으로 배분하는 지능적 방법론이다. 항공화물 공급망의 모든 참여자가 정보를 공유하고 책임을 분담하는 통합적 보안체계 구축이 필요한 시점이다.

아울러 국제협력은 그 어느 때보다 중요해지고 있다. 항공화물이 국경을 넘나드는 특성상, 단일 국가의 노력만으로는 충분한 보안을 확보할 수 없다. 표준의 조화, 정보공유, 공동 대응이 글로벌 항공화물 네트워크의 안전을 보장하는 핵심요소가 되고 있다.

무엇보다 인간 중심의 접근을 잊지 말아야 한다. 아무리 첨단기술이 발전하더라도, 항공화물보안의 핵심 현장에는 항상 사람이 있다. 보안 전문가의 전문성 계발, 윤리적 판단력 향상 그리고 보안문화 조성이 기술 투자만큼이나 중요하다는 인식이 확산하고 있다.

실제로 현장에서 업무를 하다 보면 기술적 시스템이 아무리 정교해도 이를 운용하고 판단하는 것은 결국 사람이라는 점을 절감하게 된다. 복잡한 보안 상황에서 순간적인 판단을 내리고, 예상치 못한 위협에 유연하게 대응하며, 다양한 이해관계자들과 소통하는 능력은 여전히 인간 고유의 영역이다. 따라서 기술 발전과 함께 인적 역량 강화에도 지속적으로 투자해야 하며, 이것이야말로 항공화물 보안의 지속 가능한 발전을 위한 핵심 요소라 할 수 있다.

항공화물 보안의 미래는 도전과 기회가 공존한다. 복잡한 글로벌 공급망, 다변화하는 위협 환경, 기술혁신의 가속화 속에서, 항공화물 보안은 더 중요하고 복잡한 과제가 되고 있다. 그러나 동시에 새로운 기술, 협력 모델, 위험기반 접근법을 통해 보안의 패러다임을 근본적으로 변화시킬 기회도 확대되고 있다.

이러한 환경변화 속에서 하늘을 나는 소포들이 안전하게 목적지에 도착하기 위해서는, 기술과 프로세스만으로는 충분하지 않다. 항공화물 보안은 결국 사람의 문제이고 가치의 문제다. 모든 이해관계자가 안전하고 효율적인 글로벌 공급망이라는 공동의 목표를 향해 협력할 때, 진정한 항공화물 보안이 실현될 수 있다.

따라서 항공화물 보안 전문가로서, 우리는 이러한 협력과 혁신의 촉진자 역할을 해야 한다. 끊임없이 변화하는 환경 속에서, 지식, 기술, 철학적 기반을 갖춘 전문가들이 항공화물 보안의 미래를 안전하게 이끌어갈 것이다.

결론적으로, 하늘을 나는 소포가 안전하게 목적지에 도달할 수 있도록 우리는 끊임없이 학습하고 혁신해야 한다. 이 책이 그 여정에 작은 이정표가 되기를 희망한다.

References

■ 국내 단행본

국토해양부 외6, 「ICAO 전략의제 대응연구, 고위급 항공보안회의(HLCAS) 대응방안 연구」, 국토해양부, 한국교통연구원, 한국항공우주연구원, 한국항공대학교, 한국천문연구원, 한국교통대학교, 한국항공우주법학회, (2012).

김연명, 박진서, 안미진, 「선진 항공화물 보안체계 구축방안 연구」, 한국교통연구원 연구보고서, 한국교통연구원(2007).

김제철, 박진서, 김진후, 「항공화물 상용화주제도 개선방안 연구」, 한국교통연구원 연구보고서, 한국교통연구원(2010).

인천국제공항공사, 한국항공대학교 산학협력단, 「인천국제공항 항공화물 보안체계 개선 검토용역 보고서」, (2015).

최재선, 목진용, 황진희, 고현정, 「국가 화물보안 체제 확립방안 연구(Ⅰ)」, 한국해양수산개발원 연구보고서(2006).

최재선, 목진용, 황진희, 고현정, 김민수, 「국가 화물보안체제 확립방안 연구(Ⅱ)」, 한국해양수산개발원 연구보고서(2007).

■ 국내 논문

곽봉환, 강동윤, “우리나라 상용화주제 활성화를 위한 물류정책 활용 방안”, 디지털정책연구 제11권 제4호, 한국디지털정책학회(2013).

목진용, “우리나라 화물보안기준 설정 방안”, 해양수산 통권 제280호, 한국해양수산개발원(2008).

박만희, 이승열, 안주연, 황호원, “항공화물의 공급망보안 체계 강화 연구 -등록대리점(Regulated Agent) 제도 법적 도입을 중심으로-”, 한국항공경영학회지, 제18권 제2호, 한국항공경영학회(2020).

박만희, 황호원, “국제항공화물 공급망 보안 강화를 위한 보안과 세관의 협조체계 구축방안에 관한 연구”, 한국항공운항학회지, 제29권 제4호, 한국항공운항학회(2021).

박정훈, “법규명령 형식의 행정규칙과 행정규칙 형식의 법규명령 –법규개념 및 형식실질 이원론의 극복을 위하여-”, 행정법학 제5호, 한국행정법학회(2013).

백남진, 백남규, 이민우, 차재상, “항공화물 탑재용기(ULD)의 효율적 관리를 위한 LED-ID와 RFID 기반의 드론 적용 방안에 관한 연구- 항공화물터미널사례”, 한국위성정보통신학회논문지 제12권 제4호, 한국위성정보통신학회(2017).

백소라, 박용화, 임철현, “화물과 여객의 상대적 가치를 기준으로 하는 새로운 공항 처리량단위(WLU) 개발 연구”, 대한교통학회지 제35권 제5호, 대한교통학회(2017).

서동희, “국제항공화물인도와 관련된 법률문제”, 한국해법학회지 제22권 제1호, 한국해법학회(2000).

손봉희, “항공화물 보안 개선 방안 연구 - 상용화주제도 활성화 방안을 중심으로-”, 한국항공대학교 석사학위논문(2014).

송선욱, “국제항공화물 보안을 위한 Known Shipper 제도에 관한 연구 -미국, EU, 한국 제도 비교를 중심으로-”, 관세학회지 제13권 제4호, 한국관세학회(2012).

송선욱, “미국의 국제항공화물 보안 강화 조치에 관한 연구”, 관세학회지 제13권 제1호, 한국관세학회(2012).

송제환, “GASeP에 따른 국내 위험기반 보안관리체계 구축방안 연구”, 한국항공경영학회 추계학술발표논문집(2019).

이강빈, "몬트리올 협약상 국제항공화물운송에 관한 연구 - 항공화물운송장과 항공운송인의 책임을 중심으로-", 한국무역상무학회지 제49권, 한국무역상무학회(2011).
이주형, 황호원, "미국 민간항공보안 법규정에 대한 고찰", 항공우주정책·법학회지 제29권 제2호, 한국항공우주정책·법학회(2014).

■ 기타 자료

2020년 항공통계 국내편, 한국항공협회(2020).
2023년 항공시장 동향, 한국무역협회(2024).
2023년 항공안전 백서, 국토교통부(2024).
2023년 항공통계 세계편, 한국항공협회(2024).
2024년 항공보안시행계획, 국토교통부(2024).
미국 정부책임처, 국회예산정책처(2015).
자유무역지역 운영현황, 인천국제공항공사 자료(2020).

■ 관련 법규정

「국가민간항공보안 교육훈련지침」 [국토교통부예규 제379호].
「국가항공보안계획」 제23차 개정, 국토교통부 (2024).
「물류정책기본법」 [법률 제20231호].
「물류정책기본법 시행령」 [대통령령 제34650호].
「보세화물 입출항 하선 하기 및 적재에 관한 고시」 [관세청고시 제2024-25호].
「상용화주 항공화물 보안기준」 [국토교통부고시 제2023-287호].
「항공보안법」 [법률 제19841호].
「항공보안법 시행규칙」 [국토교통부령 제1427호].
「항공보안법 시행령」 [대통령령 제34510호].
「항공위험물운송기술기준」 [국토교통부고시 제2023-52호]

■ 외국 단행본

Bart Elias, *Air Cargo Security*, CRS Report for Congress (2007).

Bart Elias, *Aviation Security: Background and Policy Options for Screening and Securing Air Cargo*, CRS Report for Congress (2008).

Bart Elias, *Screening and Securing Air Cargo: Background and Issues for Congress*, CRS Report for Congress (2010).

Bart Elias, *Securing Air Cargo: Industry Perspectives*, CRS Report for Congress (2017).

Bart Elias, *Security of Air Cargo Shipments, Operations, and Facilities*, CRS Report for Congress (2018).

Boeing, *World Air Cargo Forecast 2020-2039*, Boeing World Air Cargo Forecast Team (2020).

Dan Burges, *Cargo Theft, Loss Prevention, and Supply Chain Security*, Butterworth-Heinemann (2012).

Donald Waters, *Supply Chain Risk Management*, Kogan Page Limited (2011).

European Commission, *Study on Economic and Other Benefits of One Stop Security Arrangements*, EU(O&I consulting) (2018).

George Williams and Svein Brathen, *Air Transport Provision in Remoter Regions*, Routledge (2010).

Hans-Helmut Grandjot, Ingo Roessler and Ailine Roland, *Air Cargo Guide : An Introduction to the Air Cargo Industry*, Huss-Verlag GmbH (2007).

ICAO & WCO, *Moving Air Cargo Globally, Air Cargo and Mail Secure Supply Chain and Facilitation Guidelines*, ICAO & WCO (2015).

Jeffrey C. Price and Jeffrey S. Forrest, *Practical Aviation Security - Predicting and Preventing Future Threats*, Elsevier Inc. (2009).

Kathleen M. Sweet, *Aviation and Airport Security Terrorism and Safety Concerns*, CRC Press (2009).

Marc Thomas, *The EU Regulatory Framework Applicable to Civil Aviation Security*, Transport and Tourism of European Parliament (2011).

Mark A. Randol, *The Department of Homeland Security Intelligence Enterprise, Operational Overview and Challenges for Congress*, Congressional Research Service (2010).

Michael Sales, *Air Cargo Management - Air Freight and the Global Supply Chain*, Routledge (2017).

Michael Sales, *Aviation Logistics - the Dynamic Partnership of Air Freight and Supply Chain*, Kogan Page (2016).

Paul Hertwig and Philipp Rau, *Risk Management in the Air Cargo Industry*, Diplomica Veriag (2010).

Rosario Macario, Joao Vieira, Pedro Mano, Sonja van Renssen, Eddy Van de Voorde, Tom Pauwels, Sergio Domingues, Ross Dawkins, Jonathan Todd, *The Security of Air Cargo from Third Countries*, European Parliament's Committee, Directorate General for Internal Policies, Policy Department B: Structural and Cohesion Policies, Transport and Tourism (2012).

Ruwantissa Abeyratne, *Aviation Security Legal and Regulatory Aspects*, Routledge Revivals (2018).

Ruwantissa Abeyratne, *Law and Regulation of Air Cargo*, Springer (2018).

Stephen Mchale, *Aviation Security*, U.S. Congress (2003).

Transportation Security Administration, *Air Cargo Security Roadmap*, (2021).

U.S. General Accounting Office, *Aviation Security: Vulnerabilities and Potential Improvements for the Air Cargo System*, GAO-03-344 (2002).

U.S. General Accounting Office, *Combating Terrorism, How Five Foreign Countries Are Organized to Combat Terrorism*, GAO/NSIAD-00-85 (2000).

U.S. Government Accountability Office, *Air Cargo Security, TSA Field Testing Should Ensure Screening Systems Meet Detection Standards*, GAO-21-105192 (2021).

U.S. Government Accountability Office, *Aviation Security: Actions Needed to Address Challenges and Potential Vulnerabilities Related to Securing Inbound Air Cargo*, GAO-12-632 (2012).

U.S. Government Accountability Office, *Aviation Security, Federal Action Needed to Strengthen Domestic Air Cargo Security*, GAO-06-76 (2005).

U.S. Government Accountability Office, *Aviation Security: Progress Made but Actions Needed to Address Challenges in Meeting the Air Cargo Screening Mandate*, GAO-10-880T (2010).

U.S. Government Accountability Office, *Aviation Security: Progress Made, but Challenges Persist in Meeting the Screening Mandate for Air Cargo*, GAO-11-413T (2011).

U.S. Government Accountability Office, *Aviation Security: TSA's Efforts to Assess Foreign Airports and Inspect Air Carriers*, GAO-17-808T (2017).

U.S. Government Accountability Office, *Aviation Security: TSA Has Taken Steps to Conduct More Risk- Informed Covert Tests and Address Vulnerabilities*, GAO-19-633T (2019).

U.S. Government Accountability Office, *Aviation Security: TSA Has Taken Steps to Enhance Its Foreign Airport Assessments, but Opportunities Exist to Strengthen the Program*, GAO-12-163 (2011).

U.S. Government Accountability Office, *Aviation Security: TSA Should Ensure Screening Technologies Continue to Meet Detection Requirements after Deployment*, GAO-20-56 (2019).

U.S. Government Accountability Office, *TSA Uses a Variety of Methods to Secure U.S.-bound Air Cargo, but Could Do More to Assess Their Effectiveness*, GAO-19-162 (2018).

Vivian C. Jones and Lisa Seghetti, *U.S. Customs and Border Protection: Trade Facilitation, Enforcement, and Security*, Congressional Research Service (2015).

William Hamilton, *Aviation Security Law*, CreateSpace (2017).

■ 외국 논문

Aaron B. Scholz and Johannes von Cossel, "Assessing the Importance of Hub Airports for Cargo Carriers and Its Implications for a Sustainable Airport Management", *Research in Transportation Business & Management* Vol. 1 (2011).

Alice Crowe, "SAFETY Act Liability Protections for Air Cargo Screeners", *The Federal Lawyer* (2011).

Andreas Wieland and Carl Marcus Wallenburg, "Dealing with Supply Chain Risks: Linking Risk Management Practices and Strategies to Performance", *International Journal of Physical Distribution & Logistics Management* Vol. 42 (2012).

Andreea Popescu, "Air Cargo Revenue and Capacity Management", *Doctor thesis, Georgia Institute of Technology* (2006).

Andreea Popescu, Pinar Keskinocak and Issam al Mutawaly, "The Air Cargo Industry", *Eno Transportation Foundation* (2006).

Andrew Grainger, "Trade Facilitation: A Conceptual Review.", *Journal of World Trade* Vol. 45 (2011).

Anming Zhang, "Analysis of an International Air-Cargo Hub: The Case of Hong Kong", *Journal of Air Transport Management* (2003).

Bo Feng, Yanzhi Li and Zuo-Jun Max Shen, "Air Cargo Operations: Literature Review and Comparison with Practices", *Transportation Research Part C: Emerging Technologies* Vol. 56 (2015).

Brian A. Jackson and David R. Frelinger, "Emerging Threats and Security Planning, How Should We Decide What Hypothetical Threats to Worry About?", *RAND Homeland Security* (2009).

Carla D. Rountree and Michael J. Demetsky, "A Framework for Analysis of Security Measures Within On-airport Cargo Facilities", *Journal of the Transportation Research Board* (2004).

Charles H. Piersall, "Taking Aboard All Players in Securing the Supply Chain", *The Magazine of the International Organization for Standardization. ISO Focus.* Vol. 2 (2005).

Chi-Kong Chan, Harry K. H. Chow, Alex K. S. Ng, Henry C. B. Chan, Vincent T. Y. Ng., "An RFID Case Study for Air Cargo Supply Chain Management", *International MultiConference of Engineeers and Computer Scientists* Vol. 1 (2012).

Chih-Hsien Chen, Yao-Hui Chang and Shuo-Yan Chou, "Enhancing the Design of Air Cargo Transportation Services Via an Integrated Fuzzy Approach", *Total Quality Management* Vol. 19 (2008).

Chris Trelawny, "Cargo Security Procedure Generate Several Benefits through Simple but Effective Controls", *ICAO Journal* (2000).

David J. Closs and Edmund F. McGarrell, "Enhancing Security Throughout the Supply Chain", *IBM Center for the Business of Government* (2004).

David Widdowson and Stephen Holloway, "Maritime Transport Security Regulation: Policies, Probabilities and Practicalities", *World Customs Journal* Vol. 3 (2009).

Douglas C. Banez, Andy Lyall, Robert O. Walton, Trudy Wassel, "Air Cargo Guide", *ACI-NA Air Cargo Committee* (2019).

Duarte Amorim da Cunha, Rosario Macario and Vasco Reis, "Keeping Cargo Security Costs Down: A Risk-Based Approach to Air Cargo Airport Security in Small and Medium Airports", *Journal of Air Transport Management* Vol. 61 (2017).

Eitan M. D. Nevo, "The Impact of the Application of International Air Cargo Security Regulations in South Africa", *University of South Africa* (2015).

Emma M. Harrington, "Air Cargo Security: A Critical Analysis of National and International Initiatives," *Annals of Air and Space Law* Vol. 31 (2006).

Franziska Kupfer, Hilde Meersman, Evy Onghena, Eddy Van de Voorde, "Air Cargo: The Difference Between Success and Failure?", *University of Antwerp Department of Transport and Regional Economics* (2009).

Hau L. Lee and Seungjin Whang, "Higher Supply Chain Security with Lower Cost: Lessons from Total Quality Management", *International Journal of Production Economics* Vol. 96 (2005).

Heinrich Bofinger, "Freight Transport For Development Toolkit: Air Freight", *Department for International Development* (2009).

Jacqueline MacDonald, Debra Knopman, J.R. Lockwood, Gary Cecchine, Henry Willis, "Unexploded Ordnance: A Critical Review of Risk Assessment Methods", *Rand Corporation* (2004).

James Ford, Ardeshir Faghri, Dian Yuan, Saumabha Gayen, "An Economic Study of the US Post-9/11 Aviation Security", *Open Journal of Business and Management* Vol. 8 (2020).

John T. Bowen Jr. and Thomas R. Leinbach, "Air Cargo Services in Asian Industrializing Economies: Electronics Manufacturers and the Strategic Use of Advanced Producer Services", *Papers in Regional Science* Vol. 82 (2003).

Juan Lamosa, "Air Cargo and Mail Security ICAO Applicable Standards, Recommended Practices and Guidance Material", *Symposium on Innovation in Aviation Security ICAO* (2014).

Juha Hintsa, Ximena Gutierrez, Philip Wieser, Ari-Pekka Hameri, "Supply Chain Security Management: An Overview", *International Journal of Logistics Systems and Management* Vol. 5 (2009).

Jun Song, "Comments on Air Cargo Supply Chain : Essay of Identification, Assessment and Control of Risk", *Business Administration. University of Grenoble* (2013).

Kamaal R. Zaidi, "Aviation Security in Canada and the United States: Promoting Security and Commerce in a Multi-Layered Regime within a Federal Regulatory Framework", *Annals of Air and Space Law* Vol. 34 (2009).

Kannapha Amaruchkul and Vichit Lorchirachoonkul, "Air-Cargo Capacity Allocation for Multiple Freight Forwarders", *Transportation Research Part E: Logistics and Transportation Review* Vol. 47 (2011).

Kien Doan and Satish V. Ukkusuri, "Dynamic System Optimal Model for Multi-OD Traffic Networks with an Advanced Spatial Queuing Model", *Transportation Research Part C: Emerging Technologies* Vol. 51 (2015).

Maria Buzdugan, "Current and Emerging Air Cargo Security and Facilitation Issues", *Institute of Air and Space Law. McGill University, Montreal, Canada* (2005).

Maria Perez Bernala, Susana Val Blascob, Emilio Larrode Pellicerc, Ruben Sainz Gonzalezd, "Optimization of the Air Cargo Supply Chain", *Journal of Airline and Airport Management* Vol. 2 (2012).

Mark G. Stewart and John Mueller, "Assessing the Risks, Costs, and Benefits of United States Aviation Security Measures," *Journal of Transportation Security* (2008).

Michael Taylor and Alan Hallsworth, "Power Relations and Market Transformation in the Transport Sector: the Example of the Courier Services Industry", *Journal of Transport Geography* (2000).

Miroslav Drljaca, "Air Cargo Handling Process", *International Conference on Traffic Development, University of Zagreb* (2017).

Pascal Achard, "The Regulation of International Air Cargo Service", *Master Relations Internationales, mention Economie, Sciences Po, Annee universitaire* (2009).

Robert W. Poole, "Toward Risk-Based Aviation Security Policy", *Joint Transportation Research Center*, Discussion Paper 2008-23 (2008).

Roger E. Kasperson, Paul Slovic, Ortwin Renn, Jacque Emel, "The Social Amplification of Risk", *Society for Risk Analysis* Vol. 8 (1988).

Sarah Moore, "Closing the Gaps in Air Cargo Security", *Journal of Transportation Security* (2015).

Sergio Domingues, Rosario Macario, Tom Pauwels, Eddy Van der Voorde, Thierry Vanelslander, Joao Vieira, "An Assessment of the Regulation of Air Cargo Security in Europe: A Belgian Case Study", *Journal of Air Transport Management* Vol. 34 (2014).

Szymon Gontarz, Przemyslaw Szulim, Jaroslaw Senko, Jacek Dybala, "Use of Magnetic Monitoring of Vehicles for Proactive Strategy Development", *Transportation Research Part C: Emerging Technologies* Vol. 52 (2015).

Thomas P. Guglielmo, "Comparative International Air Cargo Solutions : The Pathway to a Resilient, Adaptable, Balanced and Sustainable Secure Global Air Cargo Supply Chain", *Naval Postgraduate School* (2013).

Ulrich Derigs, Stefan Friederichs and Simon Schafer, "A New Approach for Air Cargo Network Planning", *Transportation Science* Vol. 43 (2009).

Willem-Jan Zondag, "Competing for Air Cargo-A Qualitative Analysis of Competitive Rivalry in the Air Cargo Industry", *Master thesis of Free University Amsterdam* (2006).

Yu-Hern Chang, Chung-Hsing Yeh and Shih-Yi Wang, "A Survey and Optimization-Based Evaluation of Development Strategies for the Air Cargo Industry", *International Journal of Production Economics* Vol. 106 (2007).

Zichao Li, James H. Bookbinder and Samir Elhedhli, "Optimal Shipment Decisions for an Airfreight Forwarder: Formulation and Solution Methods", *Transportation Research Part C: Emerging Technologies* Vol. 21 (2012).

■ 기타 외국 자료

21 CFR § 1020.40 - Cabinet X-ray Systems.
49 CFR § 1540.5 - Terms used in this subchapter.
49 CFR § 1542 – Airport Security.
49 CFR § 1544.101 - Adoption and implementation.
49 CFR § 1544.205 - Acceptance and screening of cargo.
49 CFR § 1544.207 - Screening of individuals and property.
49 CFR § 1544.209 - Use of metal detection devices.
49 CFR § 1544.211 - Use of X-ray systems.
49 CFR § 1544.239 - Known shipper program.
49 CFR § 1546 - Foreign Air Carrier Security.
49 CFR § 1548 – Indirect Air Carrier Security.
49 CFR § 1549 – Certified Cargo Screening Program.
49 U.S. Code § 114 - Transportation Security Administration.
49 U.S. Code § 44907 - Security Standards at Foreign Airports.

Air Cargo Security Improvement Act (2018).

Airlines for Europe, Air Cargo in 2021: Fighting the Covid-19 Pandemic & Key Policy Challenges, A4E (2021).

American Chamber of Commerce to the European Union, Strengthening EU-US Aviation Security for Cargo, AmCham EU (2016).

Bart Elias, John Frittelli and David R. Peterman, Transportation Security: Background and Issues for the 117th Congress, Congressional Research Service (2021).

Ben Shepherd, Anirudh Shingal and Anasuya Raj, Value of Air Cargo: Air Transport and Global Value Chains, IATA (2016).

Brandon Fried, 100% Air Cargo Screening: Can We Secure America's Skies? Committee on Homeland Security, U.S. House of Representatives (2009).

C. Helmig, Welcome the Change, Flying Fresh, The Perishable Air Cargo Magazine (2005).

European Commission, Air Cargo Security, Memo/10/545 (2010).

European Commission, Directorate-General Energy and Transport, The Impact of 100 percent Scanning of U.S. Bound Container on Maritime Transport, Policy Research Corporation, Final Report (2009).

European Commission, EU-US Security Agreement Allows Cheaper and Faster Air Cargo Operations, Memo/12/400 (2012).

European Commission Implementing Regulation(EU) No. 2015/1998, laying down detailed measures for the implementation of the common basic standards on aviation security, (2015).

European Commission, Regulation(EU) No. 18/2010, amending Regulation (EC) No 300/2008 of the European Parliament and of the Council as far as specifications for national quality control programmes in the field of civil aviation security are concerned, (2010).

European Commission, Regulation(EU) No. 1875/2006, amending Regulation (EEC) No. 2454/93, laying down provisions for the implementation of Council, (2006).

European Commission, Regulation(EU) No. 300/2008, on common rules in the field of civil aviation security, (2008).

Hasenkamp, The New European Air Freight Security Regulations, ARCS Conference (2013).

Hongkong Civil Aviation Department, Handling Procedures for Known Consignors(KC), (2020).

Hongkong Civil Aviation Department, Handling Procedures for Regulated Agent Regime(RAR), (2022).

Hongkong Civil Aviation Department, Handling Procedures for Regulated Air Cargo Screening Facilities(RACSF), (2022).

IATA, Cargo Security-Effective January 2013-Version 2, (2018).

IATA, Cargo Security Fact Sheet, (2020).

IATA, IATA Cargo Strategy, (2017).

IATA, Secure Freight Program Gains Worldwide Acceptance.

IATA, The Value of Air Cargo, Air Cargo Makes It Happen, (2017).

ICAO, Annex 17(Aviation Security) to the Convention on International Civil Aviation 12th Edition, (2022).

ICAO, Aviation Security Panel(AVSECP-2020), Electronic Air Cargo Platform, (2020).
ICAO, Aviation Security Panel(AVSECP-2020), Operational Differentiation of Screening, (2020).
ICAO, Aviation Security Panel(AVSECP-2020), Report of the Working Group on Air Cargo Security, (2020).
ICAO, Aviation Security Panel(AVSECP-2020), Threat and Risk on Covid-19, (2020).
ICAO, Doc. 8973(Aviation Security Manual) 12th Edition, (2020).
ICAO, ICAO Risk Management Workshop, (2019).
James C. May, 100% Air Cargo Screening: Can We Secure America's Skies?, Committee on Homeland Security, U.S. House of Representatives (2009).
Jena Baker McNeill, Air Cargo Security: How to Keep Americans Secure without Harming the Economy, Backgrounder (2010).
John Frittelli, CRS Issue Brief for Congress, Transportation Security: Issues for the 109th Congress, Congressional Research Service (2005).
Mercosur and European Union, Buenos Aires Statement on Business Facilitation, Business Facilitation Conference (2001).
Michel Donner and Cornelis Kruk, Supply Chain Security Guide, The World Bank (2009).
Pamela Hamilton, Privacy Impact Assessment for the Air Cargo Security Requirements, U.S. Department of Homeland Security (2006).
Perry Trunick, Opposition Gathers to H.R. 1 Security Regulations, Material Handling & Logistics (2007).
Philip J. Crowley and Bruce R. Butterworth, Keeping Bombs Off Planes, Securing Air Cargo, Aviation's Soft Underbelly, Center for American Progress (2007).
Public Law 107-71, Aviation and Transportation Security Act, (2001).
Sander de Man, Regulated Agent Third Country Validation Process (RA3), EU Aviation Security (2016).
The United Nations Security Council Resolution 2309(2016).

Toni Mannisto and Juha Hintsa, A Decade of GAO's Supply Chain Security Oversight, Conference Paper (2015).

Transportation Security Administration, Air Cargo Security Options To Mitigate Costs of Compliance With International Security Requirements, Federal Register Vol. 85 (2020).

Transportation Security Administration, Announcing Opportunity To Become a Secured Packing Facility, Federal Register Vol. 86 (2021).

Transportation Security Administration, Certified Cargo Screening Program.

Transportation Security Administration, Indirect Air Carrier Management System.

Transportation Security Administration, Indirect Air Carrier Standard Security Program.

Transportation Security Administration, TSA Air Cargo Security, The International Air Cargo Association, (2008).

U.S. Department of Homeland Security, Science and Technoloty, Support Anti-terrorism by Fostering Effective Technologies Act of 2002.

U.S. Department of Homeland Security, Transportation Security Administration, Air Cargo Strategic Plan, (2003).

U.S. Government Accountability Office, Air Cargo Advance Screening(ACAS), U.S. Customs and Border Protection (2018).

World Customs Organization, WCO SAFE Framework of Standards, WCO (2018).